朝倉 電気電子工学大系

3

# 磁気工学の有限要素法

高橋則雄
【著】

朝倉書店

# まえがき

1970年ごろに有限要素法などの電磁界解析技術が回転機や静止器などの電磁機器の設計･開発に利用されるようになって，約40年を過ぎようとしている．特に，有限要素法は各種の問題に適用しやすいという利点を有しているため，種々の改良が加えられ，かつ新しいアルゴリズムが導入されてかなりの場合の解析が可能となってきた．最近は，市販のソフトウェアが普及して，一般的な問題の場合は，解析手法について深い知識がなくても解けるようになり，機器の設計・開発になくてはならない手法になっているといえる．

ところで，これらの機器の磁気回路は磁性材料で構成されている．機器の性能を向上させるためには，磁性材料に関係した事項，つまりヒステリシス現象，異常渦電流，鉄損などの磁性材料の特性を正確に考慮した解析を行う必要がある．また，これらは外部からの応力や励磁条件などによって変化することが知られている．しかるにこのような磁性材料や電磁機器の特性を取り扱う，いわゆる磁気工学（マグネティックス）の知識を有限要素法を用いた磁界解析に導入する方法についてわかりやすく記述した著書はあまりないようである．

そこで本書では，有限要素法を中心とした磁界解析技術を体系的にかつわかりやすく述べるとともに，磁気工学の知識を有限要素法を用いた磁界解析に反映させることを目的とし，以下の点に留意して解説を試みた．

① 磁界の基礎方程式の導出を行い，種々の磁界解析法について述べる．次に，初学者でも取り組めるように二次元有限要素法の解説から入り，三次元有限要素法の手計算例まで示す．

② 渦電流，永久磁石などを含む問題の解き方，考え方を示すとともに，最近の解析法の解説も試みる．また，インバータ駆動時や地磁気下での解析など，実機で遭遇する種々の問題の解析法に言及する．

③　磁界解析に必要なヒステリシス現象や鉄損などのいわゆる材料のモデリング法　(マテリアルモデリング) を，その背景にある磁性材料の基礎理論（マグネティックス）と関係づけて解説する．

④　計算式の導出などを省略せず，詳細な解説を試みる．また，それらの技術のキーとなる文献をなるべく掲載する．

磁界解析技術として種々の手法が考案され，その手法は多岐にわたっているため，すべてを網羅することは難しいが，スペースの関係などで記述できない場合はなるべく文献を示すことを心がけた．

本書は以下の7章より構成される．

第1章では，電磁気学の理論をもとに磁界解析の基礎方程式を導出するとともに，磁気回路の考え方を理解するのに役立つ磁気回路法や，ビオ・サバール法，磁気モーメント法などの解析的手法について述べる．

第2章では，有限要素法の式を導出する方法に変分原理を用いる方法とガラーキン法があることを示し，実際に二次元静磁界解析用の有限要素法の式を導出する．さらに一次三角形要素を用いた例題を手計算で解く過程を詳しく解説する．

第3章では，一次四面体辺要素を用いた場合の三次元有限要素法の式を導出し，簡単な例題を手計算で解いた例を示した．また，三次元解析では未知数の数が膨大となり，このような場合の大次元行列の解法について解説した．

第4章では，解析領域に渦電流が流れたり，永久磁石が含まれている場合や，磁性材料の非線形磁気特性を考慮した解析法について解説する．渦電流問題では grad $\phi$ の取り扱い，高速に定常周期解を得る方法，積層鋼板の取り扱い方など，実機の解析で役に立つ手法を概説することを試みた．永久磁石の取り扱いとして，着磁器の解析法も示した．非線形問題の解析法としては，ニュートン・ラフソン法以外に Fixed Point 法についても解説した．

第5章では，磁界解析で必要となる解析領域の境界条件として電気壁・磁気壁，固定境界条件などを述べるとともに，無限領域の取り扱い法にまで言及する．

第6章では，磁性材料の磁気特性のモデリングと解析法について述べる．まず，磁性材料の磁気特性の基礎的事項を説明し，次に異方性，ヒステリシス特性のモデリング法や鉄損の取り扱い法について解説する．さらに応力や直流偏磁，温度などが磁気特性に及ぼす影響について述べ，その理論的根拠についても言及する．

第7章では，有限要素法を電気電子機器へ適用する上でのテクニックとして，電圧源の考慮法，ギャップ要素，熱との連成解析などについて解説する．

付録として，種々の手法がどのような経緯で開発されてきたかをサーベイするために，Trowbrige 博士と Sykulski 教授が各手法の歴史をまとめた論文の要約を電磁界解析のアーカイブとして，また，磁気特性測定法の要点，構造材などの応力印加時の磁気特性を示した．

本書が電気電子関連の学生や技術者，研究者の方々の参考になればと願っている．筆者の浅学非才のために，間違いがあることを懸念している．その際は，是非ご指摘をお願いします．

筆者は大学に勤めて以来，これまでたいへん多くの方々にお世話になり，感謝しております．本書を著すもとになった研究は，筆者の勤務する研究室で研究に携わられた先生方や学生の方々に負うところが多く，ここに紙面を借りて厚くお礼申し上げます．また，学会などでご指導を賜った皆様，ならびに共同研究などで種々ご援助いただいた会社，団体の関係各位に感謝いたします．なお，本書を著すに際して，東北大学 石山和志教授，大分大学 後藤雄治准教授，岡山大学 笹山瑛由助教，中野正典技術系職員，大分県産業創造機構 下地広泰氏，新日鐵住金(株) 新井 聡主幹研究員，(株)日立製作所 宮田健治主任研究員，富士通（株）上原裕二部長，古屋篤史氏，大島弘敬氏には，本書の原稿について貴重なご意見を種々いただき，心から感謝いたします．最後に，本書を著す機会を与えて下さった電気電子工学大系編集委員会の先生方ならびに原稿作成でお世話になった朝倉書店の関係各位に深謝いたします．

2013年1月

高橋則雄

# 目　　次

# 1

# 基礎方程式の導出および解析的手法

## 1.1 解析する場・問題の選択

磁界解析の対象となるモータ，アクチュエータなどの実際の電磁機器は，一般に三次元形状をしているからといって，常に三次元磁界解析を行う必要はなく，二次元解析でも実用上十分な場合は断然計算時間が短くてすむ二次元の磁界解析を行うべきである．また，磁束が鉄心の中をほぼ一様に通る場合は，短い計算時間で解が求まる磁気回路法を用いることができる．

図 1.1(a) のように変圧器の鉄心が $z$ 方向に長く，したがってコイルも $z$ 方向に長い場合は，$x$-$y$ 平面上の磁束分布は $z$ 座標の値いかんにかかわらず常に同じになる．このように $x$-$y$ 方向には変化するが，$z$ 方向には一様であるような場を二次元場（2 dimensional field）[1] とよぶ．二次元場を有限要素法（finite element method：FEM）で解析する場合，二次元の分割図は比較的容易に作成でき，かつ未知数は節点の数だけ（ポテンシャルが既知の節点があればさらに少ない数）となるので，一般に計算時間が少なくてすむ．ところで，渦電流が流れる場合は注意を要する．たとえば誘導電動機や渦電流ブレーキの場合は，磁束分布が二次元的であっても回転子を流れる渦電流は短絡環などの端部を通って三次元的に流れるので，二次元解析を行った場合は電流に数十% の誤差が生じることがある[2,3]．

図 1.1(b) のように鉄心が円筒（あるいは円柱）状で，電流が周方向に流れている場合は，どの $r$-$z$ 断面でも同じ磁束，電流分布となる．このような場を軸対称三次元場（axis-symmetric field）[1] とよぶ（軸対称系の二次元場とよぶ場合もある）．

磁束が $x$-$y$ 方向だけでなく $z$ 方向にも流れている場合は，三次元場（3 dimensional field）の解析を行う必要がある．この場合は，要素分割が大変で，かつ計算時間が長くなってしまう．二次元場と三次元場を混合（あるいは一次元場，二次元場，三次元場の混合）して解くこともよく行われている．図 1.2 に，絶縁された電磁鋼板を積層して作られた積層鋼板の積層面に垂直に磁束が印加された場合の例を示す．この場合は，渦電流は薄い電磁鋼板の $x$-$y$ 平面のみを流れると仮定してよいので，渦電流に対しては二次元解析を，磁束に関しては三次元解析を行えばよい[4]．このように解きたい問題を十分に理解して，おのおのの問題に適した解析を行うことが実用上重要である（図 1.3 参照）．

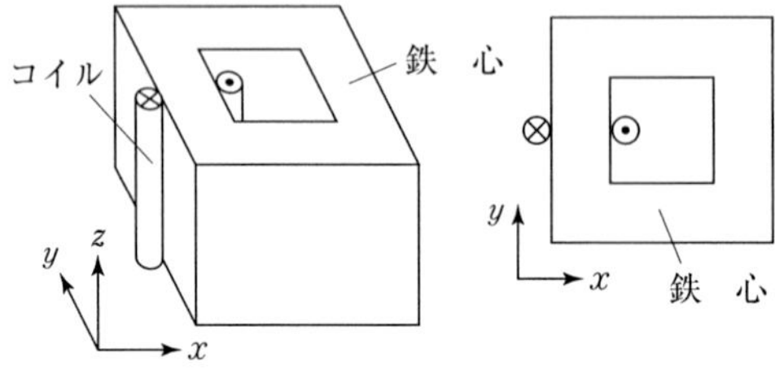


(i)　$z$ 方向に長いとみなせる鉄心　　(ii)　$x$-$y$ 平面

(a)　二次元場

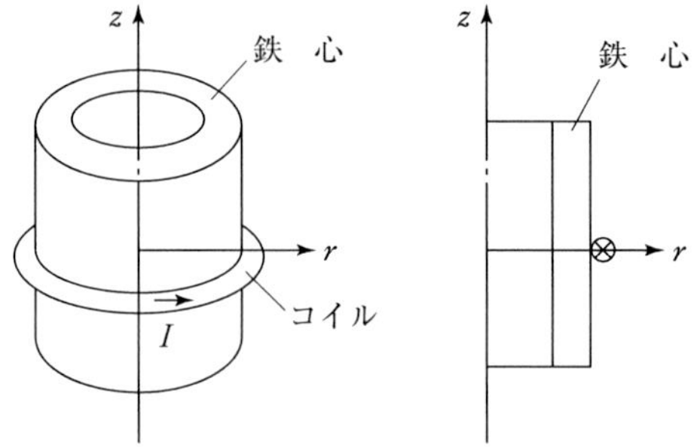


(i)　周方向に均一な磁気回路　　(ii)　$r$-$z$ 平面

(b)　軸対称三次元場

**図 1.1**　二次元場および軸対称三次元場のモデル

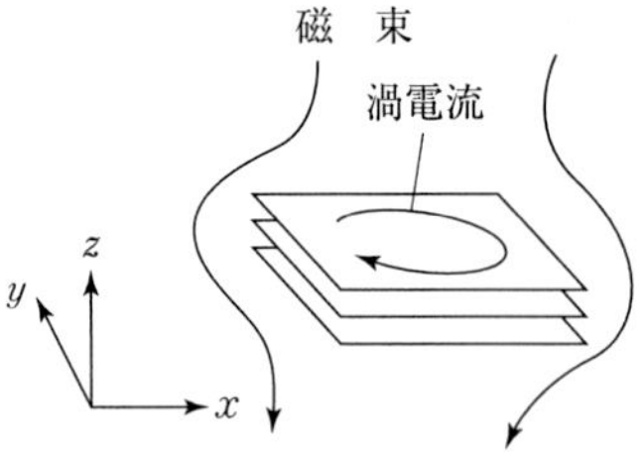


**図 1.2**　積層鋼板に垂直に磁束が印加された場合

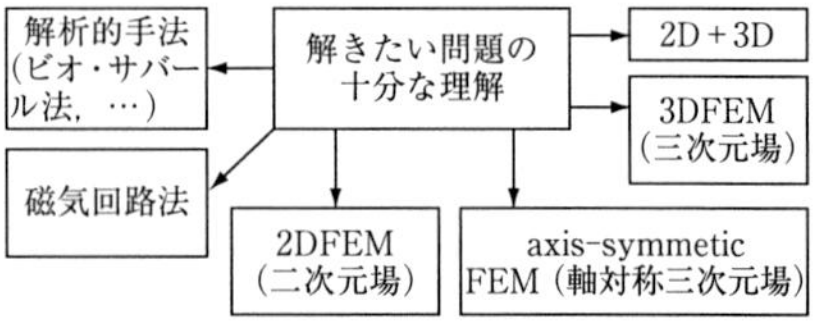


**図 1.3**　おのおのの問題に適した解法の選択

## 1.2 基礎方程式の導出

物理学は一般に，経験則を法則としてまとめ，これを体系化したものであり，実験データに基づいている．その上で，物理学は自然界におけるこれら膨大な実験データをより簡単な式で記述しようとする．電界や磁界の振る舞いを取り扱う電磁気学もまさしくこれに沿っており，電気磁気現象の実験や観測データに基づいて，以下の式が導出されていることに留意されたい．なお本書では，太字はベクトル量，細字はスカラ量を表すものとする．

### 1.2.1 静磁界の式

磁性体，コイルを領域内に有し，渦電流が流れない場合の磁界はアンペアの周回路の法則の式によって記述できる．図 1.4 のように右ねじの進む向きに電流 $I$（強制電流とよぶ）の周りの磁界の強さを $\boldsymbol{H}$ とすれば，アンペアの周回路の法則の式（積分形）は次式で与えられる[5]．

$$\oint_C \boldsymbol{H} \cdot d\boldsymbol{s} = I \tag{1.1}$$

ここで，積分路 $C$ は図 1.4 のように電流 $I$ が流れる回路と鎖交するようにとった閉路である．また，$d\boldsymbol{s}$ は積分路 $C$ の接線方向の微小ベクトルである．図 1.4 の場合は円周方向の磁界 $\boldsymbol{H}$ が生じ，これは積分路 $C$ 上で一定である．それゆえ，この場合（1.1）式を計算すると次式となる．

$$2\pi r \boldsymbol{H} = I \tag{1.2}$$

これより磁界の強さ $\boldsymbol{H}$ は，$\boldsymbol{H} = I/(2\pi r)$ として求まる．

次に，電流が線電流ではなく，有限の断面積の導体中を流れている場合を考える．導体中に閉曲線 $C$ を周辺とする任意の面 $S$ を考え，$S$ 上における電流密度を $\boldsymbol{J}$ とし，線積分と面積分を変換する（1.3）式（$\boldsymbol{a}$ はベクトルを表す）のようなストークスの

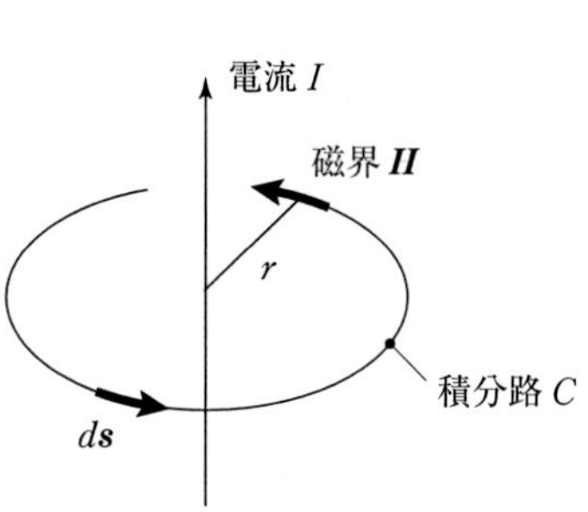


**図 1.4** アンペアの周回路の法則

定理[5]を適用すれば，(1.4) 式が得られる．

$$\oint_C \boldsymbol{a}\cdot d\boldsymbol{s}=\iint_S \mathrm{rot}\,\boldsymbol{a}\cdot d\boldsymbol{S} \tag{1.3}$$

$$\oint_C \boldsymbol{H}\cdot d\boldsymbol{s}=\iint_S \mathrm{rot}\,\boldsymbol{H}\cdot d\boldsymbol{S}=\iint_S \boldsymbol{J}\cdot d\boldsymbol{S} \tag{1.4}$$

ここで，$d\boldsymbol{S}$ は曲面 $S$ 上の微小面積 $dS$ と面の法線ベクトル $\boldsymbol{n}$ を用いて，$d\boldsymbol{S}=\boldsymbol{n}dS$ と表される面要素ベクトルである．rot はベクトルの回転[5] (rotation，ローテーションと読む)を表す．$S$ の形は任意であるから，上式が成立するための条件式は次式となる．

$$\mathrm{rot}\,\boldsymbol{H}=\boldsymbol{J} \tag{1.5}$$

これがアンペアの周回路の法則の微分形である．

(1.4) 式は次のようにも書ける．

$$\oint_C \boldsymbol{H}\cdot d\boldsymbol{s}\Big/\iint_S dS=\frac{(\text{微小閉曲線に沿う磁界の接線方向成分の積分})}{(\text{閉曲線の面積})}=\mathrm{rot}\,\boldsymbol{H} \tag{1.6}$$

このように，$\boldsymbol{H}$ の回転（ローテーション）とは，図 1.5 のように磁界の接線方向成分の積分値を閉曲線の面積で割った値に等しいといえる．

$\boldsymbol{H}$ の回転は，ハミルトンの演算子（$\nabla$）（ナブラと読む）を用いて次のように表すこともよく行われている．

$$\nabla\times\boldsymbol{H}=\boldsymbol{J} \tag{1.7}$$

磁束は連続であるので，磁束密度を $\boldsymbol{B}$ とすれば次式が成り立つ．

$$\mathrm{div}\,\boldsymbol{B}=0 \tag{1.8}$$

ここで，div はベクトルの発散（divergence，ダイバージェンスと読む）を表す．

図 1.6(a) のように磁束密度ベクトル $\boldsymbol{B}$ がある個所から湧き出しているときは $\mathrm{div}\,\boldsymbol{B}>0$，図 1.6(b) のように吸い込まれているときは $\mathrm{div}\,\boldsymbol{B}<0$ となる．しかし，このような現象は存在し得ず，図 1.6(c) のような有限な長さのソレノイドによって生ずる磁界のように，磁束密度 $\boldsymbol{B}$ は必ず連続であり，湧き出し，吸い込みはないので，図 1.6(d) のように $\mathrm{div}\,\boldsymbol{B}=0$ となる．発散は，図 1.7 のように小さな閉曲面を貫く磁束の本数を微小体積で割った値として定義され，次式のようになる．

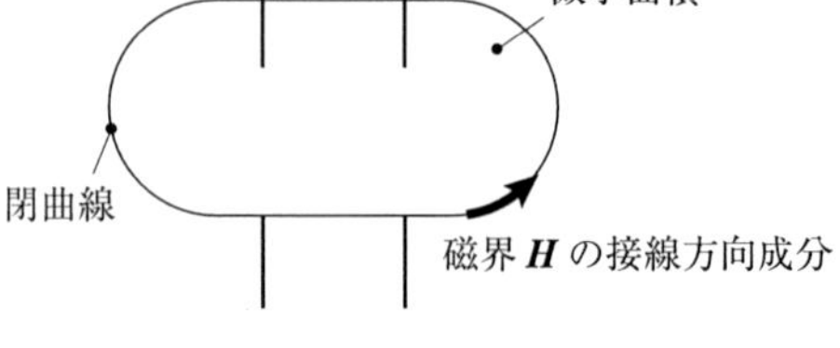


**図 1.5**　磁界 $\boldsymbol{H}$ の回転（ローテーション，rot）

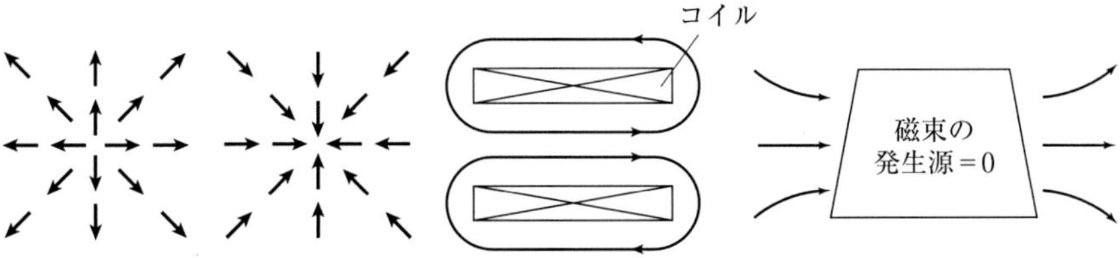


(a)　div $\boldsymbol{B}>0$（湧き出し）　(b)　div $\boldsymbol{B}<0$（吸い込み）　(c)　div $\boldsymbol{B}=0$（磁束は連続）　(d)　div $\boldsymbol{B}=0$（磁束線は入った分だけ必ず出ていく）

**図 1.6**　発散（ダイバージェンス）と湧き出し，吸い込み

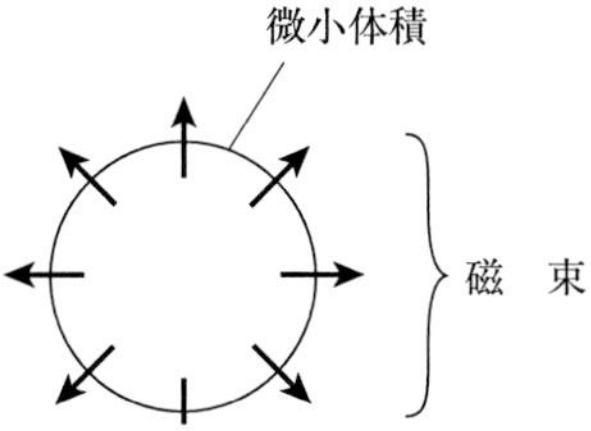


**図 1.7**　磁束密度 $\boldsymbol{B}$ の発散
（ダイバージェンス，div）

$$\frac{\text{（微小閉曲面を貫く磁束の本数）}}{\text{（微小体積）}} = \mathrm{div}\,\boldsymbol{B} \tag{1.9}$$

$\boldsymbol{B}$ の発散は次のようにも表される．

$$\nabla \cdot \boldsymbol{B} = 0 \tag{1.10}$$

ところで，ベクトル公式

$$\mathrm{div} \cdot \mathrm{rot}\,\boldsymbol{A} = 0 \tag{1.11}$$

より，次式で表される磁気ベクトルポテンシャル $\boldsymbol{A}$ が定義できる[5]．

$$\boldsymbol{B} = \mathrm{rot}\,\boldsymbol{A} \tag{1.12}$$

磁気ベクトルポテンシャル $\boldsymbol{A}$ を用いれば，未知変数を減らしたり 1.2.3 項で述べるように，境界条件を与えやすくなるので，$\boldsymbol{A}$ を用いた解析が行われることが多い．

磁性体のない空間内では，磁気ベクトルポテンシャル $\boldsymbol{A}$ は，一般に電流の流れる方向を向いており，その大きさは距離 $r$ とともに小さくなる．ただし，コイルの付近に磁性体が存在する場合は分布が異なってくる．また，ベクトルポテンシャル $\boldsymbol{A}$ は $\boldsymbol{B}=\mathrm{rot}\,\boldsymbol{A}$ として定義されるので，grad $\phi$ の分だけ不定性を有している．この不定性[5]を取り除くため，有限要素法では領域の境界に $\boldsymbol{A}$ の値を与えて解いたり（固定境界条件）している．

rot $\boldsymbol{A}$ の公式より，次式が得られる．

$$\boldsymbol{B} = \mathrm{rot}\,\boldsymbol{A} = \begin{vmatrix} \boldsymbol{i} & \boldsymbol{j} & \boldsymbol{k} \\ \dfrac{\partial}{\partial x} & \dfrac{\partial}{\partial y} & \dfrac{\partial}{\partial z} \\ A_x & A_y & A_z \end{vmatrix}$$

$$= \boldsymbol{i}\left(\frac{\partial A_z}{\partial y} - \frac{\partial A_y}{\partial z}\right) + \boldsymbol{j}\left(\frac{\partial A_x}{\partial z} - \frac{\partial A_z}{\partial x}\right) + \boldsymbol{k}\left(\frac{\partial A_y}{\partial x} - \frac{\partial A_x}{\partial y}\right) \tag{1.13}$$

ここで，$\boldsymbol{i}, \boldsymbol{j}, \boldsymbol{k}$ は $x, y, z$ 方向の単位ベクトルである．(1.13) 式より磁束密度の $x, y, z$ 方向成分 $\boldsymbol{B}_x, \boldsymbol{B}_y, \boldsymbol{B}_z$ は次式となる．

$$\begin{aligned} \boldsymbol{B}_x &= \frac{\partial A_z}{\partial y} - \frac{\partial A_y}{\partial z} \\ \boldsymbol{B}_y &= \frac{\partial A_x}{\partial z} - \frac{\partial A_z}{\partial x} \\ \boldsymbol{B}_z &= \frac{\partial A_y}{\partial x} - \frac{\partial A_x}{\partial y} \end{aligned} \tag{1.14}$$

ところで，磁束密度 $\boldsymbol{B}$ は磁界の強さ $\boldsymbol{H}$ と透磁率 $\mu$ を用いて次式で表される．

$$\boldsymbol{B} = \mu \boldsymbol{H} \tag{1.15}$$

磁気抵抗率 $\nu$ $(=1/\mu)$ を用いて書き換えると，

$$\boldsymbol{H} = \nu \boldsymbol{B} \tag{1.16}$$

磁気抵抗率 $\nu$ はテンソル[6] であり，テンソル磁気抵抗率の対角成分以外を零とおける場合には，磁束密度 $\boldsymbol{B}$ および磁界の強さ $\boldsymbol{H}$ の $x, y, z$ 方向成分 $\boldsymbol{B}_x, \boldsymbol{B}_y, \boldsymbol{B}_z, \boldsymbol{H}_x, \boldsymbol{H}_y, \boldsymbol{H}_z$ の間には次式の関係がある．

$$\begin{Bmatrix} H_x \\ H_y \\ H_z \end{Bmatrix} = \begin{bmatrix} \nu_x & 0 & 0 \\ 0 & \nu_y & 0 \\ 0 & 0 & \nu_z \end{bmatrix} \begin{Bmatrix} B_x \\ B_y \\ B_z \end{Bmatrix} \tag{1.17}$$

ここで，$\nu_x, \nu_y, \nu_z$ は磁気抵抗率の $x, y, z$ 方向成分である．

領域に外部から電流（強制電流とよぶ）が流入している場合，その電流密度を $\boldsymbol{J}_0$ とすれば，(1.5) 式は次式となる．

$$\mathrm{rot}\,\boldsymbol{H} = \boldsymbol{J}_0 \tag{1.18}$$

(1.18) 式に (1.12)，(1.16) 式を代入すれば，次式が得られる．

$$\mathrm{rot}(\nu\,\mathrm{rot}\,\boldsymbol{A}) = \boldsymbol{J}_0 \tag{1.19}$$

これが，磁気ベクトルポテンシャル $\boldsymbol{A}$ を用いた場合の静磁界の式である．

次に，(1.19) 式の二次元場の式を考える．電流が $z$ 方向にしか流れない二次元場では，(1.19) 式は $z$ 方向成分のみが値を有する．したがって，(1.19) 式の $z$ 方向成分は次式となる．

$$\{\mathrm{rot}(\nu\,\mathrm{rot}\,\boldsymbol{A})\}_z = \frac{\partial}{\partial x}(\nu\,\mathrm{rot}\,\boldsymbol{A})_y - \frac{\partial}{\partial y}(\nu\,\mathrm{rot}\,\boldsymbol{A})_x = \boldsymbol{J}_{0z} \tag{1.20}$$

ここで，$\boldsymbol{J}_{0z}$ は $\boldsymbol{J}_0$ の $z$ 方向成分を示す．ところで，$(\nu\,\mathrm{rot}\,\boldsymbol{A})_y$，$(\nu\,\mathrm{rot}\,\boldsymbol{A})_x$ は（1.12），(1.16)式より $\boldsymbol{H}_y$, $\boldsymbol{H}_x$ に等しいので，(1.17)式より $\nu_y(\mathrm{rot}\,\boldsymbol{A})_y$, $\nu_x(\mathrm{rot}\,\boldsymbol{A})_x$ に等しい．よって（1.20）式は次式となる．

$$\{\mathrm{rot}(\nu\,\mathrm{rot}\,\boldsymbol{A})\}_z=\frac{\partial}{\partial x}\left\{\nu_y\left(\frac{\partial A_x}{\partial z}-\frac{\partial A_z}{\partial x}\right)\right\}-\frac{\partial}{\partial y}\left\{\nu_x\left(\frac{\partial A_z}{\partial y}-\frac{\partial A_y}{\partial z}\right)\right\}=J_{0z} \tag{1.21}$$

ところで，磁気ベクトルポテンシャル $\boldsymbol{A}$ は $\boldsymbol{J}_0$ と同じ向きを有しており，いま考えている二次元場では $\boldsymbol{J}_0$ は $z$ 方向成分 $J_{0z}$ のみであるので，$\boldsymbol{A}$ も $z$ 方向成分 $A_z$ のみを有する．したがって（1.21）式は次式となる．

$$\frac{\partial}{\partial x}\left(\nu_y\frac{\partial A}{\partial x}\right)+\frac{\partial}{\partial y}\left(\nu_x\frac{\partial A}{\partial y}\right)=-J_0 \tag{1.22}$$

簡単のため，上式では $A_z$, $J_{0z}$ を $A$, $J_0$ で表した．

ところで，磁束密度 $\boldsymbol{B}$ と磁界 $\boldsymbol{H}$ が磁性体の境界面でどのような振る舞いをするかについて考える．磁束密度 $\boldsymbol{B}$ の法線方向成分は物質 1 と物質 2 の間の境界面で連続，磁界の強さ $\boldsymbol{H}$ の接線方向成分は同境界面で連続となるが，これは以下のようにして導出される．図 1.8 のような物質 1 と物質 2 の境界面に平行な面 $dS$ と側面の長さが微小な円筒を考える．磁束はこの境界を連続に通り抜けるので，物質 1 の磁束密度 $\boldsymbol{B}_1$ と物質 2 の磁束密度 $\boldsymbol{B}_2$ の間には次式の関係が成り立つ．

$$\int \boldsymbol{B}\cdot\boldsymbol{n}dS=(\boldsymbol{B}_1-\boldsymbol{B}_2)\cdot\boldsymbol{n}dS=0 \tag{1.23}$$

ここで，$\boldsymbol{n}$ は境界面の単位法線方向ベクトルである．

$\boldsymbol{B}_1\cdot\boldsymbol{n}$ は物質 1 での磁束密度の法線方向成分 $B_{1n}$, $\boldsymbol{B}_2\cdot\boldsymbol{n}$ は物質 2 でのそれ $B_{2n}$ とすれば次式が成り立ち，境界面で $\boldsymbol{B}$ の法線方向成分が連続であるといえる．

$$B_{1n}=B_{2n} \tag{1.24}$$

アンペアの周回路の法則の式によれば，物質中に電流が流れていない場合は，(1.1) 式より次式となる．

$$\oint_C \boldsymbol{H}\cdot d\boldsymbol{s}=0 \tag{1.25}$$

この積分路 $C$ として，図 1.9 のような境界面に平行な閉曲線を考える．ただし，

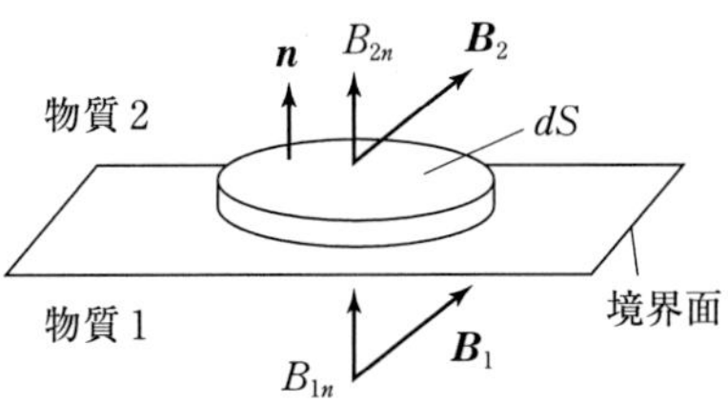


**図 1.8**　磁束密度 $\boldsymbol{B}$ の境界条件

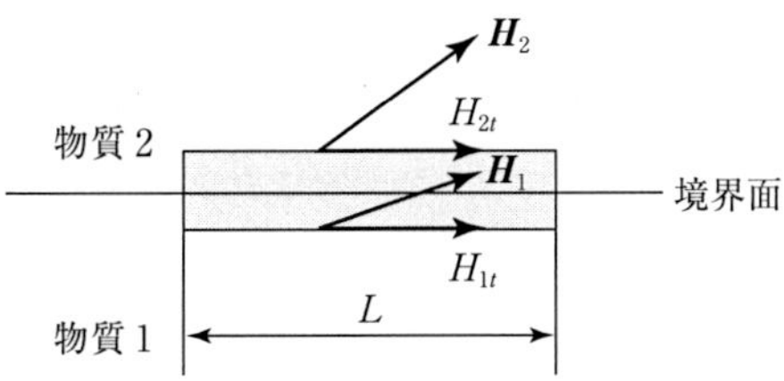


**図 1.9**　磁界 $\boldsymbol{H}$ の境界条件

境界面に垂長な長さを無限小と考えると，物質1の磁界 $\boldsymbol{H}_1$ と物質2の磁界 $\boldsymbol{H}_2$ の間には次式の関係が成り立つ.

$$\oint \boldsymbol{H}\cdot d\boldsymbol{s}=(\boldsymbol{H}_1-\boldsymbol{H}_2)\cdot \boldsymbol{t}L=0 \tag{1.26}$$

ここで，$\boldsymbol{t}$ は境界面の単位接線方向ベクトル，$L$ は境界面にとった積分路の長さである．$\boldsymbol{H}_1\cdot\boldsymbol{t}$ は物質1での磁界の強さの接線方向成分を $H_{1t}$，$\boldsymbol{H}_2\cdot\boldsymbol{t}$ は物質2でのそれを $H_{2t}$ とすれば，次式が成り立ち，境界面で $\boldsymbol{H}$ の接線方向成分が連続であるといえる.

$$H_{1t}=H_{2t} \tag{1.27}$$

### 1.2.2 時間依存場の式

ここでは，図1.10のように領域内に導体が存在して，それに渦電流が流れる場合の基礎方程式を導出する．渦電流は，導体に鎖交する磁束 $\Phi$ が変化して起電力 $e$ が生じる（ファラデーの電磁誘導の法則）ことにより流れる.

ファラデーの電磁誘導の法則の式は次式で与えられる[5].

$$e=-\frac{\partial \Phi}{\partial t} \tag{1.28}$$

$\Phi$ は閉路 $C$ を周辺とする面 $S$ を通り抜ける磁束であるので，磁束密度 $\boldsymbol{B}$ を面 $S$ で積分したものに等しい．また，回路 $C$ に発生する起電力 $e$ は，発生する電界 $\boldsymbol{E}_e$ を $C$ に沿って積分したものに等しいので，結局（1.28）式は次式のように変形できる（ファラデーの電磁誘導の法則の積分形）.

$$e=\oint_C \boldsymbol{E}_e\cdot d\boldsymbol{S}=-\frac{\partial \Phi}{\partial t}=-\frac{\partial}{\partial t}\iint_S \boldsymbol{B}\cdot d\boldsymbol{S} \tag{1.29}$$

（1.29）式にストークスの定理を適用すると，

$$\oint_C \boldsymbol{E}_e\cdot d\boldsymbol{S}=\iint_S \mathrm{rot}\,\boldsymbol{E}_e\cdot d\boldsymbol{S}=-\iint_S \frac{\partial \boldsymbol{B}}{\partial t}\cdot d\boldsymbol{S} \tag{1.30}$$

$S$ は任意にとってよいので，次式のようなファラデーの電磁誘導の法則の微分形の式が得られる.

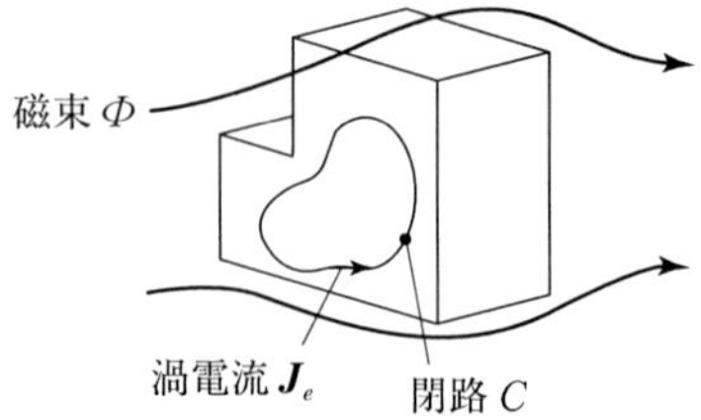


**図1.10**　導体に渦電流が流れる問題

$$\mathrm{rot}\,\boldsymbol{E}_e = -\frac{\partial \boldsymbol{B}}{\partial t} \tag{1.31}$$

(1.12) 式を (1.31) 式に代入して,

$$\mathrm{rot}\,\boldsymbol{E}_e = -\frac{\partial}{\partial t}(\mathrm{rot}\,\boldsymbol{A}) \tag{1.32}$$

これより,

$$\mathrm{rot}\left(\boldsymbol{E}_e + \frac{\partial \boldsymbol{A}}{\partial t}\right) = 0 \tag{1.33}$$

ところで, ベクトル公式

$$\mathrm{rot}(\mathrm{grad}\,\phi) = 0 \tag{1.34}$$

より, 電位 (電気スカラポテンシャル) $\phi$ が定義でき, (1.33) 式は次式のように書ける.

$$\boldsymbol{E}_e = -\frac{\partial \boldsymbol{A}}{\partial t} - \mathrm{grad}\,\phi \tag{1.35}$$

ここで, grad はスカラの勾配[5) (gradient, グラジェントと読む) を表す.

grad は, 図 1.11 のようなコンデンサの電極の電位が, たとえば 1 V, 2 V と与えられているときのコンデンサの極板間の電界の強さ $\boldsymbol{E}$ を示すために用いられ, $\boldsymbol{E} = -\mathrm{grad}\,\phi$ である.

図 1.11 の場合は電位が $x$ 方向のみに変化するので, 電位の勾配は次式となる.

$$E_x = -\frac{\partial \phi}{\partial x} \tag{1.36}$$

傾き $\partial\phi/\partial x$ にマイナスを付けたものが $E_x$ になる理由は以下のとおりである. 図 1.11 では電位の傾き $\partial\phi/\partial x$ は正であるが, 電界 $E_x$ は $x$ の負の方向を向いている. それゆえ, $\partial\phi/\partial x$ にマイナスを付けたものが $E_x$ に等しい.

渦電流密度 $\boldsymbol{J}_e$ は, 導電率 $\sigma$ を用いればオームの法則より次式で与えられる.

$$\boldsymbol{J}_e = \sigma \boldsymbol{E}_e = -\sigma\left(\frac{\partial \boldsymbol{A}}{\partial t} + \mathrm{grad}\,\phi\right) \tag{1.37}$$

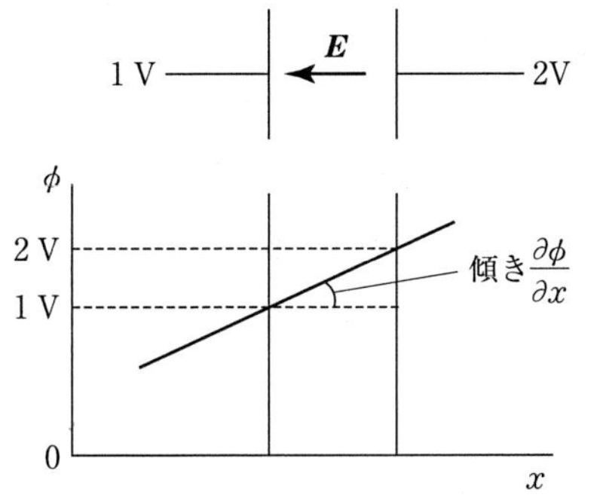


**図 1.11**　電位 $\phi$ の勾配 (グラジェント, grad)

結局，領域中に強制電流 $\boldsymbol{J}_0$ 以外に渦電流 $\boldsymbol{J}_e$ も流れている場合の基礎方程式は，(1.19)，(1.37) 式より次式となる．

$$\mathrm{rot}(\nu\,\mathrm{rot}\,\boldsymbol{A})=\boldsymbol{J}_0-\sigma\frac{\partial \boldsymbol{A}}{\partial t}-\sigma\,\mathrm{grad}\,\phi \tag{1.38}$$

ところで，上式の未知変数は $\boldsymbol{A}$ の3成分と $\phi$ の合計4変数であるが，(1.38) 式は3成分しかなく，方程式の数が未知変数よりも少ないので，このままでは方程式が解けない．そこで，次式のような電荷の連続式（渦電流が連続であるという式）を導入する．

$$\mathrm{div}\,\boldsymbol{J}_e=\mathrm{div}\left\{-\sigma\left(\frac{\partial \boldsymbol{A}}{\partial t}+\mathrm{grad}\,\phi\right)\right\}=0 \tag{1.39}$$

(1.38)，(1.39) 式を連立して解けば，渦電流問題の解析が可能である．このように，磁気ベクトルポテンシャル $\boldsymbol{A}$ と電気スカラポテンシャル $\phi$ を用いて渦電流問題を解く手法を $\boldsymbol{A}$-$\phi$ 法[20] とよぶ．

### 1.2.3　ポテンシャルを未知数として磁界解析を行う理由

ところで，磁界解析で求めたい値は磁束密度や磁界の強さである．それなのになぜ (1.12) 式のように磁気ベクトルポテンシャル $\boldsymbol{A}$ を定義し，これを未知数として解くのかその理由について考えてみる．

図1.12のような単相変圧器鉄心のモデルの磁束分布を解析することを考える．通常，鉄心から磁束はほとんど漏れないので，磁力線は図1.12のように鉄心内を通る．ところで，磁力線は等磁気ベクトルポテンシャル線に対応しているので[2]，鉄心の境界上に等しい磁気ベクトルポテンシャル $\boldsymbol{A}$ を与えておけば，磁束が鉄心の境界に沿って流れるという条件を簡単に与えることが可能である．それに対し，境界上に磁束密度を与えることは一般にはできない．すなわち，脚の平均磁束密度を1.4Tにした場合，図1.12に示す脚の中央のa点ではほぼ $\boldsymbol{B}=1.4$ Tになるが，鉄心コーナ部のb

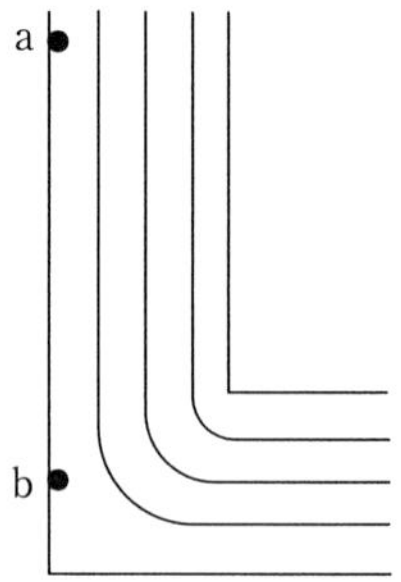


**図1.12**　単相変圧器モデル

点では磁束がコーナの角部をあまり通らないので例えば $\boldsymbol{B}=1.2$ T となり，鉄心の境界上の磁束密度は等しくはならない．それゆえ，境界条件として磁束密度 $\boldsymbol{B}$ を与えることは一般にはできない．

また，2章で述べるように，二次元解析では解析領域を要素に分割し，三角形要素の頂点（節点とよぶ）に1つの磁気ベクトルポテンシャル $A$ を未知数として割り付けるが，各節点に磁束密度の $x$, $y$ 方向成分 $B_x$, $B_y$ を未知数として割り付けた場合には，未知数の数が $A$ の場合よりもかなり増えてしまう．ただし，磁束密度を面要素[20]で直接表現した場合は，面（二次元では辺）を通過する磁束量を未知数とするので，未知数の数はあまり増加しない．以上のようなしだいで，特殊な場合を除いて，未知数としてポテンシャル（磁気ベクトルポテンシャル $\boldsymbol{A}$ 以外に，渦電流解析ででてくる電気スカラポテンシャル $\phi$，また磁気スカラポテンシャル（磁位，$\Omega$）などもある）が用いられる．

## 1.3　磁気回路の等価回路を用いる方法

### 1.3.1　磁気回路法

磁束が鉄心からほとんど漏れずに鉄心内をほぼ一様に通る場合は，磁気回路法[5]を用いて近似的に解くことができる．図1.13において鉄心（磁気回路）の断面積を $S$，磁束を $\Phi$，磁束密度を $B$，透磁率を $\mu$，磁界の強さを $H$ とすると，次式の関係が得られる．

$$\Phi=SB=S\mu H \tag{1.40}$$

アンペアの周回路の法則によれば，$\boldsymbol{H}$ を磁気回路に沿って1周積分したものが磁気回路のアンペアターン $NI$ に等しいので，(1.40) 式より求まる $H$ を用いれば次式が得られる[4]．

$$NI=\oint \boldsymbol{H}\cdot d\boldsymbol{s}=\Phi\int\frac{1}{\mu S}ds \tag{1.41}$$

磁気回路の長さを $L$（磁路長とよぶ，通常磁束の通路の中心線上に沿った経路を選ぶ．これは平均磁路長に対応）とすれば，上式は次式となる．

$$\Phi=\frac{NI}{\dfrac{L}{\mu S}}=\frac{NI}{R} \tag{1.42}$$

ここで，$R$ は磁気抵抗で次式で与えられる．

$$R=\frac{L}{\mu S} \tag{1.43}$$

(1.42) 式の $\Phi$, $NI$, $R$ は電気回路の電流 $I$，起電力 $V$，抵抗 $R$ の間の関係を表すオー

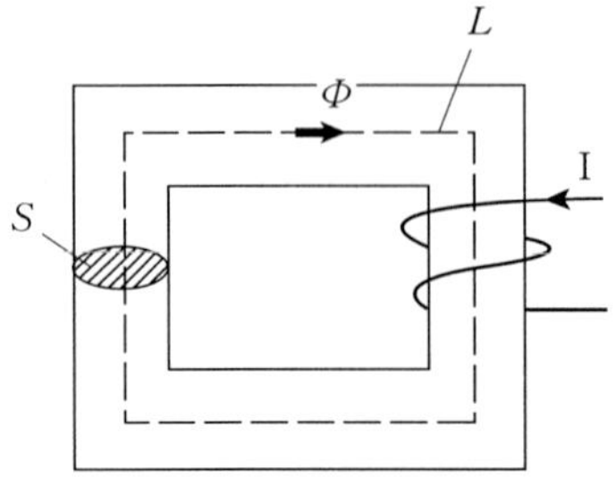


**図 1.13**　磁気回路

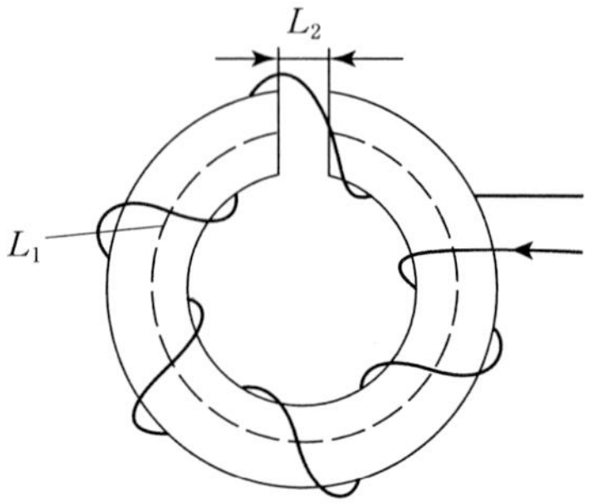


**図 1.14**　ギャップのある鉄心ソレノイド

ムの法則に対応していると考えられる，このように磁気回路から磁束がほとんど漏れていない場合に，磁気回路を電気回路と同様な等価回路で表して磁束量などを求める方法を磁気回路法とよぶ．この方法を用いれば，磁束量などを簡単に計算することができる．

**【例題 1.1】**

図 1.14 のようなソレノイド状に巻いてあるコイル内にギャップ $L_2$ を有する断面積 $S$ の鉄心（比透磁率：$\mu_r$）がある場合の磁束密度 $B$ および各部の磁界を求めよ．

（**解**）

鉄部の磁気抵抗は $R_1 = L_1/\mu_0\mu_r S$，ギャップの磁気抵抗は $R_2 = L_2/\mu_0 S$ であり $R_1$，$R_2$ は直列であるから，合成磁気抵抗 $R$ は次式で与えられる．

$$R = \frac{L_1}{\mu_0\mu_r S}\left(1 + \frac{L_2}{L_1}\mu_r\right) \tag{1.44}$$

磁束がギャップ部で広がらないとすれば，磁束密度 $B$ は鉄心中でもギャップ中でも同じだと仮定でき，次式で与えられる．

$$B = \frac{\Phi}{S} = \frac{NI}{SR} = \frac{NI}{\dfrac{L_1}{\mu_0\mu_r}\left(1 + \dfrac{L_2}{L_1}\mu_r\right)} \tag{1.45}$$

鉄部とギャップ部の磁界の強さ $H_1$，$H_2$ は次式で与えられる．

$$H_1 = \frac{B}{\mu_0\mu_r} = \frac{NI}{L_1\left(1 + \dfrac{L_2}{L_1}\mu_r\right)} \tag{1.46}$$

$$H_2 = \frac{B}{\mu_0} = \frac{\mu_r NI}{L_1\left(1 + \dfrac{L_2}{L_1}\mu_r\right)} \tag{1.47}$$

(1.46)，(1.47) 式より，たとえば $\mu_r = 1000$ のときはギャップ中の磁界 $H_2$ は鉄中の磁

界 $H_1$ の 1000 倍になることがわかる．すなわち，磁気回路にギャップがあると，ギャップ部の磁界の強さが非常に大きく，鉄部の磁界の強さが小さい．このように，起磁力の大部分はギャップで消費されているのである．

**【例題 1.2】**

図 1.15 のような円筒状の鉄心で構成された磁気回路各部の磁気抵抗と脚およびヨークを通る磁束 $\Phi$ を求めよ．ただし，各部の磁気抵抗として図のように $R_1$～$R_5$ を考え，たとえば $R_2$ では図 1.15(b)のように磁束が半径方向に広がって通るものとする．

**（解）**

中央脚の磁気抵抗 $R_1$ と円筒部の磁気抵抗 $R_3$，$R_4$ は次式で与えられる．

$$R_1 = \frac{D_1}{\mu_0 \mu_r \pi {r_1}^2} \tag{1.48}$$

$$R_3 = \frac{D_3}{\mu_0 \pi ({r_2}^2 - {r_3}^2)} \tag{1.49}$$

$$R_4 = \frac{D_4}{\mu_0 \mu_r \pi ({r_2}^2 - {r_3}^2)} \tag{1.50}$$

円板部分の磁気抵抗 $R_2$ は次式のように求められる．

$$R_2 = \int_{r_1}^{r_2} \frac{dr}{\mu_0 \mu_r \pi r D_2} = \frac{1}{\mu_0 \mu_r 2\pi D_2} \ln \frac{r_2}{r_1} \tag{1.51}$$

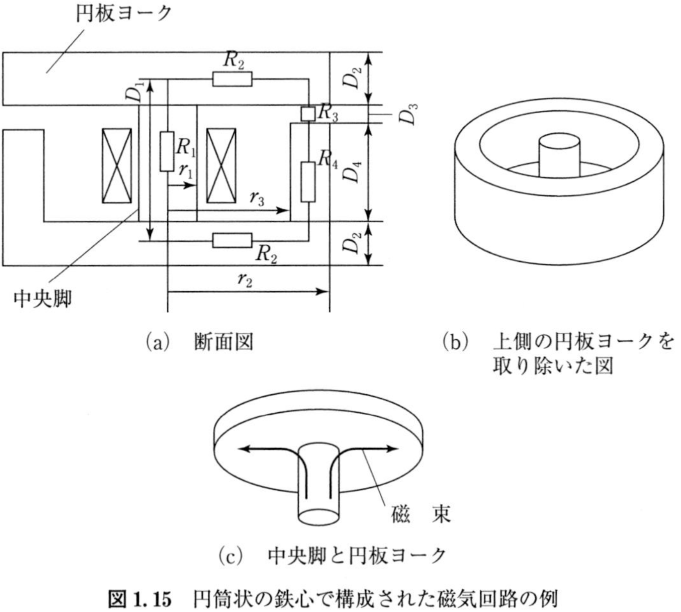


(a)　断面図

(b)　上側の円板ヨークを取り除いた図

(c)　中央脚と円板ヨーク

**図 1.15**　円筒状の鉄心で構成された磁気回路の例

脚およびヨークを通る磁束 $\Phi$ は，コイルのアンペアターンを $NI$ とすれば次式で与えられる．

$$\Phi = \frac{NI}{R_1 + 2R_2 + R_3 + R_4} \tag{1.52}$$

### 1.3.2　リラクタンスネットワーク解析法

前述の磁気回路法では，鉄心を1つの等価回路で表して磁束を求めた．それに対して，解析したい電気機器などの磁気回路を複数個の要素に分割し，それぞれを磁気抵抗に置き換えることで，磁気回路全体を1つの磁気抵抗回路網で表して解析する，リラクタンスネットワーク解析法（reluctance network analysis：RNA）が提案されている[7,8]．RNAは磁気回路からの漏れ磁束や材料特性を考慮できる，簡便な計算で機器の動作特性を把握できる，運動系との連成解析も容易であるため回転機の解析にも適している，などの特徴を有している．RNAでは磁気回路を図1.16のような要素で分割する．1つの要素は図1.16に示すように4つの磁気抵抗から構成される．図1.17に2つの磁石と磁極で構成された磁気回路をRNAで分割した例を示す．空気領域の磁気抵抗 $R_{\mathrm{air}}$ は次式で与えられる．

$$R_{\mathrm{air}} = \frac{L}{\mu_0 S} \tag{1.53}$$

ここで，$S$ は要素の断面積，$L$ は磁路長，$\mu_0$ は真空の透磁率である．たとえば磁性体領域の磁気特性を線形と仮定して取り扱う場合の磁気抵抗 $R_m$ は次式で与えられる．

$$R_m = \frac{L}{\mu_r \mu_0 S} \tag{1.54}$$

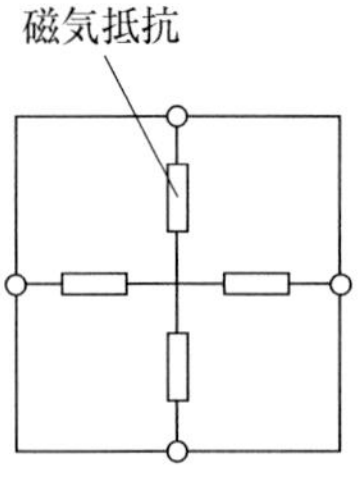


**図 1.16**　RNAの要素

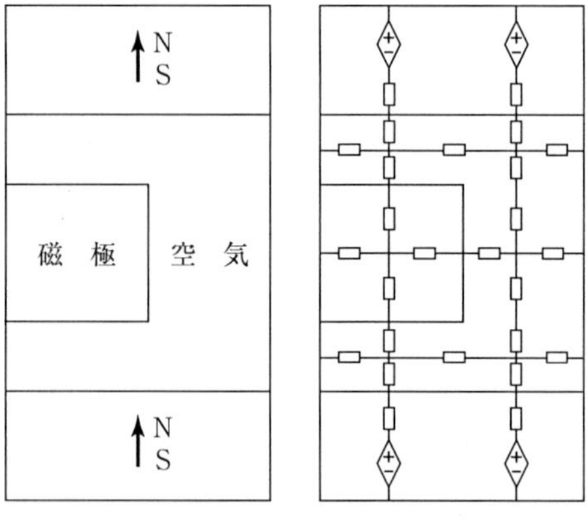


（a）　磁気回路の例　　（b）　RNAモデル

**図 1.17**　磁気回路をRNAで分割した例

ここで，$\mu_r$ は磁性体の比透磁率である．永久磁石の起磁力 $f_c$ は次式で与えられる．

$$f_c = H_c L_m \tag{1.55}$$

ここで，$H_c$ は永久磁石の保磁力，$L_m$ は磁石の長さである．

## 1.4 解 析 的 手 法

### 1.4.1 ビオ・サバール法

電流が作る磁界を計算する手法として，電流が流れている各部分を電流要素と考え，これが作る磁界をベクトル合成する方法がビオ・サバール法[5]である．この方法は，コイルの形状が複雑で領域中に磁性体が存在しない場合の磁界解析などには，ことのほか有用である．

図 1.18 のような，電流要素 $I\boldsymbol{ds}$ が空間内の任意の点 P に作る磁界 $\boldsymbol{dH}$ は $I\boldsymbol{ds}\ \sin\theta$ に比例し，かつ $\boldsymbol{ds}$ と考察点 P 間の距離 $r$ の 2 乗に反比例することが実験によりわかっている．ここで，$\theta$ は図 1.18 のように距離 $r$ と電流要素 $I\boldsymbol{ds}$ の間の角度である．この法則を式で表すと次式のようになる[5]．

$$d\boldsymbol{H} = \frac{I\boldsymbol{ds}\sin\theta}{4\pi r^2} \tag{1.56}$$

電流 $I$ の流れる長さ $\boldsymbol{ds}$ の部分が考察点 P に生ずる磁界 $\boldsymbol{dH}$ の方向は点 P と $\boldsymbol{ds}$ を含む面に垂直となり，向きは右ねじの法則に従うので，(1.56) 式は次式のように書くことができる．

$$d\boldsymbol{H} = \frac{I\boldsymbol{ds} \times r}{4\pi r^3} \tag{1.57}$$

ところで，導体に電流 $I$ が流れている場合の磁気ベクトルポテンシャル $\boldsymbol{A}$ は次式で表される．

$$\boldsymbol{A} = \frac{\mu}{4\pi}\oint_C \frac{I}{r}\boldsymbol{ds} \tag{1.58}$$

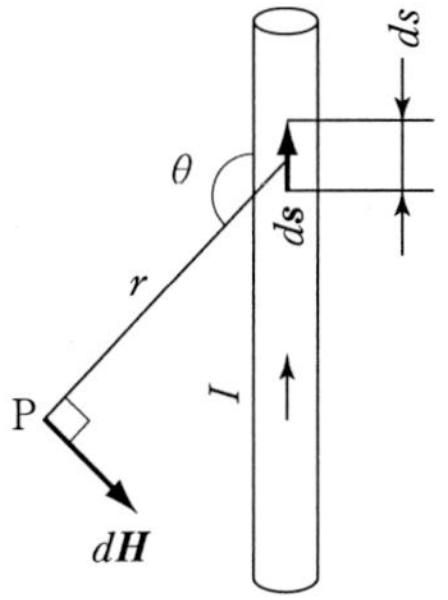


**図 1.18**　電流要素 $I\boldsymbol{ds}$ が作る磁界 $\boldsymbol{dH}$

ここで，$C$ は電流が流れている導体に沿った積分路を示す．上式は，$\boldsymbol{A}$ が電流が流れている方向を向いており，その大きさは距離とともに小さくなることを示している．電流 $I$ が導体中に分布しているとし，電流密度ベクトル $\boldsymbol{J}$ で表すと，(1.58) 式の線積分の式は，次式のような体積積分の式で表すことができる．

$$\boldsymbol{A}=\frac{\mu}{4\pi}\iiint_V \frac{\boldsymbol{J}}{r}dV \tag{1.59}$$

(1.12)，(1.15)，(1.59) 式より磁界の強さ $\boldsymbol{H}$ を求めると次式が得られる．

$$\boldsymbol{H}=\frac{1}{4\pi}\iiint_V \mathrm{rot}\frac{\boldsymbol{J}}{r}dV \tag{1.60}$$

スカラ量を $\phi$，ベクトル量を $\boldsymbol{a}$ としたときのベクトル公式

$$\mathrm{rot}(\phi\boldsymbol{a})=(\mathrm{grad}\,\phi)\times\boldsymbol{a}+\phi\,\mathrm{rot}\,\boldsymbol{a} \tag{1.61}$$

を用いれば，$\mathrm{rot}\,\boldsymbol{J}=0$ であるので (1.60) 式は次式のように変形できる[7]．

$$\boldsymbol{H}=\frac{1}{4\pi}\iiint \boldsymbol{J}\times\mathrm{grad}\left(\frac{1}{r}\right)dV \tag{1.62}$$

ただし，(1.62)式の $\boldsymbol{H}$ は(1.60)式とは逆向きの方向を正として取り扱っている．(1.62)式はビオとサバールが実験で磁界の強さを求めた式に対応しており，(1.62) 式を用いればある体積中を流れる電流による考察点 P における磁界の強さ $\boldsymbol{H}$ を一般的に求めることができる．

$\boldsymbol{u}_0$ を電流要素（ソース点とよぶ）より考察点（フィールド点とよぶ）に向かう単位ベクトルとすれば，$\mathrm{grad}(1/r)$ は $-\boldsymbol{u}_0/r^2$ と書ける．この関係と，ソース点の電流 $Id\boldsymbol{s}$，電流要素の方向に向かう単位ベクトル $\boldsymbol{s}_0$ を用いて表すと，(1.62)式は次式となる．

$$\boldsymbol{H}=\frac{I}{4\pi}\int_C \frac{\boldsymbol{s}_0\times\boldsymbol{u}_0}{r^2}d\boldsymbol{s} \tag{1.63}$$

上式では，$\boldsymbol{H}$ の正の方向を (1.62) 式と逆の方向にとっている．(1.57) 式を電流回路 $C$ に沿って積分したものが (1.63) 式である．

電流が考えている導体領域（積分領域）で一定である場合の磁束密度 $\boldsymbol{B}$ は，(1.62) 式より次式となる．

$$\boldsymbol{B}=\frac{\mu}{4\pi}\boldsymbol{J}\times\iiint_V \mathrm{grad}\left(\frac{1}{r}\right)dV \tag{1.64}$$

以下では (1.64) 式の積分を次式のように $\boldsymbol{I}$ とおき，これを解析的に導出する[9,10]．

$$\boldsymbol{I}=\iiint_V \mathrm{grad}\left(\frac{1}{r}\right)dV \tag{1.65}$$

巻線の形状が図 1.19 のような直方体の組合せで近似的に表現できるとき，それぞれの直方体領域 ($x_1\leqq x\leqq x_2$，$y_1\leqq y\leqq y_2$，$z_1\leqq z\leqq z_2$) で $\boldsymbol{I}$ を計算する．

(1.65) 式の $x$ 方向成分 $I_x$ は次式となる．

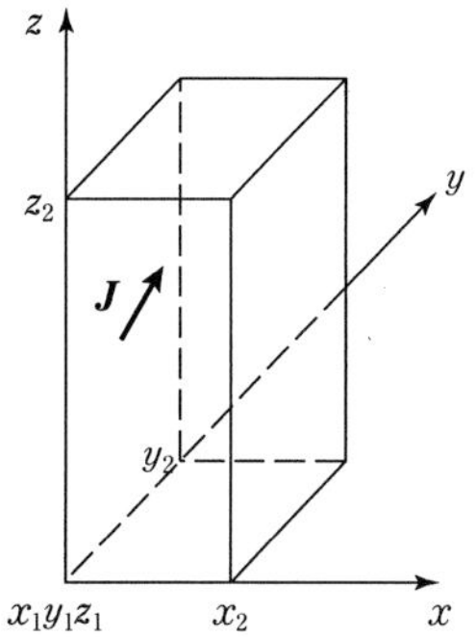


**図 1.19** 電流が流れている直方体の導体領域

$$I_x=\int_{x_1}^{x_2}\int_{y_1}^{y_2}\int_{z_1}^{z_2}\frac{\partial}{\partial x}\left(\frac{1}{r}\right)dxdydz$$
$$=\int_{x_1}^{x_2}\int_{y_1}^{y_2}\int_{z_1}^{z_2}\frac{(x_p-x)}{\{(x_p-x)^2+(y_p-y)^2+(z_p-z)^2\}^{3/2}}dxdydz \qquad (1.66)$$

ここで，考察点 P の座標を $(x_p, y_p, z_p)$ とした．(1.66) 式を積分公式を用いて変形すると次式が得られる．

$$I_x=\sum_{i=1}^{2}\sum_{j=1}^{2}\sum_{k=1}^{2}(-1)^{i+j+k}\Bigg[(y_p-y_j)\ln\{r_{ijkp}+(z_p-z_k)\}+(z_p-z_k)\ln\{r_{ijkp}+(y_p-y_j)\}$$
$$-(x_p-x_i)\tan^{-1}\left\{\frac{(y_p-y_j)(z_p-z_k)}{(x_p-x_i)r_{ijkp}}\right\}\Bigg] \qquad (1.67)$$

ここで，$r_{ijkp}$ は，直方体の頂点 $(x_i, y_j, z_k)$ と点 $P(x_p, y_p, z_p)$ との距離であり，次式のように書ける．

$$r_{ijkp}=\sqrt{(x_p-x_i)^2+(y_p-y_j)^2+(z_p-z_k)^2} \qquad (1.68)$$

$I_y$, $I_z$ は，(1.67) 式の $(x_p-x_i)$，$(y_p-y_j)$，$(z_p-z_k)$ をそれぞれ $(y_p-y_j)$，$(z_p-z_k)$，$(x_p-x_i)$ および $(z_p-z_k)$，$(x_p-x_i)$，$(y_p-y_j)$ に書き直せば得られる．

巻線を構成する直方体領域の電流密度の x, y, z 方向成分を $J_x$, $J_y$, $J_z$ とすれば，磁束密度 $\boldsymbol{B}$ は (1.64) 式より次式のように求められる．

$$\boldsymbol{B}=\frac{\mu}{4\pi}\boldsymbol{J}\times\boldsymbol{I}=\frac{\mu}{4\pi}\begin{vmatrix}\boldsymbol{i} & \boldsymbol{j} & \boldsymbol{k}\\ J_x & J_y & J_z\\ I_x & I_y & I_z\end{vmatrix}$$
$$=\frac{\mu}{4\pi}\{(J_yI_z-J_zI_y)\boldsymbol{i}+(J_zI_x-J_xI_z)\boldsymbol{j}+(J_xI_y-J_yJ_x)\boldsymbol{k}\} \qquad (1.69)$$

たとえば電流 $J$ が z 方向成分のみを有する場合は $B_x$, $B_y$ 成分のみとなり，次式となる．

$$B_x = \frac{-\mu J_z}{4\pi} I_y \qquad B_y = \frac{\mu J_z}{4\pi} I_x \tag{1.70}$$

次に，空間内に電流が流れておらず，磁石の磁化 $\boldsymbol{M}$ によってのみ磁界が発生する場合の磁界の計算式を導出する[9,10]．この場合は（1.71）式が成り立つので，（1.72）式で表される磁気スカラポテンシャル $\Omega$ を定義することができる．

$$\mathrm{rot}\,\boldsymbol{H} = 0 \tag{1.71}$$

$$\boldsymbol{H} = -\mathrm{grad}\,\Omega \tag{1.72}$$

磁石の磁化を $\boldsymbol{M}$ とし，$\boldsymbol{B}$ と $\boldsymbol{H}$ の関係を次式で表すことにする．

$$\boldsymbol{B} = \mu_0 \boldsymbol{H} + \boldsymbol{M} \tag{1.73}$$

これを磁束密度連続の式 $\mathrm{div}\,\boldsymbol{B} = 0$ に代入すると，次式が得られる．

$$\nabla^2 \Omega = \frac{1}{\mu_0} \mathrm{div}\,\boldsymbol{M} \tag{1.74}$$

ここで $\nabla^2$ はラプラシアンであり，$\nabla^2\Omega = \partial^2\Omega/\partial x^2 + \partial^2\Omega/\partial y^2 + \partial^2\Omega/\partial z^2$ である．（1.74）式を満足する解は次式で与えられる．

$$\Omega = \frac{-1}{4\pi\mu_0} \iiint_V \frac{\mathrm{div}\,\boldsymbol{M}}{r} dV \tag{1.75}$$

ここで，$r$ はソース点から考察点に向かう位置ベクトルの絶対値である．（1.76）式のベクトル公式を用いれば，（1.75）式は（1.77）式のように変形される．

$$\mathrm{div}(\varphi \boldsymbol{a}) = \boldsymbol{a} \cdot \mathrm{grad}\,\varphi + \varphi\,\mathrm{div}\,\boldsymbol{a} \tag{1.76}$$

$$\Omega = \frac{1}{4\pi\mu_0} \iiint_V \boldsymbol{M} \cdot \mathrm{grad}\left(\frac{1}{r}\right) dV - \frac{1}{4\pi\mu_0} \iiint_V \mathrm{div}\left(\frac{\boldsymbol{M}}{r}\right) dV \tag{1.77}$$

（1.77）式の右辺第 2 項にガウスの発散定理を適用すれば表面積分に変換される．磁化 $\boldsymbol{M}$ は正負の値が同じだけあるので，$\boldsymbol{M}/r$ を考えている表面で積分すれば零となる．したがって考察点 P における磁界の強さ $\boldsymbol{H}$ は，（1.77）式の右辺第 1 項を（1.72）式に代入することにより得られ，次式となる．

$$\boldsymbol{H} = \frac{-1}{4\pi\mu_0} \mathrm{grad} \iiint_V \boldsymbol{M} \cdot \mathrm{grad}\left(\frac{1}{r}\right) dV \tag{1.78}$$

（1.73）式に（1.78）式を代入することにより，次式のように磁束密度 $\boldsymbol{B}$ が求められる．

$$\boldsymbol{B} = \frac{-1}{4\pi} \mathrm{grad}\left\{\iiint_V \boldsymbol{M} \cdot \mathrm{grad}\left(\frac{1}{r}\right) dV\right\} + \boldsymbol{M} \tag{1.79}$$

直方体磁石内の磁化 $\boldsymbol{M}$ が一定の場合は，（1.79）式の $\iiint_V \mathrm{grad}(1/r)\,dV$ は（1.65）式の $\boldsymbol{I}$ に等しい．$\boldsymbol{I}$ を用いれば（1.79）式は次式のように書ける．

$$\begin{Bmatrix} B_x \\ B_y \\ B_z \end{Bmatrix} = -\frac{1}{4\pi}\mathrm{grad}(I_x M_x + I_y M_y + I_z M_z) + \begin{Bmatrix} M_x \\ M_y \\ M_z \end{Bmatrix}$$

$$= -\frac{1}{4\pi}\begin{bmatrix} \dfrac{\partial I_x}{\partial x_p} & \dfrac{\partial I_y}{\partial x_p} & \dfrac{\partial I_z}{\partial x_p} \\ \dfrac{\partial I_x}{\partial y_p} & \dfrac{\partial I_y}{\partial y_p} & \dfrac{\partial I_z}{\partial y_p} \\ \dfrac{\partial I_x}{\partial z_p} & \dfrac{\partial I_y}{\partial z_p} & \dfrac{\partial I_z}{\partial z_p} \end{bmatrix}\begin{Bmatrix} M_x \\ M_y \\ M_z \end{Bmatrix} + \begin{Bmatrix} M_x \\ M_y \\ M_z \end{Bmatrix} \tag{1.80}$$

ここで，たとえば $\partial I_x/\partial x_p$, $\partial I_x/\partial y_p$, $\partial I_x/\partial z_p$ は，(1.67) 式を用いれば次式となる.

$$\frac{\partial I_x}{\partial x_p} = \sum_{i=1}^{2}\sum_{j=1}^{2}\sum_{k=1}^{2}(-1)^{i+j+k}\left[-\tan^{-1}\left\{\frac{(y_p-y_j)(z_p-z_k)}{(x_p-x_i)r_{ijkp}}\right\}\right] \tag{1.81}$$

$$\frac{\partial I_x}{\partial y_p} = \sum_{i=1}^{2}\sum_{j=1}^{2}\sum_{k=1}^{2}(-1)^{i+j+k}\ln\{r_{ijkp}+(z_p-z_k)\} \tag{1.82}$$

$$\frac{\partial I_x}{\partial z_p} = \sum_{i=1}^{2}\sum_{j=1}^{2}\sum_{k=1}^{2}(-1)^{i+j+k}\ln\{r_{ijkp}+(y_p-y_j)\} \tag{1.83}$$

$\partial I_y/\partial y_p$ などは次式となる.

$$\frac{\partial I_y}{\partial y_p} = \sum_{i=1}^{2}\sum_{j=1}^{2}\sum_{k=1}^{2}(-1)^{i+j+k}\left[-\tan^{-1}\left\{\frac{(z_p-z_k)(x_p-x_i)}{(y_p-y_j)r_{ijkp}}\right\}\right] \tag{1.84}$$

$$\frac{\partial I_z}{\partial z_p} = \sum_{i=1}^{2}\sum_{j=1}^{2}\sum_{k=1}^{2}(-1)^{i+j+k}\left[-\tan^{-1}\left\{\frac{(x_p-x_i)(y_p-y_j)}{(z_p-z_k)r_{ijkp}}\right\}\right] \tag{1.85}$$

$$\frac{\partial I_y}{\partial z_p} = \sum_{i=1}^{2}\sum_{j=1}^{2}\sum_{k=1}^{2}(-1)^{i+j+k}\ln\{r_{ijkp}+(x_p-x_i)\} \tag{1.86}$$

なお，それ以外の項は $\partial I_x/\partial y_p = \partial I_y/\partial x_p$，$\partial I_x/\partial z_p = \partial I_z/\partial x_p$，$\partial I_y/\partial z_p = \partial I_z/\partial y_p$ より求められる.

### 1.4.2 磁気モーメント法

磁気モーメント法は，領域内に磁性体が存在している場合の磁界解析法で，有限要素法などの微分形解法と対をなす積分形解法の一種である．微分形解法は電磁気の近接作用を，積分形解法は電磁気の遠隔作用を利用しているといえる．有限要素法などの微分形解法では，隣り合った要素間の相互作用を利用して方程式を作る．それゆえ，すべての領域を要素に分割する．それに対し，積分形解法ではすべての要素間の相互作用を使って方程式を作る．この方法を用いる場合は，要素が互いに離れていても作用が及ぶため，要素と要素の間に空気があってもよい．また，空間は要素に分割する必要がなく，空間内の全領域で計算できることになるので，境界条件は与える必要がない[11].

積分方程式を用いた方法では，磁性体の磁化を未知変数とした積分形の基礎方程式を解き，求まった磁化により生じる磁界と外部ソース（強制電流，永久磁石など）が作る磁界とを重ね合わせることにより，任意の点の磁界を求める．この方法を磁気モーメント法[12~17]とよぶ．磁気モーメント法は境界条件が不要で，全空間領域を解析領域として扱え，空間を要素分割する必要がないので，移動する物体の解析や形状を変化させる最適化[12]などに有用である．しかしながら，計算する連立方程式が密マトリックスになったり，要素の選び方によっては精度が悪い場合があり，汎用的な解法という意味では有限要素法の方が多く用いられているようである．

領域内に電流と磁性体が存在する場合の磁界 $\boldsymbol{H}$ は，電流による磁界 $\boldsymbol{H}_0$ と磁性体の作る磁界 $\boldsymbol{H}_m$ の和として次式のように表される[13]．

$$\boldsymbol{H}=\boldsymbol{H}_0+\boldsymbol{H}_m \tag{1.87}$$

$\boldsymbol{H}_0$ は（1.62）式のビオ・サバールの式によって計算される．$\boldsymbol{H}_m$ は磁性体中の磁化 $\boldsymbol{M}$ によって作られ，（1.78）式より計算される．たとえば，図 1.20 のように磁性体が磁化 $\boldsymbol{M}_a$, $\boldsymbol{M}_b$ の 2 個の要素 $a$, $b$ からなり，電流要素を零とすれば，$a$, $b$ における磁界の強さ $\boldsymbol{H}_a$, $\boldsymbol{H}_b$ は次式で与えられる[14,15]．

$$\begin{aligned}\boldsymbol{H}_a&=\boldsymbol{H}_{0a}+\boldsymbol{C}_{aa}\boldsymbol{M}_a+\boldsymbol{C}_{ab}\boldsymbol{M}_b\\ \boldsymbol{H}_b&=\boldsymbol{H}_{0b}+\boldsymbol{C}_{ba}\boldsymbol{M}_a+\boldsymbol{C}_{bb}\boldsymbol{M}_b\end{aligned} \tag{1.88}$$

ここで，$\boldsymbol{C}_{aa}$ などは（1.78）式においてソース点とフィールド点の幾何学的関係から求められる係数である．

ところで，磁化 $\boldsymbol{M}$ は次式のように表される．

$$\boldsymbol{M}=(\mu-\mu_0)\boldsymbol{H} \tag{1.89}$$

磁性体要素 $a$, $b$ の透磁率を $\mu_a$, $\mu_b$ とし（1.89）式を用いれば，（1.88）式は次式のように書ける．

$$\begin{aligned}\frac{\boldsymbol{M}_a}{\mu_a-\mu_0}&=\boldsymbol{H}_{0a}+\boldsymbol{C}_{aa}\boldsymbol{M}_a+\boldsymbol{C}_{ab}\boldsymbol{M}_b\\ \frac{\boldsymbol{M}_b}{\mu_b-\mu_0}&=\boldsymbol{H}_{0b}+\boldsymbol{C}_{ba}\boldsymbol{M}_a+\boldsymbol{C}_{bb}\boldsymbol{M}_b\end{aligned} \tag{1.90}$$

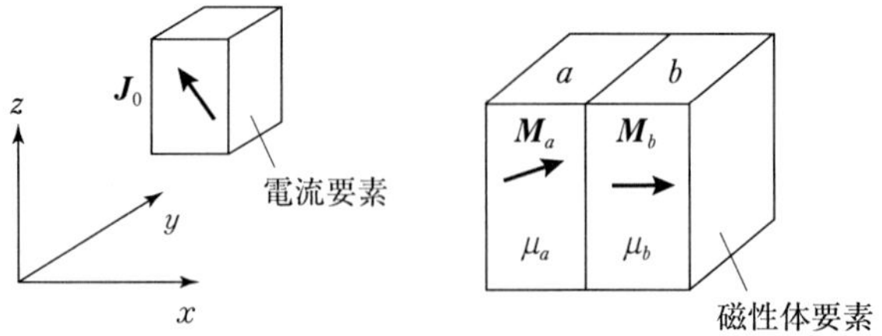


図 1.20　電流と磁性体がある場合

(1.90) 式を書き直せば次式となる.

$$\begin{aligned} \left(\boldsymbol{C}_{aa}-\frac{1}{\mu_a-\mu_0}\right)\boldsymbol{M}_a+\boldsymbol{C}_{ab}\boldsymbol{M}_b&=-\boldsymbol{H}_{0a} \\ \boldsymbol{C}_{ab}\boldsymbol{M}_a+\left(\boldsymbol{C}_{bb}-\frac{1}{\mu_b-\mu_0}\right)\boldsymbol{M}_b&=-\boldsymbol{H}_{0b} \end{aligned} \tag{1.91}$$

ただし, $\boldsymbol{M}_a$, $\boldsymbol{M}_b$, $\boldsymbol{H}_{0a}$, $\boldsymbol{H}_{0b}$ は $x$, $y$, $z$ の 3 方向成分を有するベクトル, $\boldsymbol{C}_{ab}$ などは 3×3 のテンソルであり, (1.91) 式は一般的に次式のように書ける.

$$[\boldsymbol{C}^*]\{\boldsymbol{M}\}=-\{\boldsymbol{H}_0\} \tag{1.92}$$

(1.92) 式を解いて磁化 $\boldsymbol{M}$ が求まれば領域中の磁束密度 $\boldsymbol{B}$ は (1.79) 式で計算できる.

次に, 磁性体を図 1.21 のような六面体要素に分割する場合を考える. 図 1.21(a) は, 要素内で磁化 $\boldsymbol{M}$ を一定とし, 各要素ごとに $\boldsymbol{M}$ の三方向成分を未知変数とする一定要素 (自由度 3)[13] を示している. また, 図 1.21(b) は, 要素各表面の磁化 $\boldsymbol{M}$ の外向き法線方向成分 (各表面で一定) を未知変数とする要素 (自由度 6)[16] を示している. 一定要素では, 図 1.21(a) のように, 相対する面に大きさが同じで符号が逆の面磁荷 $\pm\sigma_{mx}$, $\pm\sigma_{my}$, $\pm\sigma_{mz}$ が生じる. そのため, 隣接する要素間で磁化 $\boldsymbol{M}$ の大きさや向きが異なる場合には, 要素の境界面に異常な面磁荷が発生する場合も起こり得る. これが, 磁化 $\boldsymbol{M}$ の解の精度を悪くすると考えられる. 図 1.21(b) の要素では, 各面で独立に $\boldsymbol{M}$ を定義しているため, 上述のような問題を避けることができる. ただし, 図 1.21(b) の要素を用いる場合には, 要素内で, 透磁率 $\mu$ を一定と仮定するので, 図に示す $\sigma_{m1}$～$\sigma_{m6}$ は, 次式を満たさなければならない[16].

$$\iint_S \sigma_m dS=0 \tag{1.93}$$

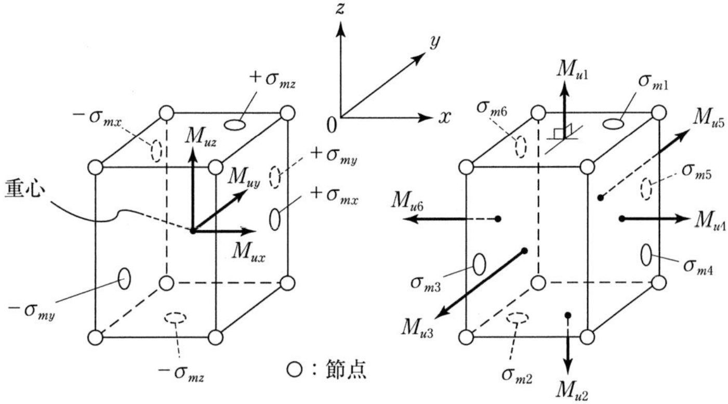


(a) 一定要素 (自由度 3)　　(b) 六面体要素 (自由度 6)

**図 1.21** 磁気モーメント法の要素

ただし，$S$は磁性体表面に対応する．また，一定要素は，自ら（1.93）式を満たしていることは明らかである．以下に，図1.21(b）の要素を用いて，（1.90）式を離散化する方法を示す．

まず，$u$番目の要素の磁化$\boldsymbol{M}_u$および$t$番目の要素に与える外部磁界$\boldsymbol{H}_{0t}$を，それぞれ次式で定義する．

$$\begin{aligned}\boldsymbol{M}_u&=\{M_{u1}, M_{u2}, M_{u3}, M_{u4}, M_{u5}, M_{u6}\}^T\\ \boldsymbol{H}_{0t}&=\{H_{0t1}, H_{0t2}, H_{0t3}, H_{0t4}, H_{0t5}, H_{0t6}\}^T\end{aligned} \tag{1.94}$$

（1.94）式中の$M_{u1}$，$H_{0t1}$などにおける添字の数字は，要素の面の番号を示す．また，$T$は転置を示す．（1.94）式を用いて（1.92）式に対応する式を書けば，次式となる．

$$\sum_{u=1}^{n_e}\left([C_{tu}]-\frac{1}{\mu_t-\mu_0}\delta_{tvuv'}\right)\cdot\boldsymbol{M}_u+\boldsymbol{H}_{0t}=0 \tag{1.95}$$

ただし，$\delta_{tvuv'}$はクロネッカーのデルタで，次式で定義される．

$$\delta_{tvuv'}=\begin{cases}1 & (t=u \text{ かつ } v=v')\\ 0 & (t\neq u \text{ または } v\neq v')\end{cases} \tag{1.96}$$

$n_e$は磁性体内の要素数，$t$，$v$はフィールド点となる要素の番号および面の番号，$u$，$v'$はソース点となる要素番号および面の番号である．$\mu_t$は$t$番目の要素の透磁率である．また，（1.95）式中の［$C_{tu}$］は，六面体の要素の場合には，次式のような6×6のテンソルとなる．

$$[C_{tu}]=\begin{bmatrix}C_{t1u1} & \cdots & C_{t1u6}\\ \vdots & C_{tvuv'} & \vdots\\ C_{t6u1} & \cdots & C_{t6u6}\end{bmatrix} \tag{1.97}$$

たとえば，$C_{tvuv'}$は次式のとおりである．

$$C_{tvuv'}=-\frac{1}{4\pi\mu_0}\cdot\frac{\partial}{\partial\boldsymbol{n}_{tv}}\iint_{Suv'}\frac{1}{|\boldsymbol{r}_{tvuv'}|}dS \tag{1.98}$$

ここで，$\partial/\partial\boldsymbol{n}_{tv}$は面$S_{tv}$における法線方向の勾配で，次式で表される．

$$\frac{\partial}{\partial\boldsymbol{n}_{tv}}=n_{xtv}\frac{\partial}{\partial x}+n_{ytv}\frac{\partial}{\partial y}+n_{ztv}\frac{\partial}{\partial z} \tag{1.99}$$

ただし，$n_{xtv}$，$n_{ytv}$，$n_{ztv}$は$S_{tv}$における外向き単位法線ベクトル$\boldsymbol{n}_{tv}$の方向余弦である．

（1.98）式の面積積分は，要素の形状が直方体ならば，解析的に積分可能であるが[12)]，そうでない場合は，数値積分に頼らざるを得ない．たとえば，数値積分法としてガウス積分[17)]を用いればよい．

（1.95）式において，$\mu_t$を一定と仮定し，フィールド点をすべての要素について考慮すれば，次式のような連立一次方程式が得られる．

$$\begin{bmatrix} [C_{11'}] & \cdots & [C_{1n_e'}] \\ \vdots & [C_{tu'}] & \vdots \\ [C_{n_e1'}] & \cdots & [C_{n_en_e'}] \end{bmatrix} \begin{Bmatrix} \boldsymbol{M}_1 \\ \vdots \\ \boldsymbol{M}_u \\ \vdots \\ \boldsymbol{M}_{ne} \end{Bmatrix} = -\begin{Bmatrix} \boldsymbol{H}_{01} \\ \vdots \\ \boldsymbol{H}_{0t} \\ \vdots \\ \boldsymbol{H}_{0n_e} \end{Bmatrix} \tag{1.100}$$

ここで，$n_e$ は磁性体内の要素数である．$C_{tu'}$ は次式で与えられる．

$$[C_{tu'}] = [C_{tu}] - \frac{1}{\mu_t - \mu_0}\delta_{tvuv'} \tag{1.101}$$

(1.100) 式の係数マトリックスは，非対称な密マトリックスとなる．したがって，(1.100) 式の解法には，たとえばガウスの消去法を用いればよい．また，磁気モーメント法では，係数マトリックスの作成に要する時間が総計算時間に大きく影響するので，プログラム作成の際には十分注意を払う必要がある[18]．

次に，空気中の任意の点 $P_i$ における磁束密度 $\boldsymbol{B}_i$ の計算方法について述べる．これは，求まった磁化 $\boldsymbol{M}_u$ を用いて次式で表される．

$$\begin{aligned} \boldsymbol{B}_i &= \mu_0(\boldsymbol{H}_{0i} + \boldsymbol{H}_{mi}) \\ &= \mu_0\left(\boldsymbol{H}_{0i} + \sum_{u=1}^{n_e}[C_{iu}]\cdot\boldsymbol{M}_u\right) \end{aligned} \tag{1.102}$$

ここで，空気中の点では $\boldsymbol{B}_i$，$\boldsymbol{H}_{0i}$ および $\boldsymbol{H}_{mi}$ は，それぞれ $x$, $y$, $z$ の三方向成分を定義する．したがって，上式の $C_{iu}$ は (1.97) 式とは異なり，次式のような $3\times 6$ のテンソルとなる．

$$[C_{iu}] = \begin{bmatrix} C_{ixu1} & \cdots & C_{ixu6} \\ C_{iyu1} & \cdots & C_{iyu6} \\ C_{izu1} & \cdots & C_{izu6} \end{bmatrix} \tag{1.103}$$

たとえば，$C_{ixu1}$，$C_{iyu1}$，$C_{izu1}$ などは (1.98) 式により次式で表される．

$$C_{ixu1} = -\frac{1}{4\pi\mu_0}\cdot\frac{\partial}{\partial x}\iint_{Su1}\frac{1}{|\boldsymbol{r}_{iu1}|}dS \tag{1.104}$$

$$C_{iyu1} = -\frac{1}{4\pi\mu_0}\cdot\frac{\partial}{\partial y}\iint_{Su1}\frac{1}{|\boldsymbol{r}_{iu1}|}dS \tag{1.105}$$

$$C_{izu1} = -\frac{1}{4\pi\mu_0}\cdot\frac{\partial}{\partial z}\iint_{Su1}\frac{1}{|\boldsymbol{r}_{iu1}|}dS \tag{1.106}$$

ここで，$\boldsymbol{r}_{iu1}$ は，面 $S_{u1}$ から点 $P_i$ へ向かう位置ベクトルである．

以上は，磁化 $\boldsymbol{M}$ を用いた磁気モーメント法であるが，等価電流を用いた磁気モーメント法[19] なども提案されている．

**[コラム1]　真空の透磁率 $\mu_0$ が $4\pi\times10^{-7}$ [H/m] である理由**

$\mu_0$ は真空中での $\boldsymbol{B}$ と $\boldsymbol{H}$ の間の関係を与える定数である．物理学は実験に基づいて理論が構築されている．磁界を作る電流の大きさも，2つの電線間に働く力を用いて定義されている．すなわち，コラム図1のように断面積が無視できる2本の無限長の平行直線導体に一定電流が流れ，真空中で1m離れた2つの導体間に働く力が1m当たり $2\times10^{-7}$N であるとき，流れる電流を1Aと定義する．

したがって，以下のようにして $\mu_0$ の値が求まる．単位長の2つの平行導体に働く力 $F$ は，次式のようにいわゆる $BIL$（$L$ は導体の長さ，ただし，この場合は $L=1$ m）により求められる．

$$F=\mu_0 HI=\mu_0\frac{I}{2\pi d}$$

ここで，$d$ は2つの導体間の距離であり，今の場合 $d=1$ m，$I=1$ A とすれば次式となる．

$$2\times10^{-7}=\frac{\mu_0}{2\pi}$$

よって $\mu_0=4\pi\times10^{-7}$ が得られる．

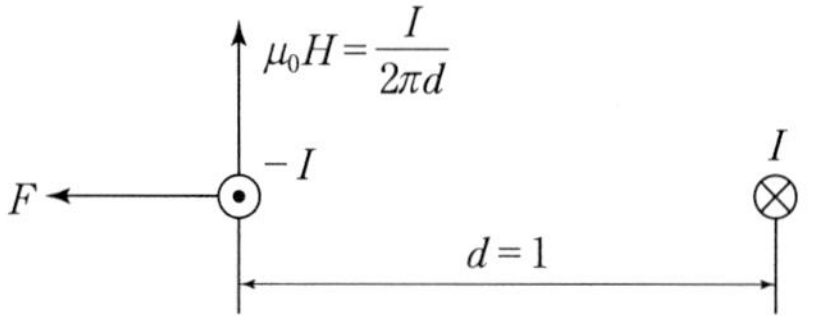


**コラム図1**　2つの導体間に働く力

**[コラム2]　並列磁気回路では磁束波形がひずむ理由**

コラム図2に，変圧器の高さを低く設計する場合に用いられる単相四脚変圧器鉄心を示す．コラム図3に磁束分布を，コラム図4にヨークと帰路脚の磁束密度 $b_y$，$b_k$ の波形を示す．このような変圧器では，脚の磁束 $\Phi$（$=\Phi_y+\Phi_k$）が正弦波になるように励磁していても，コラム図4のようにヨークの磁束密度波形 $b_y$，帰路脚の磁束密度波形 $b_k$ は鉄心の磁気特性が非線形であるため，ひずみ波となる．

以下に，このように波形がひずむ理由について考察を行う．簡単のため，コラム図5のような磁路長が $L_A$，$L_B$，断面積が $S_A$，$S_B$ である2個の並列磁路で構成された複合磁気回路を考える．励磁巻線部の磁束 $(S_A+S_B)b$ は磁路 $A$ と磁路 $B$ へ分かれるので，次式が成り立つ．

$$(S_A+S_B)b=b_A S_A+b_B S_B \tag{1}$$

ここで，$b$ は励磁巻線部の見かけの磁束密度を示す．$b_A$, $b_B$ は，磁路 $A$, $B$ の磁束密度である．鉄心の磁化特性を $h=f(b)$（$h$：磁界の強さ）で表せば，磁路 $A$ と磁路 $B$ のアンペアターンは等しいので次式が成り立つ．

$$f(b_A)L_A=f(b_B)L_B \tag{2}$$

$\alpha_L=L_B/L_A$, $\alpha_s=S_B/S_A$ とおけば，(1)，(2) 式より両磁路の磁束密度 $b_A$, $b_B$ を求める非線形磁気回路方程式は次式となる．

$$b_B=\frac{(1+\alpha_s)b-b_A}{\alpha_s} \tag{3}$$

$$f(b_A)-\alpha_L f(b_B)=0 \tag{4}$$

(4) 式より，$\alpha_L=1$ すなわち，両磁路の磁路長が等しい場合には，印加電圧に対応した見かけの磁束波形と各磁路の磁束密度波形は全く同じになる．すなわち，正弦波電圧で励磁すれば各磁路の磁束密度も正弦波となる．これ以外の条件では，各磁路の磁束波形はひずみ波となる．単相四脚鉄心では $\alpha_L=1$ の条件を満足し得ないので，帰路脚やヨーク磁束はひずみ波となるのである．この場合，第三調波磁束はコラム図 3(b) のように主にヨークと帰路脚を通る循環磁束となる．

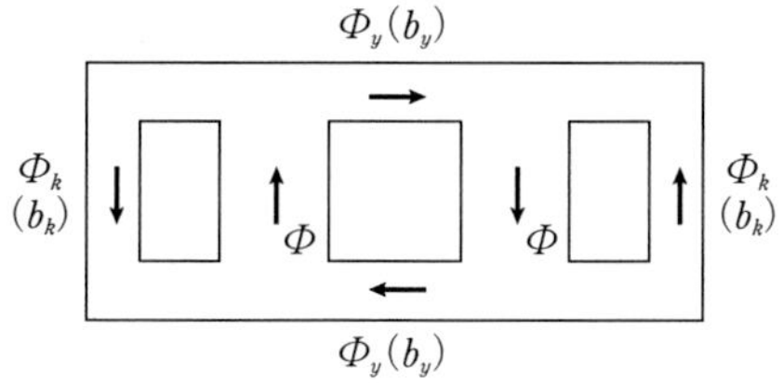


**コラム図 2**　単相四脚変圧器鉄心

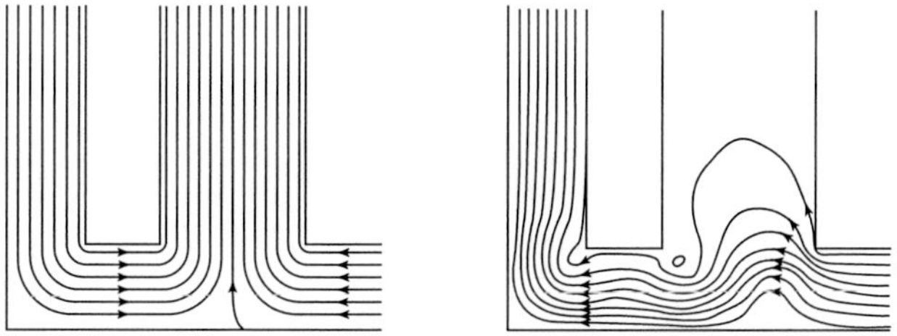

(a)　磁束分布（$\omega t=90°$）　(b)　第三調波磁束の分布図（$\omega t=30°$）

**コラム図 3**　磁束分布

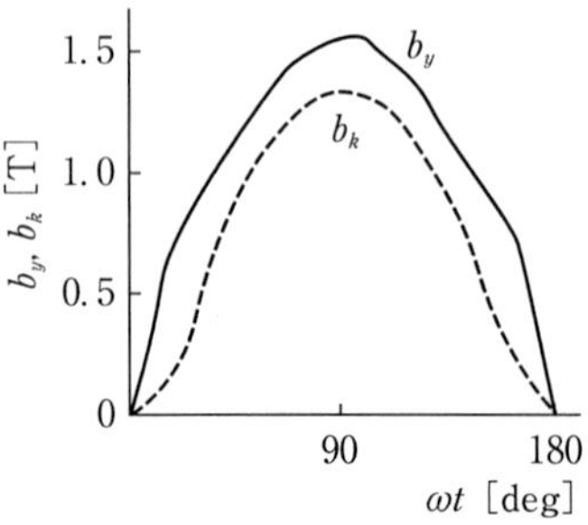


**コラム図 4**　各磁路の磁束密度波形

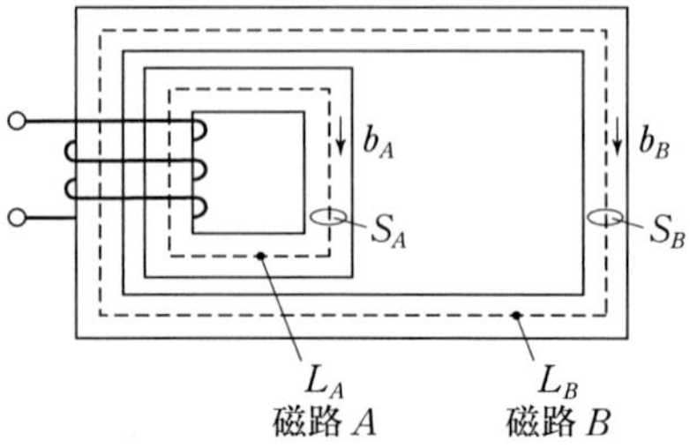


**コラム図 5**　複合磁気回路

# 2

# 二次元静磁界解析法

## 2.1　変分原理とガラーキン法

有限要素法は，解析したい領域を多数の要素とよばれる小領域に分割し，その要素に含まれる節点や辺上で定義されるポテンシャルなどを簡単な式で近似して，連立一次方程式を作成し，計算機を用いてポテンシャル分布などを求める手法である．このように，解析領域内で連続に変化するポテンシャルのうちの節点や辺上のポテンシャルを未知数として取り扱うことを「離散化する」という．ここでは1.1節で定義した二次元場の磁界解析法について述べるが，3章の三次元場とは，用いる要素が異なり，式の変形時に三次元場では三次元のベクトル公式を用いて変形するのに対し，二次元場では異なった公式を用いるため，式の変形時の複雑さが違ってくるが，本質は同じである．

磁束分布を求めるためには，(1.22) 式のような磁界解析の基礎方程式を解く必要がある．(1.22)式を解析を行いたい領域全体にわたって解く方法が有限要素法である．有限要素法の式を作る方法として，代表的なものに変分原理を用いる方法とガラーキン法がある．

### 2.1.1　変分原理を用いる方法

変分原理を用いる方法[1,2] は，領域内の全エネルギーに対応する汎関数を求めておき，これを最小にするようなポテンシャル分布が実際の物理現象に対応しているという原理（エネルギー原理）を用いる方法である．これはリッツ法ともよばれる．この方法は，汎関数が存在する問題に対してのみ有効である．

マクスウェルのエネルギーにおいて，(1.17) 式のように，磁気抵抗率 $\nu$ の $x, y$ 方向成分を $\nu_x, \nu_y$ として取り扱う場合は，磁界のエネルギー $\chi$ の式は次式で表される．

$$\chi=\frac{B^2}{2\mu}=\frac{\nu B^2}{2}=\frac{1}{2}(\nu_x {B_x}^2+\nu_y {B_y}^2) \tag{2.1}$$

ところで，ここで考えている二次元場では電流は $z$ 方向に流れるので，磁気ベクトルポテンシャルは $z$ 方向成分のみを有する．それゆえ，二次元場では磁気ベクトルポテンシャルの $z$ 方向成分 $A_z$ のスカラ量が未知変数となる．以下，特に混同する恐れのない場合は磁気ベクトルポテンシャルを，ベクトルポテンシャルまたはポテンシャルと略す．磁束密度 $B_x$, $B_y$ をベクトルポテンシャル $A$ を用いて表した（1.14）式は，二次元の場合（$A_x=A_y=0$）は次式となる．

$$B_x=\frac{\partial A}{\partial y},\quad B_y=-\frac{\partial A}{\partial x} \tag{2.2}$$

ここで，ベクトルポテンシャルの $z$ 方向成分 $A_z$ を簡単のため $A$ と表示した．(2.2) 式を（2.1）式に代入して領域内で積分するとともに電流回路に電流密度 $J_0$ が流れている場合のエネルギー[3] も考慮すると，次式が得られる．

$$\chi=\frac{1}{2}\iint_x\left\{\nu_y\left(\frac{\partial A}{\partial x}\right)^2+\nu_x\left(\frac{\partial A}{\partial y}\right)^2\right\}dxdy-\iint J_0 A dxdy \tag{2.3}$$

エネルギー最小の式は，エネルギー $\chi$ を節点 $i$ のベクトルポテンシャル $A_i$ で偏微分することにより次式で表される．

$$\frac{\partial \chi}{\partial A_{\mathrm{i}}}=0 \tag{2.4}$$

ポテンシャル $A$ を座標 $x$, $y$ の一次式で近似して表し，(2.4) 式を変形すると次式のような全体節点方程式が得られる[3]．

$$[H]\{A\}=\{K\} \tag{2.5}$$

### 2.1.2　ガラーキン法

ガラーキン法[4] は，解きたい微分方程式（ここでは（1.19）式）を領域内で積分した式を作り，これより直接有限要素法の式を導出する方法であり，より一般性がある．この方法だと，汎関数が前もって求まらない問題にも適用することができる．

いま，解きたい微分方程式（ポテンシャル $A$ の関数）を

$$f(A)=0 \tag{2.6}$$

とする．ポテンシャル $A$ の近似値 $A'$ を上式に代入しても，一般に（2.6）式の $f(A)$ は零とはならず，残差 $R$（residual）が残り，

$$f(A')=R \tag{2.7}$$

となる．残差 $R$ の領域 $V$ 全体にわたる積分が零になるようにすればよい．この際，ポテンシャルを近似するために用いる補間関数 $N_i$ を重み関数とし，領域全体で残差 $R$ の重みつき積分を零にする方法がガラーキン法である．この場合の式（残差方程式とよぶ）は次式となる．

$$G_i=\iiint_V N_i\cdot f(A)\,dV=0 \tag{2.8}$$

すなわち，ガラーキン法は解きたい微分方程式を積分形式にして解く方法であるということができる．変分原理が適用できる問題に対しては，ガラーキン法と変分法は全く等価な有限要素法の式を導くことができる[3]．

ガラーキン法を用いて，直接磁界解析の式から有限要素法の式（全体節点方程式）を求める場合のプロセスは以下のようになる．

(1.19) 式を $x, y$ 座標系で表すと次式となる．

$$\frac{\partial}{\partial x}\left(\nu_y \frac{\partial A}{\partial x}\right)+\frac{\partial}{\partial y}\left(\nu_x \frac{\partial A}{\partial y}\right)=-J_0 \tag{2.9}$$

(2.21) 式の補間関数 $N_i$ を用いて (2.9) 式にガラーキン法を適用すると，次式が得られる．

$$G_i=\iint_S N_i\left\{\frac{\partial}{\partial x}\left(\nu_y \frac{\partial A}{\partial x}\right)+\frac{\partial}{\partial y}\left(\nu_x \frac{\partial A}{\partial y}\right)+J_0\right\}dxdy=0 \tag{2.10}$$

変分原理の場合と同様にして，(2.10) 式を変形すれば，(2.5) 式の全体節点方程式が得られる．

有限要素法を用いた磁界解析の計算手順をまとめると，以下のようになる．

(1)　磁束分布を求めたい領域を多数の要素に分割する．

(2)　各要素内のポテンシャル分布を，たとえば一次関数で近似する．

(3)　ガラーキン法やエネルギー最小の原理を用いて，ポテンシャルを未知数とする連立一次方程式を作成する．

(4)　境界条件を与えて連立一次方程式を解く．

(5)　ポテンシャルを用いて，磁束分布などを求める．

## 2.2　二次元静磁界解析法

有限要素法では領域を多くの部分に細分（これを要素とよぶ）して解析するが，二次元場の解析では，図 2.1 に示すような一次三角形要素がよく用いられる．三角形の頂点を節点とよび，要素 1 個だけを取り出して議論する際には，要素内で相対的に仮の節点番号（相対節点番号とよぶ）をつけておく．その節点番号を 1, 2, 3 とし，節点

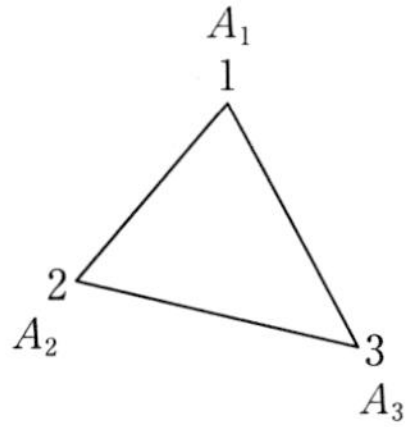


**図 2.1**　一次三角形要素

の座標を $(x_1, y_1)$，$(x_2, y_2)$，$(x_3, y_3)$，節点のポテンシャルを $A_1, A_2, A_3$ とする．

要素 $e$ 内の任意の点 P $(x, y)$ のポテンシャル $A$ を次式で表せると仮定する．

$$A=\alpha_1+\alpha_2 x+\alpha_3 y=\{1\ \ x\ \ y\}\begin{Bmatrix}\alpha_1\\ \alpha_2\\ \alpha_3\end{Bmatrix} \tag{2.11}$$

ここで，$\alpha_1, \alpha_2, \alpha_3$ は要素ごとに異なる定数である．

(2.11) 式に要素 $e$ の各節点 1, 2, 3 の座標およびポテンシャルを代入すれば，次式の連立方程式が得られる．

$$\begin{Bmatrix}A_1\\ A_2\\ A_3\end{Bmatrix}=\begin{bmatrix}1 & x_1 & y_1\\ 1 & x_2 & y_2\\ 1 & x_3 & y_3\end{bmatrix}\begin{Bmatrix}\alpha_1\\ \alpha_2\\ \alpha_3\end{Bmatrix} \tag{2.12}$$

(2.12) 式を $\alpha_1, \alpha_2, \alpha_3$ について解くと次式となる．

$$\begin{Bmatrix}\alpha_1\\ \alpha_2\\ \alpha_3\end{Bmatrix}=\begin{bmatrix}1 & x_1 & y_1\\ 1 & x_2 & y_2\\ 1 & x_3 & y_3\end{bmatrix}^{-1}\begin{Bmatrix}A_1\\ A_2\\ A_3\end{Bmatrix} \tag{2.13}$$

(2.11) 式に (2.13) 式を代入することにより，要素内の任意の点 $(x, y)$ のポテンシャルが次式のように求まる．

$$A=\{1\ \ x\ \ y\}\begin{bmatrix}1 & x_1 & y_1\\ 1 & x_2 & y_2\\ 1 & x_3 & y_3\end{bmatrix}^{-1}\begin{Bmatrix}A_1\\ A_2\\ A_3\end{Bmatrix} \tag{2.14}$$

(2.14) 式を計算すると次式の形に書くことができる．

$$A=\frac{1}{2\varDelta}\{1\ \ x\ \ y\}\begin{bmatrix}b_1 & b_2 & b_3\\ c_1 & c_2 & c_3\\ d_1 & d_2 & d_3\end{bmatrix}\begin{Bmatrix}A_1\\ A_2\\ A_3\end{Bmatrix} \tag{2.15}$$

ここで

$$\begin{bmatrix}b_1 & b_2 & b_3\\ c_1 & c_2 & c_3\\ d_1 & d_2 & d_3\end{bmatrix}=2\varDelta\begin{bmatrix}1 & x_1 & y_1\\ 1 & x_2 & y_2\\ 1 & x_3 & y_3\end{bmatrix}^{-1} \tag{2.16}$$

$$\varDelta=\frac{1}{2}\begin{vmatrix}1 & x_1 & y_1\\ 1 & x_2 & y_2\\ 1 & x_3 & y_3\end{vmatrix} \tag{2.17}$$

$\varDelta$ は要素 $e$ の面積である．ところで，図 2.1 では節点番号を反時計まわり (1, 2, 3) に数えて，(2.17) 式では節点 1 の $x_1, y_1$，節点 2 の $x_2, y_2$ の順に並べて $\varDelta$ の計算を行っている．節点番号の取り方として時計方向に 1, 3, 2 と数えてもよさそうであるが，実は反時計まわりに数えた場合 (2, 3, 1 や 3, 1, 2 でもよい) は要素の面積 $\varDelta$ が正になることがわかっているので，通常節点番号は反時計まわりに数えられる[3)].

(2.16) 式の $b_1$，$c_1$，$d_1$ などを具体的に計算すると，次式のようになる．

$$\begin{bmatrix}1 & x_1 & y_1\\1 & x_2 & y_2\\1 & x_3 & y_3\end{bmatrix}^{-1}=\frac{1}{\begin{vmatrix}1 & x_1 & y_1\\1 & x_2 & y_2\\1 & x_3 & y_3\end{vmatrix}}\begin{bmatrix}\begin{vmatrix}x_2 & y_2\\x_3 & y_3\end{vmatrix} & -\begin{vmatrix}x_1 & y_1\\x_3 & y_3\end{vmatrix} & \begin{vmatrix}x_1 & y_1\\x_2 & y_2\end{vmatrix}\\ -\begin{vmatrix}1 & y_2\\1 & y_3\end{vmatrix} & \begin{vmatrix}1 & y_1\\1 & y_3\end{vmatrix} & -\begin{vmatrix}1 & y_1\\1 & y_2\end{vmatrix}\\ \begin{vmatrix}1 & x_2\\1 & x_3\end{vmatrix} & -\begin{vmatrix}1 & x_1\\1 & x_3\end{vmatrix} & \begin{vmatrix}1 & x_1\\1 & x_2\end{vmatrix}\end{bmatrix}$$

$$=\frac{1}{2\varDelta}\begin{bmatrix}x_2y_3-x_3y_2 & x_3y_1-x_1y_3 & x_1y_2-x_2y_1\\ y_2-y_3 & y_3-y_1 & y_1-y_2\\ x_3-x_2 & x_1-x_3 & x_2-x_1\end{bmatrix} \tag{2.18}$$

(2.18) 式より，(2.16) 式の $b_1$, $c_1$ などは一般的に次式のように書くことができる．

$$\begin{cases}b_i=x_jy_k-x_ky_j\\ c_i=y_j-y_k\\ d_i=x_k-x_j\end{cases} \tag{2.19}$$

ただし，$i$, $j$, $k$ は循環する添字で，たとえば，$i=2$ のとき $j=3$, $k=1$ を表すものとする．

(2.15) 式のままでは扱いにくいので，次式のように書き換えることにする．

$$A=\sum_{i=1}^{3}N_i(x,\ y)A_i \tag{2.20}$$

ここで，$N_i$ は (2.15) 式の $A_1$, $A_2$, $A_3$ の係数に対応しており，次式で表される．

$$N_i(x,\ y)=\frac{1}{2\varDelta}(b_i+c_ix+d_iy) \tag{2.21}$$

$N_i(x,\ y)$ は座標の関数であり，これを節点 $i$ の補間関数とよぶ．$N_i(x,\ y)$ が節点 $i$ 上では 1 で，他の節点上で零となるように作ってあれば，(2.20) 式で要素内および要素の節点上でのポテンシャルを表すことができる．それゆえ，補間関数 $N_i(x,\ y)$ は次式の性質を満足する．

$$N_i(x_j,\ y_j)=\begin{cases}1 & (j=i)\\ 0 & (j\neq i)\end{cases} \tag{2.22}$$

次に，節点 1 の補間関数 $N_1$ が節点 1 で 1，節点 2, 3 で零になっているかどうかを確かめてみる．(2.21) 式で $i=1$ とおいた $N_1(x,\ y)$ に節点 1 の座標 $x_1$, $y_1$ を代入すると次式となる．

$$\begin{aligned}N_1(x_1,\ y_1)&=\frac{1}{2\varDelta}(b_1+c_1x_1+d_1y_1)\\ &=\frac{1}{2\varDelta}\{(x_2y_3-x_3y_2)+(y_2-y_3)x_1+(x_3-x_2)y_1\}\end{aligned} \tag{2.23}$$

上式の分子の値は (2.17) 式の三角形の面積の 2 倍 ($2\varDelta=x_2y_3+x_3y_1+x_1y_2-x_2y_1-$

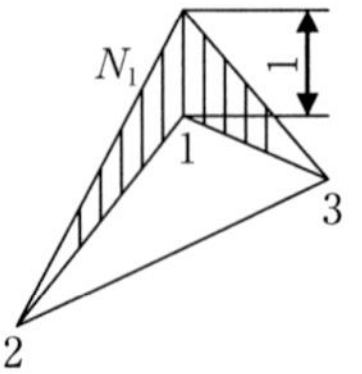


**図 2.2**　補間関数 $N_1$ の特性

$x_1y_3-x_3y_2$）に等しいので，結局 $N_1(x, y)=1$ となる．また，$N_1(x, y)$ に節点 2 の座標 $x_2, y_2$ を代入すると，次式のように $N_1(x_2, y_2)=0$ となる．

$$N_1(x_2, y_2)=\frac{1}{2\Delta}\{(x_2y_3-x_3y_2)+(y_2-y_3)x_2+(x_3-x_2)y_2\}=0 \tag{2.24}$$

節点 3 で $N_1(x_3, y_3)=0$ となることも同様にして確かめられる．

$N_1(x, y)$ は節点 1 では 1，節点 2, 3 で零になり，その間は図 2.2 のように $x, y$ 座標で直線近似した関数であることがわかる．$N_1(x, y)$ はこのような特性を有しているので，(2.20) 式を用いて，三角形要素内のポテンシャル $A$ を $x, y$ 座標で直線的に補間して近似できる．

たとえばポテンシャル $A$ が節点 1 で $A_1$ になることは，節点 1 上で $N_1(x_1, y_1)=1$, $N_2(x_1, y_1)=0$, $N_3(x_1, y_1)=0$ となることを用いれば，以下のように (2.20) 式を用いてうまく表せることになる．

$$A_1=N_1(x_1, y_1)(=1)A_1+N_2(x_1, y_1)(=0)A_2+N_3(x_1, y_1)(=0)A_3=A_1 \tag{2.25}$$

次に，ガラーキン法を用いて二次元の静磁界解析を行うための式を導出する．(2.10) 式に部分微分の式

$$\frac{\partial}{\partial x}\left(N_i\nu_y\frac{\partial A}{\partial x}\right)=\frac{\partial N_i}{\partial x}\left(\nu_y\frac{\partial A}{\partial x}\right)+N_i\frac{\partial}{\partial x}\left(\nu_y\frac{\partial A}{\partial x}\right) \tag{2.26}$$

$$\frac{\partial}{\partial y}\left(N_i\nu_x\frac{\partial A}{\partial y}\right)=\frac{\partial N_i}{\partial y}\left(\nu_x\frac{\partial A}{\partial y}\right)+N_i\frac{\partial}{\partial y}\left(\nu_x\frac{\partial A}{\partial y}\right) \tag{2.27}$$

を適用すれば次式が得られる．

$$G_i=\iint_S\left\{\frac{\partial}{\partial x}\left(N_i\nu_y\frac{\partial A}{\partial x}\right)+\frac{\partial}{\partial y}\left(N_i\nu_x\frac{\partial A}{\partial y}\right)\right\}dxdy$$
$$-\iint_S\left\{\frac{\partial N_i}{\partial x}\left(\nu_y\frac{\partial A}{\partial x}\right)+\frac{\partial N_i}{\partial y}\left(\nu_x\frac{\partial A}{\partial y}\right)\right\}dxdy+\iint_S J_0N_idxdy \tag{2.28}$$

(2.28) 式に (2.29) 式のようなグリーンの定理[5] を適用すれば，(2.28) 式の右辺第 1 項は (2.30) 式のように変形される．

$$\iint_C\left(\frac{\partial g}{\partial x}+\frac{\partial f}{\partial y}\right)dxdy=\int_C(gdy-fdx) \tag{2.29}$$

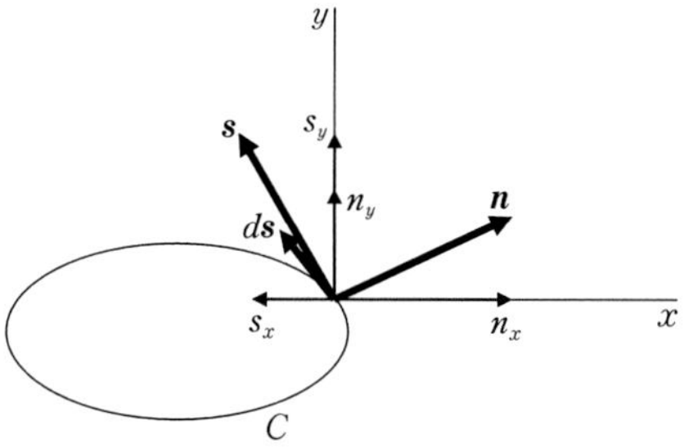


**図 2.3**　境界上の単位法線ベクトルと単位接線ベクトル

$$(\text{右辺第 1 項}) = \int_C N_i\left(\nu_y \frac{\partial A}{\partial x}dy - \nu_x \frac{\partial A}{\partial y}dx\right) = \int_C N_i\left(\nu_y \frac{\partial A}{\partial x}\frac{dy}{ds} - \nu_x \frac{\partial A}{\partial y}\frac{dx}{ds}\right)ds$$

$$= \int_C N_i\left(\nu_y \frac{\partial A}{\partial x}s_y - \nu_x \frac{\partial A}{\partial y}s_x\right)ds \tag{2.30}$$

ここで，$ds$ は境界 $C$ に沿った微小長さであり，$s_x$, $s_y$ は図 2.3 に示したように境界 $C$ の単位接線ベクトル $\boldsymbol{s}$ の $x$, $y$ 方向成分である．ところで，境界 $C$ における外向き単位法線ベクトル $\boldsymbol{n}$ の $x$, $y$ 方向成分 $n_x$, $n_y$ と $s_x$, $s_y$ の間には次式の関係がある．

$$\begin{aligned} s_x &= -n_y \\ s_y &= n_x \end{aligned} \tag{2.31}$$

(2.31) 式を (2.30) 式に代入すると次式になる．

$$(\text{右辺第 1 項}) = \int_C N_i\left(\nu_y \frac{\partial A}{\partial x}n_x + \nu_x \frac{\partial A}{\partial y}n_y\right)ds \tag{2.32}$$

(2.32) 式の (　　) 内の式は，磁界の強さ $H$ を磁気ベクトルポテンシャルで表し，外積 $\boldsymbol{H}\times\boldsymbol{n}$ を二次元で書いた式 $(\boldsymbol{H}\times\boldsymbol{n})_{2D}$ に等しく，次式のように表すことができる[3]．

$$(\text{右辺第 1 項}) = \int_C N_i(\boldsymbol{H}\times\boldsymbol{n})_{2D}ds \tag{2.33}$$

境界 $C$ を 5.3 節で述べる自然境界（磁界ベクトル $\boldsymbol{H}$ が垂直になるような境界）として取り扱う場合は，上式は零となる．固定境界（ポテンシャルが既知の境界，磁界 $\boldsymbol{H}$ がこの境界上では平行になる，5.2 節参照）上では，上式はもともと考える必要はない．それゆえ，(2.28) 式は，次式のようになる．

$$G_i = \iint_S \left\{\frac{\partial N_i}{\partial x}\left(\nu_y \frac{\partial A}{\partial x}\right) + \frac{\partial N_i}{\partial y}\left(\nu_x \frac{\partial A}{\partial y}\right)\right\}dxdy - \iint_S J_0 N_i dxdy \tag{2.34}$$

$A$ を補間関数 $N_j$ で表した (2.20) 式を代入すれば，次式が得られる．

$$G_i = \iint_S \sum_{j=1}^{3}\left\{\nu_y \frac{\partial N_i}{\partial x}\frac{\partial N_j}{\partial x} + \nu_x \frac{\partial N_i}{\partial y}\frac{\partial N_j}{\partial y}\right\}Adxdy - \iint_S J_0 N_i dxdy \tag{2.35}$$

ここで，簡単のため $N_i(x, y)$ を $N_i$ と表した．(2.21) 式より，$\partial N_i/\partial x$, $\partial N_i/\partial y$ は次

式のようになる．

$$\frac{\partial N_i}{\partial x}=\frac{c_i}{2\Delta} \tag{2.36}$$

$$\frac{\partial N_i}{\partial y}=\frac{d_i}{2\Delta} \tag{2.37}$$

これらを（2.35）式に代入すると次式が得られる．

$$G_i=\iint_S\sum_{j=1}^{3}\left\{\nu_y\frac{c_i}{2\Delta}\frac{c_j}{2\Delta}+\nu_x\frac{d_i}{2\Delta}\frac{d_j}{2\Delta}\right\}A_j dxdy-\iint_S J_0\frac{1}{2\Delta}(b_i+c_ix+d_iy)dxdy \tag{2.38}$$

一次三角形要素では磁気抵抗率 $\nu_x$, $\nu_y$ は要素内で一定であり，また $c_i$, $d_i$, $\Delta$ などは定数であるので，（2.35）式は次式のように変形できる．

$$G_i=\sum_S\left\{\sum_{j=1}^{3}\frac{1}{4\Delta}(\nu_yc_ic_j+\nu_xd_id_j)A_j-\frac{J_0\Delta}{3}\right\} \tag{2.39}$$

ただし，上式の右辺第2項は，要素内の電流が一定であると仮定して積分することにより得られる[3)]．また，$\sum_S$ は全要素の総和を表す．

これを三角形要素の3節点1, 2, 3について計算し，マトリックス形式（これを要素係数マトリックスとよぶ）で書くと次式のようになる．

$$\begin{bmatrix} S_{11} & S_{12} & S_{13} \\ S_{21} & S_{22} & S_{23} \\ S_{31} & S_{32} & S_{33} \end{bmatrix}\begin{Bmatrix} A_1 \\ A_2 \\ A_3 \end{Bmatrix}=\begin{Bmatrix} K_1 \\ K_2 \\ K_3 \end{Bmatrix} \tag{2.40}$$

ここで，たとえば $S_{11}$, $K_1$ は

$$S_{11}=\frac{\nu_yc_1c_1+\nu_xd_1d_1}{4\Delta}$$

$$K_1=\frac{J_0\Delta}{3}$$

であり，一般的に $i$ 行 $j$ 列目の値 $S_{ij}$ および右辺の $i$ 行目の値 $K_i$ は，次式のように書ける．

$$S_{ij}=\frac{\nu_yc_ic_j+\nu_xd_id_j}{4\Delta} \tag{2.41}$$

$$K_i=\frac{J_0\Delta}{3} \tag{2.42}$$

（2.40）式を全要素について足し合わせ，境界条件を代入すれば，有限要素法で解くべき方程式（これを全体節点方程式，また左辺のマトリックスを全体係数マトリックスとよぶ）が得られ，次式のような形に書ける．

$$\begin{bmatrix} H_{11} & \cdots & H_{1n} \\ \vdots & & \vdots \\ H_{n1} & \cdots & H_{nn} \end{bmatrix}\begin{Bmatrix} A_1 \\ \vdots \\ A_n \end{Bmatrix}=\begin{Bmatrix} K_1{}^* \\ \vdots \\ K_n{}^* \end{Bmatrix} \tag{2.43}$$

ここで，$n$ は未知節点の数を示す．

## 2.3　手計算で解いてみよう（一次三角形要素を用いた例題）

**【例題 2.1】**

図 2.4(a) のような鉄（比透磁率：$\mu_r$）のまわりにコイルが巻かれているモデルを，図 2.4(b) のように 4 要素に分割して磁界解析を行うことを考える．以下の問に答えよ．ただし，5-6 は固定境界（$A=0$），5-1-3-4-2-6 は自然境界とせよ（自然境界とは磁界が境界に垂直になる境界である．有限要素法では，境界上のポテンシャルを未知数として取り扱えば，このような条件が自動的に扱えたことになるが，詳細は 5 章の境界条件を参照のこと）．また，コイルのアンペアターンは 100［AT］とせよ．なお，比透磁率 $\mu_r$ は，生まれた日の下 2 桁を用いて以下のようにせよ．

$\mu_r=$ | A | | B | | 0 | | 0 |

$A$：　生まれた日の 2 桁目

$B$：　生まれた日の 1 桁目

例　5 月 15 日生まれの人は $\mu_r=1500$，5 月 1 日生まれの人は $\mu_r=100$.

(a)　各節点 1〜4 の磁気ベクトルポテンシャル $A$ を有限要素法により求めよ．

(b)　各要素①〜④の磁束密度（$B_x, B_y$）を求めよ．

(c)　等ポテンシャル線を数本描け（磁束分布に対応）

**（解答例）**

### (a)　有限要素法による磁気ベクトルポテンシャルの計算

**要素 ①**

$$\left.\begin{aligned} c_2 &= y_5 - y_6 = 0.1 \\ c_5 &= y_6 - y_2 = 0 \\ c_6 &= y_2 - y_6 = -0.1 \end{aligned}\right\} \tag{2.44}$$

$$\left.\begin{aligned} d_2 &= x_6 - x_5 = 0 \\ d_5 &= x_2 - x_6 = 0.1 \\ d_6 &= x_5 - x_2 = -0.1 \end{aligned}\right\} \tag{2.45}$$

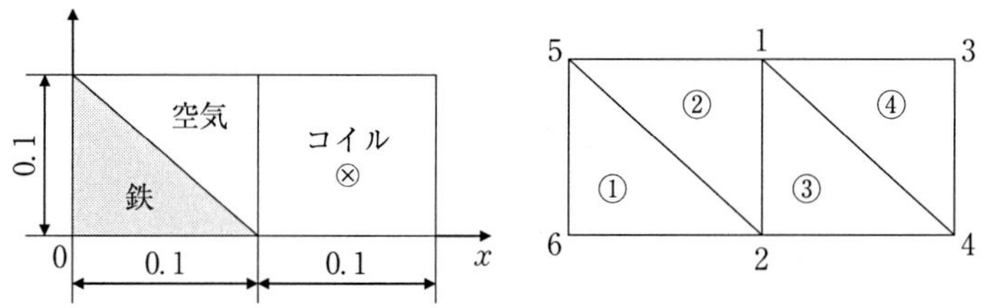


(a)　モデル　　　(b)　分割図

**図 2.4**　鉄とコイルのモデル

$$S_{22}^{(1)}=\nu\frac{(0.1)^2+0^2}{4\times0.005}=0.5\nu \tag{2.46}$$

$$S_{25}^{(1)}=\nu\frac{0.1\times0+0\times0.1}{0.002}=0 \tag{2.47}$$

$$S_{26}=\nu\frac{0.1\times(-0.1)+0\times(-0.1)}{0.02}=\frac{-0.01}{0.02}=-0.5\nu \tag{2.48}$$

$$S_{52}^{(1)}=0 \tag{2.49}$$

$$S_{55}^{(1)}=\nu\frac{0^2+(0.1)^2}{0.02}=0.5\nu \tag{2.50}$$

$$S_{56}^{(1)}=\frac{0+(-0.1)+(0.1)\times(-0.1)}{0.02}=-0.5\nu \tag{2.51}$$

$$S_{62}=-0.5\nu \tag{2.52}$$

$$S_{65}=-0.5\nu \tag{2.53}$$

$$S_{66}=\nu\frac{(-0.1)^2+(-0.1)^2}{0.02}=\nu \tag{2.54}$$

よって

$$[S]^{(1)}=\frac{1}{\mu_0\mu_r}\begin{matrix} & 2 & 5 & 6 \\ 2 & 0.5 & 0 & -0.5 \\ 5 & 0 & 0.5 & -0.5 \\ 6 & -0.5 & -0.5 & 1 \end{matrix} \tag{2.55}$$

ここで，行列の上側や左側の 2, 5, 6 は，最終的に作成する全体係数マトリックスの行や列の番号に対応する．

**要素 ②**

$$[S]^{(2)}=\frac{1}{\mu_0}\begin{matrix} & 1 & 5 & 2 \\ 1 & 1 & -0.5 & -0.5 \\ 5 & -0.5 & 0.5 & 0 \\ 2 & -0.5 & 0 & 0.5 \end{matrix} \tag{2.56}$$

**要素 ③**

$$[S]^{(3)}=\frac{1}{\mu_0}\begin{matrix} & 1 & 2 & 4 \\ 1 & 0.5 & -0.5 & 0 \\ 2 & -0.5 & 1 & -0.5 \\ 4 & 0 & -0.5 & 0.5 \end{matrix} \tag{2.57}$$

**要素 ④**

$$[S]^{(4)}=\frac{1}{\mu_0}\begin{matrix} & 1 & 4 & 3 \\ 1 & 0.5 & 0 & -0.5 \\ 4 & 0 & 0.5 & -0.5 \\ 3 & -0.5 & -0.5 & 1 \end{matrix} \tag{2.58}$$

$$\frac{J_0\varDelta}{3}=\frac{\dfrac{-100}{(0.1)^2}\times 0.005}{3}=\frac{50}{3} \tag{2.59}$$

要素①～④の要素係数マトリックス（2.55)～(2.58）式の対応する行や列の箇所を足し合わせて全体係数マトリックスを作成すると，次式が得られる．

$$\begin{array}{c} \\ 1 \\ 2 \\ 3 \\ 4 \\ 5 \\ 6 \end{array}
\begin{array}{c}
\begin{array}{cccccc} 1 & 2 & 3 & 4 & 5 & 6 \end{array} \\
\begin{bmatrix}
\left(\dfrac{1}{\mu_0}+\dfrac{0.5}{\mu_0}+\dfrac{0.5}{\mu_0}\right) & \left(\dfrac{-0.5}{\mu_0}+\dfrac{-0.5}{\mu_0}\right) & \dfrac{-0.5}{\mu_0} & 0 & \dfrac{-0.5}{\mu_0} & 0 \\
\left(\dfrac{-0.5}{\mu_0}+\dfrac{-0.5}{\mu_0}\right) & \left(\dfrac{0.5}{\mu_0\mu_r}+\dfrac{0.5}{\mu_0+\dfrac{1}{\mu_0}}\right) & 0 & \dfrac{-0.5}{\mu_0} & 0 & \dfrac{-0.5}{\mu_0\mu_r} \\
\dfrac{-0.5}{\mu_0} & 0 & \dfrac{1}{\mu_0} & \dfrac{-0.5}{\mu_0} & 0 & 0 \\
0 & \dfrac{-0.5}{\mu_0} & \dfrac{-0.5}{\mu_0} & \left(\dfrac{0.5}{\mu_0}+\dfrac{0.5}{\mu_0}\right) & 0 & 0 \\
\dfrac{-0.5}{\mu_0} & 0 & 0 & 0 & \left(\dfrac{0.5}{\mu_0}+\dfrac{0.5}{\mu_0\mu_r}\right) & \dfrac{-0.5}{\mu_0\mu_r} \\
0 & \dfrac{-0.5}{\mu_0\mu_r} & 0 & 0 & \dfrac{-0.5}{\mu_0\mu_r} & \dfrac{1}{\mu_0\mu_r}
\end{bmatrix}
\end{array}
\begin{Bmatrix} A_1 \\ A_2 \\ A_3 \\ A_4 \\ A_5 \\ A_6 \end{Bmatrix}$$

$$=\begin{Bmatrix} \left(-\dfrac{50}{3}-\dfrac{50}{3}\right) \\ -\dfrac{50}{3} \\ -\dfrac{50}{3} \\ \left(-\dfrac{50}{3}-\dfrac{50}{3}\right) \\ 0 \\ 0 \end{Bmatrix} \tag{2.60}$$

(2.60）式をさらに計算すると，(2.61）式が得られる．

$$\begin{bmatrix}
\dfrac{2}{\mu_0} & \dfrac{-1}{\mu_0} & \dfrac{-0.5}{\mu_0} & 0 & \dfrac{-0.5}{\mu_0} & 0 \\
\dfrac{-1}{\mu_0} & \left(\dfrac{1.5}{\mu_0}+\dfrac{0.5}{\mu_0\mu_r}\right) & 0 & \dfrac{-0.5}{\mu_0} & 0 & \dfrac{-0.5}{\mu_0\mu_r} \\
\dfrac{-0.5}{\mu_0} & 0 & \dfrac{1}{\mu_0} & \dfrac{-0.5}{\mu_0} & 0 & 0 \\
0 & \dfrac{-0.5}{\mu_0} & \dfrac{-0.5}{\mu_0} & \dfrac{1}{\mu_0} & 0 & 0 \\
\hdashline
\multicolumn{6}{c}{\text{計算を行わない}}
\end{bmatrix}
\begin{Bmatrix} A_1 \\ A_2 \\ A_3 \\ A_4 \\ A_5 \\ A_6 \end{Bmatrix}
=\begin{Bmatrix} -\dfrac{100}{3} \\ -\dfrac{50}{3} \\ -\dfrac{50}{3} \\ -\dfrac{100}{3} \\ 0 \\ 0 \end{Bmatrix} \tag{2.61}$$

たとえば $\mu_r=1500$ とし，$A_5=A_6=0$ を代入すると，

$$\begin{bmatrix} 2 & -1 & -0.5 & 0 \\ -1 & \left(1.5+\dfrac{0.5}{1500}\right) & 0 & -0.5 \\ -0.5 & 0 & 1 & -0.5 \\ 0 & -0.5 & -0.5 & 0 \end{bmatrix} \begin{Bmatrix} A_1 \\ A_2 \\ A_3 \\ A_4 \end{Bmatrix} = \begin{Bmatrix} -\dfrac{100\mu_0}{3} \\ -\dfrac{50\mu_0}{3} \\ -\dfrac{50\mu_0}{3} \\ -\dfrac{100\mu_0}{3} \end{Bmatrix} \tag{2.62}$$

上式を解くとポテンシャル $A_1$～$A_4$ が次式のように得られる．

$$\left.\begin{aligned} A_1 &= -2.513\times10^{-4} \\ A_2 &= -2.992\times10^{-4} \\ A_3 &= -3.231\times10^{-4} \\ A_4 &= -3.513\times10^{-4} \end{aligned}\right\} \tag{2.63}$$

**(b) 磁束密度の計算**

(2.2) 式の二次元の $B_x$, $B_y$ に (2.20), (2.21) 式を代入して変形すると，次式が得られる．

$$\left.\begin{aligned} B_x &= \frac{\partial A}{\partial y} = \frac{\partial}{\partial y}\left(\sum N_i A_i\right) = \sum \frac{\partial N_i}{\partial y} A_i = \frac{1}{2\Delta}\sum d_i A_i \\ B_y &= -\frac{\partial A}{\partial x} = -\frac{\partial}{\partial x}\left(\sum N_i A_i\right) = -\sum \frac{\partial N_i}{\partial x} A_i = -\frac{1}{2\Delta}\sum c_i A_i \end{aligned}\right\} \tag{2.64}$$

(2.63) 式のポテンシャルを上式に代入して，要素①～④の磁束密度を求めると以下のようになる．

要素 ①

$$\left.\begin{aligned} B_x^{(1)} &= \frac{1}{2\times0.005}\{0\times(-2.992)+0.1\times0+(-0.1)\times0\}\times10^{-4}=0 \\ B_y^{(1)} &= \frac{1}{2\times0.005}\{0.1\times(-2.992)+0\times0+(-0.1)\times0\}\times10^{-4}=2.992\times10^{-3} \end{aligned}\right\} \tag{2.65}$$

同様にして，

要素 ②

$$\left.\begin{aligned} B_x^{(2)} &= 0.479\times10^{-3} \\ B_y^{(2)} &= 2.513\times10^{-3} \end{aligned}\right\} \tag{2.66}$$

要素 ③

$$\left.\begin{aligned} B_x^{(3)} &= 0.479\times10^{-3} \\ B_y^{(3)} &= 0.539\times10^{-3} \end{aligned}\right\} \tag{2.67}$$

**要素 ④**

$$\left.\begin{aligned} B_x^{(4)} &= 0.3\times 10^{-3} \\ B_y^{(4)} &= 0.718\times 10^{-3} \end{aligned}\right\} \qquad (2.68)$$

次に，以上求まった磁束密度がオーダ的に妥当かどうかを磁気回路法の式を用いて検討する．(1.42) 式に $\Phi = BS$ を代入すれば，(2.69) 式のようになり，磁束密度 $B$ は (2.70) 式より求まる．

$$BS = \frac{\mu SNI}{L} \qquad (2.69)$$

$$B = \frac{\mu NI}{L} \qquad (2.70)$$

(1) 四角な鉄の場合（要素②の材質を鉄だと仮定，図 2.5(a)）

$$B = \frac{4\pi\times 10^{-7}\times 1500\times 100}{0.1} = 0.15 \ [\mathrm{T}]$$

(2) 空心コイルの場合（要素 ①の材質を空気だと仮定，図 2.5(b)）

$$B = \frac{4\pi\times 10^{-7}\times 100}{0.1} = 0.0001 \ [\mathrm{T}]$$

今回求まった三角形鉄の磁束密度は約 0.003 T であり，四角な鉄の場合と空心コイルの場合の中間の値であり，オーダ的には妥当であるといえる．

**(c) 等ポテンシャル線**

節点 1～4 に，有限要素法で求まった (2.63) 式のポテンシャルを与え，各辺上で $-1\times 10^{-4}$ [Wb/m], $-2\times 10^{-4}$ [Wb/m] などのポテンシャルの位置を直線補間によって求めて，ポテンシャルの等しい点を結ぶと，図 2.6 のようになる．このように磁気ベクトルポテンシャルの等しい点を結んだ線は磁束線に対応する[3]．

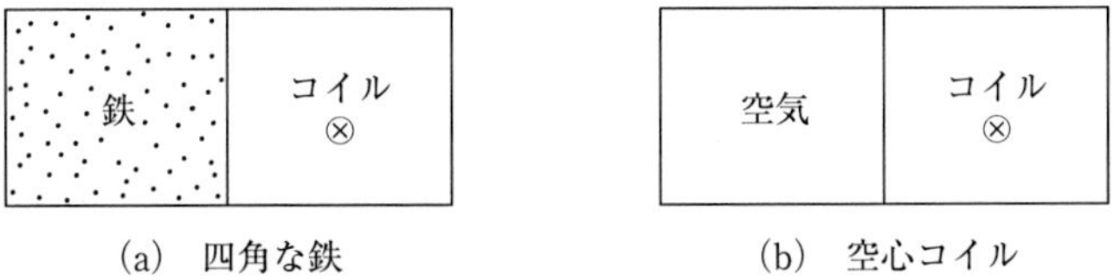


**図 2.5** 磁気回路法で求める 2 つのケース

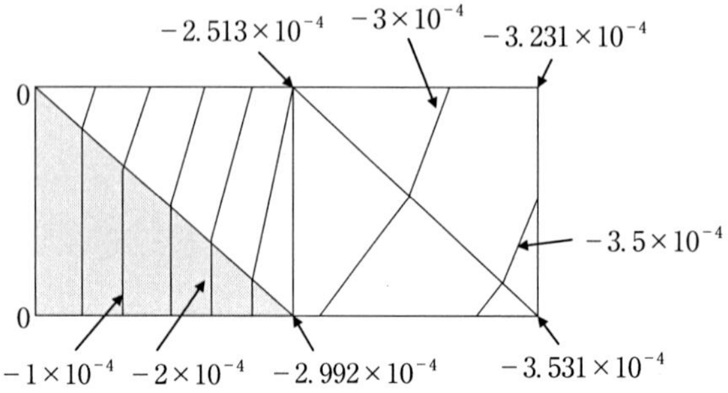


**図 2.6** 等ポテンシャル線（磁束線）

# 3

# 三次元静磁界解析法

三次元静磁界解析法としては，以前は節点に未知変数を定義する節点要素が用いられていたが，計算時間や精度などの点および物理現象に即しているという点で現在では辺要素[1~4)]がよく用いられているので，ここでは辺要素を主体に解説する．

## 3.1　一次四面体要素

### 3.1.1　一次四面体節点要素

一次四面体節点要素では，図 3.1(a) のように 4 個の節点上に磁気ベクトルポテンシャル $A_x, A_y, A_z$ を定義する．要素 $e$ 内の任意の点 P の座標を $x, y, z$ とすれば，点 P の磁気ベクトルポテンシャル $A_x, A_y, A_z$ は次式で表されると仮定する[4,5)]．

$$\left.\begin{aligned} A_x &= \alpha_{10} + \alpha_{11}x + \alpha_{12}y + \alpha_{13}z \\ A_y &= \alpha_{20} + \alpha_{21}x + \alpha_{22}y + \alpha_{23}z \\ A_z &= \alpha_{30} + \alpha_{31}x + \alpha_{32}y + \alpha_{33}z \end{aligned}\right\} \tag{3.1}$$

ここで，$\alpha_{10}, \alpha_{11}$ などはポテンシャルを補間する係数であり，要素ごとに異なる定数である．図 3.1(a) のように，要素内で相対的に仮の節点番号（相対節点番号とよぶ）

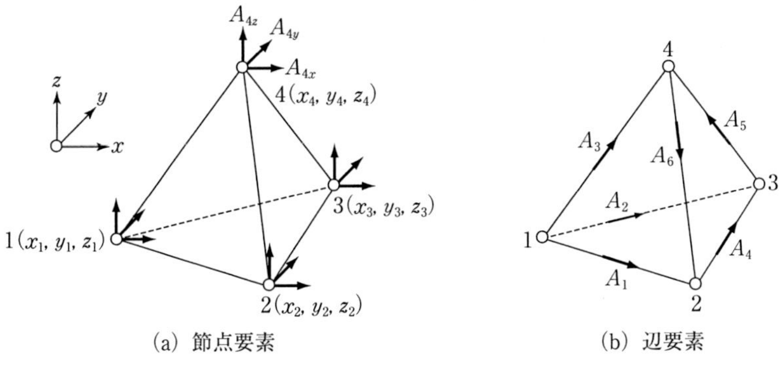


**図 3.1**　一次四面体要素

を付けておく．(3.1)式に各節点1, 2, 3, 4の座標 $x_1, y_1, z_1, x_2, y_2, z_2, \cdots$ およびポテンシャル $A_{1x}, A_{1y}, A_{1z}, A_{2x}, A_{2y}, A_{2z}, \cdots$ を代入すれば，次の連立方程式が得られる．

$$\begin{bmatrix} A_{1x} & A_{1y} & A_{1z} \\ A_{2x} & A_{2y} & A_{2z} \\ A_{3x} & A_{3y} & A_{3z} \\ A_{4x} & A_{4y} & A_{4z} \end{bmatrix} = \begin{bmatrix} 1 & x_1 & y_1 & z_1 \\ 1 & x_2 & y_2 & z_2 \\ 1 & x_3 & y_3 & z_3 \\ 1 & x_4 & y_4 & z_4 \end{bmatrix} \begin{bmatrix} \alpha_{10} & \alpha_{20} & \alpha_{30} \\ \alpha_{11} & \alpha_{21} & \alpha_{31} \\ \alpha_{12} & \alpha_{22} & \alpha_{32} \\ \alpha_{13} & \alpha_{23} & \alpha_{33} \end{bmatrix} \tag{3.2}$$

(3.2) 式の $\alpha_{10}, \alpha_{11}$ などは次式により求まる．

$$\begin{bmatrix} \alpha_{10} & \alpha_{20} & \alpha_{30} \\ \alpha_{11} & \alpha_{21} & \alpha_{31} \\ \alpha_{12} & \alpha_{22} & \alpha_{32} \\ \alpha_{13} & \alpha_{23} & \alpha_{33} \end{bmatrix} = \begin{bmatrix} 1 & x_1 & y_1 & z_1 \\ 1 & x_2 & y_2 & z_2 \\ 1 & x_3 & y_3 & z_3 \\ 1 & x_4 & y_4 & z_4 \end{bmatrix}^{-1} \begin{bmatrix} A_{1x} & A_{1y} & A_{1z} \\ A_{2x} & A_{2y} & A_{2z} \\ A_{3x} & A_{3y} & A_{3z} \\ A_{4x} & A_{4y} & A_{4z} \end{bmatrix} \tag{3.3}$$

ここで，

$$\begin{bmatrix} 1 & x_1 & y_1 & z_1 \\ 1 & x_2 & y_2 & z_2 \\ 1 & x_3 & y_3 & z_3 \\ 1 & x_4 & y_4 & z_4 \end{bmatrix}^{-1} = \frac{1}{6V} \begin{bmatrix} b_1 & b_2 & b_3 & b_4 \\ c_1 & c_2 & c_3 & c_4 \\ d_1 & d_2 & d_3 & d_4 \\ e_1 & e_2 & e_3 & e_4 \end{bmatrix} \tag{3.4}$$

とおけば，(3.3) 式は次式のように書ける．

$$\begin{bmatrix} \alpha_{10} & \alpha_{20} & \alpha_{30} \\ \alpha_{11} & \alpha_{21} & \alpha_{31} \\ \alpha_{12} & \alpha_{22} & \alpha_{32} \\ \alpha_{13} & \alpha_{23} & \alpha_{33} \end{bmatrix} = \frac{1}{6V} \begin{bmatrix} b_1 & b_2 & b_3 & b_4 \\ c_1 & c_2 & c_3 & c_4 \\ d_1 & d_2 & d_3 & d_4 \\ e_1 & e_2 & e_3 & e_4 \end{bmatrix} \begin{bmatrix} A_{1x} & A_{1y} & A_{1z} \\ A_{2x} & A_{2y} & A_{2z} \\ A_{3x} & A_{3y} & A_{3z} \\ A_{4x} & A_{4y} & A_{4z} \end{bmatrix} \tag{3.5}$$

ここで，$V$ は要素 $e$ の体積，$b_i, c_i, d_i, e_i$ は次式で与えられる[4)]．

$$\begin{aligned} b_i &= (-1)^i\{x_j(y_n z_m - y_m z_n) + x_m(y_j z_n - y_n z_j) + x_n(y_m z_j - y_j z_m)\} \\ c_i &= (-1)^i\{y_j(z_m - z_n) + y_m(z_n - z_j) + y_n(z_j - z_m)\} \\ d_i &= (-1)^i\{z_j(x_m - x_n) + z_m(x_n - x_j) + z_n(x_j - x_m)\} \\ e_i &= (-1)^i\{x_j(y_m - y_n) + x_m(y_n - y_j) + x_n(y_j - y_m)\} \end{aligned} \tag{3.6}$$

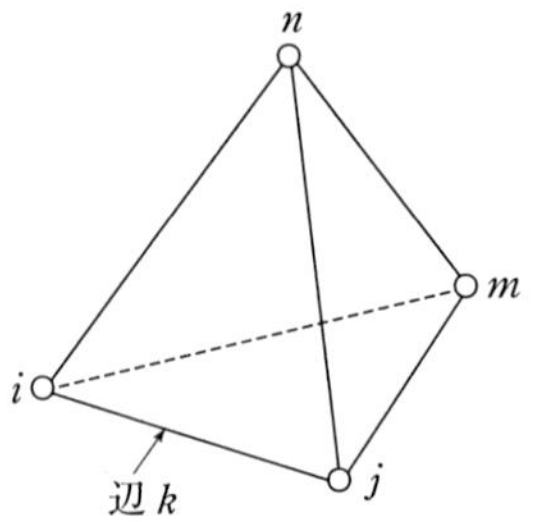


**図 3.2**　一次四面体節点要素

$$V=\frac{1}{6}\begin{vmatrix}1 & x_1 & y_1 & z_1\\ 1 & x_2 & y_2 & z_2\\ 1 & x_3 & y_3 & z_3\\ 1 & x_4 & y_4 & z_4\end{vmatrix}=\frac{1}{6}(x_1c_1+x_2c_2+x_3c_3+x_4c_4) \tag{3.7}$$

ただし，$i, j, m, n$ は循環する添字で，図 3.2 で，たとえば $i=2$ のとき，$j=3$, $m=4$, $n=1$ を表すものとする．節点番号の数え方としては，最初に数えた相対節点番号 1 を頂点とした四面体の底面の三角形において，節点 1 からみて節点を時計方向に数えるようにすれば，(3.7) 式を用いて計算した四面体の体積が常に正になるので好都合である[4]．$i, j, m, n$ はその要素内で何番目に数えた節点番号であるかを示している．たとえば，実際の分割図の節点番号が $i=20$, $j=5$, $m=8$, $n=35$ の場合，(3.6) 式の $b_m(=b_8)$ の計算時の $(-1)^m$ の $m$ は 3 番目に数えた節点番号であるので，$(-1)^3$ となる．

(3.5) 式を (3.1) 式に代入すれば，次式が得られる．

$$A_x=\{1\ x\ y\ z\}\begin{Bmatrix}\alpha_{10}\\ \alpha_{11}\\ \alpha_{12}\\ \alpha_{13}\end{Bmatrix}=\frac{1}{6V}\{1\ x\ y\ z\}\begin{bmatrix}b_1 & b_2 & b_3 & b_4\\ c_1 & c_2 & c_3 & c_4\\ d_1 & d_2 & d_3 & d_4\\ e_1 & e_2 & e_3 & e_4\end{bmatrix}\begin{Bmatrix}A_{1x}\\ A_{2x}\\ A_{3x}\\ A_{4x}\end{Bmatrix} \tag{3.8}$$

$$A_y=\{1\ x\ y\ z\}\begin{Bmatrix}\alpha_{20}\\ \alpha_{21}\\ \alpha_{22}\\ \alpha_{23}\end{Bmatrix}=\frac{1}{6V}\{1\ x\ y\ z\}\begin{bmatrix}b_1 & b_2 & b_3 & b_4\\ c_1 & c_2 & c_3 & c_4\\ d_1 & d_2 & d_3 & d_4\\ e_1 & e_2 & e_3 & e_4\end{bmatrix}\begin{Bmatrix}A_{1y}\\ A_{2y}\\ A_{3y}\\ A_{4y}\end{Bmatrix} \tag{3.9}$$

$$A_z=\{1\ x\ y\ z\}\begin{Bmatrix}\alpha_{30}\\ \alpha_{31}\\ \alpha_{32}\\ \alpha_{33}\end{Bmatrix}=\frac{1}{6V}\{1\ x\ y\ z\}\begin{bmatrix}b_1 & b_2 & b_3 & b_4\\ c_1 & c_2 & c_3 & c_4\\ d_1 & d_2 & d_3 & d_4\\ e_1 & e_2 & e_3 & e_4\end{bmatrix}\begin{Bmatrix}A_{1z}\\ A_{2z}\\ A_{3z}\\ A_{4z}\end{Bmatrix} \tag{3.10}$$

次に，次式のような性質を有する補間関数 $N_i$ を導入する．

$$N_i(x_j,\ y_j,\ z_j)=\begin{cases}1 & (j=i)\\ 0 & (j\neq i)\end{cases} \tag{3.11}$$

上式は $N_i$ が節点 $i$ 上では 1，それ以外では零になることを示している．$N_i$ は節点上の未知数の成分（スカラ量）間の関係を表す関数であるので，節点 $i$ のスカラ補間関数とよび，これは座標 $x, y, z$ の関数である．

$N_i$ を用いれば，(3.8)～(3.10) 式は次式のように書ける．

$$A_x=\sum_{i=1}^{4}N_iA_{ix}$$

$$A_y = \sum_{i=1}^{4} N_i A_{iy} \tag{3.12}$$
$$A_z = \sum_{i=1}^{4} N_i A_{iz}$$

ここで，$N_i$ は次式で与えられる．

$$N_i = \frac{1}{6V}\{1\ x\ y\ z\}\begin{Bmatrix} b_i \\ c_i \\ d_i \\ e_i \end{Bmatrix} = \frac{1}{6V}(b_i + c_i x + d_i y + e_i z) \tag{3.13}$$

(3.13) 式が (3.11) 式を満足することは容易に導出できる．

磁気ベクトルポテンシャルを (3.12) 式で表し，かつその補間関数 $N_i$ が (3.11) 式を満足するということは，節点要素ではポテンシャルの $x$, $y$, $z$ 方向成分 $A_x$, $A_y$, $A_z$ が節点で連続であることを意味する．すなわち，節点要素では要素の境界で磁束密度の法線方向成分と接線方向成分の両方が連続になるという条件を課していることになる．これは電磁気学によれば，異なる磁性体の境界面で $\boldsymbol{B}$ の法線方向成分と $\boldsymbol{H}$ の接線方向成分が連続であるのに対し，$\boldsymbol{B}$ の接線方向成分の連続性までも課しており（電磁気学の境界条件に適合していない），これが節点要素の精度低下の要因になっている[3)]．

### 3.1.2 一次四面体辺要素

一次四面体辺要素は，図 3.1(b) のように 4 個の面，4 個の節点と 6 個の辺を持つ要素である．未知変数 $A_k(k=1\sim6)$ は，次式のように磁気ベクトルポテンシャル $\boldsymbol{A}$ の辺 $k$ への射影成分を辺 $k$ に沿って図 3.1(b)の矢印の方向に積分した値と定義される[6~8)]．

$$A_k = \int_k \boldsymbol{A}\cdot d\boldsymbol{s} \tag{3.14}$$

ここで，$k(k=1\sim6)$ は，要素 $e$ 内で相対的に付けた仮の辺番号（相対辺番号とよぶ）で，$\boldsymbol{s}$ は辺に沿った直線上のベクトルである．このように，辺要素では，求めたい物理量（ここでは $\boldsymbol{A}$）のうち辺方向を向いている成分（実際は辺での積分値）を未知変数とする．

ある要素 $e$ を取り出して議論する場合，辺の方向をとりあえず決めておく必要がある．ここでは，図 3.1(b) のように，相対節点番号 1 を頂点とした四面体の底面の三角形において，節点 1 からみて三角形の辺を時計まわりにとった方向を正の向きとする．また，相対節点番号 1 から他の節点 2, 3, 4 に向かう方向を正の向きとする．全要素に 1 番から $nt$（全節点数）番まで連続した番号（絶対節点番号とよぶ）を付けた実際の分割図においては，たとえば，絶対節点番号の小さい方から大きい方へ向かう方向を正の向きと考えることにすればよい．

(3.14) 式で定義した 6 個の辺の $A_k$ を用いて，要素内のポテンシャル $\boldsymbol{A}$ を次式で表す.

$$\boldsymbol{A}=\sum_{k=1}^{6}\boldsymbol{N}_k A_k \qquad (3.15)$$

ここで，$\boldsymbol{N}_k$ は辺 $k$ の補間関数である.

(3.15) 式が成り立つためには，辺 $k$ の補間関数 $\boldsymbol{N}_k$ は次式を満たすように決める必要がある.

$$\int_m \boldsymbol{N}_k\cdot d\boldsymbol{s}=\begin{cases}1 & (m=k)\\ 0 & (m\neq k)\end{cases} \qquad (3.16)$$

この式は，$\boldsymbol{N}_k$ を辺 $k$ 上で積分すると 1，その他の辺 $m$ 上で積分すると零になることを示している.

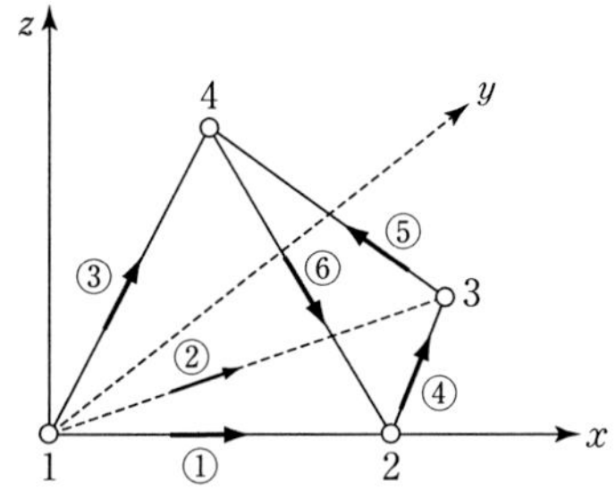


**図 3.3**　辺 1 が $x$ 軸に一致している四面体要素

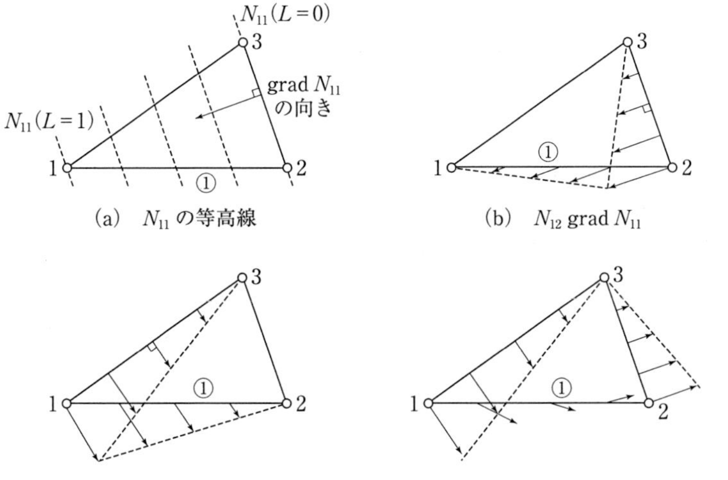


(a)　$N_{11}$ の等高線　　(b)　$N_{12}$ grad $N_{11}$

(c)　$N_{11}$ grad $N_{12}$　　(c)　$\boldsymbol{N}_1=N_{11}$ grad $N_{12}-N_{12}$ grad $N_{11}$

**図 3.4**　補間関数 $\boldsymbol{N}_1$

(3.16) 式が成り立つためには，補間関数 $\boldsymbol{N}_k$ が次の条件を満足する必要がある．

(i) 辺 $k$ 上で $\boldsymbol{N}_k$ が辺 $k$ に沿った成分を有する．

(ii) $k$ 以外の辺では $\boldsymbol{N}_k$ はその辺に沿った成分を有しない．

図 3.1(b) の辺 1 において，これらの条件を満足するような補間関数 $\boldsymbol{N}_1$ としては (3.17) 式が考えられる[6,9,10]．

$$\boldsymbol{N}_1 = N_{11}\,\mathrm{grad}\,N_{12} - N_{12}\,\mathrm{grad}\,N_{11} \tag{3.17}$$

ここで，$N_{11}$, $N_{12}$ は，辺 1 の両端の節点 1 および 2 における節点の補間関数であり，節点要素の (3.13) 式に対応する．

図3.3のように節点1が原点に一致し，辺1が $x$ 軸上にある場合を例にとって，(3.17) 式が (3.16) 式を満足するかどうかを確かめる．簡単のため，四面体の面のうち $x$-$y$ 平面上にある図 3.3 の三角形 123 において，$\boldsymbol{N}_1$ の向きを考察する．$N_{11}$ の等しい点を結んだ等高線は，図 3.4(a) のような破線になる（これは，一次三角形要素 123 の補間関数を面積座標 $L_1$, $L_2$, $L_3$ を用いて表した場合，節点 1 の補間関数 $\boldsymbol{N}_1$ が面積座標 $L_1$ に等しい[5] ということからも理解できる）．$\mathrm{grad}\,N_{11}$ は破線に垂直となるので，$N_{12}\,\mathrm{grad}\,N_{11}$ は図 3.4(b) のようになる．同様に $N_{11}\,\mathrm{grad}\,N_{12}$ も図 3.4(c) のようになるので，結局 $\boldsymbol{N}_1$ の向きは図 3.4(d)のように分布し，(3.16)式のところで述べた(i)，(ii) を満足していることがわかる．このことが四面体要素でも成り立つことは容易に理解できる．この場合，$\boldsymbol{N}_k$ はベクトル量なので，辺 $k$ のベクトル補間関数とよばれる．

## 3.2 辺要素を用いた静磁界解析法

静磁界の基礎式を辺要素を用いてガラーキン法により離散化することを考える．補間関数として (3.15)，(3.16) 式で述べたベクトル補間関数 $\boldsymbol{N}_k$ を用いて，(1.19) 式の $\boldsymbol{J}_0$ を左辺に移項した式にガラーキン法を適用すると，次式が得られる．

$$G_k = \iiint_V \boldsymbol{N}_k \cdot \mathrm{rot}\,(\nu\,\mathrm{rot}\,A)\,dV - \iiint_V \boldsymbol{N}_k \cdot \boldsymbol{J}_0\,dV \tag{3.18}$$

ここで，$G_k$ は辺 $k$ に関するベクトル補間関数 $\boldsymbol{N}_k$ を重み関数として積分した残差を示しており，未知の辺の数だけ式を作って解くことになる．(3.18) 式において，$\nu\,\mathrm{rot}\,\boldsymbol{A}$ を $\boldsymbol{a}$, $\boldsymbol{N}_i$ を $\boldsymbol{b}$ とおき，(3.19) 式のベクトル公式を用いれば，(3.18) 式の右辺第 1 項は (3.20) 式となる．

$$\mathrm{div}\,(\boldsymbol{a}\times\boldsymbol{b}) = \boldsymbol{b}\cdot\mathrm{rot}\,\boldsymbol{a} - \boldsymbol{a}\cdot\mathrm{rot}\,\boldsymbol{b} \tag{3.19}$$

$$G_k\ (\text{第 1 項}) = \iiint_V \nu\,\mathrm{rot}\,\boldsymbol{A}\cdot\mathrm{rot}\,\boldsymbol{N}_k dV + \iiint_V \mathrm{div}\,(\nu\,\mathrm{rot}\,\boldsymbol{A}\times\boldsymbol{N}_k)\,dV \tag{3.20}$$

(3.20) 式の右辺第 2 項は，(3.21) 式のようなガウスの発散定理を用いれば (3.22) 式のように変形できる．

$$\iiint_V \mathrm{div}\,\boldsymbol{c}dV=\iint_S \boldsymbol{c}\cdot\boldsymbol{n}dS \tag{3.21}$$

$$\iiint_V \mathrm{div}\,(\nu\,\mathrm{rot}\,\boldsymbol{A}\times\boldsymbol{N}_k)\,dV=\iint_S(\nu\,\mathrm{rot}\,\boldsymbol{A}\times\boldsymbol{N}_k)\cdot\boldsymbol{n}dS=\iint(\boldsymbol{n}\times\nu\,\mathrm{rot}\,\boldsymbol{A})\cdot\boldsymbol{N}_k dS \tag{3.22}$$

ここで，$S$ は $V$ を囲む閉曲面，$\boldsymbol{n}$ は $S$ の外向き単位法線ベクトルである．上式では次式の公式を用いた．

$$\boldsymbol{a}\cdot(\boldsymbol{b}\times\boldsymbol{c})=\boldsymbol{b}\cdot(\boldsymbol{c}\times\boldsymbol{a})=\boldsymbol{c}\cdot(\boldsymbol{a}\times\boldsymbol{b}) \tag{3.23}$$

境界に（2.34）式の所で与えたと同じ条件（自然境界，固定境界）を与えれば，(3.22) 式は零となる．このことと（3.18)，（3.20）式より，結局 $G_k$ は次式となる．

$$G_k=\iiint_V \mathrm{rot}\,\boldsymbol{N}_k\cdot(\nu\,\mathrm{rot}\,\boldsymbol{A})\,dV-\iiint_V \boldsymbol{N}_k\cdot\boldsymbol{J}_0 dV \tag{3.24}$$

(3.24）式では，未知数であるベクトルポテンシャル $\boldsymbol{A}$ には rot が 1 回掛かっているのに対し，(3.18）式では，$\boldsymbol{A}$ に rot が 2 回掛かっている．つまり，(3.18）式では $A$ には 2 階微分可能性まで要求されていたのが，(3.24）式では微分の階数が 1 階だけ低くなっている．このように，未知数 $\boldsymbol{A}$ に要求される条件が弱くなった（3.24）式を弱形式とよぶ．

ところで，(3.13）式を（3.17）式に代入して求めた一次四面体辺要素の補間関数 $\boldsymbol{N}_k$ は，以下のように変形できる[4]．

$$\begin{aligned}\boldsymbol{N}_k=\frac{1}{(6V)^2}&\{b_{k1}c_{k2}-b_{k2}c_{k1}+(d_{k1}c_{k2}-d_{k2}c_{k1})y+(e_{k1}c_{k2}-e_{k2}c_{k1})z\}\boldsymbol{i}\\&+\{b_{k1}d_{k2}-b_{k2}d_{k1}+(c_{k1}d_{k2}-c_{k2}d_{k1})x+(e_{k1}d_{k2}-e_{k2}d_{k1})z\}\boldsymbol{j}\\&+\{b_{k1}e_{k2}-e_{k2}b_{k1}+(c_{k1}e_{k2}-c_{k2}e_{k1})x+(d_{k1}e_{k2}-d_{k2}e_{k1})y\}\boldsymbol{k}\end{aligned} \tag{3.25}$$

ここで，たとえば $b_{k1}$ は辺 $k$ の片方の節点 1 での $b_k$，$c_{k_2}$ は辺 $k$ のもう片方の節点 2 での $c_k$ の値を示す．たとえば，rot $\boldsymbol{N}_k$ の $x$ 方向成分は次式となる．

$$\begin{aligned}(\mathrm{rot}\,\boldsymbol{N}_k)_x&=\frac{\partial(\boldsymbol{N}_k)_z}{\partial y}-\frac{\partial(\boldsymbol{N}_k)_y}{\partial z}=\frac{1}{(6V)^2}\frac{\partial}{\partial y}\{b_{k1}e_{k2}-e_{k2}b_{k1}+(c_{k1}e_{k2}-c_{k2}e_{k1})x\\&\quad+(d_{k1}e_{k2}-d_{k2}e_{k1})y\}-\frac{\partial}{\partial z}\{b_{k1}d_{k2}-b_{k2}d_{k1}+(c_{k1}d_{k2}-c_{k2}d_{k1})x+(e_{k1}d_{k2}-e_{k2}d_{k1})z\}\\&=\frac{1}{(6V)^2}\{(d_{k1}e_{k2}-d_{k2}e_{k1})-(e_{k1}d_{k2}-e_{k2}d_{k1})\}\\&=\frac{2}{(6V)^2}(d_{k1}e_{k2}-e_{k1}d_{k2})\end{aligned} \tag{3.26}$$

(3.24）式の $\boldsymbol{A}$ を（3.15）式のように補間関数 $\boldsymbol{N}_u$ を用いて表し，(3.26）式で（rot $\boldsymbol{N}_k$）の $x$ 方向成分を求めたのと同様にして（rot $\boldsymbol{N}_k$）の $y$, $z$ 方向成分も求め，これらを代入すれば，(3.24）式の右辺第 1 項は次式となる．

$$G_k\ (\text{第 1 項})=\iiint_V \mathrm{rot}\,\boldsymbol{N}_k\cdot\left(\nu\,\mathrm{rot}\left(\sum_{u=1}^{6}\boldsymbol{N}_u A_u\right)\right)dV$$

$$= \iiint_V \mathrm{rot}\,\boldsymbol{N}_k \cdot \left(\nu \sum_{u=1}^{6} \mathrm{rot}\,\boldsymbol{N}_u A_u\right) dV$$

$$= \iiint_V \frac{4}{(6V)^4} \sum_{u=1}^{6} \{\nu_x (d_{k1}e_{k2} - e_{k1}d_{k2})(d_{u1}e_{u2} - e_{u1}d_{u2})$$
$$+ \nu_y (e_{k1}c_{k2} - c_{k1}e_{k2})(e_{u1}c_{u2} - c_{u1}e_{u2})$$
$$+ \nu_z (c_{k1}d_{k2} - d_{k1}c_{k2})(c_{u1}d_{u2} - d_{u1}c_{u2})\} A_u dV \quad (3.27)$$

上式の積分内の式は $x, y, z$ の関数ではないので，$\iiint_V dV = V$ となる．各要素ごとに積分を行い，これを全要素について加え合わせれば，次式となる．

$$G_k\ (\text{第 1 項}) = \sum_V \frac{2}{3(6V)^3} \sum_{u=1}^{6} \{\nu_x (d_{k1}e_{k2} - e_{k1}d_{k2})(d_{u1}e_{u2} - e_{u1}d_{u2})$$
$$+ \nu_y (e_{k1}c_{k2} - c_{k1}e_{k2})(e_{u1}c_{u2} - c_{u1}e_{u2})$$
$$+ \nu_z (c_{k1}d_{k2} - d_{k1}c_{k2})(c_{u1}d_{u2} - d_{u1}c_{u2})\} A_u \quad (3.28)$$

ここで，$\sum_V$ は領域 $V$ 内の全要素の総和を表す．

要素内の電流密度 $\boldsymbol{J}_0$ を一定とし，$\boldsymbol{J}_0$ の $x, y, z$ 方向成分を $J_{0x}, J_{0y}, J_{0z}$ とおけば，(3.24) 式の右辺第 2 項は次式となる．

$$G_k\ (\text{第 2 項}) = -\iiint_V \boldsymbol{N}_k \cdot \boldsymbol{J}_0 dV$$
$$= -\iiint_V \{(\boldsymbol{N}_k)_x J_{0x} + (\boldsymbol{N}_k)_y J_{0y} + (\boldsymbol{N}_k)_z J_{0z}\} dV \quad (3.29)$$

(3.29) 式に (3.25) 式を代入すれば，次式が得られる．

$$G_k\ (\text{第 2 項}) = -\sum_V \frac{V}{(6V)^2} [\{(b_{k1}c_{k2} - b_{k2}c_{k1}) + (d_{k1}c_{k2} - c_{k1}d_{k2}) y_s + (e_{k1}c_{k2} - c_{k1}e_{k2}) z_s\} J_{0x}$$
$$+ \{(b_{k1}d_{k2} - d_{k1}b_{k2}) + (c_{k1}d_{k2} - d_{k1}c_{k2}) x_s + (e_{k1}d_{k2} - d_{k1}e_{k2}) z_s\} J_{0y}$$
$$+ \{(b_{k1}e_{k2} - e_{k1}b_{k2}) + (c_{k1}e_{k2} - e_{k1}c_{k2}) x_s + (d_{k1}e_{k2} - e_{k1}d_{k2}) y_s\} J_{0z}] \quad (3.30)$$

ここで，$x_s, y_s, z_s$ は要素 $e$ の重心の座標である．

(3.24) 式に (3.28)，(3.30) 式を代入して，これを零とおき，ベクトルポテンシャル $A$ を辺 1, 2,… に沿って積分した $A_1, A_2, \cdots$ を未知数とした連立方程式を求めると次式となる．

$$\begin{bmatrix} H_{11} & \cdots & \cdots & H_{1n} \\ \cdot & & & \cdot \\ \cdot & & & \cdot \\ & H_{kj} & & \\ \cdot & & & \cdot \\ \cdot & & & \cdot \\ H_{n1} & \cdots & \cdots & H_{nn} \end{bmatrix} \begin{Bmatrix} A_1 \\ \cdot \\ \cdot \\ A_k \\ \cdot \\ \cdot \\ A_n \end{Bmatrix} = \begin{Bmatrix} K_1 \\ \cdot \\ \cdot \\ K_k \\ \cdot \\ \cdot \\ K_n \end{Bmatrix} \quad (3.31)$$

ここで，$n$ は辺の数である．たとえば，$H_{11}$ は (3.28) 式で $k=1, u=1$ とおくことにより，次式のようになる．

$$H_{11} = \sum_V \frac{2}{3(6V)^3}\{\nu_x(d_{11}e_{12} - e_{11}d_{12})^2 + \nu_y(e_{11}c_{12} - c_{11}e_{12})^2 + \nu_z(c_{11}d_{12} - d_{11}c_{12})^2\} \quad (3.32)$$

また $K_1$ は，(3.30) 式において $k=1$ とおき，負号をとったものに等しい．このように，辺要素を用いた場合は，辺の数だけの式が作られる．(3.28) 式で $k$ と $u$ を入れ換えても同じであるので，この場合の係数マトリックスは対称になることがわかる．

要素内の磁束密度 $\boldsymbol{B}$ は，次式により求まる．

$$\boldsymbol{B} = \mathrm{rot}\,\boldsymbol{A} = \mathrm{rot}\sum_{k=1}^{6}\boldsymbol{N}_k A_k = \sum_{k=1}^{6}(\mathrm{rot}\,\boldsymbol{N}_k)A_k \quad (3.33)$$

上式に (3.26) 式のようにして求めた $\mathrm{rot}\,\boldsymbol{N}_k$ を代入すると，$\boldsymbol{B}$ は次式のようになる．

$$\boldsymbol{B} = \frac{1}{18V^2}\sum_{k=1}^{6}\{(d_{k1}e_{k2} - e_{k1}d_{k2})\boldsymbol{i} + (e_{k1}c_{k2} - c_{k1}e_{k2})\boldsymbol{j} + (c_{k1}d_{k2} - d_{k1}c_{k2})\boldsymbol{k}\}A_k \quad (3.34)$$

$A_k$ は求まったポテンシャル，$d_{k1}$, $e_{k2}$ などは (3.6) 式で示したように節点の座標の関数で既知の値であるので，一次四面体辺要素を用いた場合は要素内の磁束密度 $\boldsymbol{B}$ は一定であることがわかる．

## 3.3　手計算で解いてみよう（四面体辺要素を用いた例題）

**【例題 3.1】**

三角柱の領域を図 3.5(a)，(b) のように 3 個の一次四面体辺要素に分割した場合の例題を考える．ただし，図 3.5(a) 中の番号は要素の辺の番号を，図 3.5(b) 中の番号は節点番号を示す．また，$x$, $y$, $z$ 軸方向の長さは 1 m とする．渦電流の流れない線形の静磁界を考える．三角柱領域は磁性体とし，その磁気抵抗率を $\nu$ とする．図 3.5(c) に要素番号を示す．図 3.5(b) の面 1-3-6-4-1 から 0.5 Wb の磁束が入り（平均磁束密度 $B=0.5/(\sqrt{2}\times 1)=0.354$ T），面 4-6-5-4 の面から出ていく（平均磁束密度 $B=0.5/0.5=1$ T）ものとする．境界面 1-2-3-1, 1-4-5-2-1, 6-3-2-5-6 では，いずれも磁束が平行であるとする．したがって，これらの境界面の辺上の磁気ベクトルポテンシャルはすべて零である（$A_1=\cdots=A_8=0$, $A_{11}=A_{12}=0$）．面 1-3-6-4-1 と面 4-5-6-4 を貫く磁束が 0.5 Wb であるので，面の周辺 $C$ に沿ったベクトルポテンシャル $\boldsymbol{A}$ の積分値が面を貫く磁束量 $\Phi(=0.5\text{ Wb})$ に等しいという次式の関係を用いれば，図 3.5(b) の辺 9 上のポテンシャル $A_9$ は 0.5 となる．

$$\oint_C \boldsymbol{A}d\boldsymbol{s} = \Phi$$

ただし，$A_9$ はポテンシャルに辺の長さを掛けた値である．結局，$A_{10}$ のみが未知数となる．図3.5(c)に示した要素①～③内の磁束密度の $x$, $y$, $z$ 方向成分 $B_x$, $B_y$, $B_z$ を求めよ．

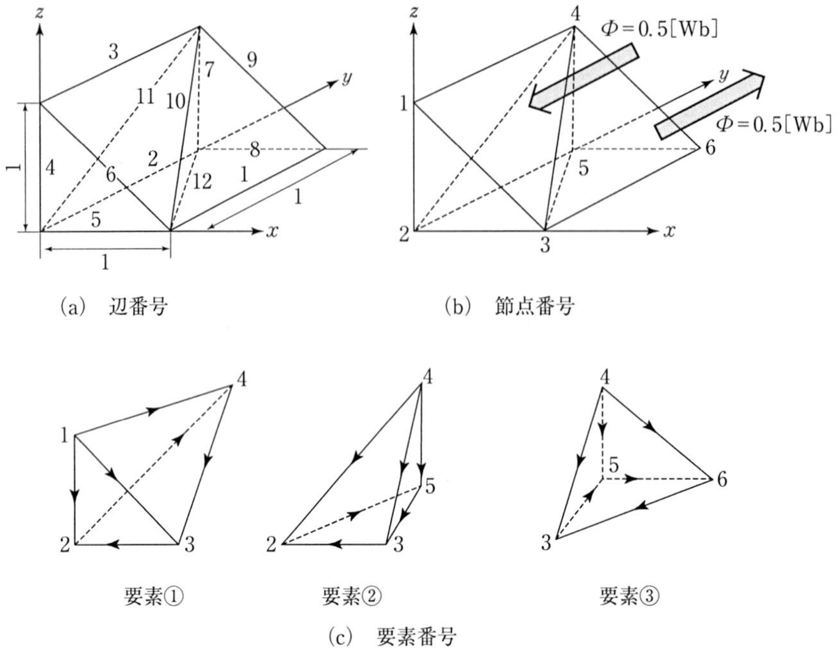


**図 3.5**　三角柱領域の例題

**(解答例)**

**(a)　各要素の $c_i, d_i, e_i$, 体積 $V$ の計算**

**要素①**

要素①は節点 1, 2, 4, 3 と辺 4, 5, 6, 3, 11, 10 で構成される．それゆえ，$c_1$, $c_2$ などは次式のようになる．

$$
\begin{aligned}
c_1 &= (-1)\{y_2(z_4-z_3)+y_4(z_3-z_2)+y_3(z_2-z_4)\}\\
&= -\{1\times(0-0)\}=0\\
c_2 &= (-1)^2\{y_4(z_3-z_1)+y_3(z_1-z_4)+y_1(z_4-z_3)\}\\
&= -1\times(0-1)=-1\\
c_4 &= (-1)^3\{y_3(z_1-z_2)+y_1(z_2-z_3)+y_2(z_3-z_1)\}\\
&=0\\
c_3 &= (-1)^4\{y_1(z_2-z_4)+y_2(z_4-z_1)+y_4(z_1-z_2)\}\\
&=1\times(1-0)=1\\
d_1 &= (-1)\{z_2(x_4-x_3)+z_4(x_3-x_2)+z_3(x_2-x_4)\}\\
&= -\{1\times(1-0)\}=-1
\end{aligned}
$$

$$d_2=(-1)^2\{z_4(x_3-x_1)+z_3(x_1-x_4)+z_1(x_4-x_3)\}$$
$$=1\times(1-0)+1\times(0-1)=0$$
$$d_4=(-1)^3\{z_3(x_1-x_2)+z_1(x_2-x_3)+z_2(x_3-x_1)\}$$
$$=-\{1\times(0-1)\}=-\{1\times(0-1)\}=1$$
$$d_3=(-1)^4\{z_1(x_2-x_4)+z_2(x_4-x_1)+z_4(x_1-x_2)\}$$
$$=1\times(0-0)+1\times(0-0)=0$$
$$e_1=(-1)\{x_2(y_4-y_3)+x_4(y_3-y_2)+x_3(y_2-y_4)\}$$
$$=-1\times(0-1)=1$$
$$e_2=(-1)^2\{x_4(y_3-y_1)+x_3(y_1-y_4)+x_1(y_4-y_3)\}$$
$$=1\times(0-0)+1\times(0-1)=-1$$
$$e_4=(-1)^3\{x_3(y_1-y_2)+x_1(y_2-y_3)+x_2(y_3-y_1)\}$$
$$=-\{1\times(0-0)\}=0$$
$$e_3=(-1)^4\{x_1(y_2-y_4)+x_2(y_4-y_1)+x_4(y_1-y_2)\}$$
$$=0$$

要素①の体積 $V^{(1)}$ は次式となる．

$$V^{(1)}=\frac{1}{6}(x_1c_1+x_2c_2+x_3c_3+x_4c_4)$$
$$=\frac{1}{6}(1\times1)=\frac{1}{6}$$

**要素②**

要素②は節点 4, 2, 5, 3 と辺 11, 5, 10, 7, 2, 12 で構成されるので，次式が得られる．

$$c_4=(-1)\{y_2(z_5-z_3)+y_5(z_3-z_2)+y_3(z_2-z_5)\}$$
$$=-\{1\times(0-0)\}=0$$
$$c_2=(-1)^2\{y_5(z_3-z_4)+y_3(z_4-z_5)+y_4(z_5-z_3)\}$$
$$=1\times(0-1)+1\times(0-0)=-1$$
$$c_5=(-1)^3\{y_3(z_4-z_2)+y_4(z_2-z_3)+y_2(z_3-z_4)\}$$
$$=-\{1\times(0-0)\}=0$$
$$c_3=(-1)^4\{y_4(z_2-z_5)+y_2(z_5-z_4)+y_5(z_4-z_2)\}$$
$$=1\times(0-0)+1\times(1-0)=1$$
$$d_4=(-1)\{z_2(x_5-x_3)+z_5(x_3-x_2)+z_3(x_2-x_5)\}$$
$$=0$$
$$d_2=(-1)^2\{z_5(x_3-x_4)+z_3(x_4-x_5)+z_4(x_5-x_3)\}$$
$$=1\times(0-1)=-1$$
$$d_5=(-1)^3\{z_3(x_4-x_2)+z_4(x_2-x_3)+z_2(x_3-x_4)\}$$
$$=-\{1\times(0-1)\}=1$$

$$d_3 = (-1)^4\{z_4(x_2 - x_5) + z_2(x_5 - x_4) + z_5(x_4 - x_2)\}$$
$$= 1 \times (0-0) = 0$$
$$e_4 = (-1)\{x_2(y_5 - y_3) + x_5(y_3 - y_2) + x_3(y_2 - y_5)\}$$
$$= -\{1 \times (0-1)\} = 1$$
$$e_2 = (-1)^2\{x_5(y_3 - y_4) + x_3(y_4 - y_5) + x_4(y_5 - y_3)\}$$
$$= 1 \times (1-1) = 0$$
$$e_5 = (-1)^3\{x_3(y_4 - y_2) + x_4(y_2 - y_3) + x_2(y_3 - y_4)\}$$
$$= -\{1 \times (1-0)\} = -1$$
$$e_3 = (-1)^4\{x_4(y_2 - y_5) + x_2(y_5 - y_4) + x_5(y_4 - y_2)\}$$
$$= 0$$

要素②の体積 $V^{(2)}$ は次式となる.

$$V^{(2)} = \frac{1}{6}(x_4c_4 + x_2c_2 + x_5c_5 + x_3c_3)$$
$$= \frac{1}{6}(1 \times 1) = \frac{1}{6}$$

**要素③**

要素③は節点 4, 6, 3, 5 と辺 10, 1, 9, 7, 12, 8 で構成されるので，次式が得られる.

$$c_4 = (-1)\{y_6(z_3 - z_5) + y_3(z_5 - z_6) + y_5(z_6 - z_3)\}$$
$$= -\{1 \times (0-0) + 1 \times (0-0)\} = 0$$
$$c_6 = (-1)^2\{y_3(z_5 - z_4) + y_5(z_4 - z_3) + y_4(z_3 - z_5)\}$$
$$= \{1 \times (1-0) + 1 \times (0-0)\} = 1$$
$$c_3 = (-1)^3\{y_5(z_4 - z_6) + y_4(z_6 - z_5) + y_6(z_5 - z_4)\}$$
$$= -\{1 \times (1-0) + 1 \times (0-0) + 1 \times (0-1)\} = 0$$
$$c_5 = (-1)^4\{y_4(z_6 - z_3) + y_6(z_3 - z_4) + y_3(z_4 - z_6)\}$$
$$= 1 \times (0-0) + 1 \times (0-1) = -1$$
$$d_4 = (-1)\{z_6(x_3 - x_5) + z_3(x_5 - x_6) + z_5(x_6 - x_3)\}$$
$$= 0$$
$$d_6 = (-1)^2\{z_3(x_5 - x_4) + z_5(x_4 - x_3) + z_4(x_3 - x_5)\}$$
$$= 1 \times (1-0) = 1$$
$$d_3 = (-1)^3\{z_5(x_4 - x_6) + z_4(x_6 - x_5) + z_6(x_5 - x_4)\}$$
$$= -\{1 \times (1-0)\} = -1$$
$$d_5 = (-1)^4\{z_4(x_6 - x_3) + z_6(x_3 - x_4) + z_3(x_4 - x_6)\}$$
$$= 1 \times (1-1) = 0$$
$$e_4 = (-1)\{x_6(y_3 - y_5) + x_3(y_5 - y_6) + x_5(y_6 - y_3)\}$$
$$= -\{1 \times (0-1) + 1 \times (1-1)\} = 1$$

$$e_6=(-1)^2\{x_3(y_5-y_4)+x_5(y_4-y_3)+x_4(y_3-y_5)\}$$
$$=1\times(1-1)=0$$
$$e_3=(-1)^3\{x_5(y_4-y_6)+x_4(y_6-y_5)+x_6(y_5-y_4)\}$$
$$=-\{1\times(1-1)\}=0$$
$$e_5=(-1)^4\{x_4(y_6-y_3)+x_6(y_3-y_4)+x_3(y_4-y_6)\}$$
$$=1\times(0-1)+1\times(1-1)=-1$$

要素③の体積 $V^{(3)}$ は次式となる．

$$V^{(3)}=\frac{1}{6}(x_4c_4+x_3c_3+x_5c_5+x_3c_3)$$
$$=\frac{1}{6}(1\times 1)=\frac{1}{6}$$

**(b)　有限要素法の式の作成**

この場合，$A_1,\cdots,A_9, A_{11}, A_{12}$ は境界条件が与えられ，既知の値（$A_1=\cdots=A_8=0$, $A_9=0.5$, $A_{11}=A_{12}=0$）であるので，未知の値は $A_{10}$ のみとなる．たとえば辺 10 上の節点は $4(=k_1)$, $3(=k_2)$ であり，$d_{k1}$ は $d_4$, $e_{k2}=e_3$ となる．これらを（3.28）式に代入すれば，$G_{10}$ は次式となる．

$$G_{10}=\left[\frac{2\nu}{3(6V^{(1)})^3}\{(d_4e_3-e_4d_3)^2+(e_4c_3-c_4e_3)^2+(c_4d_3-d_4c_3)^2\}^{(1)}\right.$$
$$+\frac{2\nu}{3(6V^{(2)})^3}\{(d_4e_3-e_4d_3)^2+(e_4c_3-c_4e_3)^2+(c_4d_3-d_4c_3)^2\}^{(2)}$$
$$\left.+\frac{2\nu}{3(6V^{(3)})^3}\{(d_4e_3-e_4d_3)^2+(e_4c_3-c_4e_3)^2+(c_4d_3-d_4c_3)^2\}^{(3)}\right]A_{10}$$
$$+\frac{2\nu}{3(6V^{(3)})^3}\{(d_4e_3-e_4d_3)(d_4e_6-e_4d_6)+(e_4c_3-c_4e_3)(e_4c_6-c_4e_6)$$
$$+(c_4d_3-d_4c_3)(c_4d_6-d_4c_6)\}^{(3)}A_9=0$$

ただし，たとえば上付添字（1）は要素①における値であることを示す．上式に各要素での $d_3, e_4$ などを代入すると次式となる．

$$G_{10}=\left[\frac{2\nu}{3\left(6\frac{1}{6}\right)^3}(0\times 1-1\times 1)^2+\frac{2\nu}{3\left(6\frac{1}{6}\right)^3}(1\times 1-0\times 0)^2\right.$$
$$\left.+\frac{2\nu}{3\left(6\frac{1}{6}\right)^3}\{0\times 0-1\times(-1)\}^2\right]A_{10}+\frac{2\nu}{3\left(6\frac{1}{6}\right)^3}\{0\times 0-1\times(-1)\}(0\times 1-1\times 1)A_9$$

$$= 2\nu A_{10} - \frac{2\nu}{3} A_9 = 0$$

$A_9 = 0.5$ を代入すると，$A_{10} = 1/6$ となる．

**(c)　各要素内の磁束密度 $\boldsymbol{B_x}, \boldsymbol{B_y}, \boldsymbol{B_z}$ の計算**

(3.34) 式より，磁束密度の $x, y, z$ 方向成分は次式となる．

要素①

$$B_x = \frac{1}{18V^2}(d_4e_3 - e_4d_3)^{(1)} A_{10} = \frac{36}{18}(0-0)\frac{1}{6} = 0$$

$$B_y = \frac{1}{18V^2}(e_4c_3 - c_4e_3)^{(1)} A_{10} = \frac{36}{18}(0-0)\frac{1}{6} = 0$$

$$B_z = \frac{1}{18V^2}(c_4d_3 - d_4c_3)^{(1)} A_{10} = \frac{36}{18}(0\times 0 - 1\times 1)\frac{1}{6} = -0.333[\mathrm{T}]$$

要素②

$$B_x = \frac{1}{18V^2}(d_4e_3 - e_4d_3)^{(2)} A_{10} = \frac{36}{18}(0-0)\frac{1}{6} = 0$$

$$B_y = \frac{1}{18V^2}(e_4c_3 - c_4e_3)^{(2)} A_{10} = \frac{36}{18}(1\times 1 - 0)\frac{1}{6} = 0.333[\mathrm{T}]$$

$$B_z = \frac{1}{18V^2}(c_4d_3 - d_4c_3)^{(2)} A_{10} = \frac{36}{18}(0-0)\frac{1}{6} = 0$$

要素③

$$B_x = \frac{1}{18V^2}\{(d_4e_3 - e_4d_3)^{(3)} A_{10} + (d_4e_6 - e_4d_6)^{(3)} A_9\}$$

$$= \frac{36}{18}\left[\{0 - 1\times(-1)\}\frac{1}{6} + (0 - 1\times 1)\times 0.5\right] = -0.333[\mathrm{T}]$$

$$B_y = \frac{1}{18V^2}\{(e_4c_3 - c_4e_3)^{(3)} A_{10} + (e_4c_6 - c_4e_6)^{(3)} A_9\}$$

$$= \frac{36}{18}\{(0\times 1 - 0)\times 0.5\} = 1[\mathrm{T}]$$

$$B_z = \frac{1}{18V^2}\{(c_4d_3 - d_4c_3)^{(3)} A_{10} + (c_4d_6 - d_4c_6)^{(3)} A_9\}$$

$$= \frac{36}{18}\left(0\times\frac{1}{6} + 0\times 0.5\right)\frac{1}{6} = 0$$

図 3.6 に求まった各要素内の磁束密度を示す．要素③の面 4-6-5-4 から出ていく磁束は $1[\mathrm{T}]\times 1\times 1\times\frac{1}{2} = 0.5[\mathrm{Wb}]$ であり，題意の値に等しくなっている．

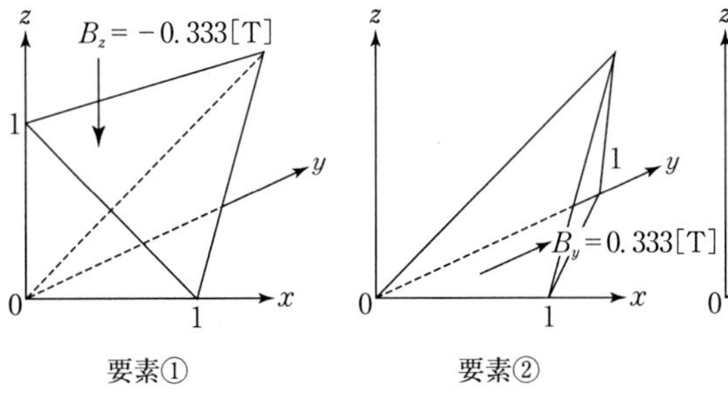

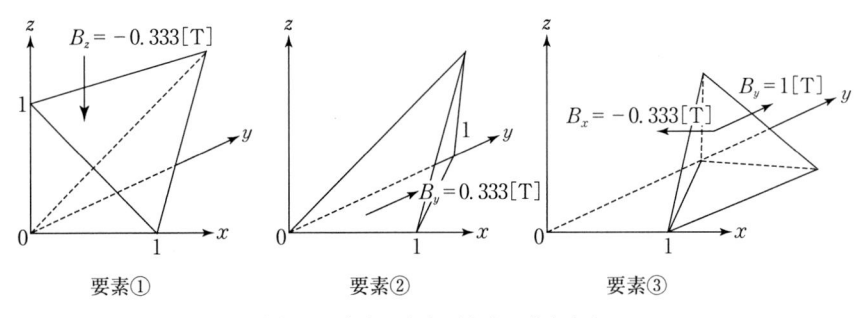

**図 3.6**　求まった各要素内の磁束密度

## 3.4　大次元行列の解法

有限要素法を用いた解析を行う際，通常未知数が数万以上の連立一次方程式を解くことになり，全計算時間の大部分が連立一次方程式の求解部に費やされる．連立一次方程式のマトリックスは通常対称であるが，ある場合には非対称になる．ここでは，マトリックスが対称の場合と非対称の場合の計算法について述べる．

### 3.4.1　対称大次元行列の解法

大次元連立一次方程式の解法としては，二次元場解析では，直接法であるガウスの消去法やコレスキー法が用いられることが多い[11]．三次元場解析にこれらの直接法を適用すると，元数とバンド幅の増加により，計算時間および記憶容量が膨大になるため実用的でない．三次元解析の場合のような大次元の連立一次方程式を解く際の解法としては，主に反復法が用いられている．

ガウスの消去法などの直接法では，所定のアルゴリズムに従って計算すれば解が求まる．それに対し，反復法は解きたい式を変形したものを何回も反復して解く方法である．このような反復法をなぜ用いるかというと，係数マトリックスが疎である場合や，あらかじめ近似解がわかっている場合などは，かなり少ない反復回数で十分な精度の近似解が得られることもあるからである．したがって直接法よりもずっと少ない計算量で同程度の精度をもった解が得られることがある．それゆえ，有限要素法で未知数が多い場合などに反復法が用いられる．ここでは反復法の中でよく使われているICCG 法[12~14]について述べる．

不完全コレスキー分解付き共役勾配法（incomplete Cholesky conjugate gradient method：ICCG 法）は，共役勾配法（conjugate gradient method：CG 法）[15]に，係数マトリックスの不完全コレスキー分解[16]で得られたマトリックスを用いて前処理（preconditioning）[17] を施し，収束を飛躍的に早めた解法である．ここでは，まずICCG 法の基本となる CG 法について述べ，次に ICCG 法の計算式を導出する．

**a.　CG　法**

まず ICCG 法の基礎となる CG 法の考え方について述べる．

解くべき連立一次方程式を次式で表す．

$$\boldsymbol{Hu} = \boldsymbol{G} \tag{3.35}$$

上式で，未知節点（あるいは辺）の数を $nu$ とすれば，$H$ は $nu \times nu$ の正定[11] で対称な係数マトリックス，$\boldsymbol{u}$ は解の列ベクトル，$\boldsymbol{G}$ は右辺の列ベクトルである．

CG 法は「(3.35) 式の連立一次方程式を解くことは，次式の $f(\boldsymbol{u})$ の最小化問題と等価である」という基本原理に基づいている．

$$f(\boldsymbol{u}) = \frac{1}{2}\boldsymbol{u}^T\boldsymbol{Hu} - \boldsymbol{u}^T\boldsymbol{G} \tag{3.36}$$

(3.36) 式中の添字 $T$ は転置ベクトルを表す．これは，(3.36) 式の最小点では，$\partial f/\partial u_i = 0$ ($i = 1, 2, \cdots, nu$) となることを用いれば，次式のように容易に証明できる．

$$\frac{\partial f(\boldsymbol{u})}{\partial \boldsymbol{u}} = \boldsymbol{Hu} - \boldsymbol{G} = 0 \tag{3.37}$$

すなわち，上式は (3.35) 式に他ならない．ところで，$f(\boldsymbol{u})$ の物理的意味は，有限要素法で現われる汎関数[18] と同じで，エネルギーを表していると考えればよい．このように，CG 法では (3.26) 式の $f(\boldsymbol{u})$（エネルギーに対応）を最小にする $\boldsymbol{u}$ が (3.35) 式の解に等しいという原理を用いて，連立方程式を解いている．

CG 法では，次式のようにして (3.36) 式の最小点を探す．すなわち，ある近似解 $\boldsymbol{u}^{(k)}$

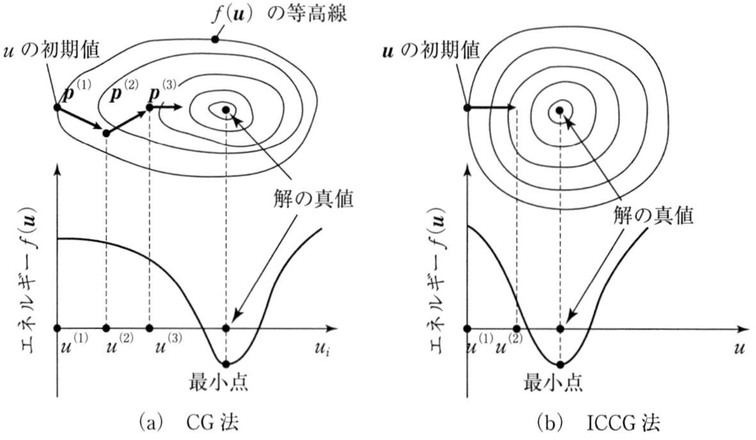


**図 3.7**　反復法での解の探索

に対し，$\boldsymbol{u}^{(k)}$ に適当な修正を施して，$f(\boldsymbol{u}^{(k+1)})<f(\boldsymbol{u}^{(k)})$ となるような $\boldsymbol{u}^{(k+1)}$ を定め，図 3.7(a) のように $f(\boldsymbol{u})$ が最小値 $(\partial f(\boldsymbol{u})/\partial \boldsymbol{u}=0)$ をとる点へ収束する数列 $\boldsymbol{u}^{(k)}$ を作っていく．

具体的には以下のようになる．ある近似解 $\boldsymbol{u}^{(k)}$ がわかっている場合，より真値に近い値 $\boldsymbol{u}^{(k+1)}$ は次式より求められる．

$$\boldsymbol{u}^{(k+1)}=\boldsymbol{u}^{(k)}+\alpha^{(k)}\boldsymbol{p}^{(k)} \tag{3.38}$$

ここで，$\boldsymbol{p}$ は修正方向ベクトル，$\alpha^{(k)}$ は修正係数である．上式の修正方向ベクトル $\boldsymbol{p}^{(k)}$ の求め方については後に述べる．ここでは，修正方向 $\boldsymbol{p}^{(k)}$ は求まっているとして，$\alpha^{(k)}$ の決め方について説明する．$\alpha^{(k)}$ は，修正方向 $\boldsymbol{p}^{(k)}$ 上で $\boldsymbol{u}^{(k)}$ からどれだけ進めば，$f(\boldsymbol{u}^{(k+1)})$ が最も小さくなるかを決める係数である．(3.38) 式を (3.36) 式に代入して，$f(\boldsymbol{u}^{(k+1)})$ を $\alpha^{(k)}$ の関数と見なせば，$f(\boldsymbol{u}^{(k+1)})$ を最小にする条件は次式となる．

$$\begin{aligned}&\frac{\partial}{\partial\alpha^{(k)}}\frac{1}{2}\{\boldsymbol{u}^{(k)T}\boldsymbol{H}\boldsymbol{u}^{(k)}+\alpha^{(k)}\boldsymbol{p}^{(k)T}\boldsymbol{H}\boldsymbol{u}^{(k)}+\alpha^{(k)}\boldsymbol{u}^{(k)T}\boldsymbol{H}\boldsymbol{p}^{(k)}+\alpha^{(k)2}\boldsymbol{p}^{(k)T}\boldsymbol{H}\boldsymbol{p}^{(k)}\}\\&\quad-\frac{\partial}{\partial\alpha^{(k)}}\{\boldsymbol{u}^{(k)T}\boldsymbol{G}+\alpha^{(k)}\boldsymbol{p}^{(k)T}\boldsymbol{G}\}\\&\quad=\boldsymbol{p}^{(k)T}\boldsymbol{H}\boldsymbol{u}^{(k)}+\alpha^{(k)}\boldsymbol{p}^{(k)T}\boldsymbol{H}\boldsymbol{p}^{(k)}-\boldsymbol{p}^{(k)T}\boldsymbol{G}=0\end{aligned} \tag{3.39}$$

ここで，$\boldsymbol{p}^{(k)T}\boldsymbol{H}\boldsymbol{u}^{(k)}=(\boldsymbol{H}\boldsymbol{u}^{(k)})^T\boldsymbol{p}^{(k)}=\boldsymbol{u}^{(k)T}\boldsymbol{H}\boldsymbol{p}^{(k)}$ の関係を用いた．(3.39) 式を $\alpha^{(k)}$ について解けば，次式が得られる．

$$\alpha^{(k)}=\frac{\boldsymbol{p}^{(k)T}(\boldsymbol{G}-\boldsymbol{H}\boldsymbol{u}^{(k)})}{\boldsymbol{p}^{(k)T}\boldsymbol{H}\boldsymbol{p}^{(k)}} \tag{3.40}$$

ここで，残差 $\boldsymbol{r}^{(k)}$ を (3.41) 式のように定義すれば，$\alpha^{(k)}$ は (3.42) 式のように書ける．

$$\boldsymbol{r}^{(k)}=\boldsymbol{G}-\boldsymbol{H}\boldsymbol{u}^{(k)} \tag{3.41}$$

$$\alpha^{(k)}=\frac{\boldsymbol{p}^{(k)T}\boldsymbol{r}^{(k)}}{\boldsymbol{p}^{(k)T}\boldsymbol{H}\boldsymbol{p}^{(k)}} \tag{3.42}$$

(3.41) 式に示した $\boldsymbol{r}^{(k)}$ は，解 $\boldsymbol{A}^{(k)}$ がどれだけ真値に近づいたかを表す指標である．(3.41) 式の $k$ を $k+1$ で置き換えた $\boldsymbol{r}^{(k+1)}$ に (3.37) 式を代入すれば，次式のような残差 $\boldsymbol{r}$ に対する漸化式が得られる．

$$\begin{aligned}\boldsymbol{r}^{(k+1)}&=\boldsymbol{G}-\boldsymbol{H}\boldsymbol{u}^{(k+1)}\\&=\boldsymbol{G}-\boldsymbol{H}(\boldsymbol{u}^{(k)}+\alpha^{(k)}\boldsymbol{p}^{(k)})\\&=\boldsymbol{r}^{(k)}-\alpha^{(k)}\boldsymbol{H}\boldsymbol{p}^{(k)}\end{aligned} \tag{3.43}$$

この $\boldsymbol{r}^{(k+1)}$ は，以下に説明する修正方向 $\boldsymbol{p}$ を決定する際に必要となる．

(3.38) 式の修正方向 $\boldsymbol{p}$ は以下のようにして求められる．$f(\boldsymbol{u})$ の最小点は，解の初期値 $\boldsymbol{u}^{(1)}$ から見て負の勾配が最も急な方向にあると予想できる（図 3.7(a) 参照）ので，修正方向 $\boldsymbol{p}^{(1)}$ は次式より求まる[17]．

$$\boldsymbol{p}^{(1)}=-\operatorname{grad}f(\boldsymbol{u}) \tag{3.44}$$

(3.44) 式を成分表示すれば，次式となる．

$$\boldsymbol{p}^{(1)} = \left(\frac{\partial f}{\partial u_1^{(1)}},\ \frac{\partial f}{\partial u_2^{(1)}},\ \cdots,\ \frac{\partial f}{\partial u_{nu}^{(1)}}\right)^T \tag{3.45}$$

(3.45) 式に (3.36) 式を代入して偏微分を行えば，次式となる．

$$\boldsymbol{p}^{(1)} = -(\boldsymbol{Hu}^{(1)} - \boldsymbol{G}) \tag{3.46}$$

上式は，(3.41) 式より次のように書ける．

$$\boldsymbol{p}^{(1)} = \boldsymbol{r}^{(1)} \tag{3.47}$$

すなわち，残差 $\boldsymbol{r}^{(k)}$ は関数 $f(\boldsymbol{u})$ の下りの傾斜が最大の方向，つまり最急降下方向を示すベクトルになっている．(3.47) 式より，解のある方向 $\boldsymbol{p}^{(1)}$ は求まるが，いつまでもその方向に進んだのでは，なかなか最小点は見つからない．そこで，解 $\boldsymbol{u}^{(3)}$ を求める際に進むべき方向 $\boldsymbol{p}^{(2)}$ は，$\boldsymbol{u}^{(2)}$ から $f(\boldsymbol{u})$ の最小点を見て決めるのではなく，前回の修正方向 $\boldsymbol{p}^{(1)}$ の情報も利用して決定する．一般に，$\boldsymbol{u}^{(k)}$ から $\boldsymbol{u}^{(k+1)}$ を求める際に進むべき方向 $\boldsymbol{p}^{(k)}$ は，前回の修正方向 $\boldsymbol{p}^{(k-1)}$ と残差 $\boldsymbol{r}^{(k)}$ を用いて，次式より計算される．

$$\boldsymbol{p}^{(k)} = \boldsymbol{r}^{(k)} + \beta^{(k-1)}\boldsymbol{p}^{(k-1)} \tag{3.48}$$

ここで，$\beta^{(k-1)}$ は $\boldsymbol{p}^{(k)}$ が前回の探索方向 $\boldsymbol{p}^{(k-1)}$ と一次独立になるように，これらが次式のように $\boldsymbol{H}$ に関して共役 (conjugate) の関係を満たすように選ぶことにする．

$$\boldsymbol{p}^{(k)T}\boldsymbol{Hp}^{(k-1)} = (\boldsymbol{r}^{(k)T} + \beta^{(k-1)}\boldsymbol{p}^{(k-1)T})\boldsymbol{Hp}^{(k-1)} = \boldsymbol{r}^{(k)T}\boldsymbol{Hp}^{(k-1)} + \beta^{(k-1)}\boldsymbol{p}^{(k-1)T}\boldsymbol{Hp}^{(k-1)} = 0 \tag{3.49}$$

これより，$\beta^{(k-1)}$ は次式のように求まる．

$$\beta^{(k-1)} = -\frac{\boldsymbol{r}^{(k)T}\boldsymbol{Hp}^{(k-1)}}{\boldsymbol{p}^{(k-1)T}\boldsymbol{Hp}^{(k-1)}} \tag{3.50}$$

以上が CG 法の考え方および計算式である．

ところで，解 $\boldsymbol{u}$，残差 $\boldsymbol{r}$ および修正方向 $\boldsymbol{p}$ は，上記のように漸化式から順次計算されるため，それぞれ初期値が必要である．解の初期値 $\boldsymbol{u}^{(1)}$ を適当に選べば，$\boldsymbol{r}^{(1)}$ は (3.43) 式より，

$$\boldsymbol{r}^{(1)} = \boldsymbol{G} - \boldsymbol{Hu}^{(1)} \tag{3.51}$$

となり，また，$\boldsymbol{p}^{(1)}$ は (3.47) 式より求められる．$\boldsymbol{u}^{(1)}$ の値はいくらでもよいが，これを零にすれば，(3.50) 式の $\boldsymbol{Hu}^{(1)}$ の計算が省略できる．$\boldsymbol{u}^{(1)} = 0$ とすれば，(3.51)，(3.47) 式の $\boldsymbol{r}^{(1)}$ および $\boldsymbol{p}^{(1)}$ は次式となる．

$$\boldsymbol{r}^{(1)} = \boldsymbol{G} = \boldsymbol{p}^{(1)} \tag{3.52}$$

(3.48)，(3.50) 式に従って $\boldsymbol{p}^{(k)}$ を定めると，実は $\boldsymbol{p}^{(k)}$ は $\boldsymbol{p}^{(k-1)}$ のみでなく，それ以前に生成したすべての探索方向 $\boldsymbol{p}^{(k-2)}, \cdots, \boldsymbol{p}^{(1)}$ とも共役になる．このように修正方向を定めると，各ステップにおける残差 $\boldsymbol{r}^{(k+1)}$ は

$$\boldsymbol{r}^{(k+1)T}\boldsymbol{r}^{(k)} = 0 \tag{3.53}$$

なる直交関係を満たしている．$n$ 次元空間内で互いに直交する $n$ 個のベクトル $\boldsymbol{r}^{(1)}, \cdots, \boldsymbol{r}^{(n)}$ があるとき，これらのすべてに直交するベクトル $\boldsymbol{r}^{(n+1)}$ は零ベクトル以外にない．

これは，$n$ 次元空間では互いに直交する $n$ 個を超えるベクトルの組は存在しないからである．したがって $n$ 回の探索を終わった段階で得られた $\boldsymbol{u}^{(n+1)}$ の残差 $\boldsymbol{r}^{(n+1)}$ は零となり，未知数が $n$ 個あるとき高々 $n$ 回の反復で必ず解が求まることになる．以上の規則に従って探索方向を順次定めながら $f(u)$ の最小点，つまり (3.35) 式の解を求める方法を共役勾配法（conjugate gradient method：CG 法）という．CG 法では，丸め誤差などの影響で $n$ 回の探索で解に到達しないこともあるが，一方 $n$ 回より少ない探索で解が求まる可能性もある．

次に，CG 法の計算手順をまとめておく．

(i)　適当な初期値 $\boldsymbol{u}^{(1)}$ を選び，$\boldsymbol{r}^{(1)}, \boldsymbol{p}^{(1)}$ を次のように与える．

$$\boldsymbol{r}^{(1)} = \boldsymbol{G} - \boldsymbol{H}\boldsymbol{u}^{(1)} \tag{3.54}$$

$$\boldsymbol{p}^{(1)} = \boldsymbol{r}^{(1)} \tag{3.55}$$

(ii)　$k=1, 2, \cdots$ に対して，以下の計算を繰り返す．

$$\alpha^{(k)} = \frac{\boldsymbol{p}^{(k)T}(\boldsymbol{G} - \boldsymbol{H}\boldsymbol{u}^{(k)})}{\boldsymbol{p}^{(k)T}\boldsymbol{H}\boldsymbol{p}^{(k)}} = \frac{\boldsymbol{r}^{(k)T}\boldsymbol{r}^{(k)}}{\boldsymbol{p}^{(k)T}\boldsymbol{H}\boldsymbol{p}^{(k)}} \tag{3.56}$$

$$\boldsymbol{u}^{(k+1)} = \boldsymbol{u}^{(k)} + \alpha^{(k)}\boldsymbol{p}^{(k)} \tag{3.57}$$

$$\boldsymbol{r}^{(k+1)} = \boldsymbol{r}^{(k)} - \alpha^{(k)}\boldsymbol{H}\boldsymbol{p}^{(k)} \tag{3.58}$$

$\eta = \|\boldsymbol{r}^{(k+1)}\|/\|\boldsymbol{G}\| < \varepsilon$ ならば修了する．ここで $\|\boldsymbol{r}^{(k+1)}\|$ は $\boldsymbol{r}^{(k+1)}$ のノルム，$\|\boldsymbol{G}\|$ は $\boldsymbol{G}$ のノルム，$\varepsilon$ は収束判定値である．そうでなければ次式で $\beta^{(k)}$ と新しい探索方向 $\boldsymbol{p}^{(k+1)}$ を求めて再度計算を行う（ただし，$k=1$ のときは $\boldsymbol{p}^{(1)}$ を (3.47) 式で求めているので計算の必要はない）．

$$\beta^{(k)} = \frac{\boldsymbol{p}^{(k+1)T}\boldsymbol{H}\boldsymbol{p}^{(k)}}{\boldsymbol{p}^{(k)T}\boldsymbol{H}\boldsymbol{p}^{(k)}} = \frac{\boldsymbol{r}^{(k+1)T}\boldsymbol{r}^{(k+1)}}{\boldsymbol{r}^{(k)T}\boldsymbol{r}^{(k)}} \tag{3.59}$$

$$\boldsymbol{p}^{(k+1)} = \boldsymbol{r}^{(k+1)} + \beta^{(k)}\boldsymbol{p}^{(k)} \tag{3.60}$$

### b.　ICCG 法

前述のように，ICCG 法は CG 法に，係数マトリックスの不完全コレスキー分解で得られたマトリックスを用いて前処理を施し，収束を飛躍的に早めた解法である．前処理とは，連立一次方程式を反復法で解く場合に，収束が速くなるように，前もって条件を整えておくことである．

それでは，どのような連立一次方程式が解きやすいのかについて考察する．(3.35) 式の連立一次方程式において，係数マトリックス $H$ の逆行列 $H^{-1}$ が既知の場合は，解は直ちに次式から求まる．

$$\boldsymbol{u} = \boldsymbol{H}^{-1}\boldsymbol{G} \tag{3.61}$$

しかし，通常 $\boldsymbol{H}^{-1}$ を計算するのは容易ではない．係数マトリックス $\boldsymbol{H}$ の近似行列 $\boldsymbol{M}$ がわかっているとする．ただし，$\boldsymbol{M}$ は正定（マトリックスの対角項が正で非対角項より大きなマトリックス，有限要素法で得られるマトリックスは一般にこの条件を満たしている）で対称であるとする．このマトリックス$\boldsymbol{M}$の逆行列$\boldsymbol{M}^{-1}$を（3.35）式の両辺に掛けた次のような連立一次方程式を考える．

$$\boldsymbol{M}^{-1}\boldsymbol{H}\boldsymbol{u}=\boldsymbol{M}^{-1}\boldsymbol{G} \tag{3.62}$$

このとき，$\boldsymbol{M}^{-1}\boldsymbol{H}$は単位行列に近いので，（3.62）式は（3.35）式よりも解きやすい（収束が早い）方程式だといえる．

この場合の$f(\boldsymbol{u})$の等高線は図3.7(b)のようにほぼ同心円となるため，原理的にはどのような初期値から出発しても数回の探索で最小値が求まることになる．ICCG法は，このように近似逆行列を掛けて解が速く求まるように工夫した手法である．

上述の前処理に必要なマトリックス$\boldsymbol{N}$（以下，前処理マトリックスと記す）として，係数マトリックス$\boldsymbol{H}$を不完全コレスキー分解したものを用いてCG法で解くのがICCG法である．

次に，$\boldsymbol{H}$を不完全コレスキー分解した例を示す．通常の有限要素法では，$\boldsymbol{H}$は対称であるから，$\boldsymbol{H}$は次式のように下三角行列$\boldsymbol{L}^*$（対角行が1で，対角行の上側の要素が零である行列）と対角行列$\boldsymbol{D}$を用いて次式のように分解できる．

$$\boldsymbol{H}=\boldsymbol{L}^*\boldsymbol{D}\boldsymbol{L}^{*T} \tag{3.63}$$

たとえば，次のような対称なマトリックスは次式のように分解できる．

$$\begin{bmatrix}5 & 1 & 1\\1 & 5 & \boxed{0}\\1 & \boxed{0} & 5\end{bmatrix}=\begin{bmatrix}1 & 0 & 0\\0.2 & 1 & 0\\0.2 & \boxed{-0.0417} & 1\end{bmatrix}\begin{bmatrix}5 & 0 & 0\\0 & 4.8 & 0\\0 & 0 & 4.7917\end{bmatrix}\begin{bmatrix}1 & 0.2 & 0.2\\0 & 1 & \boxed{-0.0417}\\0 & 0 & 1\end{bmatrix} \tag{3.64}$$

この例では$\boldsymbol{L}^*$, $\boldsymbol{D}$は次式となる．

$$\boldsymbol{L}^*=\begin{bmatrix}1 & 0 & 0\\0.2 & 1 & 0\\0.2 & \boxed{-0.0417} & 1\end{bmatrix} \tag{3.65}$$

$$\boldsymbol{D}=\begin{bmatrix}5 & 0 & 0\\0 & 4.8 & 0\\0 & 0 & 4.7917\end{bmatrix} \tag{3.66}$$

不完全コレスキー分解とは，$\boldsymbol{H}$を$\boldsymbol{L}^*$に分解する際にすべての成分を計算することはせずに，ある場所の成分を強制的に零にすることにより，計算時間と記憶容量を節約しようとする手法である．ここでは，もとの行列$\boldsymbol{H}$の成分が零であった箇所すなわち（3.64）式の例でいえば$\boxed{\phantom{00}}$で囲んだ3行2列目の成分を零とすれば，（3.65）式の$\boldsymbol{L}^*$は次式の$\boldsymbol{L}$のようになる．

$$\boldsymbol{L}=\begin{bmatrix}1 & 0 & 0\\0.2 & 1 & 0\\0.2 & \boxed{0} & 1\end{bmatrix} \tag{3.67}$$

この $\boldsymbol{L}$ を用いて $\boldsymbol{H}$ を分解したものが近似行列 $\boldsymbol{M}$ であり，$\boldsymbol{D}$ の成分の平方根を対角成分にもつ行列を $\boldsymbol{D}^{1/2}$ と書くと次式のようになる．

$$\boldsymbol{M}=\boldsymbol{L}\boldsymbol{D}\boldsymbol{L}^T=\boldsymbol{L}\boldsymbol{D}^{1/2}(\boldsymbol{L}\boldsymbol{D}^{1/2})^T=\boldsymbol{N}\boldsymbol{N}^T \tag{3.68}$$

ここで，$\boldsymbol{N}=\boldsymbol{L}\boldsymbol{D}^{1/2}$ である．

以下に，ICCG 法の計算式の導出方法について簡単に説明する．(3.61) 式に上式を代入し，両辺の左側から $\boldsymbol{N}^T$ を掛ければ次式となる．

$$\boldsymbol{N}^T(\boldsymbol{N}^T)^{-1}\boldsymbol{N}^{-1}\boldsymbol{H}\boldsymbol{u}=\boldsymbol{N}^T(\boldsymbol{N}^T)^{-1}\boldsymbol{N}^{-1}\boldsymbol{G} \tag{3.69}$$

$\boldsymbol{N}^T(\boldsymbol{N}^T)^{-1}$ は単位行列であることを用いてさらに変形すれば，

$$\boldsymbol{N}^{-1}\boldsymbol{H}(\boldsymbol{N}^T)^{-1}\boldsymbol{N}^T\boldsymbol{u}=\boldsymbol{N}^{-1}\boldsymbol{G} \tag{3.70}$$

上式を簡単に書けば次式となる．

$$\boldsymbol{H}^*\boldsymbol{u}^*=\boldsymbol{G}^* \tag{3.71}$$

ここで，$\boldsymbol{H}^*, \boldsymbol{u}^*, \boldsymbol{G}^*$ は次式で定義される．

$$\begin{aligned}\boldsymbol{H}^*&=\boldsymbol{N}^{-1}\boldsymbol{H}(\boldsymbol{N}^T)^{-1}\\ \boldsymbol{u}^*&=\boldsymbol{N}^T\boldsymbol{u}\\ \boldsymbol{G}^*&=\boldsymbol{N}^{-1}\boldsymbol{G}\end{aligned} \tag{3.72}$$

$\boldsymbol{H}^*$ は正定な対称マトリックスである．(3.71) 式の解は (3.35) 式の解と等しい．もし，(3.67) 式の $\boldsymbol{N}\boldsymbol{N}^T$ が $\boldsymbol{H}$ の正確なコレスキー分解であれば，(3.71) 式の $\boldsymbol{H}^*$ は完全な単位行列になるが，(3.68) 式は不完全な分解であるためそうはならない．しかし，不完全ながらコレスキー分解を行っているため，$\boldsymbol{M}$ は単位行列に近い行列になっていると考えられる．したがって，(3.71) 式に CG 法を適用すれば，かなり少ない探索回数で解が求まることが期待される．

式の導出は省略するが，CG 法と同様に ICCG 法の計算手順を導出でき，次のようになる．

(i)　適当な初期値 $\boldsymbol{u}^{1)}$ を選び，$\boldsymbol{r}^{(1)}, \boldsymbol{p}^{(1)}$ を次のように与える．

$$\boldsymbol{r}^{(1)}=\boldsymbol{G}-\boldsymbol{H}\boldsymbol{u}^{(1)} \tag{3.73}$$

$$\boldsymbol{p}^{(1)}=\boldsymbol{M}^{-1}\boldsymbol{r}^{(1)} \tag{3.74}$$

(ii)　$k=1, 2, \cdots$ に対して，以下の計算を繰り返す．

$$\alpha^{(k)}=\frac{\boldsymbol{r}^{(k)T}\boldsymbol{M}^{-1}\boldsymbol{r}^{(k)}}{\boldsymbol{p}^{(k)T}\boldsymbol{H}\boldsymbol{p}^{(k)}} \tag{3.75}$$

$$\boldsymbol{u}^{(k+1)}=\boldsymbol{u}^{(k)}+\alpha^{(k)}\boldsymbol{p}^{(k)} \tag{3.76}$$

$$\boldsymbol{r}^{(k+1)}=\boldsymbol{r}^{(k)}-\alpha^{(k)}\boldsymbol{H}\boldsymbol{p}^{(k)} \tag{3.77}$$

$\eta=\|\boldsymbol{r}^{(k+1)}\|/\|\boldsymbol{G}\|<\varepsilon$ ならば終了する．

$$\beta^{(k)}=\frac{\boldsymbol{r}^{(k+1)T}\boldsymbol{M}^{-1}\boldsymbol{r}^{(k+1)}}{\boldsymbol{r}^{(k)T}\boldsymbol{M}^{-1}\boldsymbol{r}^{(k)}} \tag{3.78}$$

$$\boldsymbol{p}^{(k+1)}=\boldsymbol{M}^{-1}\boldsymbol{r}^{(k+1)}+\beta^{(k)}\boldsymbol{p}^{(k)} \tag{3.79}$$

**【例題 3. 2】**

次の連立方程式を ICCG 法により手計算で解け（真値 $x=0.1,\ y=0.1,\ z=0.15$）．ただし，$x, y, z$ の初期値はともに零とし，収束判定値 $\varepsilon$ は 0.01 とせよ．

$$5x+y+z=0.75$$
$$x+5y=0.6$$
$$x+5z=0.85$$

**(解答例)**

**［初期値，不完全コレスキー分解］**

$$\boldsymbol{u}^{(1)}=\begin{Bmatrix}0\\0\\0\end{Bmatrix}\quad \boldsymbol{H}=\begin{bmatrix}5&1&1\\1&5&0\\1&0&5\end{bmatrix}\quad \boldsymbol{G}=\begin{Bmatrix}0.75\\0.6\\0.85\end{Bmatrix}$$

$$\boldsymbol{r}^{(1)}=\boldsymbol{G}-\boldsymbol{H}\boldsymbol{u}^{(1)}=\begin{Bmatrix}0.75\\0.6\\0.85\end{Bmatrix}$$

$\boldsymbol{H}$ を $\boldsymbol{L}^{*}\boldsymbol{D}\boldsymbol{L}^{*T}$ に分解した結果は（3.64）式にすでに示したとおりである．不完全コレスキー分解した場合の（3.68）式の $\boldsymbol{M}=\boldsymbol{L}\boldsymbol{D}\boldsymbol{L}^{T}$ は次式となる．

$$\boldsymbol{M}=\begin{bmatrix}1&0&0\\0.2&1&0\\0.2&\boxed{0}&1\end{bmatrix}\begin{bmatrix}5&0&0\\0&4.8&0\\0&0&4.7917\end{bmatrix}\begin{bmatrix}1&0.2&0.2\\0&1&\boxed{0}\\0&0&1\end{bmatrix}$$

$\boldsymbol{M}$ の $\boldsymbol{L}\boldsymbol{D}\boldsymbol{L}^{T}$ 分解がすでになされているので，（3.74）式の $\boldsymbol{p}^{(1)}=\boldsymbol{M}^{-1}\boldsymbol{r}^{(1)}$ の計算は，次の 2 組の方程式を解くことによって行う．

$$\boldsymbol{L}\boldsymbol{y}=\boldsymbol{r}^{(1)}$$
$$\boldsymbol{D}\boldsymbol{L}^{T}\boldsymbol{p}^{(1)}=\boldsymbol{y}$$

$\boldsymbol{L}\boldsymbol{y}=\boldsymbol{r}^{(1)}$ は次式となる．

$$\begin{bmatrix}1&0&0\\0.2&1&0\\0.2&0&1\end{bmatrix}\begin{Bmatrix}y_1\\y_2\\y_3\end{Bmatrix}=\begin{Bmatrix}0.75\\0.6\\0.85\end{Bmatrix}$$

これは直ちに解けて次式が求まる．

$$\begin{Bmatrix}y_1\\y_2\\y_3\end{Bmatrix}=\begin{Bmatrix}0.75\\0.45\\0.7\end{Bmatrix}$$

$\boldsymbol{D}\boldsymbol{L}^{T}\boldsymbol{p}^{(1)}=\boldsymbol{y}$ は次式となる．

$$\begin{bmatrix} 5 & 0 & 0 \\ 0 & 4.8 & 0 \\ 0 & 0 & 4.7917 \end{bmatrix} \begin{bmatrix} 1 & 0.2 & 0.2 \\ 0 & 1 & 0 \\ 0 & 0 & 1 \end{bmatrix} \begin{Bmatrix} p_1 \\ p_2 \\ p_3 \end{Bmatrix} = \begin{Bmatrix} 0.75 \\ 0.45 \\ 0.7 \end{Bmatrix}$$

これも直ちに解けて次式となる．

$$\boldsymbol{p}^{(1)} = \begin{Bmatrix} 0.1020 \\ 0.0938 \\ 0.1461 \end{Bmatrix}$$

**［反復 1 回目**（$k=1$）**］**

(3.73) 式を用いれば $\boldsymbol{r}^{(1)T}\boldsymbol{M}^{-1}\boldsymbol{r}^{(1)}$, $\boldsymbol{p}^{(1)T}\boldsymbol{H}\boldsymbol{p}^{(1)}$ は次式のように求まる．

$$\boldsymbol{r}^{(1)T}\boldsymbol{M}^{-1}\boldsymbol{r}^{(1)} = \{0.75 \quad 0.6 \quad 0.85\} \begin{Bmatrix} 0.1020 \\ 0.0938 \\ 0.1461 \end{Bmatrix} = 0.2570$$

$$\boldsymbol{p}^{(1)T}\boldsymbol{H}\boldsymbol{p}^{(1)} = \{0.1020 \quad 0.0938 \quad 0.1461\} \begin{bmatrix} 5 & 1 & 1 \\ 1 & 5 & 0 \\ 1 & 0 & 5 \end{bmatrix} \begin{Bmatrix} 0.1020 \\ 0.0938 \\ 0.1461 \end{Bmatrix} = 0.2517$$

よって $\alpha^{(1)}$ は (3.75) 式より次式となる．

$$\alpha^{(1)} = \frac{0.2570}{0.2517} = 1.0211$$

$$\boldsymbol{u}^{(2)} = \boldsymbol{u}^{(1)} + \alpha^{(1)}\boldsymbol{p}^{(1)} = 1.0211 \begin{Bmatrix} 0.1020 \\ 0.0938 \\ 0.1461 \end{Bmatrix} = \begin{Bmatrix} 0.1042 \\ 0.0958 \\ 0.1492 \end{Bmatrix}$$

$$\boldsymbol{r}^{(2)} = \boldsymbol{r}^{(1)} - \alpha^{(1)}\boldsymbol{H}\boldsymbol{p}^{(1)} = \begin{Bmatrix} 0.75 \\ 0.6 \\ 0.85 \end{Bmatrix} - 1.0211 \begin{bmatrix} 5 & 1 & 1 \\ 1 & 5 & 0 \\ 1 & 0 & 5 \end{bmatrix} \begin{Bmatrix} 0.1020 \\ 0.0938 \\ 0.1461 \end{Bmatrix} = \begin{Bmatrix} -0.0157 \\ 0.0170 \\ -0.0001 \end{Bmatrix}$$

$\boldsymbol{r}^{(2)}$ と $\boldsymbol{G}$ のノルムの比 $\eta$ を計算すると次式となる．

$$\eta = \frac{\|\boldsymbol{r}^{(2)}\|}{\|\boldsymbol{G}\|} = \frac{\sqrt{(-0.0157)^2 + (0.0170)^2 + (-0.0001)^2}}{\sqrt{(0.75)^2 + (0.6)^2 + (0.85)^2}} = 0.0180$$

$\eta < \varepsilon$（$=0.01$）ではないので，次のステップの計算を行うため，$\beta^{(1)}$, $\boldsymbol{p}^{(2)}$ を求める．$\beta^{(1)}$ を計算するためにまず $\boldsymbol{M}^{-1}\boldsymbol{r}^{(2)}$ を求める．$\boldsymbol{L}\boldsymbol{y} = \boldsymbol{r}^{(2)}$ は次式となる．

$$\begin{bmatrix} 1 & 0 & 0 \\ 0.2 & 1 & 0 \\ 0.2 & 0 & 1 \end{bmatrix} \begin{Bmatrix} y_1 \\ y_2 \\ y_3 \end{Bmatrix} = \begin{Bmatrix} -0.0157 \\ 0.0170 \\ -0.0001 \end{Bmatrix}$$

$\boldsymbol{y}$ は次式のように求まる．

$$\begin{Bmatrix} y_1 \\ y_2 \\ y_3 \end{Bmatrix} = \begin{Bmatrix} -0.0157 \\ 0.0201 \\ 0.0030 \end{Bmatrix}$$

$\boldsymbol{DL}^T\boldsymbol{p}=\boldsymbol{y}$ は次式となる.

$$\begin{bmatrix} 5 & 0 & 0 \\ 0 & 4.8 & 0 \\ 0 & 0 & 4.7917 \end{bmatrix}\begin{bmatrix} 1 & 0.2 & 0.2 \\ 0 & 1 & 0 \\ 0 & 0 & 1 \end{bmatrix}\begin{Bmatrix} p_1 \\ p_2 \\ p_3 \end{Bmatrix} = \begin{Bmatrix} -0.0157 \\ 0.0201 \\ 0.0030 \end{Bmatrix}$$

上式を解くと $\boldsymbol{p}=\boldsymbol{M}^{-1}\boldsymbol{r}^{(2)}$ が次式のように求まる.

$$\boldsymbol{M}^{-1}\boldsymbol{r}^{(2)} = \begin{Bmatrix} -0.0041 \\ 0.0042 \\ 0.0006 \end{Bmatrix}$$

よって $\beta^{(1)}$ は次式のように求まる.

$$\beta^{(1)} = \frac{\boldsymbol{r}^{(2)T}\boldsymbol{M}^{-1}\boldsymbol{r}^{(2)}}{\boldsymbol{r}^{(1)}\boldsymbol{M}^{-1}\boldsymbol{r}^{(1)}} = \frac{-0.0157\times(-0.0041)+0.0170\times0.0042-0.0001\times0.0006}{0.2570}$$

$$=0.0005$$

$$\boldsymbol{p}^{(2)} = \boldsymbol{M}^{-1}\boldsymbol{r}^{(2)} + \beta^{(1)}\boldsymbol{p}^{(1)}$$

$$= \begin{Bmatrix} -0.0041 \\ 0.0042 \\ 0.0006 \end{Bmatrix} + 0.0005\begin{Bmatrix} 0.1020 \\ 0.0938 \\ 0.1461 \end{Bmatrix} = \begin{Bmatrix} -0.0040 \\ 0.0042 \\ 0.0007 \end{Bmatrix}$$

［**反復 2 回目**（$k=2$）］

$$\alpha^{(2)} = \frac{\boldsymbol{r}^{(2)T}\boldsymbol{M}^{-1}\boldsymbol{r}^{(2)}}{\boldsymbol{p}^{(2)T}\boldsymbol{H}\boldsymbol{p}^{(2)}}$$

$$\boldsymbol{r}^{(2)T}\boldsymbol{M}^{-1}\boldsymbol{r}^{(2)} = -0.0157\times(-0.0041)+0.0170\times0.0042-0.0001\times0.0006=0.00014$$

$$\boldsymbol{p}^{(2)T}\boldsymbol{H}\boldsymbol{p}^{(2)} = \{-0.0040 \quad 0.0042 \quad 0.0007\}\begin{bmatrix} 5 & 1 & 1 \\ 1 & 5 & 0 \\ 1 & 0 & 5 \end{bmatrix}\begin{Bmatrix} -0.0040 \\ 0.0042 \\ 0.0007 \end{Bmatrix} = 0.00013$$

よって $\alpha^{(2)}$ は次式となる.

$$\alpha^{(2)} = \frac{0.00014}{0.00013} = 1.07692$$

$$\boldsymbol{u}^{(3)} = \boldsymbol{u}^{(2)} + \alpha^{(2)}\boldsymbol{p}^{(2)} = \begin{Bmatrix} 0.1042 \\ 0.0958 \\ 0.1492 \end{Bmatrix} + 1.07692\begin{Bmatrix} -0.0040 \\ 0.0042 \\ 0.0007 \end{Bmatrix} = \begin{Bmatrix} 0.0999 \\ 0.1003 \\ 0.1500 \end{Bmatrix}$$

$$\boldsymbol{r}^{(3)} = \boldsymbol{r}^{(2)} - \alpha^{(2)}\boldsymbol{H}\boldsymbol{p}^{(2)} = \begin{Bmatrix} -0.0157 \\ 0.0170 \\ -0.0001 \end{Bmatrix} - 1.07692\begin{Bmatrix} 5 & 1 & 1 \\ 1 & 5 & 0 \\ 1 & 0 & 5 \end{Bmatrix}\begin{Bmatrix} -0.0040 \\ 0.0042 \\ 0.0007 \end{Bmatrix} = \begin{Bmatrix} 0.0004 \\ -0.0013 \\ 0.0004 \end{Bmatrix}$$

$$\eta=\frac{\|\boldsymbol{r}^{(3)}\|}{\|\boldsymbol{G}\|}=\frac{\sqrt{(0.0004)^2+(-0.0013)^2+(0.0004)^2}}{\sqrt{(0.75)^2+(0.6)^2+(0.85)^2}}=0.0011$$

$\eta<\varepsilon$（$=0.01$）なので収束したとみなす．$\boldsymbol{u}^{(3)}$ より，$x=0.0999, y=0.1003, z=0.1500$ であり，確かに真値（$x=0.1, y=0.1, z=0.15$）に近い解が求まった．

**c.　ガウスの消去法，ICCG 法の計算量，記憶容量などの比較**

ガウスの消去法の計算量は，そのアルゴリズムにより陽に決まり，未知数が $n$ のフルマトリックスの場合は，前進消去と後退代入に約 $n^3/3$ のオーダの計算量が必要になる．未知数 $n$ が増えると記憶容量や計算時間が膨大となる．たとえば $n=10^7$（1000 万個）という問題を解こうとする場合の係数マトリックスの成分の個数は $n^2=10^{14}=$ 100000 G（ギガ）となり，計算機に記憶するのは容易でない．マトリックスのスパース性を利用せずにガウスの消去法で解くと，計算量が $n^3/3$ のオーダとすれば，必要な乗除算などの回数は，$n^3/3=10^{21}/3$ にもなる．1 TFLOPS$=10^{12}$ FLOPS のスーパーコンピュータで計算して $10^{21}/(3\times10^{12})=3.3\times10^8$ 秒＝約 10.5 年かかることになり，全く非現実的である．バンドマトリックス法を用いたときの計算量は $n^2\times B_w$（$B_w$：バンド幅）のオーダとなるが，バンド幅を必ずしも小さくできないことがあり，$n$ が大きい大次元連立方程式の計算は大変である．

ICCG 法のような反復法の計算量は，1 反復当たりの計算量と収束までに要する反復回数の積によって見積もることができる．ICCG 法の計算量は LU 分解で $n^3$ のオー

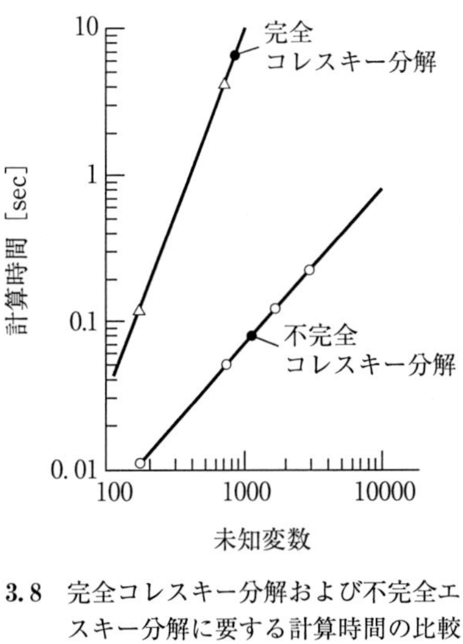


**図 3.8**　完全コレスキー分解および不完全エレスキー分解に要する計算時間の比較

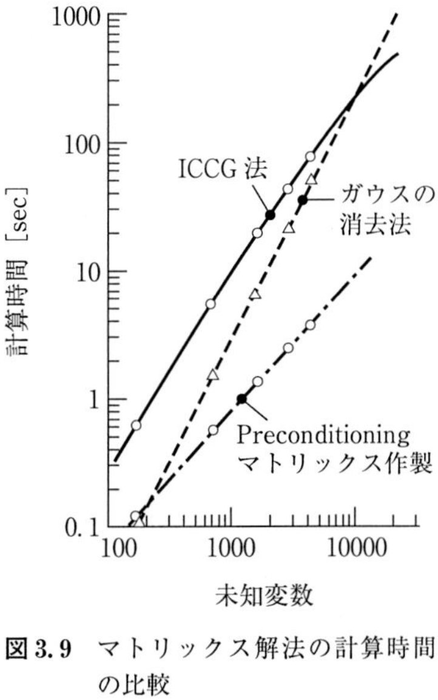


**図 3.9**　マトリックス解法の計算時間の比較

ダとなるが，不完全コレスキー分解しているので $\eta<1$ として，$\eta n^3$ のオーダとなる．反復時の計算量が $n^2$ のオーダなので，$S$ 回反復すると $Sn^2$ のオーダとなる．合計で $\eta n^3+Sn^2$ のオーダとなる．有限要素法などの係数マトリックスは一般にスパースであり，反復法ではそのスパース性を利用して記憶容量を減らせる．特にICCG法では，解くべきマトリックスの性質がよくなるので反復回数 $S$ を少なくでき，一般に未知数 $n$ が多くなると記録容量，計算量ともにガウスの消去法のような直接法に比べるとICCG法の方が小さくなり，大次元行列の解法としてはICCG法が適しているといえる．

図3.8に，一例として変圧器モデルの解析で現われる係数マトリックスを，完全コレスキー分解するのに要した時間と，不完全コレスキー分解するのに要した時間と未知変数の関係を示す．これより，不完全コレスキー分解は完全コレスキー分解よりも計算時間が極端に減少することがわかる．図3.9にICCG法とガウスの消去法の計算時間を比較した例を示す．この例では未知変数が約10000以上になればICCG法が有利になることがわかる．しかしICCG法は，物理的にあり得ないような計算条件（たとえば不連続な電流）を与えた場合などには，収束しなくなるという困った問題を有している．

### 3.4.2　非対称大次元行列の解法

有限要素法の係数マトリックスは通常は対称マトリックスであるが，たとえば6.3節で述べるように，異方性材料をニュートン・ラフソン法を用いて非線形解析する際には，有限要素法の係数マトリックスは非対称マトリックスとなる．非対称マトリックスを係数とする連立一次方程式の反復解法としては，種々の手法が提案されているが[17)]，ここでは1992年にVan der Vorst氏[18)]が提案した安定双共役勾配法（Bi-conjugate gradient stabilized method：BiCGSTAB法）について述べる．

非対称マトリックスを係数とする連立一次方程式の反復解法を構成するアプローチの一つは，前述のCG法（共役勾配法）を非対称マトリックス用に一般化することである．CG法を一般化した方法として双共役勾配法（Bi-conjugate gradient method）があるが，必ずしも収束が速いわけではない[17)]．その収束の不安定性を改善する方法としてBiCGSTAB法が提案されている．この方法のアルゴリズムは，以下のとおりである．

① 初期値 $\boldsymbol{u}_0^{(1)}$ を与える．

② 初期残差ベクトル $\boldsymbol{r}^{(1)}=\boldsymbol{G}_0-\boldsymbol{H}_0\boldsymbol{u}_0^{(1)}$ を計算する．

③ $\boldsymbol{r}^{(1)*}=\boldsymbol{r}^{(1)},\ \boldsymbol{\nu}^{(1)}=\boldsymbol{p}^{(1)}=0,\ \rho^{(1)}=\alpha^{(1)}=\omega^{(1)}=1$ とおく．

所望の解が得られるまで以下の計算（④〜⑫）を繰り返す．

④ $\rho^{(k)}=\boldsymbol{r}^{(1)*T}\boldsymbol{r}^{(k)}$ (3.80)

⑤ $\beta^{(k-1)}=\dfrac{\rho^{(k)}}{\rho^{(k-1)}}\dfrac{\alpha^{(k-1)}}{\omega^{(k-1)}}$ (3.81)

⑥ $\boldsymbol{p}^{(k)}=\boldsymbol{r}^{(k)}+\beta^{(k-1)}(\boldsymbol{p}^{(k-1)}-\omega^{(k-1)}\nu^{(k-1)})$ (3.82)

⑦ $\boldsymbol{\nu}^{(k)}=H_0\boldsymbol{p}^{(k)}$ (3.83)

⑧ $\alpha^{(k)}=\rho^{(k)}/(\boldsymbol{r}^{(1)*T}\boldsymbol{\nu}^{(k)})$ (3.84)

⑨ $\boldsymbol{s}^{(k)}=\boldsymbol{r}^{(k)}-\alpha^{(k)}\boldsymbol{\nu}^{(k)}$ (3.85)

⑩ $\omega^{(k)}=\dfrac{\boldsymbol{s}^{(k)T}\boldsymbol{H}_0{}^T\boldsymbol{s}^{(k)}}{\boldsymbol{s}^{(k)T}\boldsymbol{H}_0{}^T\boldsymbol{H}_0\boldsymbol{s}^{(k)}}$ (3.86)

⑪ $\boldsymbol{u}_0^{(k+1)}=\boldsymbol{u}_0^{(k)}+\alpha^{(k)}\boldsymbol{p}^{(k)}+\omega^{(k)}\boldsymbol{s}^{(k)}$ (3.87)

⑫ $\boldsymbol{r}^{(k+1)}=\boldsymbol{s}^{(k)}-\omega^{(k)}\boldsymbol{H}_0\boldsymbol{s}^{(k)}$ (3.88)

ただし，添字＊は双対を表す.

# 4

# 渦電流，永久磁石，非線形問題の解析法

## 4.1　渦電流問題の解析法

### 4.1.1　概要と定式化の要点

**a.　過電流の特性**

導体に鎖交する磁束が時間的に変化したり，あるいは導体が磁束中を運動するときには，導体内に起電力が誘起され渦電流が流れる．渦電流の流れ方や渦電流密度の大きさおよび位相は，導体の大きさ，導電率，周波数（磁束密度の時間的変化の割合）などによって変わる．図 4.1 のように，導体に鎖交する磁束 $\Phi$ が変化すれば，導体内に次式で表される起電力 $e$ が誘起されて，導体中に渦電流が流れる．

$$e = -\frac{d\Phi}{dt} \tag{4.1}$$

渦電流は印加された磁束の変化を妨げる方向に流れる（レンツの法則）ので，渦電流によって作られる反作用磁界は導体の中央ほど大きくなる．次に，ベクトル図を用いて磁束や渦電流などの間の関係を考察する．磁化電流密度 $J_m^*$（$=J_{mA}^* \sin \omega t$，添字 $A$ は最大値を表す）によって生じる磁束 $\Phi_m$ は，図 4.2 のように $J_m^*$ と同相である[1)]．

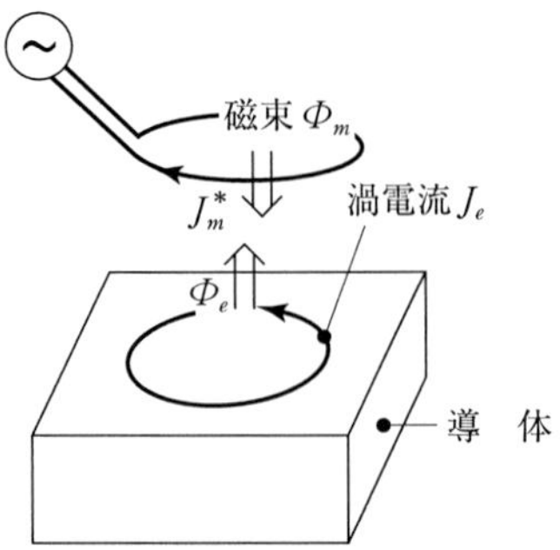


**図 4.1**　渦電流の流れる導体

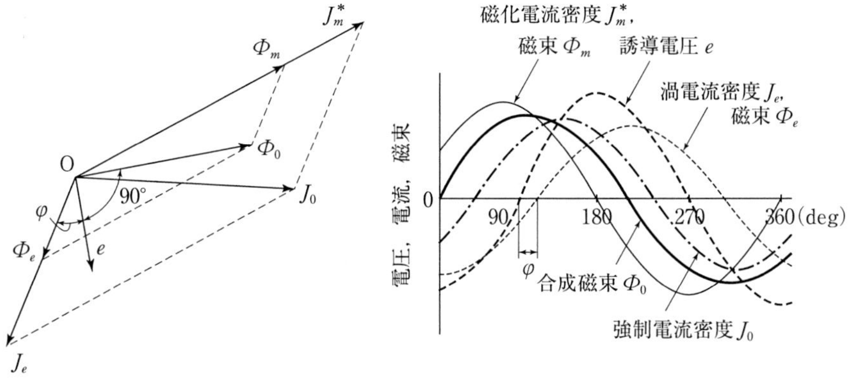


(a) ベクトル図　　(b) 電圧，電流，磁束の波形

**図 4.2**　渦電流場のベクトル図および波形

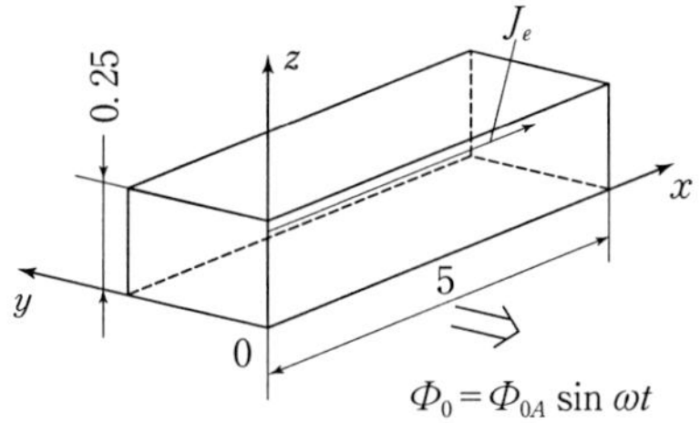


**図 4.3**　電磁鋼板の解析モデル

$\Phi_m$ によって誘起される電圧 $e$ は，$\Phi_m = \Phi_{mA} \sin \omega t$ を（4.1）式に代入すれば，次式のようになるので，$\Phi_m$ よりも 90° 遅れる．

$$e = -\frac{d\Phi}{dt} = -\omega \Phi_m \cos \omega t \tag{4.2}$$

渦電流が流れる回路には磁束が鎖交しているので，渦電流回路のリアクタンス分のために，渦電流密度 $J_e (= J_{eA} \cos(\omega t - \varphi))$ は，図のように電圧 $e$ よりも $\varphi$ だけ位相が遅れる．渦電流が流れるとこれによって $\Phi_m$ を打ち消す方向（$\Phi_m$ よりも位相が 90° 以上遅れる）に磁束 $\Phi_e$（反作用磁束）が生ずる．結局，最終的に流れる磁束 $\Phi_0$ は，$J_m^*$ によって生ずる磁束 $\Phi_m$ と渦電流による磁束 $\Phi_e$ の和となり，図のように $J_m^*$ よりも位相が遅れることになる．また，このとき電源から流れ込んでくる電流の密度 $J_0$（いわゆる強制電流密度に対応）は図 4.2 のように $J_m^*$ と $J_e$ の和となる．

渦電流による反作用磁界は，導体の中央ほど大きくなるので磁束や渦電流は主に導体表面に分布する．すなわち，次式で定義される $z = \delta$ において，磁束密度 $B$ および渦電流密度 $J_e$ は導体表面の値の $1/e$ に減少し，磁束は 1 ラジアン（= 57.3°）遅れる．

*70*     4. 渦電流，永久磁石，非線形問題の解析法

$B$ [T]

1.450×10²
1.305×10²
1.160×10²
1.015×10²
8.7000×10
7.2500×10
5.8000×10
4.3500×10
2.9000×10
1.4500×10
0.0000

(i) $\omega t = 3.6°$

(ii) $\omega t = 46.8°$

(iii) $\omega t = 90°$

(iv) $\omega t = 136.8°$

(v) $\omega t = 180°$

(vi) $\omega t = 226.8°$

(vii) $\omega t = 270°$

(viii) $\omega t = 316.8°$

(ix) $\omega t = 360°$

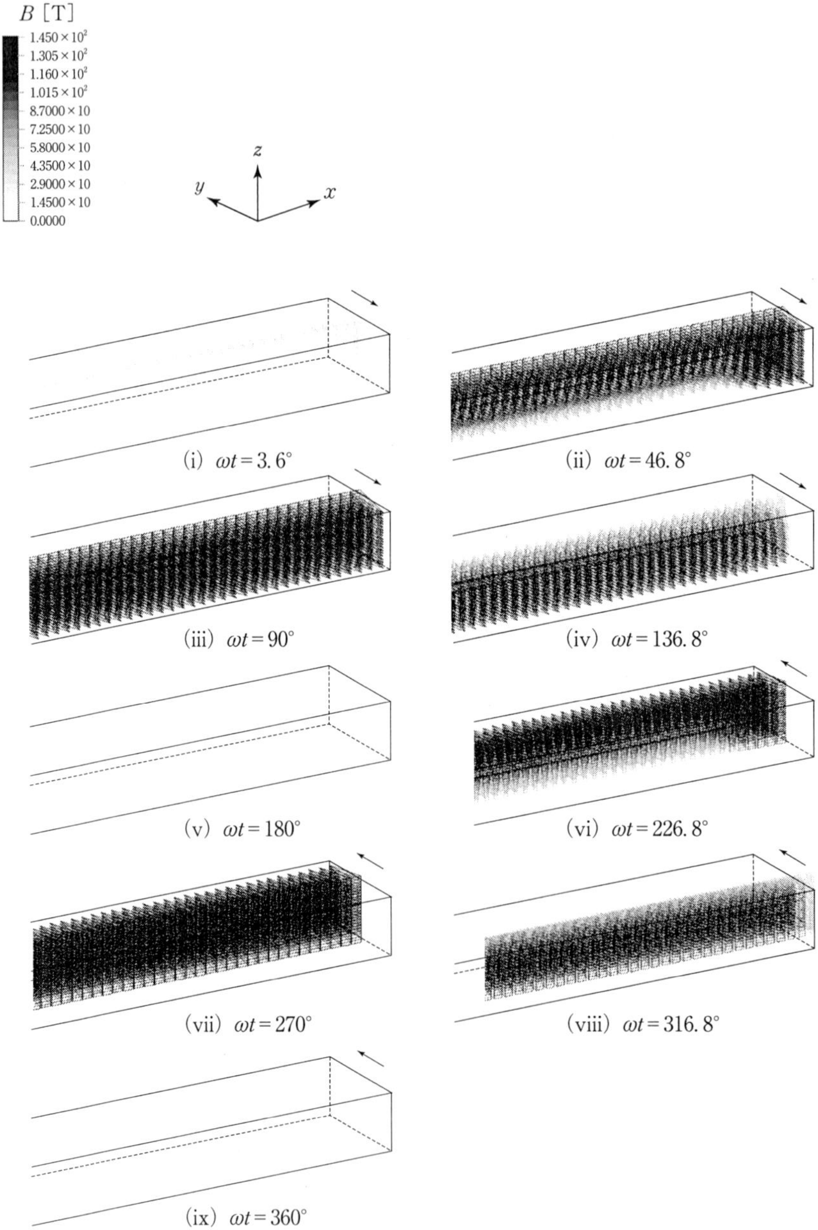

(a) 磁束分布

図 4.4　磁束および渦電流

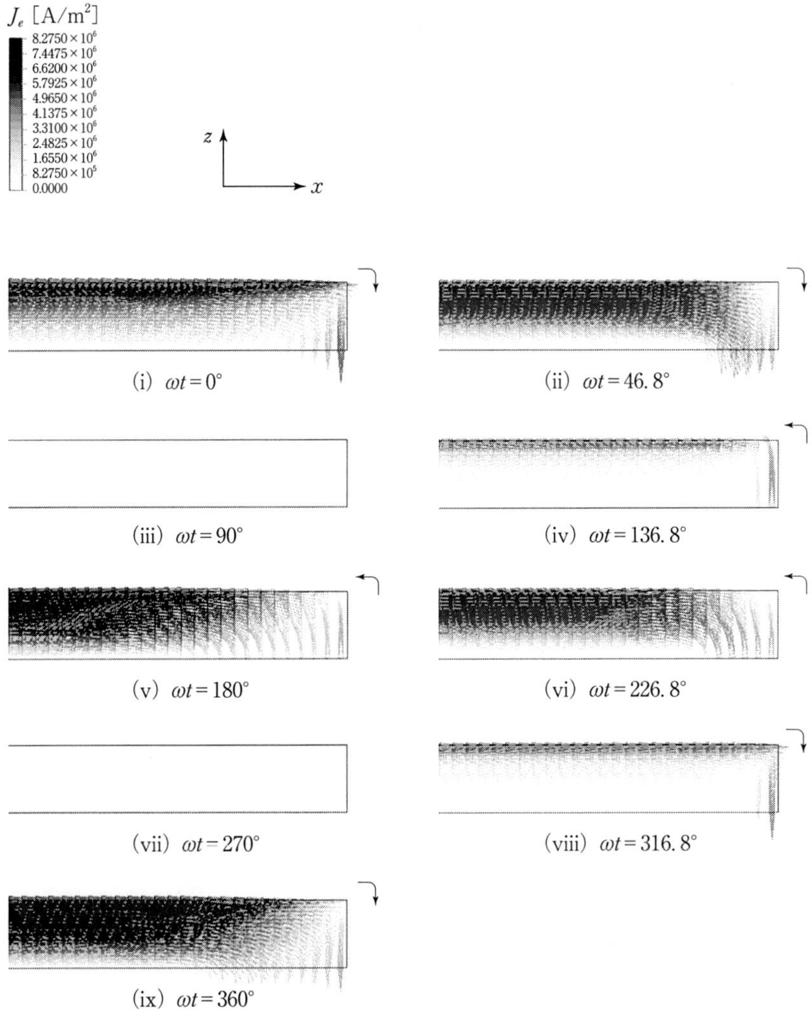


(i)　$\omega t = 0°$　(ii)　$\omega t = 46.8°$

(iii)　$\omega t = 90°$　(iv)　$\omega t = 136.8°$

(v)　$\omega t = 180°$　(vi)　$\omega t = 226.8°$

(vii)　$\omega t = 270°$　(viii)　$\omega t = 316.8°$

(ix)　$\omega t = 360°$

(b)　渦電流分布

分布（50 Hz, $B_m = 1.45$ T）

$$\delta=\sqrt{\frac{2}{\omega\sigma\mu}} \tag{4.3}$$

この $\delta$[m] を浸透深さあるいは表皮深さとよぶ[2)]．これは，$B$ や $J_e$ が導体表面での値の 36.8%（$1/e=1/2.718=0.368$）になる深さである．(4.3) 式は，周波数 $f$ や導電率 $\sigma$，透磁率 $\mu$ が大きいと，渦電流による表皮効果が顕著になり，$\delta$ が小さくなることを示している．

渦電流分布が時間的にどのように変化するかを示すために，幅が 10 mm で厚さが 0.5 mm の無方向性電磁鋼板 50A1300 の非線形渦電流解析を行った例を示す．解析領域は図 4.3 のような 1 枚の鋼板の 1/4 とし，長手方向（$y$ 方向）に平均磁束密度が 1.45 T の正弦波の交流磁束（50 Hz，5 kHz）（$\Phi_0=\Phi_{0A}\sin\omega t$，$\Phi_{0A}=1.45$）を印加した．磁束分布，渦電流分布ならびに磁束と渦電流の波形を図 4.4〜4.7 に示す．印加磁束密度が零になる瞬間を $\omega t=0°$ とした．図 4.4 の 50 Hz の場合は，磁束は $\sin\omega t$ に従っ

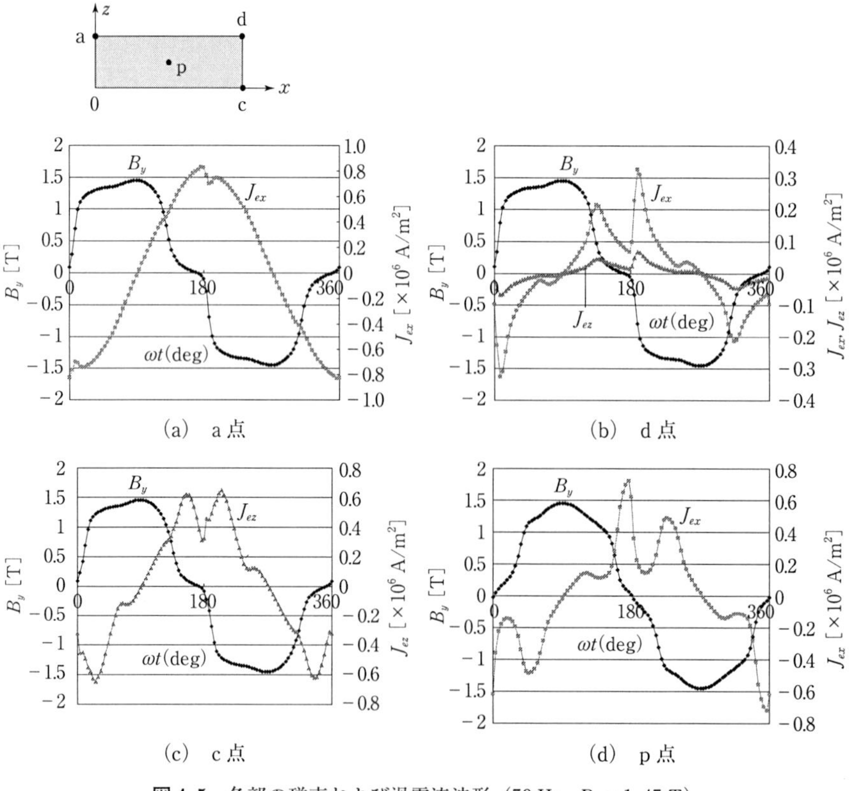


(a)　a 点　　(b)　d 点

(c)　c 点　　(d)　p 点

**図 4.5**　各部の磁束および渦電流波形（50 Hz，$B_m=1.45$ T）

て大きさ，方向ともに変化している．図 4.6 の 500 Hz の場合の分布はかなり異なっている．図 4.6(i)～(iii) の $\omega t=0°$ から 90° 付近では磁束が $y$ の負方向を向いているのに対し，図 4.6(iv)～(vi) の $\omega t=136.8°$ 付近から 226.8° 付近では鋼板表面の磁束は $y$ の正方向に反転しているが，鋼板内部の磁束はまだ反転していない．このときの表皮厚さ $\delta$ は，$\mu_r=500$，$\sigma=0.71\times10^7$ S/m とすれば，$f=50$ Hz のときは $\delta=1.2$ mm，$f=500$ Hz のときは $\delta=0.12$ mm である．鋼板の厚さが 0.5 mm であることを考えれば，50 Hz のときは渦電流は鋼板中心付近まで流れているのに対し，500 Hz ではかなり表面付近を流れている．

図 4.5，図 4.7 より非線形のため，磁束波形，渦電流波形ともにかなりひずんでいることがわかる．鋼板の表面と内部を比較すれば，反作用磁界のため，内部（p 点）ほど磁束密度波形の位相が遅れており，このことは 500 Hz の方が顕著である．50 Hz での鋼板表面（a 点）の磁束密度の最大値は約 1.5 T であるのに対し，500 Hz では約 1.9 T と，飽和磁束密度に近くなっている．鋼板表面の a 点の $J_{ex}$ は鋼板の鎖交磁束（正弦波）を微分して求まる電圧によって流れるので，$J_{ex}$ の波形は正弦波に近くなっている．それ以外の点の渦電流波形はかなりひずんでいる．

### b.　渦電流問題の定式化の要点

導体に渦電流が流れている場合の基礎方程式は，(1.38) 式で導出した次式となる．

$$\mathrm{rot}\,(\nu\,\mathrm{rot}\,\boldsymbol{A})=\boldsymbol{J}_0-\sigma\left(\frac{\partial A}{\partial t}+\mathrm{grad}\,\phi\right) \tag{4.4}$$

(4.4) 式にガラーキン法を適用した際，辺の数だけの式が作られる．磁気ベクトルポテンシャル $\boldsymbol{A}$ を用いて渦電流解析を行う際は，(4.4) 式のように一般に電気スカラポテンシャル $\phi$ も未知数となる．この場合は，$\phi$ が未知な節点の数だけさらに方程式が入用であり，(1.39) 式のところで述べた，次に示す電流連続式と (4.4) 式を $\boldsymbol{A}$ と $\phi$ について連立して解く必要がある（これを $\boldsymbol{A}$-$\phi$ 法とよぶ）．

$$\mathrm{div}\left\{-\sigma\left(\frac{\partial A}{\partial t}+\mathrm{grad}\,\phi\right)\right\}=0 \tag{4.5}$$

(4.5) 式は渦電流が流れる領域（導体）でのみ式を作ればよい．$\boldsymbol{A}$ は全領域で定義するのに対し，$\phi$ は渦電流が流れる領域（導体）内でのみ定義される．

銅のような導体中の渦電流はマクスウェルの電磁方程式から導き出された (4.4)，(4.5) 式より求まるが，多数の磁区より構成される磁性体中の渦電流を求めるのは大変である．磁区と磁区の境界である磁壁のまわりには異常渦電流が流れるが，これの取り扱いは容易ではない．これらについては 6.4 節で述べる．

ところで，辺要素を用いる場合は，$\phi=0$ として解くことが可能である（これを $\boldsymbol{A}$ 法とよぶ）．しかし，$\boldsymbol{A}$ 法よりも $\boldsymbol{A}$-$\phi$ 法の方が，辺要素の場合は ICCG 法の収束性がよい場合が多いことが報告されている[3]．

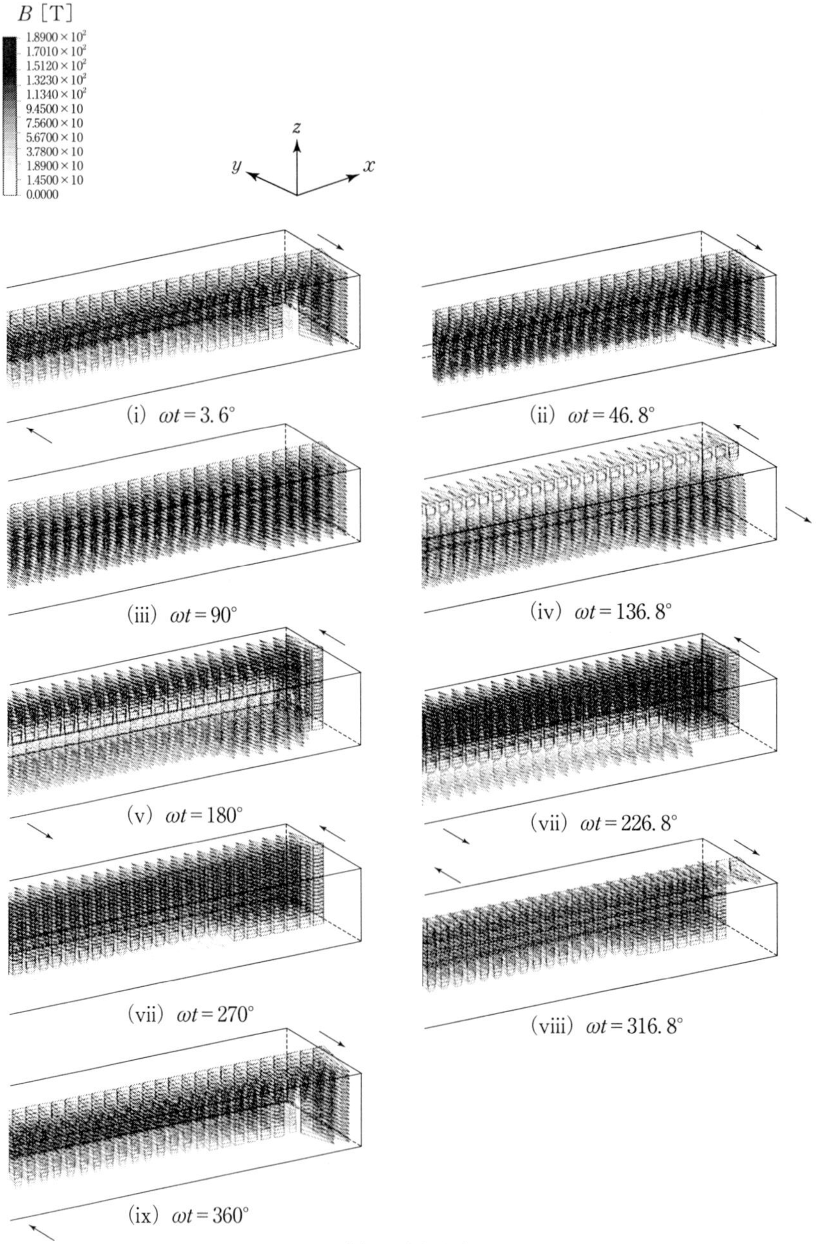


(i) $\omega t=3.6°$　(ii) $\omega t=46.8°$

(iii) $\omega t=90°$　(iv) $\omega t=136.8°$

(v) $\omega t=180°$　(vii) $\omega t=226.8°$

(vii) $\omega t=270°$　(viii) $\omega t=316.8°$

(ix) $\omega t=360°$

(a)　磁束分布

**図 4.6**　磁束および渦電流

$J_e$ [A/m$^2$]
- 8.3500 × 10$^9$
- 7.5150 × 10$^9$
- 6.6800 × 10$^9$
- 5.8450 × 10$^9$
- 5.0100 × 10$^9$
- 4.1750 × 10$^9$
- 3.3400 × 10$^9$
- 2.5050 × 10$^9$
- 1.6700 × 10$^9$
- 8.3500 × 10$^8$
- 0.0000

(i) $\omega t = 0°$

(ii) $\omega t = 46.8°$

(iii) $\omega t = 90°$

(iv) $\omega t = 136.8°$

(v) $\omega t = 180°$

(vi) $\omega t = 226.8°$

(vii) $\omega t = 270°$

(viii) $\omega t = 316.8°$

(ix) $\omega t = 360°$

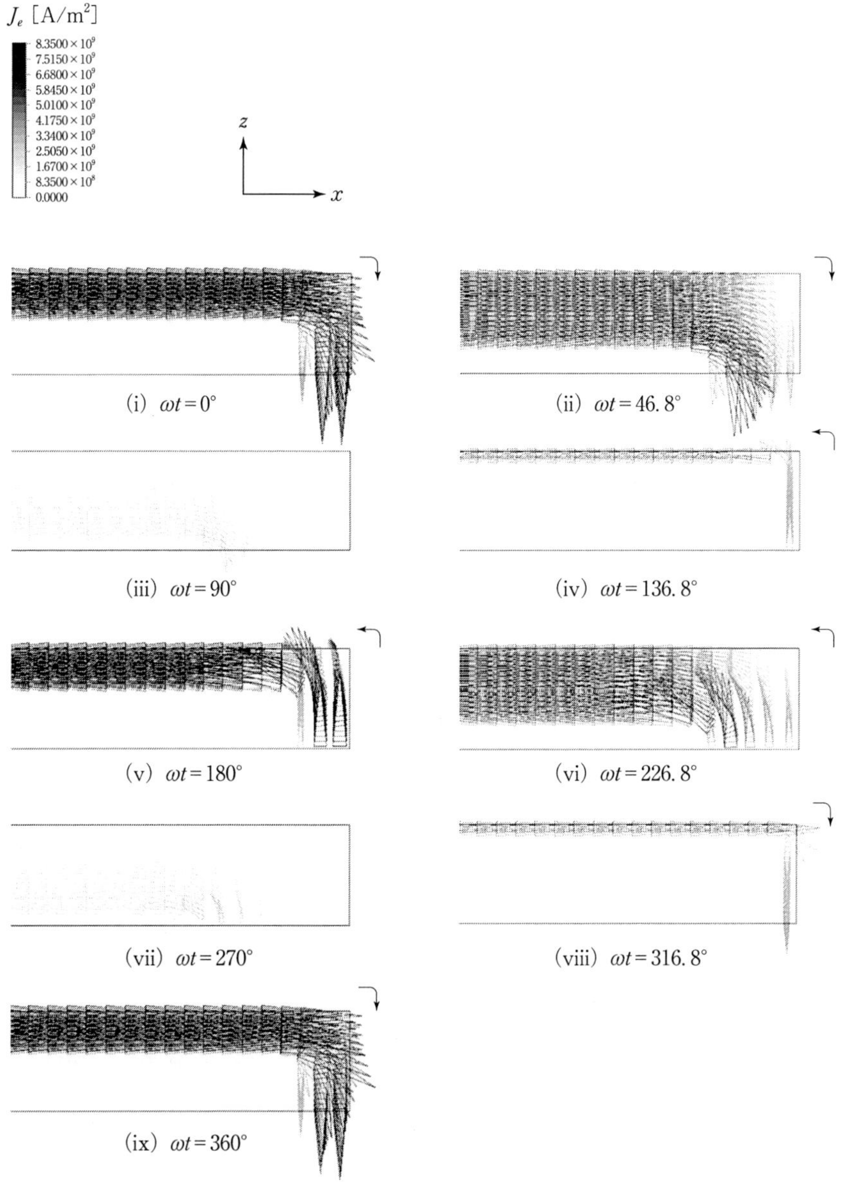

(b) 渦電流分布

分布（500 Hz, $B_m = 1.45$ T）

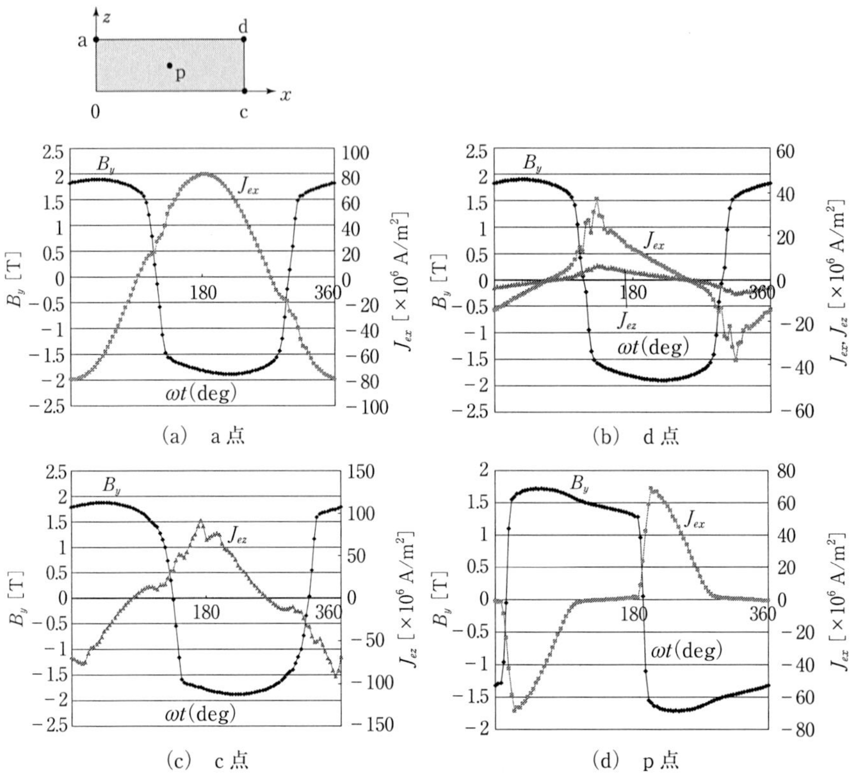


**図 4.7**　各部の磁束および渦電流波形（500 Hz, $B_m$ = 1.45 T）

（4.4）式と（4.5）式にガラーキン法を適用すれば，次式となる．

$$G_k = \iiint_V \boldsymbol{N}_k \cdot \left\{ \mathrm{rot}\,(\nu\,\mathrm{rot}\,\boldsymbol{A}) - \boldsymbol{J}_0 + \sigma\left(\frac{\partial \boldsymbol{A}}{\partial t} + \mathrm{grad}\,\phi\right)\right\} dV = 0 \tag{4.6}$$

$$G_{di} = \iiint_V N_i\,\mathrm{div}\left\{\sigma\left(\frac{\partial \boldsymbol{A}}{\partial t} + \mathrm{grad}\,\phi\right)\right\} dV = 0 \tag{4.7}$$

ここで，$\boldsymbol{N}_k$ は（3.15），（3.16）式で述べた辺要素用のベクトル補間関数，$N_i$ は（3.13）式に示した節点要素用のスカラ補間関数である．（4.6），（4.7）式でガラーキン法の残差を $G_k$, $G_{di}$ としたのは，本書では辺要素の辺の一般記号を $k$，節点の一般記号を $i$ としているためである．（4.6）式では，$\boldsymbol{A}$ が未知の辺の数だけ，また（4.7）式では，$\phi$ が未知の節点の数だけの式が作られる．電気スカラポテンシャル $\phi$ は，節点要素の補間関数 $N_i$ と節点 $i$ のポテンシャル $\phi_i$ を用いて次式で表される．

$$\phi = \sum_{i=1}^{8} N_i \phi_i \tag{4.8}$$

三次元有限要素法を用いた（4.6），（4.7）式の離散化式の導出は他書[1]に譲り，以下では二次元場を考え，一次三角形要素を用いた場合の定式化について述べる．

導体内に渦電流が流れる問題にガラーキン法を適用して解析する場合の，二次元場での式は次式となる．

$$G_i=\iint_S N_i\left\{\frac{\partial}{\partial x}\left(\nu_y\frac{\partial A}{\partial x}\right)+\frac{\partial}{\partial y}\left(\nu_x\frac{\partial A}{\partial y}\right)+J_0\right\}dxdy$$
$$-\iint_S N_i\frac{\partial A}{\partial t}dxdy-\iint_S N_i\sigma\frac{\partial \phi}{\partial z}dxdy \tag{4.9}$$

（4.9）式の右辺第1項の定式化については2章で示したとおりなので，ここでは右辺第2項と第3項の定式化を行う．（2.20）式を代入すると，第2項は次式となる．

$$(\text{第 2 項})=-\sigma\frac{\partial}{\partial t}\iint\sum_{j=1}^{3}N_iN_jA_jdxdy \tag{4.10}$$

一次三角形要素の面積座標の積分公式を用いて上式を計算すれば，次式が得られる[4]．

$$(\text{第 2 項})=-\sigma\frac{\partial}{\partial t}\sum_{j=1}^{3}\left\{\begin{matrix}\dfrac{\Delta}{6}\ (i=j)\\[2mm] \dfrac{\Delta}{12}\ (i\neq j)\end{matrix}\right\}A_j \tag{4.11}$$

節点 1, 2, 3 を有する一つの三角形要素について，上式をマトリックス表示すると次式となる．

$$(\text{第 2 項})=-\frac{\sigma\Delta}{12}\frac{\partial}{\partial t}\begin{bmatrix}2&1&1\\1&2&1\\1&1&2\end{bmatrix}\begin{Bmatrix}A_1\\A_2\\A_3\end{Bmatrix} \tag{4.12}$$

（4.12）式の時間微分項の取扱法としては，差分近似法（ステップ・バイ・ステップ法）や複素数近似法がある[4]．

次に，（4.9）式の右辺第3項の計算法について検討する．そのためには第3項中の $\partial\phi/\partial z$，つまり grad $\phi$ の性質についてまず考察する[5]．$\boldsymbol{A}$-$\phi$ 法を用いた場合の二次元の渦電流解析で求まる渦電流密度 $\boldsymbol{J}_e$ は $z$ 方向成分のみを有する．二次元の場合の $\partial\phi/\partial z$ は $z$ 方向成分のみなので，grad $\phi$ も $z$ 方向成分のみとなる．grad $\phi$ が $z$ 方向成分のみを有するということは，二次元導体の断面内で電位 $\phi$ が一定であることに対応する．したがって，それの傾き（gradient）である grad $\phi$ は二次元導体中で一定となる．ところで渦電流は1つの導体内ではループを構成するので，1つ1つの導体内の総和は零となる．したがって次式が成り立つ．

$$\iint_S \boldsymbol{J}_e\cdot\boldsymbol{n}dS=-\iint_S\sigma\left(\frac{\partial\boldsymbol{A}}{\partial t}+\text{grad}\,\phi\right)_z dxdy=0 \tag{4.13}$$

ここで $\boldsymbol{n}$ は面 $S$ の法線方向単位ベクトル，$(\quad)_z$ は $z$ 方向成分を示す．上述のように grad $\phi$ は導体の総断面積 $S_t$ 内では一定であるので，（4.13）式より次式が得られる．

$$(\mathrm{grad}\,\phi)_z=\frac{\partial\phi}{\partial z}=-\iint_S\frac{\partial A}{\partial t}dxdy/S_t=-\frac{1}{S_t}\sum_{e=1}^{Ns}\left(\frac{\Delta}{3}\sum_{m=1}^{3}\frac{\partial A_{me}}{\partial t}\right) \tag{4.14}$$

ここで, $N_s$ は一つの導体内の要素数, $A_{me}$ は要素 $e$ 内の節点 $m$ でのベクトルポテンシャルである．上式は $\partial\phi/\partial z$ は一つの導体内のベクトルポテンシャルの平均値から求まることを示している．(4.14) 式を (4.9) 式の第 3 項に代入すれば次式となる．

$$(\text{第 3 項})=\frac{\sigma}{S_t}\sum_{e=1}^{Ns}\left(\frac{\Delta}{3}\sum_{m=1}^{3}\frac{\partial A_{me}}{\partial t}\right)\iint_S N_i dxdy=\frac{\sigma}{St}\sum_{e=1}^{Ns}\left(\frac{\Delta}{3}\sum_{m=1}^{3}\frac{\partial A_{me}}{\partial t}\right)\left(\sum\frac{\Delta}{3}\delta_i^e\right) \tag{4.15}$$

ただし，$\delta_i^e$ は次のように定義する．

$$\delta_i^e=\begin{cases}1：\text{節点 } i \text{ が要素 } e \text{ に含まれるとき}\\ 0：\text{節点 } i \text{ が要素 } e \text{ に含まれないとき}\end{cases}$$

(4.15) 式を用いて grad $\phi$ を考慮して解析する場合は，$A$ を未知数とするため grad $\phi$ を考慮する領域が広いときはマトリックスの非零要素が多くなり，記憶容量や計算時間が多くなるので，これらを減らすための工夫が必要である．

$\partial\phi/\partial z$ を $\phi'$ とおけば，(4.9) 式の右辺第 3 項は次式となる．

$$(\text{第 3 項})=\sigma\phi'\iint_S N_i dxdy=\frac{\sigma\Delta}{3}\phi' \tag{4.16}$$

(4.16) 式を用いる場合は，(4.5) 式と連立して $A$ と $\phi'$ を未知数として解けばよい[6]．

### 4.1.2　渦電流解析における grad $\boldsymbol{\phi}$ の物理的意味

磁束の変化によって生ずる渦電流問題を磁気ベクトルポテンシャル $\boldsymbol{A}$ とスカラポテンシャル $\phi$ を用いて解析する場合の基礎方程式は，(4.4)，(4.5) 式となる．この中の grad $\phi$ 項は，ある場合は零となる．ここでは grad $\phi$ の導体中での振る舞いについて考察し[7,8]，二次元場における grad $\phi$ の物理的意味を検討し，どのような場合に grad $\phi$ を無視できるかについて述べる．

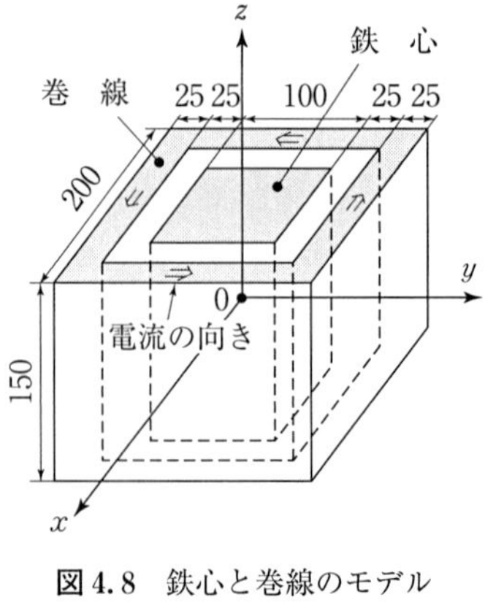


**図 4.8**　鉄心と巻線のモデル

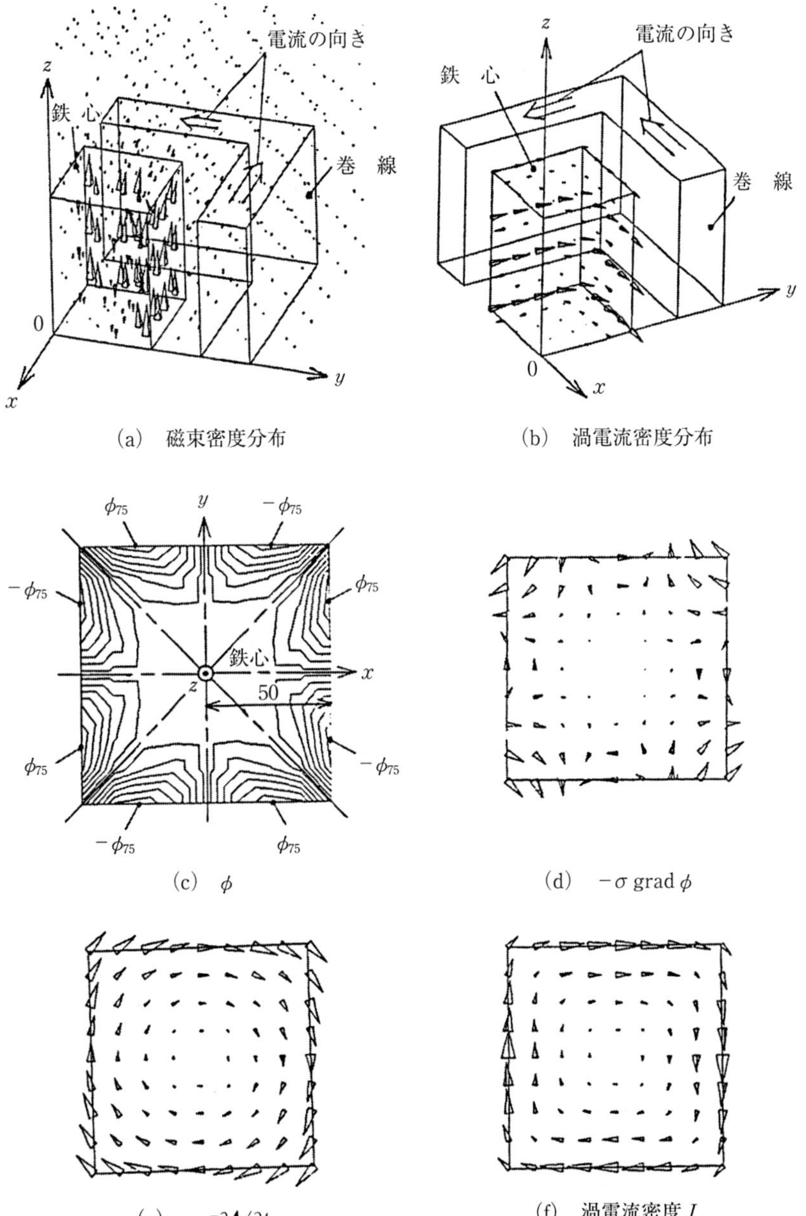


(a)　磁束密度分布　(b)　渦電流密度分布

(c)　$\phi$　(d)　$-\sigma\,\mathrm{grad}\,\phi$

(e)　$-\sigma\partial \boldsymbol{A}/\partial t$　(f)　渦電流密度 $J_e$

**図 4.9**　磁束，渦電流分布の解析結果

**a. grad $\boldsymbol{\phi}$ の分布**

図 4.8 のような導体と巻線のモデルにおいて，巻線に交流電流を流して $\boldsymbol{A}$-$\phi$ 法により三次元渦電流解析を行ったときの磁束密度分布，渦電流密度分布（全体図），$z$ = 75 mm での電気スカラポテンシャル $\phi$，$-\sigma\,\mathrm{grad}\,\phi$，$-\sigma\partial\boldsymbol{A}/\partial t$，渦電流密度 $J_e$ の分布を図 4.9 に示す．これより，$-\sigma\,\mathrm{grad}\,\phi$ と $-\sigma\partial\boldsymbol{A}/\partial t$ は導体内で任意の方向を向いているが，その和である渦電流密度 $J_e$ は導体の縁部に沿って物理的に納得できる向きに流れていることがわかる．これより，$\partial\boldsymbol{A}/\partial t$ だけでは渦電流分布が正しく求まらないが，grad $\phi$ と合わさって物理的に意味のある結果が求まっているといえる．

**b. 二次元場での渦電流分布と grad $\boldsymbol{\phi}$**

図 4.10 のような一様な交番磁界中に置かれた導体を二次元で解析する場合を考える[5)]．この場合の解析モデルはいずれも図 4.11 のようになる．モデルは対称であるので，図 4.11 の abcda の 1/4 領域のみを解析すればよい．境界条件として中心線 a-b 上のベクトルポテンシャル $A$ は零，c-d 上の $A$ は $A = 0.15\sin\omega t$ を与えた．これは b-c 間の平均磁束密度が $0.1T$ の場合を計算するためである（固定境界条件の与え方については 5.2 節参照）．図 4.10 のケース 1，ケース 2 の場合の磁束分布と渦電流分布を図 4.12 に示す．ケース 1 の場合は左右の導体が無限遠方で連結されているので，

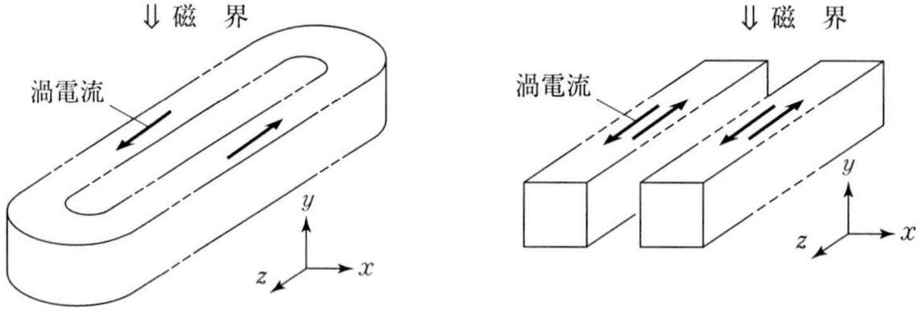


(a)　ケース 1（無限遠で連結された導体）　　(b)　ケース 2（平行無限長導体）

**図 4.10**　導体配置

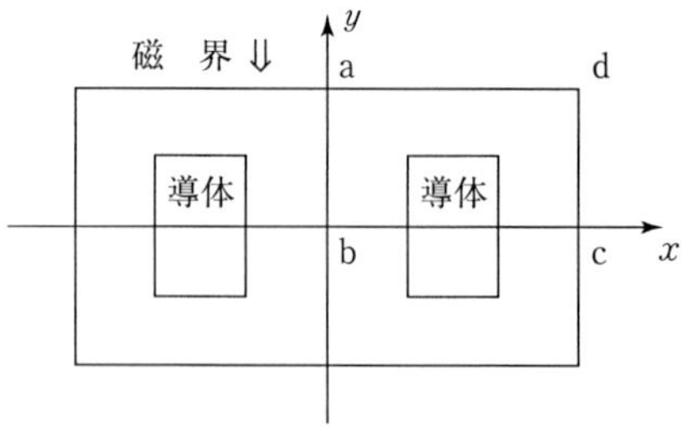


**図 4.11**　交番磁界中に置かれた導体の解析モデル

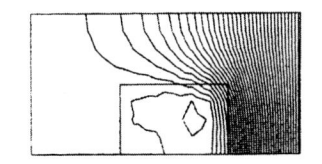

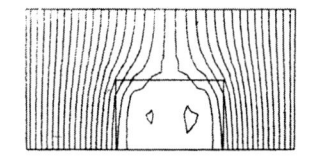

(i) 磁束分布

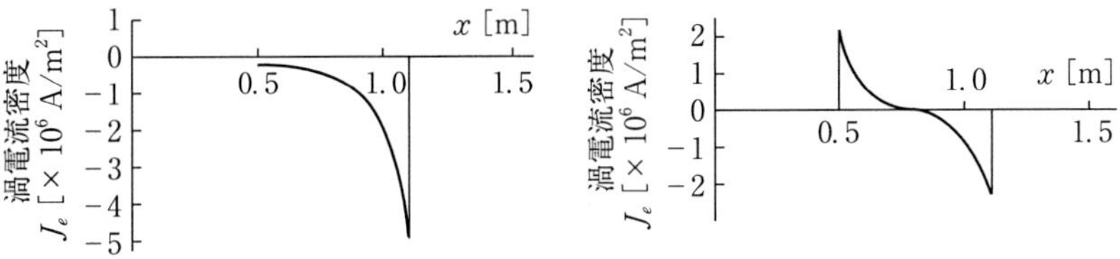


(ii) 渦電流分布

(a) ケース1 (導体が連結されている場合) (b) ケース2 (導体が連結されていない場合)

**図 4.12** 2種類の導体の磁束分布と渦電流分布

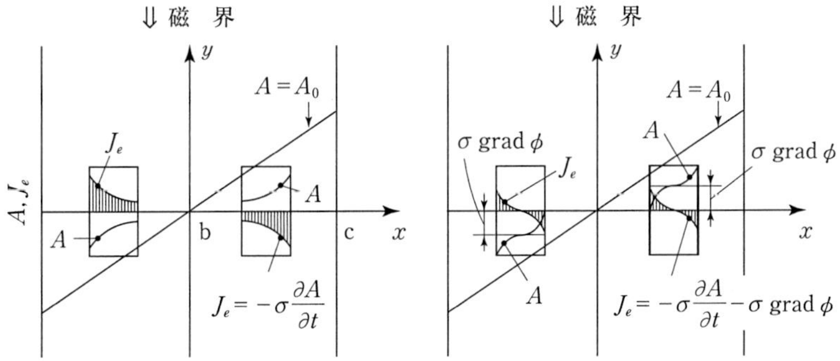


(a) ケース1 (b) ケース2

**図 4.13** $A$, $\sigma$ grad $\phi$, $J_e$ の間の関係

左右の導体を大きくループする渦電流が流れるため，$x=0$ 付近の反作用磁界が最も大きくなり，かつ表皮効果のため図 4.12(a) のような分布になる．ケース2の場合はおのおのの導体内で渦電流がループして流れるため，反作用磁界は個々の導体中心付近で最大となる結果，図 4.12(b) のような分布になる．ケース1の場合は grad $\phi$ は零となるが，ケース2の場合は零とならない．このことを図 4.13 の $A$ や $J_e$ の分布を用いて説明する．図 4.13 に外部から印加した磁束に対応するベクトルポテンシャルを $A_0$，渦電流が流れたことによる最終のベクトルポテンシャルの分布を $A$ で示す．そのときの渦電流密度 $J_e$ は次式で計算される．

$$J_e = -\sigma\frac{\partial A}{\partial t} - \sigma \operatorname{grad}\phi \tag{4.17}$$

ケース 1 の場合は図 4.13(a) よりわかるように，$A$ の分布から直ちに $J_e$ に対応する $-\sigma\partial A/\partial t$ が求まり，これは渦電流分布に対応している．このように $\operatorname{grad}\phi$ を用いなくても渦電流が求まり，$\operatorname{grad}\phi$ は零とおける．それに対し，ケース 2 において $A$ の分布から求めた $-\sigma\partial A/\partial t$ は図 4.13(b) のように実際の分布とは異なっており，$\sigma \operatorname{grad}\phi$ だけ差し引くと $J_e$ の実際の分布が求まる．ベクトルポテンシャルの $A$ の値は，$A=0$ を与えた点（図 4.11 の a-b 線）との間の鎖交磁束に対応しているので，この場合 $A$ を用いて求めた $-\sigma\partial A/\partial t$ は実際の導体 1 に鎖交する磁束より求めた値でないため，それを調整する項が $\sigma \operatorname{grad}\phi$ である．

結局，ケース 1 の場合は $A$ の基準線が一つの導体の幾何学的中心線に一致しており，かつこの中心線から左右同じ距離にある 2 点の磁束の交流分の大きさおよび方向が等しいので，$\operatorname{grad}\phi=0$ とおける．それに対し，ケース 2 の場合はこのような中心線が一般的には存在しないので，調整項の $\operatorname{grad}\phi$ がある値をもつことになる．

**c. 並列導体中の渦電流，循環電流の取り扱い**

前述したように，二次元（あるいは軸対称三次元）では，各導体面で $\operatorname{grad}\phi$ は一定で，かつ導体ごとに異なった値を有する．巻線を三次元問題として扱うと計算が膨大になるので，巻線を図 4.14(a) のようなリング状導体の集合として扱い，軸対称三次元で解析する場合を考える[9]．図 4.14(b) のような 2 ターンコイルの場合は，図 4.14(c) のように，2 個のリング状導体 1, 2 が A, B 点で抵抗およびインダクタンスが零である導体によって短絡されていると仮定して取り扱う．図 4.15 のような構造の並列導体を考える．図 4.15(a) に示すように，並列導体は巻線の両端において互いに接続されているものとする．図 4.15(b) に 1 コイル分の断面を示す．このような $m$ 並列 $n$ ターンの並列導体は，$m\times n$ 個のリング状導体の集合として取り扱う．この場合，並列番号 $j$ が同じ導体群はターン番号順に直列に結ばれているものとする．

簡単のため，外部電源から強制電流が流れていないとすれば，$\operatorname{grad}\phi$ は以下のよ

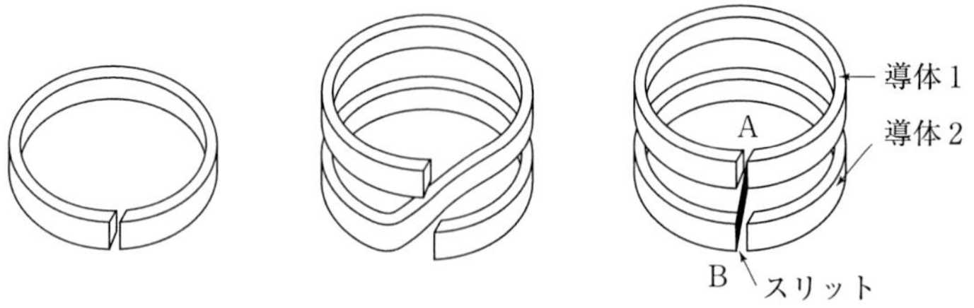


(a) リング状導体　(b) 2 ターンのコイル　(c) 軸対称三次元場のモデル

**図 4.14** 巻線のモデリング

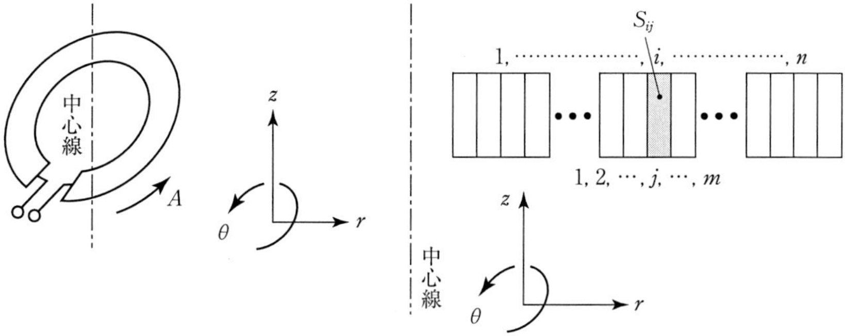


(a)　2並列1ターン巻線の例　　(b)　$m$ 並列 $n$ ターン導体断面

**図 4.15**　並列巻線の構造

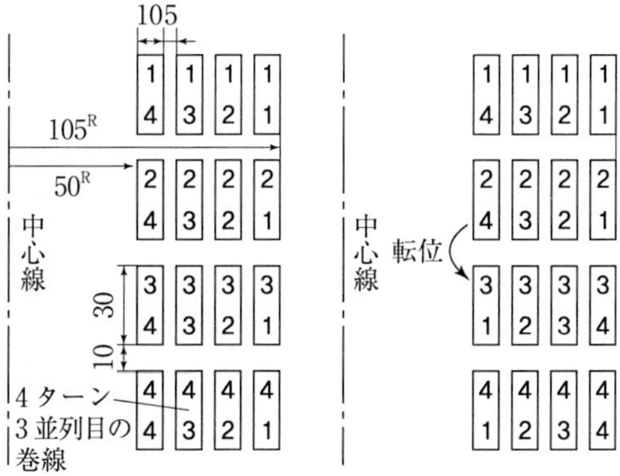


(a)　転位なし　　(b)　転位あり

**図 4.16**　転位あり，なしの巻線

うにして求められる．

各列導体群の両端の電位差 $V_j$ は互いに等しいので，次式が成り立つ．

$$V_1 = V_2 = \cdots = V_j = \cdots = V_m = V \tag{4.18}$$

各列導体群 $j$ に鎖交する磁束量を $\Phi_j$ とすれば，電位差 $V_j$ は次式で与えられる．

$$V_j = \frac{\partial \Phi_j}{\partial t} + \frac{1}{\sigma}\int \boldsymbol{J}_e \cdot d\boldsymbol{s} \tag{4.19}$$

各列導体群に流れる電流 $I_j$ はいわゆる循環電流に対応しており，これの和は零であるので，次式が成り立つ．

$$\sum_{j=1}^{m} I_j = 0 \tag{4.20}$$

ここで，$I_j$ は $j$ 並列 $i$ ターン目の導体の断面で渦電流密度 $J_e$ を積分すれば得られ，次

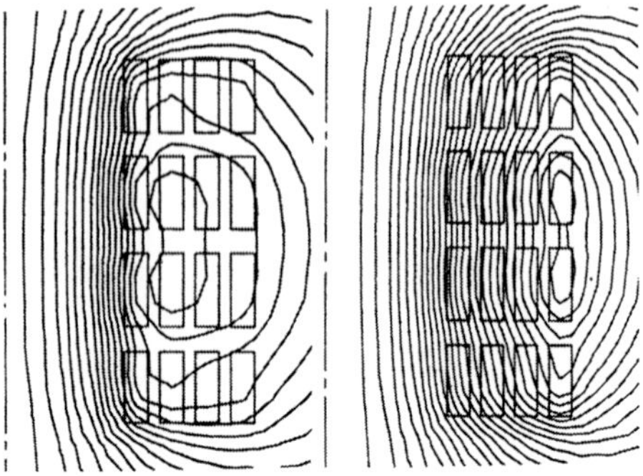

(a)　転位なし　　　　(b)　転位あり

**図 4.17**　磁束分布（$\omega t=0°$）

式となる．

$$I_j=\beta\iint\sigma\left(\frac{\partial A}{\partial t}-\frac{C_{ij}}{r}\right)dS \tag{4.21}$$

ここで，$C_{ij}$ は $j$ 並列 $i$ ターン目の grad $\phi$ で，1 つのターン内では一定値をとる．$S$ は導体の断面積に対応している．$\beta$ は巻線に沿った積分路の向きで異なった値をとり，次式で表される．

$$\beta=\begin{cases} +1 & \text{（積分路の向きが} +\theta \text{ 方向）} \\ -1 & \text{（積分路の向きが} -\theta \text{ 方向）} \end{cases}$$

(4.18)～(4.21) 式を解くことにより $C_{ij}$ を求めることができる．求まった $C_{ij}$ を用いて有限要素法の離散化式を導出すればよい．

図 4.16 のような転位なしと転位あり（導体中の循環電流を減らすために，コイルの巻き方を途中から変更すること）の導体の磁束分布の解析を行った例を図 4.17 に示す[9]．導体は半径方向に 4 本並列で，軸方向に 4 ターン巻かれている．図 4.16 の導体中の上段数字はターン番号 $i$ を，下段数字は並列番号 $j$ を示す．図 4.17 より，転位していない場合には循環電流により巻線内の磁束は疎になっているのに対し，転位した場合は巻線内に磁束が鎖交していることがわかる．これは，転位により循環電流がある程度抑制されているからである．

**d.　電流源や電圧源に接続された導体の渦電流を含む三次元解析法**

導体が電流源や電圧源に接続されているときに，導体中の渦電流を考慮して解析する必要がある場合がある（ガス絶縁母線の解析，超電導線の解析など）．電流源に接続されて，励磁電流の流れている導体中に渦電流を考慮する解析では，渦電流が導体中を還流するので，$\phi$ の取り扱いが問題になる．二次元場や軸対称三次元場では，$\phi$ を 1 導体に 1 個考慮し，導体断面の渦電流の総和が零であるという条件で解析が行え

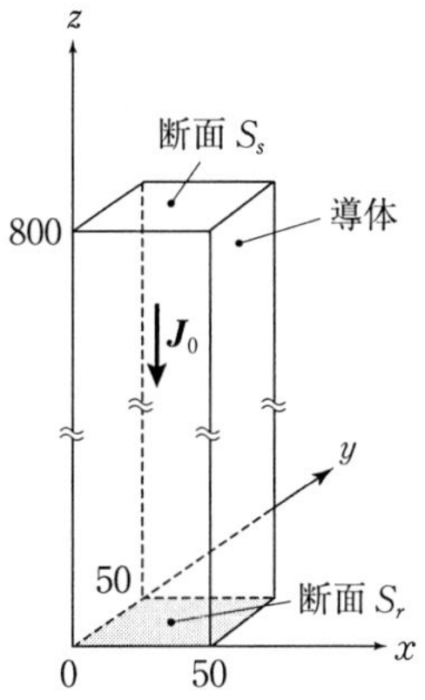


**図 4.18**　導体モデル

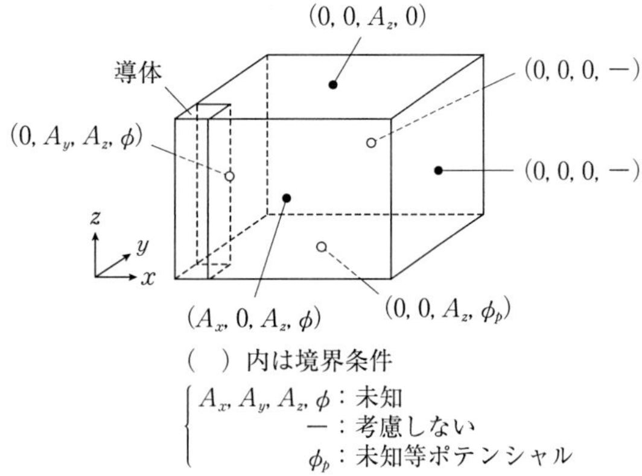


**図 4.19**　境界条件

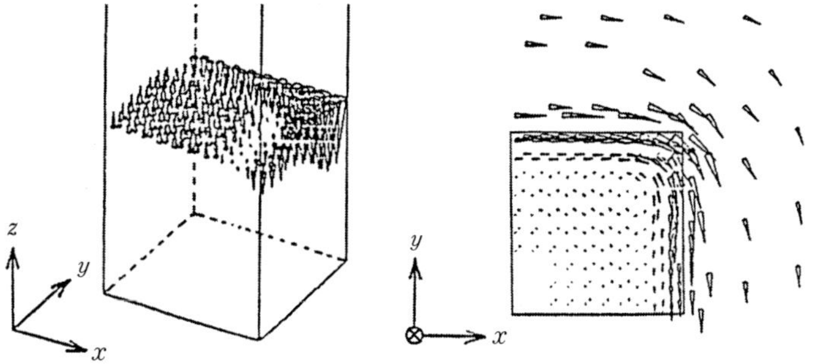


(a)　渦電流密度ベクトル分布　　(b)　磁束密度ベクトル分布

**図 4.20**　渦電流分布と磁束分布

る．しかし，三次元場では，$\phi$ は導体中で一定値にはならないので，二次元的な考え方は適用できない．この場合は，図 4.18 のような導体モデルにおいて，$\phi$ の境界条件として断面 $S_s$ で固定境界（$\phi=0$），断面 $S_r$ で $\phi$ を次式で定義する未知等ポテンシャル $\phi_p$ として扱い，(4.4)，(4.5) 式を解けばよい[10]．

$$\phi_{r1}=\phi_{r2}=\cdots=\phi_{rk}=\cdots=\phi_{rn}=\phi_p \tag{4.22}$$

ここで，$\phi_{rk}$ は断面 $S_r$ を構成する $k$ 番目の節点における電気スカラポテンシャルである．$n$ は，断面 $S_r$ を構成する節点数である．

図 4.18 の導体モデルの電流分布の解析を行った．励磁電流密度は $z$ 方向成分のみとし，$1.0\times10^6$ A/m$^2$ を負の方向に与えた．周波数および導電率は，50 Hz および $5.841\times10^7$ S/m とした．図 4.19 に境界条件を示す．図 4.20 に $\omega t=0°$ の瞬間の渦電流密度ベクトル分布および磁束密度ベクトル分布を示す．図 4.20(a) より，渦電流が導体

内を還流している様子がわかる．

電圧源に接続された導体中に流れる励磁電流と渦電流を解析する場合は，前に述べた方法において，断面 $S_s$ で $\phi=0$，断面 $S_r$ で $\phi=V$（指定された電圧）として解析を行えばよい[10]．

### 4.1.3　高速に定常周期解を得る方法

非線形，渦電流問題のように正弦波状に変化しない電磁界の解析を有限要素法を用いて行う際，従来は時間微分項を差分近似し，時間幅 $\Delta t$ ごとにいわゆるステップ・バイ・ステップに計算を行っていた．それゆえ，定常解のみが欲しい場合でも過渡時の解析を行い，定常状態になるまで $\Delta t$ ごとの計算を行う必要があるため，かなりの計算時間を要していた．

すなわち，このような方法では，総反復回数は，

(周期数)×(1 周期当たりの時間ステップ数)
×(各時間ステップごとのニュートン・ラフソン反復回数)

となる．このような場合には，定常状態にいたるまでの履歴（過渡状態）は問題としないために，定常周期波形の値は半周期（あるいは 1 周期）ごとにある関係式で与えられることに着目し，この関係式を用いて高速に定常周期解を求める手法（これを時間周期有限要素法とよぶ）が考案されている[11〜13]．ここでは，時間周期有限要素法およびその改良版について述べる．

#### a.　時間周期有限要素法

時間周期有限要素法を用いれば，ベクトルポテンシャルの時間に関する周期性を利用することにより，その反復回数は，

(1 周期当たりの時間ステップ数)×(ニュートン・ラフソン反復回数)

で済み，前述のステップ・バイ・ステップ法に比べて大幅に計算時間を少なくできる．

簡単のため，(4.6) 式において $\mathrm{grad}\,\phi=0$ とし，かつ時間微分項 $\partial \boldsymbol{A}/\partial t$ を差分近似したものを有限要素法を用いて離散化し，マトリックス表示すると，次式となる[1]．

$$\lfloor H^t \rfloor \{A^t\} = \{G^t\} - \lfloor C^t \rfloor \{A^{t-\Delta t}\} \tag{4.23}$$

ここで，$\lfloor H^t \rfloor$ は時刻 $t$ における全体係数マトリックスであり，また，$\lfloor C^t \rfloor$ は $A^{t-\Delta t}$ の係数マトリックス，$\{G^t\}$ は電流項に関係した列ベクトルである．

通常のステップ・バイ・ステップ法では，$k-1$ ステップ目で得た $A$ を用いて，(4.23) 式より $k$ ステップ目の $A$ を求め，さらにこれを用いて，$k+1$ ステップ目の $A$ を求めるということを，定常解が得られるまで続けることになる．ところが，$A$ が図 4.21(a) のような周期関数である場合には次式が成り立つ．

$$A^t = -A^{t+\frac{T}{2}} \tag{4.24}$$

ここで，$A^t$, $A^{t+T/2}$ は時刻 $t$ および $t+T/2$ におけるベクトルポテンシャルであり，ま

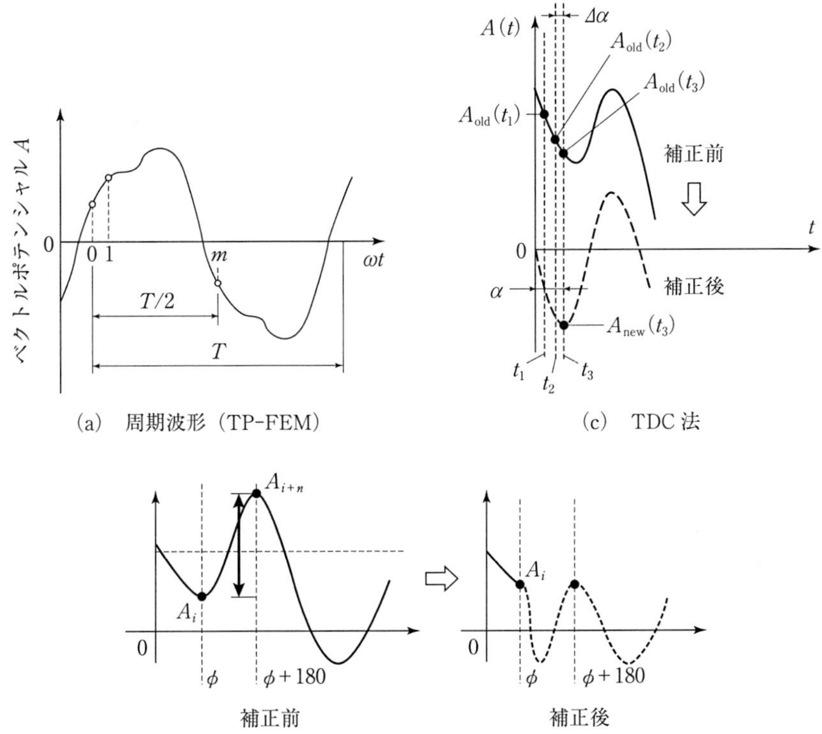


(a)　周期波形（TP-FEM）　　(c)　TDC 法

(b)　TP-EEC 法

**図 4.21**　ベクトルポテンシャルの波形

た $T$ は周期である．換言すれば，半周期を $m$ 個の時刻に分割し，その最初の時刻におけるベクトルポテンシャルを $A^0$，半周期後におけるそれを $A^m$ とすれば，これらの間には次式の関係が成り立つ．

$$A^0 = -A^m \tag{4.25}$$

なお，一周期後のポテンシャルの間の周期性を利用する方法もある．(4.25) 式のような時間に関するベクトルポテンシャルの周期性を利用したのが時間周期有限要素法（time periodic finite element method : TP-FEM）である．

時刻 1 においては $A^{t-\Delta t}$ は $\Delta t$ 前の時刻の値であり，これは $A^m$ に等しいので，(4.23) 式は次式となる．

$$\lfloor H^1 \rfloor \{A^1\} = \{G^1\} + [\boldsymbol{C}^1]\{A^m\} \tag{4.26}$$

このように，(4.23) 式を時刻 1～$m$ において作り，(4.25) 式の関係を考慮してこれらを連立させると，次式が得られる．

$$\begin{bmatrix} [H^1] & & & & -[C^1] \\ [C^2] & [H^2] & & & \\ & [C^3] & [H^3] & & 0 \\ & 0 & & \ddots & \\ & & & [C^m] & [H^m] \end{bmatrix} \begin{bmatrix} \{A^1\} \\ \{A^2\} \\ \{A^3\} \\ \vdots \\ \{A^m\} \end{bmatrix} = \begin{bmatrix} \{G^1\} \\ \{G^2\} \\ \{G^3\} \\ \vdots \\ \{G^m\} \end{bmatrix} \tag{4.27}$$

ここで，$[C^k]$ などは次式で与えられる．

$$\left.\begin{array}{l} [C^k] = [f(A^{k-1})] \quad (k=2,\ \cdots,\ m) \\ [C^1] = [f(A^0)] = [f(-A^m)] \end{array}\right\} \tag{4.28}$$

(4.27) 式を解けば，従来のステップ・バイ・ステップ法のように反復を行うことなく，直ちに周期解を得ることができる．

実際にこのような大きなマトリックスを解くことは容易でない．そこで，(4.27) 式を $m$ 個の方程式に分解して解く，すなわち，まず，$\{A^m\}$ に適当な値（たとえば零）を入れ

$$\lfloor H^1 \rfloor \{A^1\} = \lfloor C^1 \rfloor \{A^m\} + \{G^1\} \tag{4.29}$$

を解く．次に，$\{A^1\}$ を用いて $[C^2]$ を (4.28) 式により計算して，

$$\lfloor H^2 \rfloor \{A^2\} = -\lfloor C^2 \rfloor \{A^1\} + \{G^2\} \tag{4.30}$$

を解く．このような計算を時刻 $m$ まで行った後，再び時刻 1 における計算を行う．時刻 1〜$m$ におけるすべてのポテンシャル $A$ が収束すれば，周期解が得られたと判定する．

これを発展させた手法として，過渡解析，定常解析のどちらにおいても時間周期境界条件を考慮して，時間領域で有限要素法を並列化して高速計算を行う，時間領域並列化有限要素法（time domain parallel finite element method：TDPFEM）[62] などが提案されている．

**b. 陽的誤差修正（EEC 法）を用いた時間周期有限要素法**

前述の時間周期有限要素法は，（未知数の数×半周期（もしくは 1 周期）のステップ数）次元の係数行列を扱うが，その際 (4.29) 式，(4.30) 式というように順に解いてゆく，いわゆるガウス・ザイデル法が用いられる．ガウス・ザイデル法は高周波成分の収束は速いが，低周波成分の収束は遅いことが知られている．そのため，計算時間が思った以上にかかることがあり，必ずしも実用的とはいえない．

そこで，時間的に収束が遅い誤差成分を効果的に減衰する方法として，時間周期有限要素法（TP-FEM）を適用して得られる式に対して，収束が遅い成分を分離（singularity decomposition：SD）して，その補正のための方程式を陽（explicit）に解き（陽的誤差修正（explicit error correction：EEC）法）収束を早める TP-EEC 法[14〜16]（陽的誤差修正を用いた時間周期有限要素法，SD-EEC 法[17] ともよばれる）が提案されている．

(4.23) 式のところで述べた渦電流問題の離散化式は，後退差分近似を用いた場合，次式のように表される．

$$[H^{*t}]\{A^t\}+[C^*]\frac{\{A^t\}-\{A^{t-\Delta t}\}}{\Delta t}=\{G^t\} \tag{4.31}$$

ただし，上式では簡単のため，電気スカラポテンシャル $\phi$ を零とおける場合を取り扱っている．上式添字 $t$ は時刻 $t$ での値であることを示す．なお，$[C^*]$ は時間的に変化しないので，添字 $t$ を付けていない．

ベクトルポテンシャルと強制電流は定常状態には周期波形となり，半周期ごとに以下に示す半周期性を有するとする．

$$A^i=-A^{i+m}$$
$$G^i=-G^{i+m} \tag{4.32}$$

ここで，$m$ は半周期のステップ数であり，$i$ は $i$ ステップ目の値であることを示す．

反復の収束が遅い場合，$A$ に時間的に減衰しない誤差成分が含まれていると考えれば，時間的に一定な補正ベクトル $\{P\}$ を用いて，ベクトルポテンシャルの補正値 $\{A\}_{\mathrm{new}}$ は次式で求められる[16]．

$$\{A\}_{\mathrm{new}}=\{A\}+\{P\} \tag{4.33}$$

TP-EEC 法を用いて (4.31) 式の残差 $\{r\}$ を零とするような補正ベクトル $\{P\}$ を求める式を CG 法と同じように導出すれば，次式となる[16]．

$$\left(\sum_{i=1}^{n}\Delta t[H^{*i}]+2[C^*]\right)\{P\}=-[C^*](\{A^0\}+\{A^m\}) \tag{4.34}$$

(4.34) 式は連立一次方程式であるため，ICCG 法などを用いて解く必要があるが，渦電流やコイルのインダクタンスが大きい場合は $[H^*]\ll[C^*]$ と仮定でき，次式となる[14,18]．

$$2[C^*]\{P\}=-[C^*](\{A^0\}+\{A^m\}) \tag{4.35}$$

これより $\{P\}$ を求めると，次式となる．

$$\{P\}=-\frac{1}{2}(\{A^0\}+\{A^m\}) \tag{4.36}$$

この方法は簡易型 TP-EEC 法とよばれており，半周期ごとに $\{P\}$ を (4.36) 式で求め，$\{A\}$ を (4.33) 式で補正することにより収束の改善を試みることができ，原理上 $\{P\}$ を求める計算時間はほとんどかからない．なお，簡易型 TP-EEC 法は半周期性の場合にしか適用できない（1 周期ごとの補正には使えない）．

図 4.21(b) に簡易型 TP-EEC 法を適用した場合の概念図を示す．補正後の波形は補正前の波形を（上）下方向に平行移動したものとなり，補正により未知数の値そのものは定常解に近づくが，その時間微分項（磁気ベクトルポテンシャルを用いた解析では渦電流に相当）は，補正だけでは改善しない．ただし，未知数自体の誤差が減少

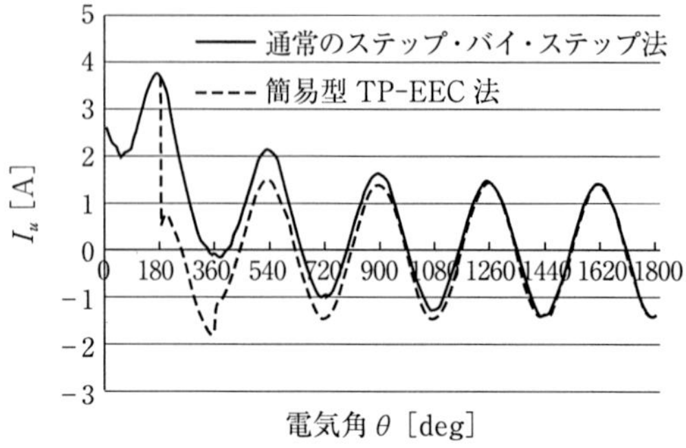


(i)　電流波形

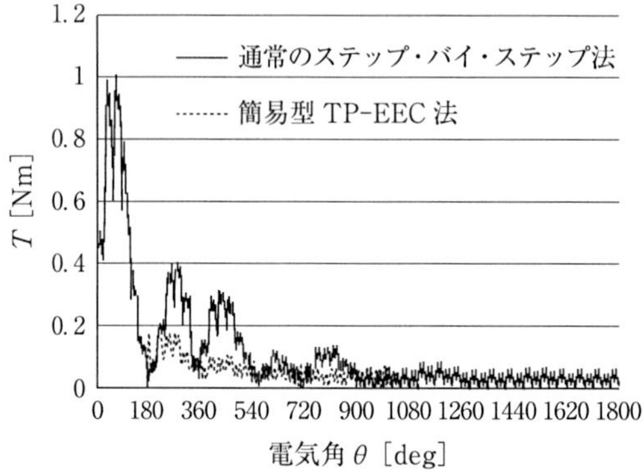


(ii)　トルク波形

(a)　簡易型 TP-EEC 法

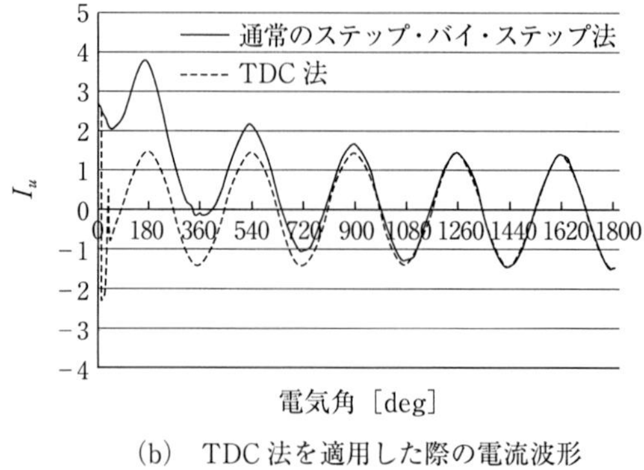


(b)　TDC 法を適用した際の電流波形

**図 4.22**　定常状態への収束特性の比較

するため，補正後の逐次積分においては時間微分項の誤差も改善される[63]．

モータの解析を行うときのように，機器が電圧源に接続されている場合は，7.1節で述べるような電圧が与えられた有限要素法を用いる必要がある．この場合は(4.33)，(4.36) 式と同じように，次式のような巻線に流れる電流 $I$ に対する補正ベクトル $\{P_I\}$ を用いて，電流に対しても補正を行えばよい．

$$\{I\}_{\text{new}}=\{I\}+\{P_I\}$$

$$\{P_I\}=-\frac{1}{2}(\{I^0\}+\{I^m\})$$

TP-EEC 法は，誤差の時定数が大きい（収束が悪い）場合ほど効果が大きいという特徴を有している．したがって，多数の時定数の異なる誤差成分が含まれる場合には時定数の大きな成分から補正される[63]．

図 4.22(a) に IPM 型永久磁石モータ（後述の図 7.5 参照）に簡易型 TP-EEC 法を適用（ただし，固定子のコイル領域のみに適用）した場合の U 相電流波形とトルク波形の定常状態への収束状況を示す．この場合には，180° ごとに 3 回の補正を行い，約 1.5 周期分の計算でほぼ定常解が得られている．

その他に直流分が重畳した場合の定常交流磁界を高速に計算するための簡易型 TP-EEC 法[61] などがある．

**c.　時間微分補正法**

時間微分補正（time differential correction：TDC）法は，時間高調波の影響を軽減するために，時間平均処理を施した上で時間に対する 2 階微分値を用いて基本波成分を抽出して，近似的な定常場への補正をかけようとするものである[19, 20, 60]．ただし，高調波が少なく比較的なめらかに時間変化する場合は時間平均操作は不要である．時間的な過渡項を有するベクトルポテンシャル $A(t)$ は，たとえば (4.37) 式のように書ける．

$$A(t)=a_0^* e^{-\beta t}+a_1^* \sin \omega t \tag{4.37}$$

$A(t)$ の 2 階微分を求めると，次式となる．

$$\frac{d^2A(t)}{dt^2}=a_0\beta^2 e^{-\beta t}-a_1\omega^2 \sin \omega t$$

減衰定数 $\beta$ は一般に小さな値であり，上式の右辺第 1 項は $\beta^2$ がかかっているため非常に小さくなるので無視でき，正弦波項のみが残る．つまり時間に対する 2 階微分値を用いれば，定常解が早く求められることになる．

便宜上，時間変数 $t$ の代わりに位相変数 $\theta(=\omega t)$ を用いる．時間平均を行う範囲を $2\alpha$，求めるベクトルポテンシャルの基本波成分を $a_1(\theta)$ とおき，$a_1(\theta)$ の時間に対する平均値を $\langle a_1\rangle$ とすると，次式が得られる．

$$\langle a_1 \rangle = \frac{1}{2\alpha}\int_{\theta-2\alpha}^{\theta} a_1(\theta')\,d\theta' = \left(\frac{\sin\alpha}{\alpha}\right) a_1(\theta-\alpha) \tag{4.38}$$

$a_1(\theta)$ が基本波成分（たとえば $a_1 = \sin\theta$）であることを考慮すると，$\theta$ に関する 2 階微分は単に負号が付くことになる（$d^2a_1/d\theta^2 = -\sin\theta$）．(4.38) 式の $\langle a_1 \rangle$ を 2 階微分すると，次式が得られる．

$$\frac{d^2\langle a_1 \rangle}{d\theta^2} = -\left(\frac{\sin\alpha}{\alpha}\right) a_1(\theta-\alpha) \tag{4.39}$$

(4.39) 式より次式が得られる．

$$a_{\mathrm{new}}(\theta-\alpha) = -\left(\frac{\alpha}{\sin\alpha}\right)\frac{d^2\langle a_{\mathrm{old}} \rangle}{d\theta^2} \tag{4.40}$$

(4.40) 式において，過去の値を用いて 2 階の時間微分をとり，$\alpha$ だけ位相がずれた時刻での値を求めるようにすれば，緩慢な減衰項を除去することができ，定常解への収束を早めることができる．

図 4.21(c) のようにベクトルポテンシャルに過渡項がある場合，$d^2\langle a_{\mathrm{old}} \rangle/d\theta^2$ を後退差分を用いて求めると，時間きざみを $\varDelta\alpha$ とすれば，この場合 $\alpha = 3\varDelta\alpha$（ラジアン）であるので，$a_{\mathrm{new}}(\theta-\alpha)$ は次式となる．

$$a_{\mathrm{new}}(\theta-\alpha) = A_{\mathrm{new}}(t_3) = -\left(\frac{\alpha}{\sin\alpha}\right)\frac{d^2\langle a_{\mathrm{old}} \rangle}{d\theta^2} = -\left(\frac{\alpha}{\sin\alpha}\right)\frac{A_{\mathrm{old}}(t_1) - 2A_{\mathrm{old}}(t_2) + A_{\mathrm{old}}(t_3)}{(\varDelta\alpha)^2}$$

ここで，$A_{\mathrm{old}}(t_1)$，$A_{\mathrm{old}}(t_2)$，$A_{\mathrm{old}}(t_3)$ は，図 4.21(c) に示したように平均化積分を行う 3 ステップ分（時刻：$t_1$，$t_2$，$t_3$，期間：$\alpha$）のポテンシャルである．

図 4.22(b) に，図 7.5 の永久磁石モータに正弦波電圧を印加した際の電流波形の解析に TDC 法を適用した場合の電流の定常解への収束状況を示す．この場合は電気角 $\theta$ が 18° と 36° の 2 回補正を行っている．TDC 法を適用した場合は，適用しない通常のステップ・バイ・ステップ法よりも早く定常解に収束することがわかる．

### 4.1.4 積層鋼板の取り扱い方

電磁機器の鉄心としては，通常，絶縁被覆を施した電磁鋼板を積層した，いわゆる積層鋼板が用いられる．このような鉄心の渦電流解析を行う場合，電磁鋼板 1 枚ずつを要素分割して三次元非線形渦電流解析を行おうとすると，膨大な計算時間と記憶容量を必要とするため，現実的でない．これを解決するために均質化法などが検討されている[21～23]．

#### a. 均 質 化 法

均質化法は，図 4.23 のように鋼板 1 枚と絶縁層からなる単位セルを考え，単位セル内で鋼板の内面方向に磁界の変化がないと仮定してマクスウェル方程式を解くものであり，線形の場合は解析的に解いて等価な透磁率を求める[24]．非線形の場合には，一次元のマクスウェル方程式を解く[25].

図のように積層鋼板を簡単に扱った場合の積層面に平行な方向と垂直な方向の等価的な磁気抵抗率 $N_{/\!/}$, $N_{\perp}$ は，鋼板の磁気抵抗率 $\nu_s$，真空の磁気抵抗率 $\nu_0$，占積率 $\alpha(=W_s/(W_s+W_0)$，$W_s$：鋼板の厚さ，$W_0$：鋼板間のギャップ長）を用いて次式で表される[21].

$$\frac{1}{N_{/\!/}}=\frac{\alpha}{\nu_s}+\frac{1-\alpha}{\nu_0} \tag{4.41}$$

$$N_{\perp}=\alpha\nu_s+(1-\alpha)\nu_0 \tag{4.42}$$

渦電流による磁界は電磁鋼板中で一定ではないが，渦電流による電磁鋼板内の磁界の影響などを電磁鋼板全体で均質化する方法も提案されている．この方法によって求められる電磁鋼板表面の磁界 $H$ は，古典的渦電流のみを考慮する場合は以下の式で表される[26,64].

$$H(t)=H_{\mathrm{stat}}(B(t))+\frac{d^2\sigma}{12}\frac{dB(t)}{dt} \tag{4.43}$$

ここで，$H_{\mathrm{stat}}$ は直流ヒステリシス曲線の磁界である．$d$ は電磁鋼板の厚さ，$\sigma$ は導電率，$B$ は電磁鋼板中の平均の磁束密度であり，(4.43) 式の右辺第 2 項は古典的渦電流によって発生する磁界（第 6 章のコラム 3 参照）に対応する．(4.43) 式では，直流ヒステリシス曲線の磁界に古典的渦電流によって発生する磁界を足し合わせている．このままでは，異常渦電流の影響を考慮することができない．そこで，異常渦電流損を考慮するために，鉄損推定で用いる渦電流損補正係数 $\kappa$（6.4.4 項 a.(iii) 参照）を用いて，電気抵抗率を等価的に以下のように置き換える等価抵抗率モデル[27]が考えられている．

$$\rho_e=\frac{\rho}{\kappa} \tag{4.44}$$

(4.44) 式を用いると (4.43) 式は以下のようになる．

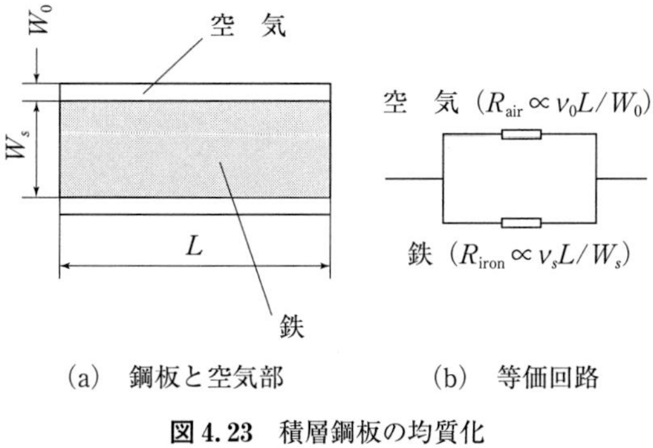


(a)　鋼板と空気部　　　(b)　等価回路

**図 4.23**　積層鋼板の均質化

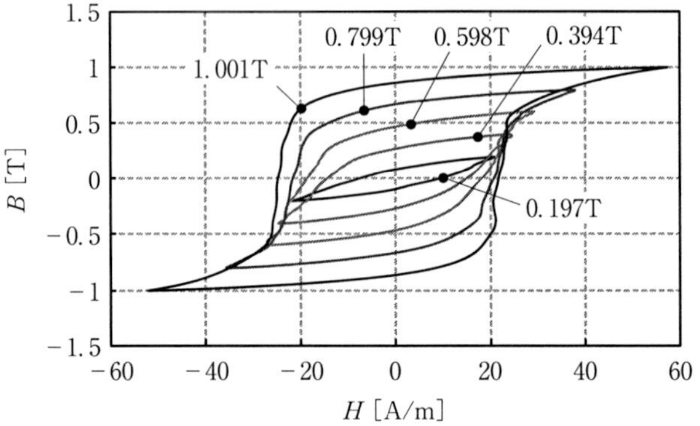


**図 4.24**　直流ヒステリシス曲線（35A300，実測値）

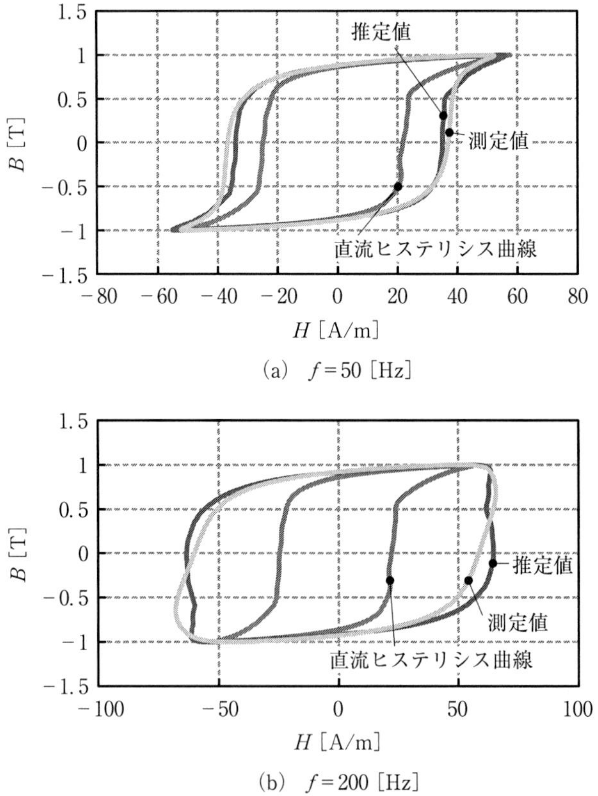


(a)　$f=50$ [Hz]

(b)　$f=200$ [Hz]

**図 4.25**　均質化法を用いたヒステリシス曲線と実測値の比較（35A300，$B_m=1$T）

$$H(t)=H_{\mathrm{stat}}(B(t))+\kappa\frac{d^2\sigma}{12}\frac{dB(t)}{dt} \tag{4.45}$$

図 4.24 に 35A300 に直流磁界を印加した際の直流ヒステリシス曲線の実測値を示す．印加最大磁束密度を 1.0 T，周波数を 50, 200 Hz として，(4.45) 式より求めた交流ヒステリシス曲線と実測値の比較を図 4.25 に示す．渦電流損補正係数 $\kappa$ は，6.4 節で述べる図 6.62 の各最大磁束密度に応じた値を用いた．

図 4.25 では，渦電流損補正係数を乗じることで，ヒステリシス曲線の面積はおおむね一致している．表皮効果の影響の少ない 50 Hz ではヒステリシス曲線の形状はほぼ一致しているが，表皮効果の顕著となる 200 Hz では細かい形状までは一致していない．(4.45) 式を用いる方法は，実験によって，直流ヒステリシス曲線と渦電流損補正係数のみ求めておくだけで交流ヒステリシス曲線を求めることができ簡単ではあるが，表皮効果や磁壁の影響を考慮できていないため，特に高周波領域でのヒステリシス曲線の推定には向かないといえる．

**b.　表面付近の鋼板のみ細分割する方法**

鉄心の端部効果などが顕著な場合は，均質化法の誤差が問題となる．それを克服する方法として，端部近傍の鋼板数枚は細かく要素分割し，鉄心内部は積層方向の導電率を零とする手法[28]や，積層鋼板中の電磁界を大域的な変動成分と鋼板の厚さ程度の短波長成分に分けて解析する手法[29]などが用いられている．以下では，リアクトルの簡易モデルを用いて，表面付近の鋼板のみ細分割する方法を示す．

図 4.26 に，リアクトル鉄心の簡易解析モデルを示す[28,30]．積層鉄心は 50 枚の鋼板を $x$ 軸方向に積層している．鋼板の材質は方向性電磁鋼板 35G165（厚さ 0.35 mm，絶縁皮膜 0.005 mm，鉄損 1.65 W/kg（1.5 T, 60 Hz））である．電磁鋼板の導電率は $2.06\times10^6$ S/m である．鉄心の $z$ 軸に平行な平均磁束密度が 1.0 T（60 Hz）となるよ

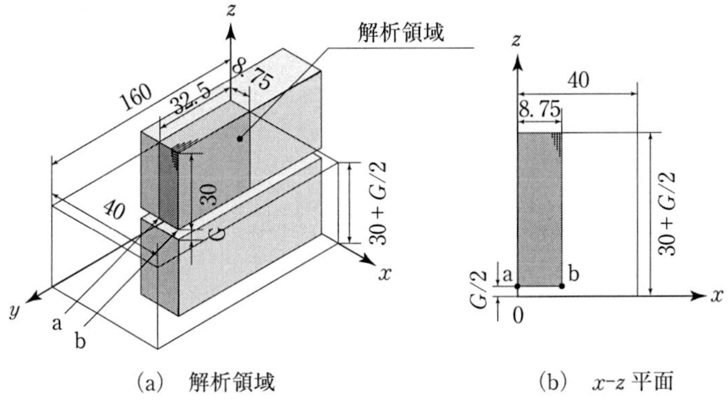


**図 4.26**　積層鋼板の解析モデル

う，固定境界条件を与えた．1/8 領域で一次六面体辺要素を用いた有限要素法（**A**-$\phi$ 法）によりステップ・バイ・ステップ法を用いて非線形渦電流解析を行った．非線形渦電流解析は 2 周期（48 step）分を計算した．また，ステップ・バイ・ステップ法の初期値としては，$j\omega$ 法での解析結果を用いた．ここでは，電磁鋼板の板面に垂直な方向成分の磁束による渦電流損の特性を検討するが，板厚方向の正確な $B$-$H$ 曲線の測定は容易でなく，かつ板厚方向には皮膜などに対応したギャップがあるため，板厚方向の $B$-$H$ 曲線の影響は小さい．それゆえ，等方性として取り扱い，$x$, $y$, $z$ 方向に圧延方向の $B$-$H$ 曲線を用いた．

表皮深さ $\delta$ は，0.202 mm（比透磁率 $\mu_r = 50000$，周波数 60 Hz）である．正確な計算結果を得るためには，表皮深さを 3 層以上に要素分割する必要があり[1,30]，各鋼板（厚さ 0.35 mm）をそれぞれ 6 層に分割した．

すべての鋼板を細かに要素分割すると，要素数が膨大となるため，実用的ではない．もし，フリンジング磁束が積層鉄心の中心付近まで入らなければ，中心付近を細かなメッシュに要素分割する必要はなくなる．実用的な解析時間で，精度良い解析を行うために，表面の数枚の鋼板のみを細かく要素分割し，中心部を導電率の異方性（積層方向の導電率を零として取り扱う）を考慮したバルクとして扱うモデルを用いて，磁束密度と渦電流の分布の解析を行った．なお，表面の鋼板を 1 枚ずつ要素分割する際は，皮膜を空気として取り扱い，1 層に要素分割した．

図 4.27 に，各鋼板における渦電流損（単位重量当たり）の平均値の分布を示す．これは，不均一となっている各鋼板内の渦電流損の平均値を計算したものである．図より，積層鉄心内の渦電流損は，フリンジング磁束の影響で表面数枚の鋼板に集中していることがわかる．次式で定義するような，表面 $n$ 枚のみを細かく分割した場合の積層鉄心の一番外側の鋼板の渦電流損の誤差 $\varepsilon$ と，渦電流損が最大となる点での誤差 $\varepsilon^*$ を図 4.28 に示す．

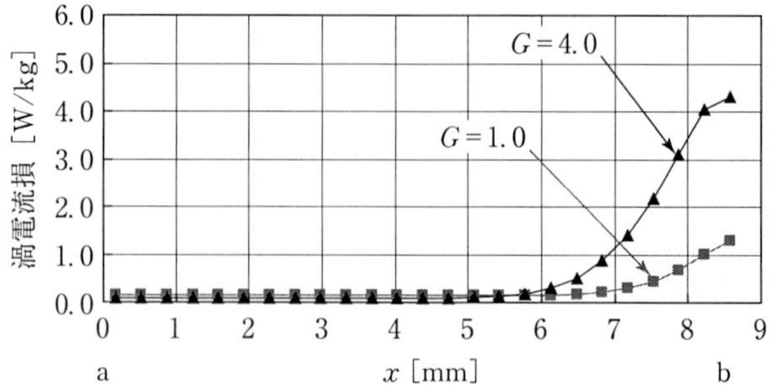


**図 4.27**　渦電流損分布（60 Hz）

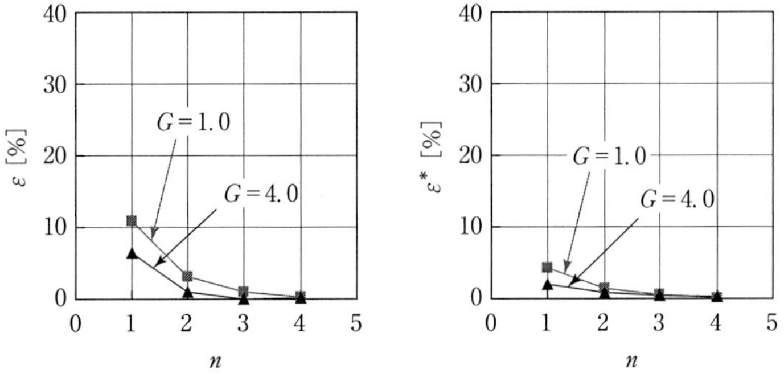


(a) 誤　差 $\varepsilon$　　(b) 誤　差 $\varepsilon^*$

**図 4.28**　渦電流損の誤差

$$\varepsilon = \frac{W_n - W_0}{W_0} \times 100 \quad [\%] \tag{4.46}$$

$$\varepsilon^* = \frac{W_{mn} - W_{m0}}{W_{m0}} \times 100 \quad [\%] \tag{4.47}$$

ここで，$W_n$ は積層鉄心の表面 $n$ 枚の鋼板を 6 層に細分割し，それより内側はバルクとして扱った場合の一番外側の鋼板 1 板の渦電流損，$W_0$ は積層鉄心すべての鋼板を 6 層に細分割した場合の一番外側の鋼板 1 枚の渦電流損，$W_{mn}$ は表面 $n$ 枚のみの各鋼板を 6 層に細分割した場合に渦電流損が最大となった点 P での値，$W_{m0}$ はすべての鋼板を 6 層に細分割した場合における上記 P 点での渦電流損である．

図 4.28 より，$\varepsilon^*$ は $\varepsilon$ よりも小さくなっていることがわかる．また，ギャップ幅 $G$ $=1.0$ mm，4.0 mm では，$n=4$ とすると，60 Hz においては渦電流損の誤差はほぼ零となることがわかる．したがって，ここで取り上げた例では，表面の鋼板 4 枚のみを細分割すれば，実用上十分であるといえる．

### 4.1.5 導電率の異方性

液体ヘリウムを用いる低温超電導ケーブルにおいては，数万本のフィラメントがツイストされた極細多芯線が，また高温超電導ケーブルでは薄膜酸化物超電導体が多数本ツイストして用いられる．このようなケーブルの磁界解析を通常の有限要素法を用いて行おうとすれば，要素数が膨大となり，解析は容易でない．もし図 4.29 のように，この極細多芯超電導線を導電率に異方性を有する同一材質の導体として取り扱うことにすれば[31,32]，要素数を極端に増加させなくても，多数本のフィラメントを有する超電導線の解析が可能である[33,34]．この場合，超電導フィラメントに沿った方向の導電率 $\sigma_{/\!/}$ は無限に大きいと考えてよい．フィラメントに垂直な方向の導電率 $\sigma_{\perp}$ は，

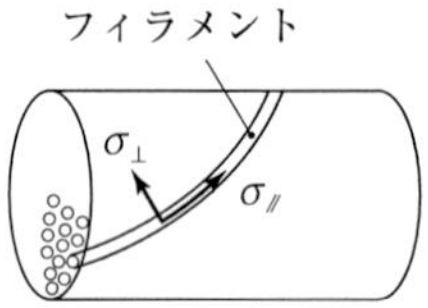


**図 4.29**　導電率の異方性の考慮
（ツイストされた超電導線のモデリング）

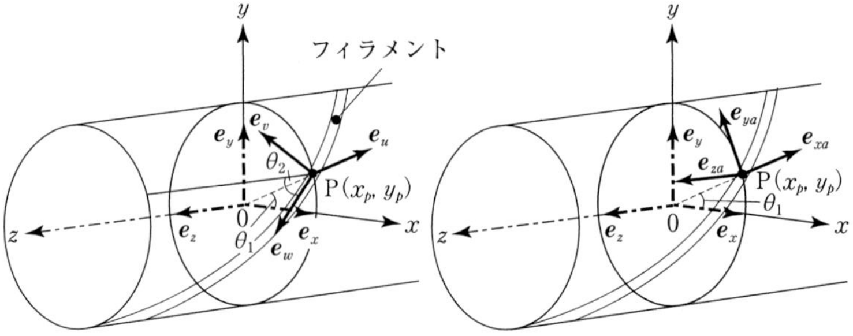


(a)　フィラメント方向の単位ベクトル $\boldsymbol{e}_w$　　(b)　$\boldsymbol{e}_x, \boldsymbol{e}_y, \boldsymbol{e}_z$ を $z$ 軸のまわりに $\theta_1$ 回転した単位ベクトル

**図 4.30**　フィラメントの方向の求め方

フィラメントと常電導金属母体との間に高抵抗層が存在しない場合，次式で近似できる[35)].

$$\sigma_\perp = \frac{1+\lambda}{1-\lambda}\sigma_m \tag{4.48}$$

ここで，$\sigma_m$ は常電導金属母体の導電率，$\lambda$ は素線中の超電導フィラメントの体積占有率[35)] である.

導電率の異方性を考慮するためには，素線内の任意の点におけるフィラメントの向きを，全体座標系（$x, y, z$）で表示する必要がある．そこで図 4.30 のような素線内の任意の点 P におけるフィラメントの接線方向の単位ベクトル $\boldsymbol{e}_w$，半径方向の単位ベクトル $\boldsymbol{e}_u$，それらに垂直な方向の単位ベクトル $\boldsymbol{e}_v$ と，$x, y, z$ 軸に沿った単位ベクトル $\boldsymbol{e}_x, \boldsymbol{e}_y, \boldsymbol{e}_z$ との間の関係式を求める．P 点を素線のすべての点にとれば，素線各部でのフィラメントの向きがわかる．P 点の $x, y$ 座標を $x_p, y_p$ とすれば，$\boldsymbol{e}_x, \boldsymbol{e}_u$ 間および $\boldsymbol{e}_z, \boldsymbol{e}_w$ 間の角度 $\theta_1$ および $\theta_2$ は，図 4.30(a) から明らかなように，次式で与えられる.

$$\theta_1 = \tan^{-1}\frac{y_p}{x_p} \tag{4.49}$$

$$\theta_2 = \tan^{-1}\frac{2\pi\sqrt{x_p^2 + y_p^2}}{L_s} \tag{4.50}$$

ただし，$L_s$ はフィラメントのツイストピッチである．図 4.30(a) の $\boldsymbol{e}_x, \boldsymbol{e}_y, \boldsymbol{e}_z$ と $\boldsymbol{e}_u, \boldsymbol{e}_v, \boldsymbol{e}_w$ の間の関係式は，以下のようにして導出できる．まず，$\boldsymbol{e}_x, \boldsymbol{e}_y, \boldsymbol{e}_z$ を $z$ 軸のまわりに $\theta_1$ 回転した，図 4.30(b) のような単位ベクトル $\boldsymbol{e}_{xa}, \boldsymbol{e}_{ya}, \boldsymbol{e}_{za}$ を考え，次に $\boldsymbol{e}_{xa}$ 軸のまわりに $\theta_2$ 回転すれば，図 4.30(a) の $\boldsymbol{e}_u, \boldsymbol{e}_v, \boldsymbol{e}_w$ が得られる．以上のような手順で，単位ベクトル $\boldsymbol{e}_x, \boldsymbol{e}_y, \boldsymbol{e}_z$ の各方向成分 $u, v, w$ の間の関係式を求めれば，次式となる．

$$\begin{Bmatrix} x \\ y \\ z \end{Bmatrix} = [K] \begin{Bmatrix} u \\ v \\ w \end{Bmatrix} \tag{4.51}$$

$$[K] = \begin{bmatrix} \cos\theta_1 & -\sin\theta_1 & 0 \\ \sin\theta_1 & \cos\theta_1 & 0 \\ 0 & 0 & 1 \end{bmatrix} \begin{bmatrix} 1 & 0 & 0 \\ 0 & \cos\theta_2 & -\sin\theta_2 \\ 0 & \sin\theta_2 & \cos\theta_2 \end{bmatrix} \tag{4.52}$$

電流密度 $\boldsymbol{J}$ の $\boldsymbol{e}_u, \boldsymbol{e}_v, \boldsymbol{e}_w$ 方向成分 $J_u, J_v, J_w$ が，電界の強さ $\boldsymbol{E}$ の各方向成分 $E_u, E_v, E_w$ と $\sigma_{/\!/}, \sigma_{\perp}$ を用いて，次式で表されると仮定する．

$$\begin{Bmatrix} J_u \\ J_v \\ J_w \end{Bmatrix} = \begin{bmatrix} \sigma_{\perp} & 0 & 0 \\ 0 & \sigma_{\perp} & 0 \\ 0 & 0 & \sigma_{/\!/} \end{bmatrix} \begin{Bmatrix} E_u \\ E_v \\ E_w \end{Bmatrix} \tag{4.53}$$

電流密度 $J$ の $x, y, z$ 方向成分 $J_x, J_y, J_z$ と $\boldsymbol{e}_u, \boldsymbol{e}_v, \boldsymbol{e}_w$ 方向成分 $J_u, J_v, J_w$ の間の関係式は，(4.51) 式より次式となる．

$$\begin{Bmatrix} J_x \\ J_y \\ J_z \end{Bmatrix} = [K] \begin{Bmatrix} J_u \\ J_v \\ J_w \end{Bmatrix} \tag{4.54}$$

電界の強さ $\boldsymbol{E}$ の $x, y, z$ 方向成分 $E_x, E_y, E_z$ と $E_u, E_v, E_w$ の間には，(4.54) 式と同様な関係があるので，結局，$J_x, J_y, J_z$ は次式となる．

$$\begin{Bmatrix} J_x \\ J_y \\ J_z \end{Bmatrix} = [K] \begin{bmatrix} \sigma_{\perp} & 0 & 0 \\ 0 & \sigma_{\perp} & 0 \\ 0 & 0 & \sigma_{/\!/} \end{bmatrix} [K]^{-1} \begin{Bmatrix} E_x \\ E_y \\ E_z \end{Bmatrix} = \begin{bmatrix} \sigma_a & \sigma_b & \sigma_c \\ \sigma_b & \sigma_d & \sigma_e \\ \sigma_c & \sigma_e & \sigma_f \end{bmatrix} \begin{Bmatrix} E_x \\ E_y \\ E_z \end{Bmatrix} \tag{4.55}$$

フィラメントから構成された数本の素線をさらにツイストした一次ケーブルの場合の変換式は，素線をツイストさせるための座標変換の式を，(4.51) 式に掛けることにより求めることができる．

### 4.1.6 表面インピーダンス法

渦電流や磁束が導体表面に集中して流れている問題を有限要素法で解析する際は，表面付近の要素が偏平になったり要素数が多くなりすぎるなどの問題が生じる．このような場合は，「表面インピーダンス法」を用いればよい[36~38]．この方法は導体の表面を表面インピーダンスで表し，導体の残りの部分はモデルから除外する．表皮厚さ

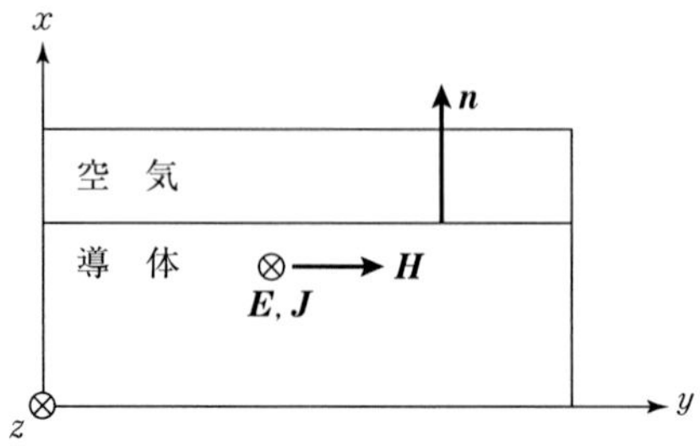


**図 4.31**　表面インピーダンス法の説明図

よりも導体の寸法の方が大きい場合はこの方法により精度よい解が得られる．

磁束が図 4.31 のように無限平面導体の表面に平行に印加されている場合の導体中の磁束と，それによって誘起される電流（渦電流に対応）の関係を求めてみる[1]．(1.5)，(1.37) 式より，

$$\mathrm{rot}\,\boldsymbol{H}=\sigma\boldsymbol{E} \tag{4.56}$$

両辺の rot をとり，(1.15)，(1.31) 式を代入することにより，次式が得られる．

$$\mathrm{rot}\,\mathrm{rot}\frac{\boldsymbol{B}}{\mu}=-\sigma\frac{\partial\boldsymbol{B}}{\partial t} \tag{4.57}$$

線形の場合（透磁率が一定）を考えることにすれば，(4.58) 式の公式と (1.8) 式より，(4.59) 式が得られる．

$$\mathrm{rot}\,(\mathrm{rot}\,\boldsymbol{a})=\mathrm{grad}\,(\mathrm{div}\,\boldsymbol{a})-\nabla^2\boldsymbol{a} \tag{4.58}$$

$$\nabla^2\boldsymbol{B}-\sigma\mu\frac{\partial\boldsymbol{B}}{\partial t}=0 \tag{4.59}$$

磁束密度 $\boldsymbol{B}$ が正弦波で変化するとし，その角速度を $\omega(=2\pi f, f$ は周波数）として次式で表す．

$$\boldsymbol{B}=Be^{j\omega t} \tag{4.60}$$

(4.60) 式を (4.59) 式に代入し，かつ図 4.31 の場合は $\boldsymbol{B}$ は $y$ 方向成分 $B_y$ のみを有することに注意すれば，次式が得られる．

$$\frac{d^2B_y}{dz^2}-j\omega\sigma\mu B_y=0 \tag{4.61}$$

上式の解は次式となる．

$$B_y=\mu H_{y0}\exp\,(-\gamma z) \tag{4.62}$$

ここで，$\gamma=\sqrt{j\omega\sigma\mu}$ である．磁界の強さの $y$ 方向成分 $H_y$ は次式となる．

$$H_y=H_{y0}\exp\,(-\gamma z) \tag{4.63}$$

磁界が $y$ 方向成分のみを有する場合を考えているので，電流は $x$ 方向に流れる．電流密度 $\boldsymbol{J}$ は $\boldsymbol{J}=\mathrm{rot}\,\boldsymbol{H}=\mathrm{rot}\,\boldsymbol{B}/\mu$ であり，$\boldsymbol{B}$ は $y$ 方向成分 $B_y$ のみを有することを考

慮すれば，$\boldsymbol{J}$ の $x$ 方向成分 $J_x$ は次式となる．

$$J_x=\frac{1}{\mu}\left(\frac{\partial B_z}{\partial y}-\frac{\partial B_y}{\partial z}\right)=-\frac{1}{\mu}\frac{dB_y}{dz} \tag{4.64}$$

$x$ 方向の電界の強さ $E_x$ は（4.62）式を用いれば次式となる．

$$\begin{aligned}E_x&=\frac{1}{\sigma}J_x=-\frac{1}{\sigma\mu}\frac{\partial B_y}{\partial z}\\&=\frac{1}{\sigma}H_{y0}\sqrt{j\omega\sigma\mu}\exp(-\gamma z)\end{aligned} \tag{4.65}$$

導体表面に沿った電界の強さ $E_x$ と磁界の強さ $H_y$ の比を表面インピーダンス $Z$ と定義する．$\sqrt{j}=(1+j)/\sqrt{2}$ であることを用いれば，$Z$ は（4.63），（4.65）式より次式となる．

$$Z=\frac{E_x}{H_y}=\frac{\sqrt{j\omega\sigma\mu}}{\sigma}=\sqrt{j}\frac{\sqrt{2}}{\sigma\sqrt{\dfrac{2}{\omega\sigma\mu}}}=\frac{1+j}{\sigma\delta} \tag{4.66}$$

ここで $\delta$ は表皮厚さである．

次に，二次元有限要素解析を行う際の表面インピーダンス法の式を導出する．磁界が時間とともに正弦波で変化すると仮定でき，領域中に渦電流が流れる際の磁界解析の式に一次三角形要素の補間関数 $N_i$ を用いてガラーキン法を適用すれば，（2.28），（2.32），（4.9）式より次式が得られる[38]．

$$\begin{aligned}G_i=&\iint\left\{\frac{\partial N_i}{\partial x}\left(\nu_y\frac{\partial A}{\partial x}\right)+\frac{\partial N_i}{\partial y}\left(\nu_x\frac{\partial A}{\partial y}\right)\right\}dxdy\\&-\iint J_0N_i dxdy-\iint\sigma N_i\left(j\omega A+\frac{\partial\phi}{\partial z}\right)dxdy\\&-\int N_i\left(\nu_y\frac{\partial A}{\partial x}n_x+\nu_x\frac{\partial A}{\partial y}n_y\right)ds\end{aligned} \tag{4.67}$$

上式の右辺第 4 項の補間関数 $N_i$ は，線分要素（4.1.7 項参照）の補間関数 $N_i^{\#}$ に対応すると考えればよい．ところで表皮深さに比べて導体厚さ方向の寸法が大きい場合は，磁界 $H$ は導体表面の接線方向（$y$ 方向）のみを向くと仮定してよい．導体表面の法線方向 $\boldsymbol{n}$ が $x$ 軸に一致する場合は，（4.63）式に示した導体中の $H_y$ に対応する磁気ベクトルポテンシャルの $z$ 方向成分 $A$ は次式のように書ける．

$$A=-A_0\exp(-\gamma x) \tag{4.68}$$

ここで，$A_0$ は $A$ の導体表面での値である．$\boldsymbol{n}$ が $x$ 軸に一致すると仮定したので，（4.67）式の右辺第 4 項は $\partial A/\partial x$ の項のみが値をもつ．（4.68）式を，（4.67）式の右辺第 4 項に代入すれば次式となる．

$$(\text{第 4 項})=-\int N_i^{\#}\left(\nu\frac{\partial A}{\partial x}\right)ds=\int(\nu\gamma N_i^{\#}N_j^{\#})\,dsA_j \tag{4.69}$$

ただし，上式では境界上の磁気ベクトルポテンシャル $A$ を線要素の補間関数 $N_j^{\#}$ を用いて次式で表したものを代入した．

$$A=\sum_{j=1}^{2}N_j^{\#}A_j \tag{4.70}$$

渦電流が流れる導体の寸法が表皮深さよりも大きい場合は，磁束や渦電流は導体表面のみに依存するので導体を省略し，有限要素法の式に（4.69）式の項を追加するだけでよい．

### 4.1.7　一次元有限要素法による渦電流解析法

図 4.32 のような薄板（$y$ 方向と $z$ 方向に無限に長いと仮定）内の磁束，渦電流の $x$ 方向分布の解析を図 4.33 のような一次元の要素（線分要素とも呼ばれる）を用いて行う方法について解説する．解析領域は図中の $a$-$b$ 線上（長さ $L$）とし，領域中に強制電流はなく，grad $\phi$ も無視できるとすれば，基礎方程式は次式となる．

$$\mathrm{rot}\,(\nu\,\mathrm{rot}\,A)=-\sigma\frac{\partial A}{\partial t} \tag{4.71}$$

図 4.32 の薄板モデルに対して $z$ 方向に磁界を印加し，一次元有限要素法で $y$ 方向のベクトルポテンシャル $A_y$ の分布を求める場合，（4.71）式は以下のようになる．

$$\nu\frac{\partial^2 A_y}{\partial x^2}=\sigma\frac{\partial A_y}{\partial t} \tag{4.72}$$

（4.72）式にガラーキン法を適用すると，次式となる．

$$G_i=\int_0^L N_i\left(\nu\frac{\partial^2 A_y}{\partial x^2}-\sigma\frac{\partial A_y}{\partial t}\right)dx=0 \tag{4.73}$$

ここで，$N_i$（$i=1, 2$）は補間関数であり，要素 $i$ の長さを $L_i$ とすれば，次式で与えられる[39)]．

$$N_1=\left(1-\frac{x}{L_1}\right) \tag{4.74}$$

$$N_2=\frac{x}{L_1} \tag{4.75}$$

補間関数を用いると，要素内のポテンシャル $A_y$ は次式で与えられる．

$$A_y=A_1N_1+A_2N_2 \tag{4.76}$$

（4.73）式に部分積分を施すことによって，次式の有限要素式が得られる．

$$G_i=\left[N_i\frac{dA_y}{dx}\right]_0^L-\int_0^L\frac{dN_i}{dx}\frac{dA_y}{dx}dx-\int_0^L\frac{\sigma N_i}{\nu\Delta t}(A_y-A_y^*)\,dx=0 \tag{4.77}$$

ここで，時間微分項は後退差分法によって取り扱った．上付添字＊は，1 つ前のステップでの値であることを示す．（4.77）式の右辺第 1 項は境界積分項，第 2, 3 項は領域積分項である．（4.77）式を図 4.33 のように 2 要素（3 節点）で解くことを考えると，未知数が 3 個であるため，$G_i$ も $G_1, G_2, G_3$ の 3 個必要になる．

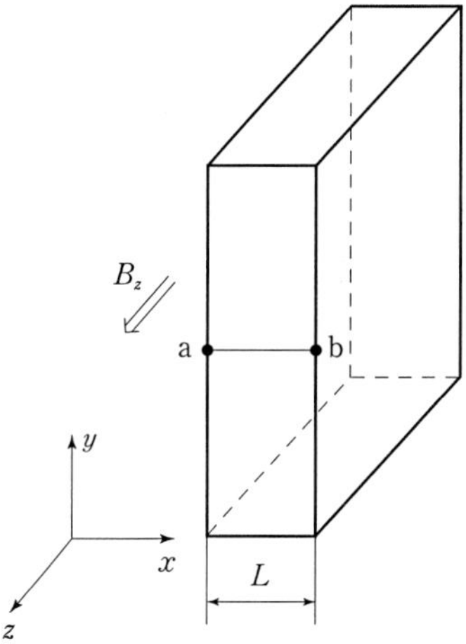


**図 4.32**　薄板の一次元の解析モデル

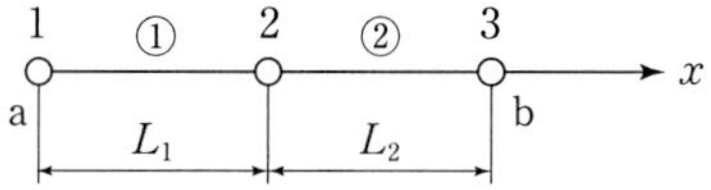


**図 4.33**　2 要素での分割図

まず, 節点 1 でのガラーキン法の式 $G_1$ を考える.（4.77）式の第 1 項において, $N_1(x_2)=0$, $N_1(x_1)=1$ より, 第 1 項は次式のようになる.

$$(\text{第 1 項})=\left[N_i\frac{dA_y}{dx}\right]_{x_1}^{x_2}=-q_1 \tag{4.78}$$

上式では, 便宜上 $dA_y(x_1)/dx=q_1$ としてある.

（4.77）式の右辺第 2 項において, 各要素の長さを $L_1$ とし, 補間関数の $x$ での微分を求めると, 以下のようになる.

$$\frac{dN_1}{dx}=-\frac{1}{L_1} \tag{4.79}$$

$$\frac{dN_2}{dx}=\frac{1}{L_1} \tag{4.80}$$

$$\frac{dA_y}{dx}=A_{y1}\frac{dN_1}{dx}+A_{y2}\frac{dN_2}{dx}=-\frac{A_{y1}-A_{y2}}{L_1} \tag{4.81}$$

これより, 第 2 項は以下のようになる.

$$(\text{第 2 項})=-\int_{x_1}^{x_2}\frac{dN_1}{dx}\frac{dA_y}{dx}dx=\frac{A_{y2}-A_{y1}}{L_1} \tag{4.82}$$

第 3 項は次式のようになる.

$$\begin{aligned}(\text{第 3 項})&=-\int_{x_1}^{x_2}\frac{\sigma N_1}{\nu\Delta t}(A_y-A_y^*)dx\\&=-\int_{x_1}^{x_2}\frac{\sigma N_1}{\nu\Delta t}\{(A_{y1}-A_{y1}^*)N_1+(A_{y2}-A_{y2}^*)N_2\}dx\end{aligned} \tag{4.83}$$

$\xi=x/L_1$ として座標変換を行うと, 補間関数の積分は以下のように求められる.

$$\int_0^1 N_1^2(\xi)\,d\xi=\int_0^1(1-\xi)^2 d\xi=\int_0^1(1-2\xi+\xi^2)\,d\xi$$
$$=\left[\xi-\xi^2+\frac{\xi^3}{3}\right]_0^1=\frac{1}{6} \tag{4.84}$$

$$\int_0^1 N_1(\xi)N_2(\xi)\,d\xi=\int_0^1(1-\xi)\xi d\xi=\int_0^1(\xi-\xi^2)\,d\xi$$
$$=\left[\frac{\xi^2}{2}+\frac{\xi^3}{3}\right]_0^1=\frac{1}{6} \tag{4.85}$$

これより，第 3 項は次のようになる．

$$(\text{第 3 項})=-\frac{\sigma}{\nu\Delta t}L_1\left\{\frac{1}{3}(A_{y1}-A_{y1}^*)+\frac{1}{6}(A_{y2}-A_{y2}^*)\right\} \tag{4.86}$$

結局（4.77）式は，（4.78），（4.82），（4.86）式より次式となる．

$$\left(-\frac{1}{L_2}-\frac{\sigma}{\nu\Delta t}\frac{L_2}{3}\right)A_{y1}+\left(\frac{1}{L_1}-\frac{\sigma}{\nu\Delta t}\frac{L_1}{6}\right)A_{y2}=q_1-\frac{\sigma}{\nu\Delta t}\frac{L_1}{3}A_{y1}^*-\frac{\sigma}{\nu\Delta t}\frac{L_1}{6}A_{y2}=q_1+K_1 \tag{4.87}$$

ここで，$K_1$ は 1 つ前のステップで求まった値に対応する項である．補間関数 $N_2$ は両境界上の節点 1, 3 では零であるため，節点 2 での $G_2$ を計算する際の（4.77）式の境界積分項は零になる．よって，節点 2, 3 でのガラーキン法の式は次式となる．

$$\left(\frac{1}{L_1}-\frac{\sigma}{\nu\Delta t}\frac{L_1}{6}\right)A_{y1}+\left[\left(-\frac{1}{L_1}-\frac{\sigma}{\nu\Delta t}\frac{L_1}{3}\right)+\left(\frac{1}{L_2}-\frac{\sigma}{\nu\Delta t}\frac{L_2}{3}\right)\right]A_{y2}+\left(\frac{1}{L_2}-\frac{\sigma}{\nu\Delta t}\frac{L_2}{6}\right)A_{y3}=K_2 \tag{4.88}$$

$$\left(\frac{1}{L_2}-\frac{\sigma}{\nu\Delta t}\frac{L_2}{6}\right)A_{y2}+\left(-\frac{1}{L_2}-\frac{\sigma}{\nu\Delta t}\frac{L_2}{6}\right)A_{y3}=-q_3+K_3 \tag{4.89}$$

(4.87)～(4.89) 式をマトリックスで表すと以下のようになる．

$$\begin{bmatrix} -\frac{1}{L_1}-\frac{\sigma}{\nu\Delta t}\frac{L_1}{3} & \frac{1}{L_1}-\frac{\sigma}{\nu\Delta t}\frac{L_1}{6} & 0 \\ \frac{1}{L_1}-\frac{\sigma}{\nu\Delta t}\frac{L_1}{6} & \left(-\frac{1}{L_1}-\frac{\sigma}{\nu\Delta t}\frac{L_1}{3}\right)+\left(\frac{1}{L_2}-\frac{\sigma}{\nu\Delta t}\frac{L_2}{3}\right) & \frac{1}{L_2}-\frac{\sigma}{\nu\Delta t}\frac{L_2}{6} \\ 0 & \frac{1}{L_2}-\frac{\sigma}{\nu\Delta t}\frac{L_2}{6} & -\frac{1}{L_2}-\frac{\sigma}{\nu\Delta t}\frac{L_2}{3} \end{bmatrix}\begin{Bmatrix} A_{y1} \\ A_{y2} \\ A_{y3} \end{Bmatrix}$$
$$=\begin{Bmatrix} q_1+K_1 \\ K_2 \\ -q_3+K_3 \end{Bmatrix} \tag{4.90}$$

## 4.2　永久磁石を含む磁界の解析法

永久磁石[40〜42)] は，ハードディスクなど現代社会の生活に必要な電子機器に使われているだけでなく，ハイブリッドカー（HEV），電気自動車（EV）のモータ，MRI 装置をはじめとする先端機器，装置に広く用いられており，先端産業にとって重要な材料である．ここでは，永久磁石を用いた磁気回路解析の考え方や着磁の解析法などについて述べる．

### 4.2.1　永久磁石の取り扱い

図 4.34 に永久磁石の磁化過程の例を示す．通常よく用いられるフェライト磁石やネオジム磁石の減磁特性曲線はほぼ直線となり，その傾き（$=\boldsymbol{B}/\boldsymbol{H}$）はほぼ真空の透磁率 $\mu_0$ に等しい．このとき，永久磁石の磁化 $\boldsymbol{M}$ は磁束密度 $\boldsymbol{B}$ が変化しても一定となる[1)]．このように，$\boldsymbol{M}$ が $\boldsymbol{B}$ に無関係に一定となる場合，磁石の磁気特性は線形であるという．ネオジム磁石やフェライト磁石の場合は，減磁特性曲線の傾きが $\mu_0$ にかなり近いので，線形と考えてよいことが多い．

**a.　基　礎　式**

次に，永久磁石を有する領域を解析する場合の式を導出する．磁石の磁化を $\boldsymbol{M}$ とすれば，磁束密度 $\boldsymbol{B}$ は次式で与えられる．

$$\boldsymbol{B}=\mu_0\boldsymbol{H}+\boldsymbol{M} \tag{4.91}$$

ここで，$\mu_0$ は真空の透磁率，$\boldsymbol{H}$ は磁界の強さである．

(1.5) 式のアンペアの周回路の法則の式に (4.91) 式を代入すると，次式が得られる．

$$\mathrm{rot}\frac{1}{\mu_0}(\boldsymbol{B}-\boldsymbol{M})=\boldsymbol{J}_0 \tag{4.92}$$

上式の $\boldsymbol{B}$ に（1.12）式を代入し，$1/\mu_0$ を真空の磁気抵抗率 $\nu_0$ で置き換えると，

$$\mathrm{rot}\,\nu_0(\mathrm{rot}\,\boldsymbol{A}-\boldsymbol{M})=\boldsymbol{J}_0 \tag{4.93}$$

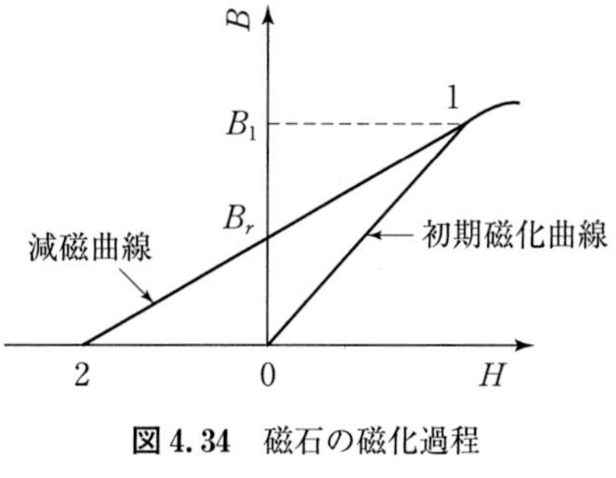


**図 4.34**　磁石の磁化過程

上式を変形すれば次式が得られる.

$$\nu_0 \,\mathrm{rot}\,\mathrm{rot}\,\boldsymbol{A} - \nu_0 \,\mathrm{rot}\,\boldsymbol{M} = \boldsymbol{J}_0 \tag{4.94}$$

(4.94) 式の左辺第 2 項は磁化によって生じる項であり，電流と同じディメンションを有しており，等価磁化電流密度とよばれる．これを $\boldsymbol{J}_m$ で表せば，次式となる.

$$\boldsymbol{J}_m = \nu_0 \,\mathrm{rot}\,\boldsymbol{M} \tag{4.95}$$

永久磁石を含む磁界の有限要素法による定式化の詳細は他書に譲る[1,4].

**b. 第 3 象限まで考慮した解析**

磁石内の $B$ と $H$ の動作点は通常第 2 象限の減磁特性曲線上にあるが，加速器などで特別に高磁場を作るために図 4.35 の四極収束用磁石[43] のように強力な磁石を隣合わせに配置する場合は，磁石中の $B$ と $H$ が第 3 象限にくることがある．この場合は図 4.36(a) の $B$-$H$ 曲線から (4.91) 式を用いて図 4.36(b) のように第 3 象限までの $M$-$B$ 曲線を求め，これを用いて非線形解析を行えばよい．ただし，ここでは，異方

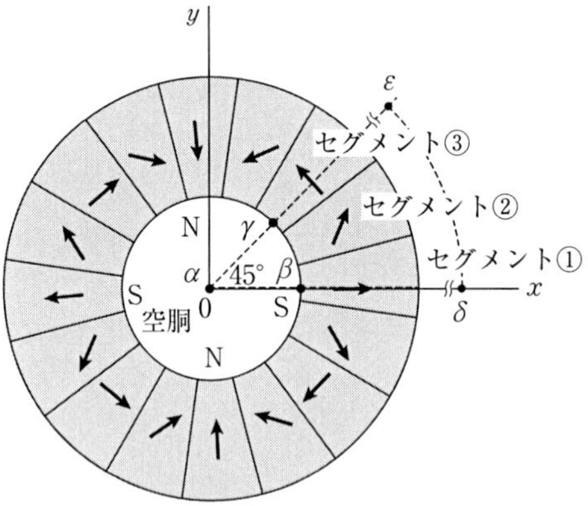


**図 4.35**　収束用磁石

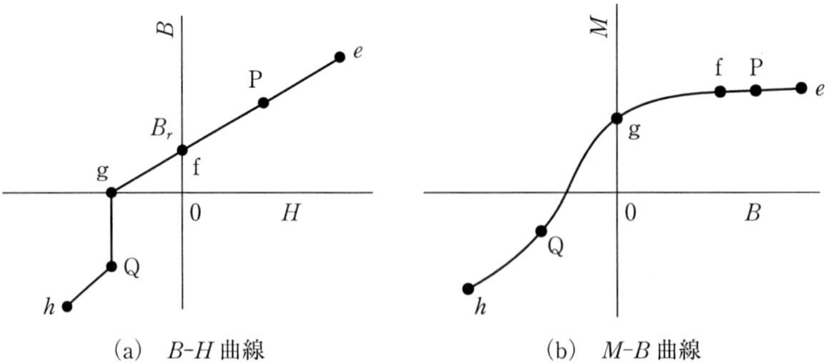


(a)　$B$-$H$ 曲線　　　(b)　$M$-$B$ 曲線

**図 4.36**　第 3 象限まで考慮した磁石の磁化特性

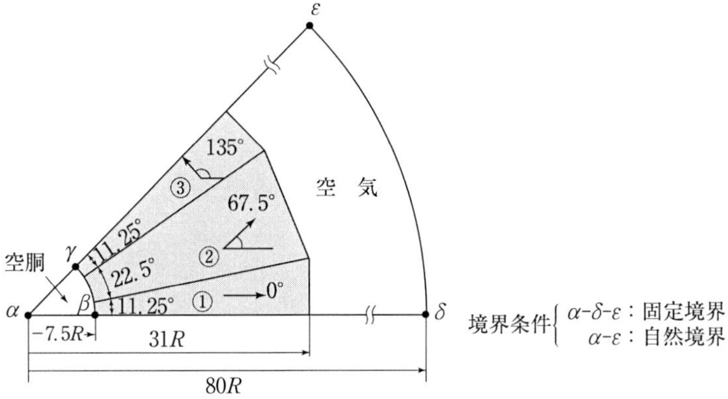


**図 4.37**　解析モデル

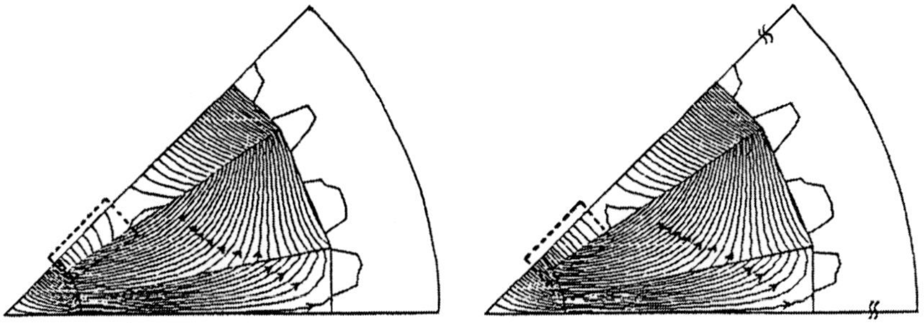

(a)　第 2 象限のみ考慮　　(b)　第 1, 3 象限考慮

**図 4.38**　磁束分布

性の磁石を取り扱う．なお，磁石は配向方向のみに磁化されるものとし，磁化は磁束密度の配向成分のみの関数であるとする．以後出てくる $B, H, M$ とは，磁束密度，磁界の強さおよび磁化の配向方向成分を表すものとする．

通常の永久磁石は，図 4.36 の f-g 間のように，動作点が $B$-$H$ 曲線の第 2 象限にある状態で使用され，磁石中の磁束の方向が磁化方向と一致している．ところが，図 4.35 のような収束用磁石の場合には，図 4.36(b) の P 点のように，磁束密度が残留磁気 $B_r$ よりも大きくなったり，Q 点のように磁石中の磁束が磁石の磁化とは反対の方向に通ったりするため，$B$-$H$ 曲線の第 2 象限だけを考慮する手法では解析できない．

動作点が $B$-$H$ 曲線のどの象限にあるかによって，$B$ と $M$ の向きが変化するので，このことを考慮して解析するために，図 4.36(b) の曲線を計算機に入力しておく．そして，$B$ が磁化方向と同方向（$B>0$）であるか，反対方向（$B<0$）であるかに応じて $M$ およびニュートン・ラフソン法（4.3.2 項参照）で用いる $\partial M/\partial B$ を求め，こ

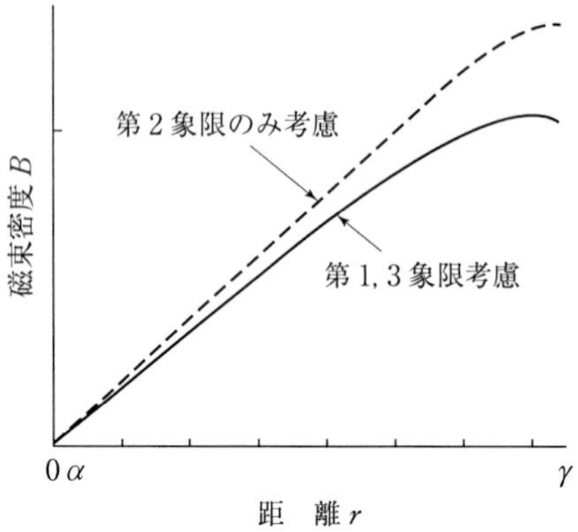


**図 4.39**　$\alpha$-$\gamma$ 上の磁束密度分布

れを有限要素法の式に代入すれば，すべての象限を考慮した解析を行うことができる．

図 4.37 に解析モデルを示す．解析領域としては，対称性より図 4.35 に破線で示した全体の 1/8 の領域とした．磁石の各セグメントは矢印で示した向きに磁化されており，セグメント①，②，③の磁化の $x$ 軸からの角度は，図に示すとおり 0°, 67.5°, 135° である．境界 $\alpha$-$\delta$-$\varepsilon$ は固定境界（$A=0$），境界 $\alpha$-$\varepsilon$ は自然境界とした．

次に，$B$-$H$ 曲線の第 1, 3 象限を考慮するかどうかによって，図 4.37 の収束用磁石内の磁界がどのように変化するかを示す．図 4.38(a) に，第 2 象限のみを考慮する方法で解析した磁束分布を，図 4.38(b) に，すべての象限を考慮した場合の磁束分布を示す．磁化と逆の方向に磁束が通る ⬚ 部の磁束は，すべての象限を考慮して解析した場合の方が多くなっている．これは，⬚ 部の動作点が $B$-$H$ 曲線の第 3 象限にあるため，第 2 象限のときより $M$ が小さくなり，⬚ 部を通りやすくなるためである．それゆえ，第 2 象限のみ考慮した場合は，磁化の向きと反対の方向を通る磁束が減る結果，図 4.39 のように空胴内の磁束密度は大きく計算されることになる．

その他に，デスプロシウム（Dy）を用いたネオジム磁石の特性解析で，$B$-$H$ 曲線の第 3 象限まで考慮した例などがある[44]．

### 4.2.2　着磁器の解析法

磁石を製作した時点では，一般に磁石は磁化を有していない．磁石に磁化を与えるためには，磁石に強力な磁界を与える必要があり，これを「着磁」とよぶ．一般に磁石の有している材料固有の飽和値まで，ソレノイドコイルなどの着磁器を用いて磁化して，磁石を使用する．飽和磁化が大きくないフェライト磁石（たとえば $M=0.4$ T）の場合は，空心のソレノイドコイルに直流電流を流すことで完全着磁（フル着磁ともいう）させることができるが，飽和磁化の大きいネオジム磁石（たとえば$M$=1.4 T）の場合は，着磁時にたとえば3 T 以上の磁束密度を印加する必要があり，通常の電源では，それだけの強力磁界を生じる大電流を流すことはできない．そこで，通常はコンデンサに電荷を蓄えて放電させるパルス着磁が行われるが，着磁ヨークに流れる渦電流の影響で所望の磁界を磁石に印加できない場合がある．

**a. 磁化過程のシミュレーション法**

磁石を着磁器で着磁し，次に着磁器から取り出したときに磁石によって生ずる磁束を解析することを考える．配向方向と同方向に磁石が着磁される場合は，以下のようにして計算を行えばよい[45,46]．

(i) 磁石を着磁器で着磁している状態の磁束分布は，(4.94) 式において，$M_x=M_y=0$ とし，着磁器の巻線に$J_0$を流して，有限要素法により磁石中の要素の磁束密度 $B_1$ を求める．この場合，磁石中の磁束密度 $B$ と磁界の強さ $H$ は，図 4.34 の初期磁化曲線 0-1 上にある．

(ii) 着磁器から取り出した後の磁束分布は，(i) で求めた $B_1$ に対応する減磁曲線 1-2 を，$M$-$B$ 曲線に直したものを (4.94) 式の $M$ に与えることによって求めることができる．

フェライト磁石やネオジム磁石では，減磁曲線が図 4.34 のように直線（線形）になる場合が多い．配向方向と異なった方向に磁石が着磁される場合を考える．いま，着磁の時点で，図 4.40 のように P 点に配向方向と $\theta$ の角度で $B_1'$ の磁束密度が加えられている場合を考える．ここでは，この場合に磁石中に生じる磁化は，$B_1'$ の $\theta$ 方向成分，つまり，$B_1'\cos\theta$ によって決まるものと仮定する．そうすると，着磁器から取り出した後の磁束分布は，前述の (ii) の過程において，初期磁化曲線上の $B_1'$

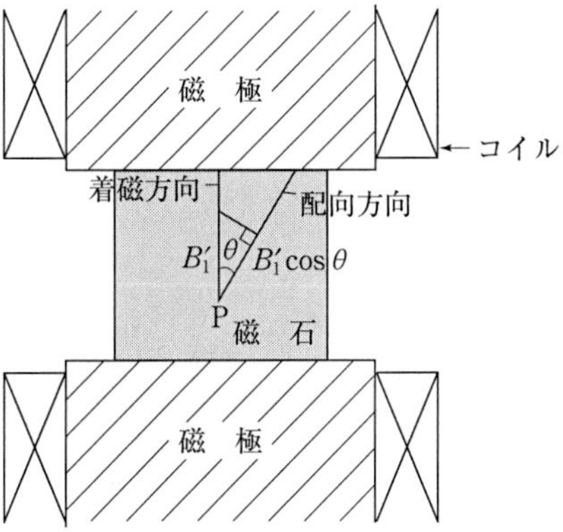


**図 4.40** 配向方向と異なった方向への磁石の着磁

$\cos\theta$ を通る減磁曲線を用いることにより，解析することができる．

**b.　パルス着磁器の解析法**

渦電流を考慮した二次元直角座標系の磁界の方程式は，ベクトルポテンシャルを用いて，次式で与えられる．

$$\frac{\partial}{\partial x}\left(\nu\frac{\partial A}{\partial x}\right)+\frac{\partial}{\partial y}\left(\nu\frac{\partial A}{\partial y}\right)=-J_0+\sigma\left(\frac{\partial A}{\partial t}+\frac{\partial \phi}{\partial z}\right) \qquad (4.96)$$

ここで $\sigma$ は導電率，$\phi$ は電位，$J_0$ は着磁コイルに流れる強制電流密度である．

図 4.41(a) に示すように，コンデンサを放電して磁石を着磁する場合，コンデンサの充電電圧は既知であるが，(4.77) 式の $J_0$ は未知数であるため通常の有限要素法は適用できない．そこで，7.1 節で述べる，いわゆる「電圧が与えられた有限要素法」によって解析する必要がある[47〜49]．

図 4.41(b) に，コンデンサ，着磁器などを含む等価回路を示す．図に破線で示した部分が有限要素法の解析領域であり，$R_c$ は解析領域内の巻線の直流抵抗，$R_0$, $L_0$ は二次元解析で考慮されない巻線端部などの抵抗およびインダクタンスである．また，$C_0$ はコンデンサの静電容量である．有限要素法適用領域中のコイルに鎖交する磁束数を $\Phi$ とすると，キルヒホッフの第 2 法則より，次式が得られる．

$$\frac{d\Phi}{dt}+(R_0+R_c)I_0+L_0\frac{dI_0}{dt}+\frac{1}{C_0}\left(\int I_0 dt-Q_0\right)=0 \qquad (4.97)$$

ここで，$Q_0$ はコンデンサの初期電荷である．上式において，コイルに鎖交する磁束 $\Phi$ を，ベクトルポテンシャル $A$ を用いて表すと，次式が得られる．

$$\int_c \frac{\partial A}{dt}d\boldsymbol{s}+(R_0+R_c)I_0+L_0\frac{dI_0}{dt}+\frac{1}{C_0}\left(\int I_0 dt-Q_0\right)=0 \qquad (4.98)$$

ここで $c$ はコイルに沿った積分路，$\boldsymbol{s}$ は単位接線ベクトルである．よって，(4.96) 式の $J_0$ を $I_0$ に直したものと，(4.98) 式を連立させれば，着磁コイルに流れる電流 $I_0$ ならびに磁束分布を求めることができる．

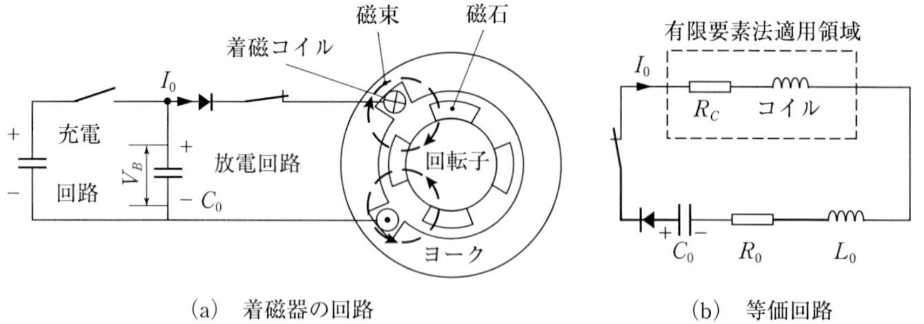


(a)　着磁器の回路　　(b)　等価回路

**図 4.41**　着磁器および等価回路

## 4.3　非線形問題の解析法

### 4.3.1　非線形解析の考え方

一般に磁性材料の $B$ と $H$ の間の関係は，図 4.42 のように曲がった曲線になっており，$\mu=B/H$ で求めた透磁率は図中の破線のように変化する．変圧器やモータのように，磁性材料で構成された磁気回路を有する機器の磁界解析を行う際は，解析に用いる式に含まれている磁気抵抗率（透磁率の逆数）などの材料定数が磁束密度などによって変化する現象（これを磁気特性が非線形であるという）を考慮する必要がある．それに対し，空心コイルのように透磁率が $H$ や $B$ などによって変化しない場合を磁気特性が線形であるという．

磁性材料の透磁率 $\mu$ は，図 4.42 のように磁束密度 $B$ によって変化する．一般に鉄心中の磁束密度は場所によって異なるので，$\mu$ も空間的に変化する．しかし，その $\mu$

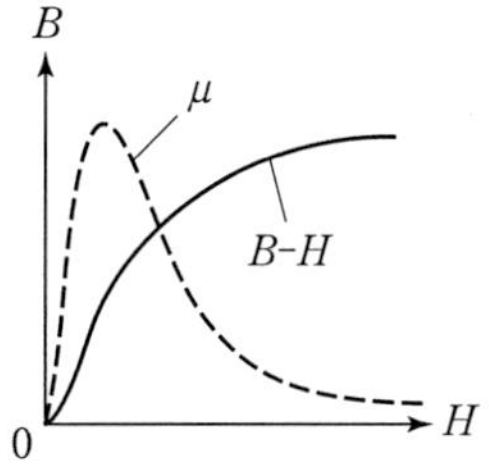


**図 4.42**　磁化曲線

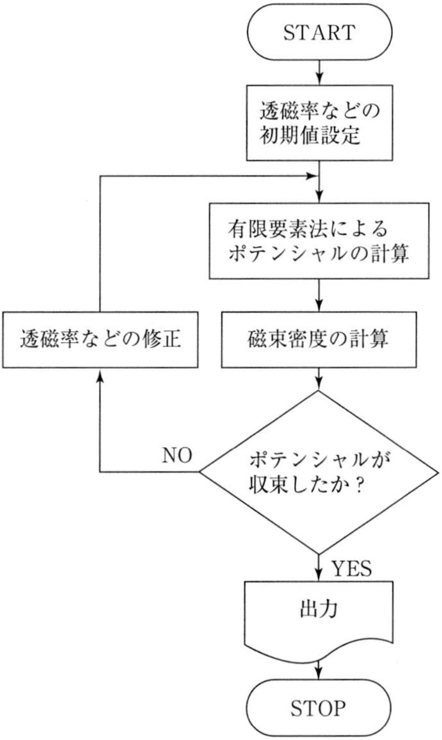


**図 4.43**　非線形計算のフローチャート

の値は前もってわからない．そこで，以下のような反復計算を行うことにより，非線形問題を解くことにする．まず，各要素に適当な透磁率を仮定して磁束密度を計算する．その結果得られた各要素の磁束密度に応じて透磁率の修正を行い，磁束密度の再計算をする．これを収束するまで繰り返せばよい．

図4.43に，この場合のフローチャートを示す．非線形反復計算を行う際には，解が収束しなくて困ることがある．そのメカニズムを以下の例題で考察するとともに，線形と非線形の差が磁束分布に及ぼす影響についても検討する．

**【例題4.1】**

図4.44(a) のような単相変圧器のモデルにおいて，鉄心コーナ部 $P_1$, $P_2$ 点の磁束密度 $B_1$, $B_2$ を，線形（比透磁率 $\mu_r=5000$）の場合と非線形（$\mu_r$ が図4.42のように磁束密度 $B$ によって変化）の場合で計算せよ．

**（解答例）**

平均磁路長を $L$，コイルのアンペアターンを $NI$ とすれば $H=NI/L$ なので，磁束密度 $B$ は次式で計算できる．

$$B=\mu_0\mu_r\frac{NI}{L} \tag{4.99}$$

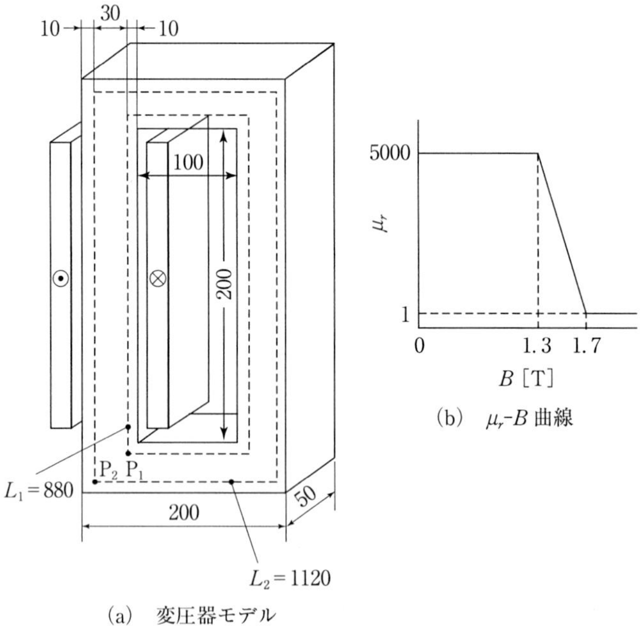


(a)　変圧器モデル　　(b)　$\mu_r$-$B$ 曲線

**図4.44**　非線形解析の例題

図 4.44(a) より，$P_1$ 点を含む磁路長 $L_1$ は 0.88 m，$P_2$ 点を含む磁路長 $L_2$ は，1.12 m である．$NI = 500$ AT，$P_1$，$P_2$ 点の比透磁率 $\mu_{r1}$，$\mu_{r2}$ の初期値をともに 2500 とすれば，$B_1$，$B_2$ は次式のように計算される．

**(i)　単純反復法**

**1 回目**

$$\left.\begin{aligned} B_1 &= \frac{4\pi\times10^{-7}\times2500\times500}{0.88} = 1.78\ [\mathrm{T}] \\ B_2 &= \frac{4\pi\times10^{-7}\times2500\times500}{1.12} = 1.4\ [\mathrm{T}] \end{aligned}\right\} \tag{4.100}$$

**2 回目**　$B_1 = 1.78$ T に対応する比透磁率は図 4.44(b) より $\mu_{r1} = 1$ である．$B_2 = 1.4$ T に対応する比透磁率 $\mu_{r2}$ は図 4.44(b) の $1.3 \leqq B \leqq 1.7$ に対応する次式の直線の式より計算される．

$$\mu_{r2} = 5000 - \frac{4999}{0.4}(B - 1.3) \tag{4.101}$$

上式に $B = 1.4$ T を代入すると $\mu_{r2} = 3750$ となる．

求まった $\mu_{r1}$，$\mu_{r2}$ を用いて (4.100) 式と同じように $B_1$，$B_2$ を計算すると，次式となる．

$$\left.\begin{aligned} B_1 &= 0.000714\ [\mathrm{T}] \\ B_2 &= 2.10\ [\mathrm{T}] \end{aligned}\right\} \tag{4.102}$$

**3 回目**　この場合の比透磁率を図 4.44(b) より求め磁束密度を計算すると，次式となる．

$$\left.\begin{aligned} &\mu_{r1} = 5000,\quad \mu_{r2} = 1 \\ &B_1 = 3.57\ [\mathrm{T}] \\ &B_2 = 0.000561\ [\mathrm{T}] \end{aligned}\right\} \tag{4.103}$$

各反復で求まった磁束密度 $B$ と比透磁率 $\mu_r$ をグラフにすると，図 4.45 のように $\mu_r$ が大きく変化して，解が発散していることがわかる．

**(ii)　緩和法**

比透磁率の大幅な変化を抑えるために，4.3.2 項 a. で述べる緩和法を用いた場合の解を次に述べる．減速係数を 0.1 とすれば次のようになる．

**2 回目***

$$\left.\begin{aligned} &\mu_{r1} = 2500 + 0.1(1 - 2500) = 2250 \\ &\mu_{r2} = 2500 + 0.1(3750 - 2500) = 2625 \\ &B_1 = 1.61\ [\mathrm{T}] \\ &B_2 = 1.47\ [\mathrm{T}] \end{aligned}\right\} \tag{4.104}$$

**3 回目***　1.61 T，1.47 T に対応する比透磁率は (4.101) 式より，それぞれ

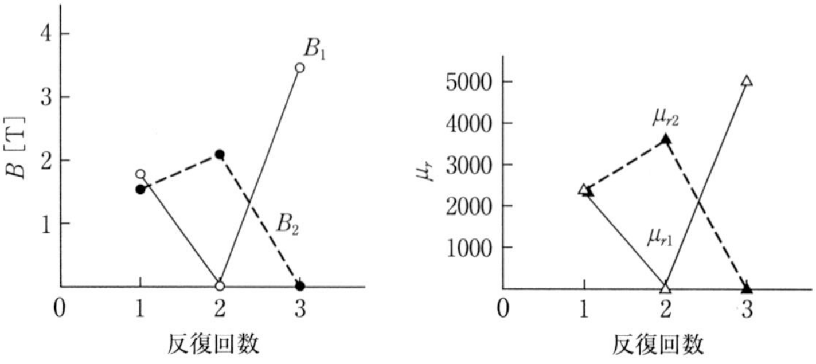


（a）　磁束密度　　　　（b）　比透磁率

**図 4.45**　磁束密度と比透磁率の収束状況

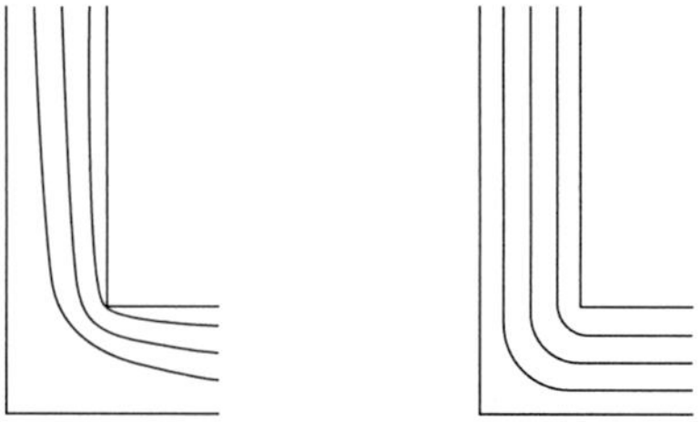

（a）　線　形　　　　（b）　非線形

**図 4.46**　磁束分布

1126, 2875 となるので次式が得られる．

$$
\left.
\begin{aligned}
\mu_{r1} &= 2250 + 0.1(1126 - 2250) = 2138 \\
\mu_{r2} &= 2625 + 0.1(2875 - 2625) = 2650 \\
B_1 &= 1.53\ [\mathrm{T}] \\
B_2 &= 1.49\ [\mathrm{T}]
\end{aligned}
\right\} \qquad (4.105)
$$

**4 回目***　　同様にすれば，次式となる．

$$
\left.
\begin{aligned}
\mu_{r1} &= 2138 + 0.1(2125 - 2138) = 2137 \\
\mu_{r2} &= 2650 + 0.1(2625 - 2650) = 2648 \\
B_1 &= 1.53\ [\mathrm{T}] \\
B_2 &= 1.49\ [\mathrm{T}]
\end{aligned}
\right\} \qquad (4.106)
$$

4 回目の $\mu_{r1}$, $\mu_{r2}$ は 3 回目の値とほとんど同じになり，収束解が得られた．反復 1 回目は各部の透磁率は等しいので線形解析に対応している．線形解析の場合の磁束密度は，内側磁路は磁路長が短いため，(4.100) 式のように $P_1$ 点の $B_1$ の方が外側磁路の $P_2$ 点の $B_2$ よりもかなり高くなっている（磁束密度の差 $\Delta B = 0.38$ T）．非線形解析で

は磁束密度の高い $P_1$ 点の透磁率 $\mu_{r1}$ が，磁束密度の低い $P_2$ 点の透磁率 $\mu_{r2}$ よりも小さくなるということを考慮して解析を行うので，(4.106) 式のように磁束分布が均一に近く ($\Delta B=0.04\,\mathrm{T}$) なっている．

この場合の磁束分布は，図 4.46 のようになる．線形の場合は磁束が鉄心のコーナ部に片寄るのに対し，非線形の場合はほぼ均一に通る．

### 4.3.2　各種反復計算法

#### a.　緩　和　法

これは，$k+1$ 回目の反復時に使用する磁気抵抗率 $\nu^{(k+1)}$ を次式によって決定する方法である[4]．

$$\nu^{(k+1)}=\nu^{(k)}+f(\nu^{(k)\prime}-\nu^{(k)}) \tag{4.107}$$

ここで，$\nu^{(k)\prime}$ は $k$ 回目に求まった磁束密度を用いて計算した磁気抵抗率，$f$ は減速係数である．この方法はプログラムが簡単であるという長所を有するが，$f$ の値によっては解が発散することがあり，$f$ の最適値を決定するには経験を要する．この $f$ の値としては，たとえば 0.1 が用いられる．

#### b.　Fixed-Point 法

図 4.47 に Fixed-Point 法を用いた非線形磁界解析の概念図を示す[50]．この手法では，磁気抵抗率 $\nu_{\mathrm{FP}}$（計算の最後まで一定とする）を適当に与えて磁界解析を行い，磁束密度 $B'$ を求める．次に，この $B'$ に対応する $B$-$H$ 曲線（非線形）上の磁界 $\boldsymbol{H}(\boldsymbol{B}')$ と，$\nu_{\mathrm{FP}}$ に対応する $B$-$H$ 直線上（線形）の磁界 $\nu_{\mathrm{FP}}\boldsymbol{B}'$ の間の差分（残差）$\boldsymbol{H}_{\mathrm{FP}}$ を求める．この残差 $\boldsymbol{H}_{\mathrm{FP}}$ を次のステップの計算に用いれば，残差 $\boldsymbol{H}_{\mathrm{FP}}$ に対応して $\boldsymbol{B}$ が変化し，しだいに収束してゆくといった方法である[51〜53]．

静磁界の方程式は次式で表される．

$$\mathrm{rot}\,\boldsymbol{H}=\boldsymbol{J}_0 \tag{4.108}$$

ここで，$\boldsymbol{H}$ は磁界強度ベクトル，$\boldsymbol{J}_0$ は電流密度ベクトルである．Fixed-Point 法における非線形磁界問題は (4.109) 式の形で扱われる．

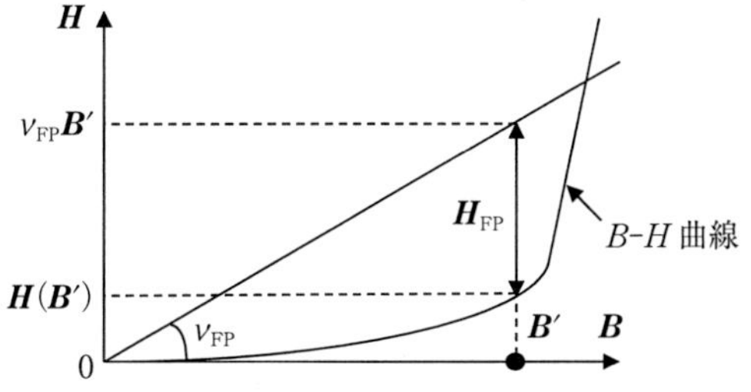


**図 4.47**　Fixed-Point 法の概念図

$$\boldsymbol{H}(\boldsymbol{B}) = \nu_{\mathrm{FP}}\boldsymbol{B} + \boldsymbol{H}_{\mathrm{FP}} \tag{4.109}$$

ここで，$\boldsymbol{H}(\boldsymbol{B})$ は$B$-$H$曲線における磁界強度であり，$\boldsymbol{B}$の値で決定される．$\nu_{\mathrm{FP}}$は（4.110）式で表されるような Fixed-Point 法で用いる磁気抵抗率で，$\nu_{\mathrm{FP}_x}$, $\nu_{\mathrm{FP}_y}$, $\nu_{\mathrm{FP}_z}$ は，それぞれ $x, y, z$ 方向成分を表す．

$$\boldsymbol{\nu}_{\mathrm{FP}} = \begin{bmatrix} \nu_{\mathrm{FP}_x} & 0 & 0 \\ 0 & \nu_{\mathrm{FP}_y} & 0 \\ 0 & 0 & \nu_{\mathrm{FP}_z} \end{bmatrix} \tag{4.110}$$

これらの磁気抵抗率の値は，計算過程において基本的には一定の値とする．$\boldsymbol{H}_{\mathrm{FP}}$は Fixed-Point 法の残差で，この残差$\boldsymbol{H}_{\mathrm{FP}}$を変化させることで非線形計算を行う．その際，$(k+1)$ 回目の非線形計算時の残差$\boldsymbol{H}_{\mathrm{FP}}$は（4.109）式を変形することにより，以下の式で求めることができる．

$$\boldsymbol{H}_{\mathrm{FP}} = \boldsymbol{H}(\boldsymbol{B}^{(k)}) - \nu_{\mathrm{FP}}\boldsymbol{B}^{(k)} \tag{4.111}$$

ここで，$\boldsymbol{H}(\boldsymbol{B}^{(k)})$ は，$B$-$H$曲線において，非線形計算$k$回目に求まった磁束密度$\boldsymbol{B}^{(k)}$における磁界強度$\boldsymbol{H}$である．

（4.108），（4.109）式より，有限要素法で解くべき式は（4.112）式で表される．

$$\mathrm{rot}\,(\nu_{\mathrm{FP}} \cdot \mathrm{rot}\,\boldsymbol{A}) = \boldsymbol{J}_0 - \mathrm{rot}\,\boldsymbol{H}_{\mathrm{FP}} \tag{4.112}$$

ここで，$\boldsymbol{A}$は磁気ベクトルポテンシャルである．結局，Fixed-Point 法による非線形磁界解析の一連の流れは，以下のようになる．

1. $\nu_{\mathrm{FP}}$の初期値を決定する．
2. 残差$\boldsymbol{H}_{\mathrm{FP}}$を零に初期化する．
3. （4.112）式を解き，磁束密度$\boldsymbol{B}$を求める．
4. （4.111）式より次のステップで用いる残差$\boldsymbol{H}_{\mathrm{FP}}$を求める．
5. （4.112）式の右辺を更新する．

3 から 5 のプロセスを繰り返し，残差$\boldsymbol{H}_{\mathrm{FP}}$の変化量が一定値以下になれば収束したとみなし，計算を終了する．$\boldsymbol{\nu}_{\mathrm{FP}}$の初期値として，$B$-$H$曲線の最大の傾きと最小の傾きの平均を用いれば，おおむね良好な結果が得られるという報告がなされている．これは真空の磁気抵抗率$\nu_0$を 2 で割ったものとほぼ等しい[54,55]．

**c.　ニュートン・ラフソン法**

透磁率の修正を行って反復計算する際に，透磁率$\mu$や磁気抵抗率$\nu$の磁束密度$B$に対する微係数を用いて反復計算の高速化を図ろうとする方法がニュートン・ラフソン法である[4]．ニュートン・ラフソン法の計算式を導出するため，まず次式のような二変数の連立方程式を考える．

$$\begin{aligned} f(x, y) &= 0 \\ g(x, y) &= 0 \end{aligned} \tag{4.113}$$

$u$回目の根の推測値を$x^{(u)}$, $y^{(u)}$とし，$f(x, y)$, $g(x, y)$ を二変数関数のテイラー展開

すると，

$$f(x^{(u)}+\delta x^{(u)},\ y^{(u)}+\delta y^{(u)})$$
$$=f(x^{(u)},\ y^{(u)})+\frac{\partial}{\partial x^{(u)}}f(x^{(u)},\ y^{(u)})\delta x^{(u)}$$
$$+\frac{\partial}{\partial y^{(u)}}f(x^{(u)},\ y^{(u)})\delta y^{(u)}+\cdots \tag{4.114}$$

$$g(x^{(u)}+\delta x^{(u)},\ y^{(u)}+\delta y^{(u)})$$
$$=g(x^{(u)},\ y^{(u)})+\frac{\partial}{\partial x^{(u)}}g(x^{(u)},\ y^{(u)})\delta x^{(u)}$$
$$+\frac{\partial}{\partial y^{(u)}}g(x^{(u)},\ y^{(u)})\delta y^{(u)}+\cdots \tag{4.115}$$

二次以上の項を無視し，$x^{(u)}+\delta x^{(u)}$，$y^{(u)}+\delta y^{(u)}$ が真値であるとして，$f(x^{(u)}+\delta x^{(u)},\ y^{(u)}+\delta y^{(u)})$，$g(x^{(u)}+\delta x^{(u)},\ y^{(u)}+\delta y^{(u)})$ を零とおき，マトリックス表示すると，

$$\begin{bmatrix} \dfrac{\partial f^{(u)}}{\partial x^{(u)}} & \dfrac{\partial f^{(u)}}{\partial y^{(u)}} \\ \dfrac{\partial g^{(u)}}{\partial x^{(u)}} & \dfrac{\partial g^{(u)}}{\partial y^{(u)}} \end{bmatrix} \begin{Bmatrix} \delta x^{(u)} \\ \delta y^{(u)} \end{Bmatrix} = \begin{Bmatrix} -f^{(u)} \\ -g^{(u)} \end{Bmatrix} \tag{4.116}$$

ここで，$f(x^{(u)},\ y^{(u)})$，$g(x^{(u)},\ y^{(u)})$ をそれぞれ，$f^{(u)}$，$g^{(u)}$ と略記した．(4.116) 式を解いて $\delta x^{(u)}$，$\delta y^{(u)}$ が求まれば，$(n+1)$ 回目の反復により得られる近似値 $x^{(u+1)}$，$y^{(u+1)}$ は次式で与えられる．

$$\begin{aligned} x^{(u+1)} &= x^{(u)}+\delta x^{(u)} \\ y^{(u+1)} &= y^{(u)}+\delta y^{(u)} \end{aligned} \tag{4.117}$$

有限要素法の場合は，(3.31)式のような未知数が非常に多い多元連立非線形方程式（$G_i=0$，($i=1,\ \cdots,\ n$，ここで，$n$ はポテンシャルが未知な辺の総数)）を解くことになる．(4.116) 式を多変数の場合に拡張すれば，次式となる．

$$\begin{bmatrix} \dfrac{\partial G_1}{\partial A_1} & \cdots & \dfrac{\partial G_1}{\partial A_n} \\ \vdots & \dfrac{\partial G_i}{\partial A_j} & \vdots \\ \dfrac{\partial G_n}{\partial A_1} & \cdots & \dfrac{\partial G_n}{\partial A_n} \end{bmatrix} \begin{Bmatrix} \delta A_1 \\ \vdots \\ \delta A_i \\ \vdots \\ \delta A_n \end{Bmatrix} = \begin{Bmatrix} -G_1 \\ \vdots \\ -G_i \\ \vdots \\ -G_n \end{Bmatrix} \tag{4.118}$$

ただし，上式中の $A_i$, $G_i$ はすべて $u$ 回目の値である．$\delta A_i^{(u)}$ が求まれば，$u+1$ 回目の反復で得られるポテンシャルの近似解 $A_i^{(u+1)}$ は，次式で与えられる．

$$A_i^{(u+1)}=A_i^{(u)}+\delta A_i^{(u)} \tag{4.119}$$

次に，有限要素法にニュートン・ラフソン法を適用する際の解析手順について説明する．ニュートン・ラフソン法において，非線形磁気特性を表す非線形項 $\partial \boldsymbol{H}/\partial \boldsymbol{B}$ を

扱う方法として，次の2種類が考えられる[58]．

**[方法1]　$B$-$H$ 曲線を $\nu$-$B^2$ 曲線に変換して使用する方法**

この場合，磁界強度ベクトル $\boldsymbol{H}$ は次式で表される．

$$\boldsymbol{H}=\nu(B^2)\boldsymbol{B} \tag{4.120}$$

ここで，$\boldsymbol{B}$ は磁束密度である．また，このときの磁気抵抗率 $\nu$ は次式で表される．

$$\nu(B)=\frac{H(B)}{B} \tag{4.121}$$

この方法は非等方性を扱う場合には工夫が必要であるため，おもに等方性の材料を使用した解析に用いられる．

静磁界の場合の残差 $G_i(\boldsymbol{A})$ は次式で表される．

$$G_i(\boldsymbol{A})=\iiint \mathrm{rot}\,\boldsymbol{N}_i\cdot(\nu\,\mathrm{rot}\,\boldsymbol{A})\,dV-\iiint \boldsymbol{N}_i\cdot\boldsymbol{J}_0\,dV \tag{4.122}$$

ここで，$\boldsymbol{N}_i$ は辺要素の補間関数である[1]．$k$ 回目の反復における非線形残差 $r_i(\boldsymbol{A}^{(k)})$ は次式で表される．

$$\begin{aligned}
r_i(\boldsymbol{A}^{(k)}) &= G_i(\boldsymbol{A}^{(k)})+\delta R_i\\
&=\iiint \mathrm{rot}\,\boldsymbol{N}_i\cdot(\nu\,\mathrm{rot}\,\boldsymbol{A}^{(k)})\,dV-\iiint \boldsymbol{N}_i\cdot\boldsymbol{J}_0\,dV\\
&\quad+\frac{\partial}{\partial A_j}\iiint \mathrm{rot}\,\boldsymbol{N}_i\cdot(\nu\,\mathrm{rot}\,\boldsymbol{A}^{(k)})\,dV\cdot\delta\boldsymbol{A}_i\\
&=G_i(\boldsymbol{A}^{(k)})+\iiint \mathrm{rot}\,\boldsymbol{N}_i\cdot(\nu\,\mathrm{rot}\,\boldsymbol{N}_j)\,dV\cdot\delta\boldsymbol{A}_i\\
&\quad+\iiint \mathrm{rot}\,\boldsymbol{N}_i\cdot\frac{\partial\nu}{\partial A_j}\cdot\mathrm{rot}\,\boldsymbol{A}^{(k)}\,dV\cdot\delta\boldsymbol{A}_i
\end{aligned} \tag{4.123}$$

$$\frac{\partial\nu}{\partial A_j}=\frac{\partial\nu}{\partial\boldsymbol{B}^2}\frac{\partial\boldsymbol{B}^2}{\partial A_j}=\frac{\partial\nu}{\partial\boldsymbol{B}^2}2\boldsymbol{B}\frac{\partial\boldsymbol{B}}{\partial A_j} \tag{4.124}$$

ここで，$\partial\nu/\partial\boldsymbol{B}^2$ が非線形磁気特性を表す項となる．$\delta R_i$ は $G_i$ の $\boldsymbol{A}_j$ に関する残差である．(4.118) 式の形で式を書けば次式となる．

$$\begin{aligned}
\frac{\partial G_i}{\partial A_j}&=\iiint \mathrm{rot}\,\boldsymbol{N}_i\cdot(\nu\,\mathrm{rot}\,\boldsymbol{N}_j)\,dV\\
&\quad+\iiint \mathrm{rot}\,\boldsymbol{N}_i\cdot\frac{\partial\nu}{\partial A_j}\cdot\mathrm{rot}\,\boldsymbol{A}\,dV
\end{aligned} \tag{4.125}$$

解析手順は以下のようになる．

1. $\nu$ の初期値を決定．
2. $\delta\boldsymbol{A}^{(0)}=0$ と初期化．
3. (4.123) 式を解き，得られた $\delta A^{(k)}$ より $\boldsymbol{A}^{(k+1)}=\boldsymbol{A}^{(k)}+\delta\boldsymbol{A}^{(k)}$ で更新．
4. 補正した $\boldsymbol{A}^{(k+1)}$ より，次のステップで用いる $\nu^{(k+1)}$ を $\nu$-$B^2$ カーブから求める．
5. 3から4のプロセスを繰り返す．

6.　$r_i(\boldsymbol{A}^{(k)})$ の変化量が一定値以下となったら収束と判断．

**［方法 2］　*B-H* 曲線をそのまま用いる方法**

この場合，磁界強度ベクトル $\boldsymbol{H}$[A/m] は次式で表される．

$$\boldsymbol{H}=h(|B|)\frac{\boldsymbol{B}}{|B|} \tag{4.126}$$

静磁界の場合の残差 $G_i(\boldsymbol{A})$ は次式で表される．

$$G_i(\boldsymbol{A})=\iiint \mathrm{rot}\,\boldsymbol{N}_i\cdot\boldsymbol{H}dV-\iiint \boldsymbol{N}_i\cdot\boldsymbol{J}_0 dV \tag{4.127}$$

$k$ 回目の反復における辺 $i$ の非線形残差 $r_i(\boldsymbol{A}^{(k)})$ は次式で表される．

$$\begin{aligned}
r_i(\boldsymbol{A}^{(k)}) &= G_i(\boldsymbol{A}^{(k)})+\delta R \\
&= \iiint \mathrm{rot}\,\boldsymbol{N}_i\cdot\boldsymbol{H}^{(k)}dV-\iiint \boldsymbol{N}_i\boldsymbol{J}_0 dV+\iiint \mathrm{rot}\,\boldsymbol{N}_i\cdot\delta\boldsymbol{H}^{(k)}dV \\
&= G_i(\boldsymbol{A}^{(k)})+\iiint \mathrm{rot}\,\boldsymbol{N}_i\cdot\frac{\partial\boldsymbol{H}}{\partial\boldsymbol{B}}(\boldsymbol{B}^{(k)})\cdot\delta\boldsymbol{B}_i^{(k)}dV \\
&= G_i(\boldsymbol{A}^{(k)})+\iiint \mathrm{rot}\,\boldsymbol{N}_i\cdot\frac{\partial\boldsymbol{H}}{\partial\boldsymbol{B}}(\boldsymbol{B}^{(k)})\cdot\mathrm{rot}\,\delta\boldsymbol{A}^{(k)}dV
\end{aligned} \tag{4.128}$$

ここで，$\partial\boldsymbol{H}/\partial\boldsymbol{B}(\boldsymbol{B})$ が非線形磁気特性を表す項となる．解析手順は以下のようになる．

1.　$\partial\boldsymbol{H}/\partial\boldsymbol{B}(\boldsymbol{B}_0)$ の初期値を決定．
2.　$\delta\boldsymbol{A}^{(0)}=0$ と初期化．
3.　(4.128) 式を解き，得られた $\delta\boldsymbol{A}^{(k)}$ より $\boldsymbol{A}^{(k+1)}=\boldsymbol{A}^{(k)}+\delta\boldsymbol{A}^{(k)}$ で更新．
4.　補正した $\boldsymbol{A}^{(k+1)}$ より，次のステップで用いる $\boldsymbol{H}^{(k+1)}$ を $B$-$H$ 曲線から求める．
5.　3 から 4 のプロセスを繰り返す．
6.　$r_i(\boldsymbol{A}^{(k)})$ の変化量が一定値以下となったら収束と判断．

図 4.48 のようなリングコアのモデルを用いて，完全等方性の場合で磁界解析を行った[56]．要素数は 28800 で，未知数は 28080 である．材質は無方向性電磁鋼板 35A230 である．また，試料内の平均磁束密度 $B_{\mathrm{ave}}$ が 1.8 T となるように試料内縁部および外縁部にポテンシャルを与えている．その中で，完全等方性における Fixed-Point 法 (FPM)，修正 Fixed-Point 法 (MFPM) (b. 項で述べた Fixed-Point 法では磁気抵抗

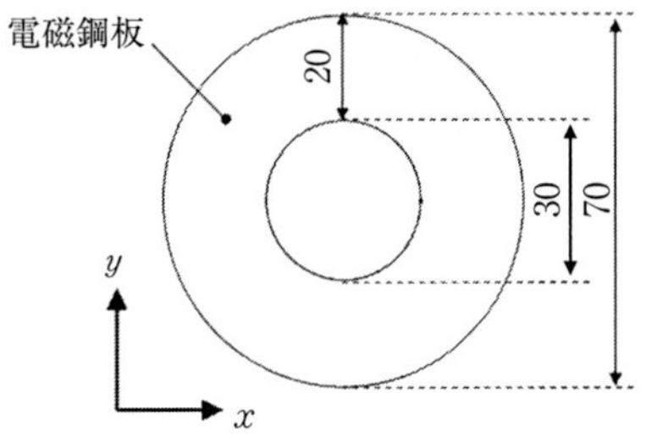


**図 4.48**　リング試料の解析モデル

**表 4.1**　各手法の計算時間と反復回数の比較

| 手　法 | 計算時間［秒］ | 反復回数 |
|---|---|---|
| NRM($B^2$) | 18.97 | 9 |
| NRM($B$) | 8.03 | 9 |
| FRM | 43.96 | 38 |
| MFPM | 12.21 | 10 |

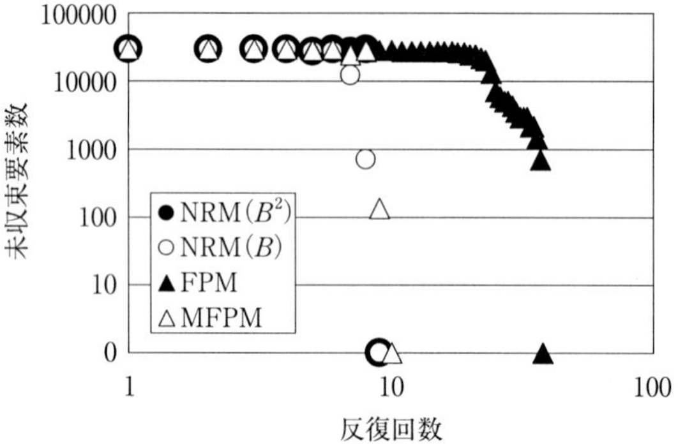


**図 4.49**　各手法の収束特性（$B_{\mathrm{ave}}=1.8$ T）

率に適当な一定値を与えて解くが，この方法では $\nu_{\mathrm{FP}}$ を微分磁気抵抗率 $\partial \boldsymbol{H}/\partial \boldsymbol{B}$ として更新してゆく）および，$B$-$H$ 曲線を $\nu$-$B^2$ 曲線に変換して使用するニュートン・ラフソン法（NRM($B^2$)），$B$-$H$ 曲線をそのまま使用するニュートン・ラフソン法（NRM($B$)）の磁束密度分布と計算時間を比較・検討した．

表 4.1 に，各計算手法における計算時間と収束までの反復回数の比較を示す．ただし，計算速度も比較対象とするため，すべての手法で同じ収束条件 $r_i(\boldsymbol{A}^{(k)})<10^{-2}$ を使用した．また，ICCG 法の計算における収束条件は $10^{-6}$ 以下となれば収束したと判断した．計算は，Intel Core 2 Duo E8400 @3.16 GHz, 3GB RAM で行った．反復回数の比較を図 4.49 に示す．Fixed-Point 法（FPM）と比較して，修正 Fixed-Point 法の計算時間が大きく短縮されている．修正 Fixed-Point 法（MFPM）の収束特性はニュートン・ラフソン法に似た傾向が見られた．これは，ニュートン・ラフソン法（NRM($B^2$, $B$)）の計算式と修正 Fixed-Point 法（MFPM）の計算式が等価であり，探索方法が同様であるためと考えられる．NRM($B^2$) は NRM($B$) より計算時間が長い．これはマトリックス形成の際に時間がかかっていることが主要因である．しかし，ICCG 法の計算時間は NRM($B^2$) の方が NRM($B$) よりも速い．

**d.　減速係数を用いる方法**

ニュートン・ラフソン法を用いて非線形磁界解析を行う際，非線形反復ごとに求めた解が振動して収束解が得られない場合がある．このような場合には，$u$ 回目の反復で求めた $A_k^{(u)}$ に $\delta A_k^{(u)}$ を加えて $u+1$ 回目の $A_k^{(u+1)}$ を求める際に，次式のような減速係数 $\alpha$ を導入すればよい[57,58]．

$$A_k^{(u+1)} = A_k^{(u)} + \alpha\delta A_k^{(u)} \tag{4.129}$$

$\alpha=1$ の場合が，通常のニュートン・ラフソン法に相当する．この $\alpha$ の値により，収束解が得られたり，収束する場合でも極端に反復回数が増えたりするので，$\alpha$ の決定法には注意を払う必要がある．

次に，$\alpha=1$ において収束しない場合の対処法の一例を示す．非線形の反復計算が収束した場合の解を（3.18）式に代入すると，ガラーキン法の式 $G_i^{(k+1)}$ はほぼ零になる．そこで，反復計算とともに，残差が最小に近くなるような解が得られるようにするためには，（4.119）式より求めた $A_k^{(u+1)}$ を（4.122）式に代入して残差 $G_i^{(k+1)}$ を求め，(4.130) 式で定義される残差の二乗和 $W_i^{(k+1)}$（目的関数）が（4.131）式のように，前回の反復での値 $W^{(k)}$ よりも小さくなるような $\alpha$ を決定すればよい[28]．

$$W^{(k+1)} = \sum_{i=1}^{nu} \{G_i^{(k+1)}\}^2 \tag{4.130}$$

$$W^{(k+1)} < W^{(k)} \tag{4.131}$$

ここで，$nu$ は未知変数の総和を示す．

$W^{(k+1)}$ は $\alpha$ によって変化し，（4.131）式を満足するような $\alpha$ を求めるためには，まず $\alpha=1$ として（4.130）式を求め，次に $\alpha=1/2$ として（4.130）式を求めるというように，$\alpha$ を反復ごとに 1/2 倍してゆき，（4.131）式が満足された時点で計算を打ち切り，そのときの $\alpha$ を用いて非線形反復計算を行えばよい．すなわち，1/2 倍を $N$ 回行って求まった $\alpha$ は，次式の値となる[58]．

$$\alpha = 1/2^n \quad (n=0, 1, 2, \cdots) \tag{4.132}$$

上述の手法と同じように，残差が最小に近くなるような解を求める手法として，直線探索法[59] が提案されている．

### ［コラム］ 表皮深さの例

導体に渦電流が流れて，その反作用磁界により導体中の磁束密度 $B$ や渦電流密度 $J_e$ が導体表面での値の 36.8% になる深さが表皮深さである．表皮深さ $\delta$ の例を表に示す．

表皮深さの例

| 材　料 | $\mu_r$（比透磁率） | $\sigma$（導電率，S/m） | $f$（周波数，Hz） | $\delta$（表皮深さ，mm） |
|---|---|---|---|---|
| 銅　板 | 1 | $5.8\times10^7$ | 50<br>500<br>5k | 9.334<br>2.952<br>0.933 |
| 無方向性<br>電磁鋼板 | 2000 | $0.71\times10^7$ | 50<br>500<br>5k | 0.597<br>0.189<br>0.060 |

# 5
# 境 界 条 件

マクスウェルの電磁方程式は偏微分方程式であるため，初期条件や境界条件を与えて初めて解くことができる．1章で述べたように，マクスウェルの電磁方程式を解く際は電界，磁界そのものを未知数とはせずに，ポテンシャルを導入してそれを求めることが多い．ポテンシャルを定義するためには，領域内のどこかの点のポテンシャルに基準値（たとえば零）を与えないとマトリックスが不定になって解けない．また，電界，磁界あるいは電磁界は一般に無限の広がりをもっているが，全体の領域を解かずに，対称性などを利用してその一部のみを解くことが多い．そのような場合に必要となるのが境界条件である．

境界条件としては，

(1) 材料定数の異なった媒質の境界での電界や磁界の境界条件，

(2) 電界が垂直，磁束が平行となる電気壁条件，

(3) 電束が平行，磁界が垂直となる磁気壁条件，

(4) 既知の変数の値を境界で与える固定境界条件，

(5) 電束が境界に平行あるいは磁界が境界に垂直であるという条件を境界積分項に与えて，これらの条件を自動的に満足させる自然境界条件，

(6) 磁界が周期的に変化する周期境界条件

などがある．

(1) の境界条件は，電磁気学的には1.2節で述べたとおりである．有限要素法では一般に材料定数の異なった媒質を領域内に含んだ状態で解析するので，この境界条件は自動的に満足される（ただし，要素数が十分でないなどの理由により，一般に誤差を含んでいる）．

## 5.1 完全導体での境界条件

### 5.1.1 電気壁条件

電気的完全導体は導体の導電率 $\sigma$ が無限大の理想の媒質であり，その内部ではオー

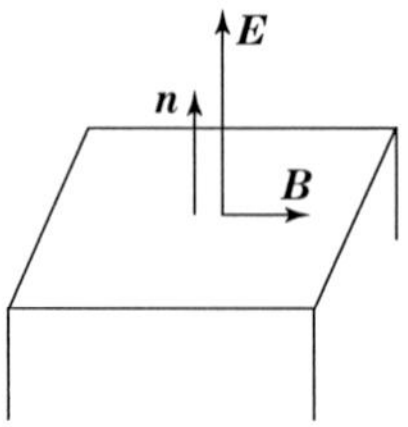


図 5.1　電気壁

ムの法則から電界が存在せず，その結果磁界も存在し得ない．完全導体の境界は，電気壁ともよばれる．このとき電界 $\boldsymbol{E}$ は図 5.1 のように導体面に垂直になるので次式が成立する[1]．

$$\boldsymbol{n}\times\boldsymbol{E}=0 \tag{5.1}$$

また，(5.1) 式の両辺の発散をとり，(1.31) 式を適用すると (5.2) 式のようになり，(5.3) 式の関係が得られる．

$$\mathrm{div}\,(\boldsymbol{n}\times\boldsymbol{E})=\boldsymbol{E}\cdot\mathrm{rot}\,\boldsymbol{n}-\boldsymbol{n}\cdot\mathrm{rot}\,\boldsymbol{E}=-\boldsymbol{n}\cdot\left(-\frac{\partial\boldsymbol{B}}{\partial t}\right)=0 \tag{5.2}$$

$$\boldsymbol{n}\cdot\boldsymbol{B}=0 \tag{5.3}$$

(5.3) 式は磁束密度 $\boldsymbol{B}$ が境界に平行であることを示している．すなわち，電気壁では電界 $\boldsymbol{E}$ が境界に垂直，磁束密度 $\boldsymbol{B}$ が境界に平行になる．

### 5.1.2　磁気壁条件

磁性体が透磁率 $\mu$ が無限大の磁気的完全導体（磁気的完全磁性体）の場合は，磁界 $\boldsymbol{H}$ は磁性体面に垂直になるので次式が成り立つ[1]．

$$\boldsymbol{n}\times\boldsymbol{H}=0 \tag{5.4}$$

磁気的完全導体の境界は磁気壁ともよばれる．このとき，電気的完全導体の場合と同様に (5.4) 式の両辺の発散をとり，(1.5) 式に変位電流 ($\partial\boldsymbol{D}/\partial t$) を考慮した式において，$\boldsymbol{J}=0$ とおいたものを代入すると (5.5) 式となり，結局 (5.6) 式の関係が得られる．

$$\mathrm{div}\,(\boldsymbol{n}\times\boldsymbol{H})=\boldsymbol{H}\cdot\mathrm{rot}\,\boldsymbol{n}-\boldsymbol{n}\cdot\mathrm{rot}\,\boldsymbol{H}=-\boldsymbol{n}\cdot\left(-\frac{\partial\boldsymbol{D}}{\partial t}\right)=0 \tag{5.5}$$

$$\boldsymbol{n}\cdot\boldsymbol{D}=0 \tag{5.6}$$

(5.6) 式は電束が境界に平行になることを示す．すなわち，磁気壁では電束密度 $\boldsymbol{D}$ が境界に平行，磁界の強さ $\boldsymbol{H}$ が境界に垂直になる．

# 5.2　固定境界条件

## 5.2.1　ベクトルポテンシャルと磁束量の関係

たとえば，磁気ベクトルポテンシャル $\boldsymbol{A}$ や電気スカラポテンシャル $\phi$ を用いて解く場合，磁束が平行に通る境界の条件は次のようになる．(5.3) 式は (5.7) 式のように $\boldsymbol{A}\times\boldsymbol{n}=0$ の発散をとれば得られるので，$\boldsymbol{n}\cdot\boldsymbol{B}=0$ すなわち磁束密度 $\boldsymbol{B}$ が境界に平行ということは，(5.8) 式が成り立っていることに対応する[1]．

$$\mathrm{div}\,(\boldsymbol{A}\times\boldsymbol{n})=\boldsymbol{n}\cdot\mathrm{rot}\,\boldsymbol{A}-\boldsymbol{A}\cdot\mathrm{rot}\,\boldsymbol{n}=\boldsymbol{n}\cdot\boldsymbol{B}=0 \tag{5.7}$$

$$\boldsymbol{A}\times\boldsymbol{n}=0 \tag{5.8}$$

図 5.2 のように $z$ 方向に一様な磁束 $\varPhi$ が印加されている場合は定数ベクトル $\boldsymbol{C}$ を用いて (5.8) 式は次式のように書ける．

$$\boldsymbol{A}\times\boldsymbol{n}=\boldsymbol{C} \tag{5.9}$$

(5.9) 式の発散をとれば (5.3) 式が得られるので，これは磁束が境界に平行であることを示しているといえる．この $\boldsymbol{C}$ の値は，領域が与えられている場合は，境界で囲まれた領域を通る磁束量 $\varPhi$ と $\boldsymbol{A}$ を境界 $\mathrm{C}$ に沿って積分した値の間の関係式である (5.10) 式を満足するように決めればよい[2]．

$$\oint_{\mathrm{C}}\boldsymbol{A}ds=\varPhi \tag{5.10}$$

(5.10) 式を図 5.3 の断面に適用すると，断面 abcda を貫通する磁束 $\varPhi$ とベクトルポテンシャル $\boldsymbol{A}$ の間の関係式は次式となる．

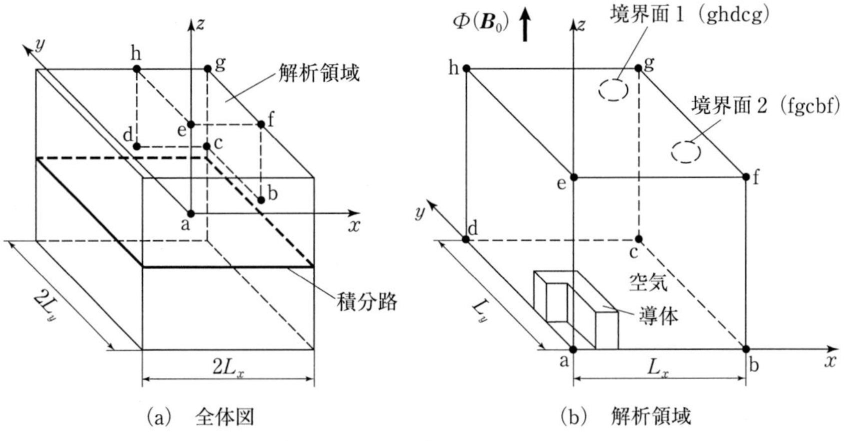


(a)　全体図　　(b)　解析領域

**図 5.2**　固定境界条件

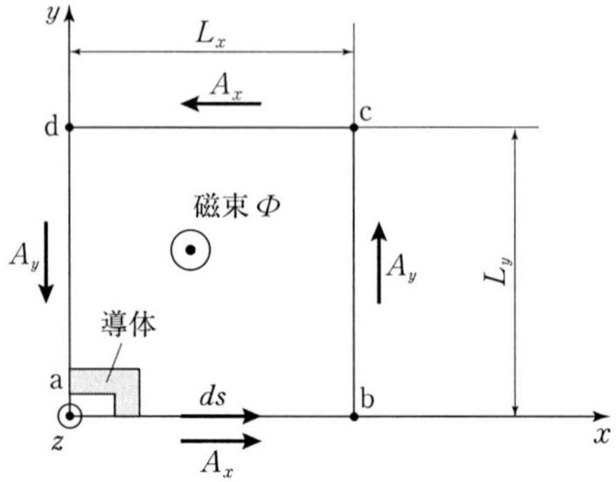


**図 5.3**　境界条件の与え方（1/8 領域解析）

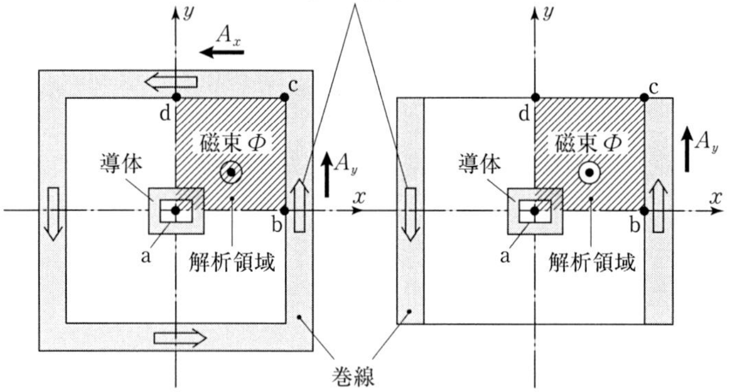


(a)　角型無限長ソレノイド（境界条件 a）

(b)　無限長平行導体（境界条件 b）

**図 5.4**　励磁巻線と境界条件の関係

$$\oint_C \boldsymbol{A} ds = \int_b^c \boldsymbol{A}_y ds + \int_c^d \boldsymbol{A}_x ds = \Phi \tag{5.11}$$

ここで，c-d 上で $A_x$，その対称の位置で $-A_x$ になることを考えれば，対称性より，a-b 上の境界のベクトルポテンシャルが零になることを用いた．d-a 上の境界のベクトルポテンシャルも同様に零になる．

(5.11) 式を満たすように境界条件を与える方法には，図 5.4 のように大別して 2 種類の方法が考えられる．図 5.4(a) は，角型無限長ソレノイドにより一様磁界を与えることに相当する(境界条件 a)．bc および cd 間の起磁力は互いに等しい．よって，図のように領域の境界寸法を $L_x$, $L_y$ とし，空間中の平均磁束密度を $B_0$ とすれば，(5.11) 式は次式となる．

$$B_0 L_x L_y = \frac{B_0 L_x}{2}\int_b^c ds + \left(-\frac{B_0 L_y}{2}\right)\int_c^d ds = \frac{B_0 L_x}{2} L_y + \left(-\frac{B_0 L_y}{2}\right)(-L_x) \qquad (5.12)$$

すなわち，b-c 上境界面 2（fgcbf）で $A_y = -B_0 L_x/2$，c-d 上境界面 1（ghdcg）で $A_x = -B_0 L_y/2$ として他の成分を零とすればよい．対称性を考慮して図 5.2(a) の太線に沿って積分すれば $B_0 L_x L_y$ となり，これは確かに（5.10）式を満足する．

一方，図 5.4(b) は，無限長平行導体により一様磁界を与えることに相当する（境界条件 b）．この場合は，a-b, c-d および d-a 上のベクトルポテンシャルは零となり，b-c 上でのみベクトルポテンシャルが値を有する．このとき（5.11）式は次式となる．

$$B_0 L_x L_y = B_0 L_x \int_b^c ds \qquad (5.13)$$

すなわち b-c 上で $A_y = B_0 L_x$ を与え，他の成分を零とすればよい．

以上の方法は $\boldsymbol{A}$ の値そのものを与えることになり，固定境界条件とよばれる．これは，ポテンシャルの値を与えるので，ディリクレ条件（Dirichlet condition）ともよばれる．

図 5.2 のモデルに指数関数的に減少する一様磁界を印加した場合は，導体に渦電流が流れる（TEAM 国際ワークショップ Problem 4 に対応，渦電流が流れる場合の電気スカラポテンシャル $\phi$ の境界条件の与え方は文献[3] 参照）．図 5.5 および図 5.6 に，境界条件 a, b の場合の渦電流分布を示す．いずれの境界条件の場合も，$-\sigma\,\partial\boldsymbol{A}/\partial t$ だ

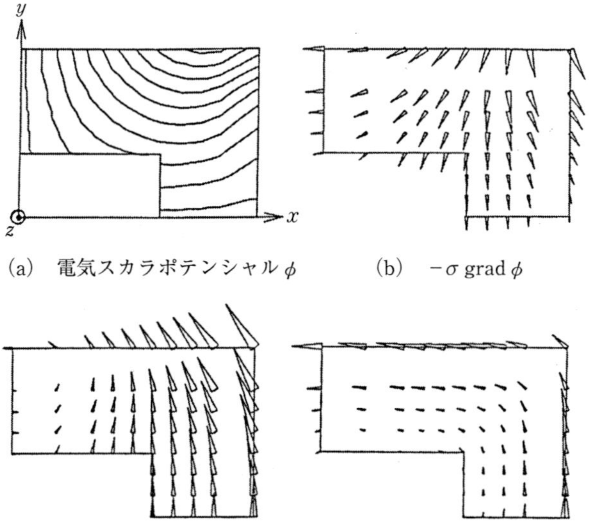


(a) 電気スカラポテンシャル $\phi$　(b) $-\sigma\,\mathrm{grad}\,\phi$

(c) $-\sigma\,\partial\boldsymbol{A}/\partial t$　(d) 渦電流密度 $\boldsymbol{J}_e$

**図 5.5** 境界条件 a の場合の渦電流分布（$t=5$ [ms]）

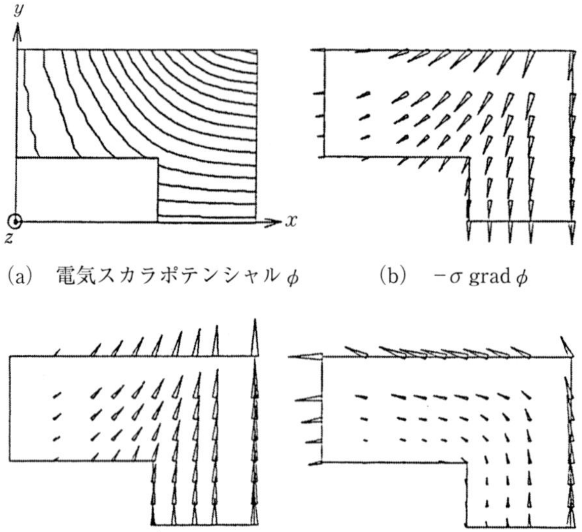


(a) 電気スカラポテンシャル $\phi$ (b) $-\sigma\,\mathrm{grad}\,\phi$

(c) $-\sigma\,\partial\boldsymbol{A}/\partial t$ (d) 渦電流密度 $\boldsymbol{J}_e$

**図 5.6** 境界条件 b の場合の渦電流分布 ($t$=5 [ms])

けでは渦電流密度 $\boldsymbol{J}_e$ の分布を表せず，$-\sigma\,\mathrm{grad}\,\phi$ を加えることによって妥当な $\boldsymbol{J}_e$ 分布が得られている．また境界条件によって，まったく異なる $-\sigma\,\partial\boldsymbol{A}/\partial t$ が得られているにもかかわらず，ほぼ等しい $\boldsymbol{J}_e$ 分布が得られていることにより，$-\sigma\,\mathrm{grad}\,\phi$ の分布の重要性がわかる．ただし，境界条件 b では，境界条件 a に比べて $x=0$ の断面上の $\boldsymbol{J}_e$ が明らかに大きく，誤差を含んでいる．これは，境界条件 b では，$x=0$ の断面で $\boldsymbol{A}$ の全成分が零の固定境界条件としているため，結果として得られた要素の $\mathrm{grad}\,\phi$ を節点に振り分けると，振り分けによる誤差を打ち消す $\boldsymbol{A}$ の成分がないため，その誤差がそのまま $\boldsymbol{J}_e$ となるからである．

図 5.7 を用いて，二次元場においてある 2 点間の磁束量のみが与えられて，境界上のポテンシャル値が未知の場合の固定境界条件の与え方を説明する[4]．図 5.7 は単相内鉄型変圧器鉄心を想定したものである．境界 1, 2 からは磁束が漏れないものとすれば, 境界 1, 2 上ではポテンシャルが等しくなる．この境界 1, 2 上のベクトルポテンシャルをそれぞれ $A_1$, $A_2$ とする．鉄心の厚さを 1 とすれば，鉄心中の磁束量 $\Phi$ は図の断面 $P_1$-$P_2$ における磁束密度の $y$ 方向成分 $B_y$ を積分することにより得られるので，

$$\Phi=\int_{P_1}^{P_2}B_y dx=\int_{P_1}^{P_2}\left(-\frac{\partial A}{\partial x}\right)dx$$
$$=-\int_{A_1}^{A_2}dA=-(A_2-A_1)=A_1-A_2 \tag{5.14}$$

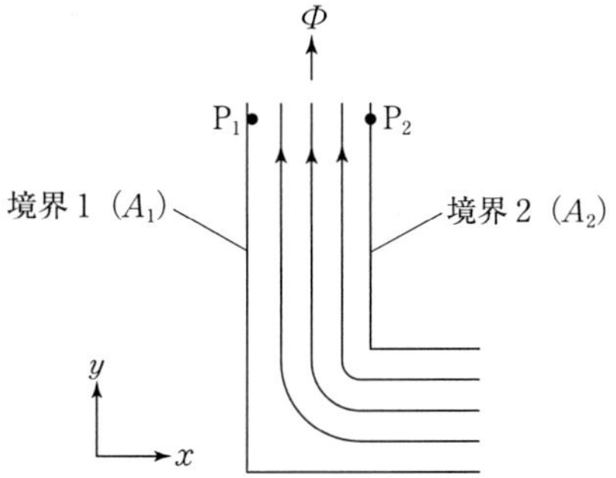


**図 5.7** 磁束量 $\Phi$ と磁気ベクトルポテンシャル $A_1, A_2$ の間の関係

上式より，鉄心の厚さ（$z$ 方向の長さ）を 1 とすれば，断面 $P_1$-$P_2$ を通る磁束 $\Phi$ は，点 $P_1$, $P_2$ のポテンシャル $A_1, A_2$ の差に等しいことがわかる．しかし，このままでは，$A_1, A_2$ の値は決まらない．それゆえ，領域中のある点に，ポテンシャルの基準値を与える必要がある．そこで，たとえば，図の点 $P_1$ のポテンシャル $A_1$ を零とすれば，(5.14) 式より $A_2$ は $-\Phi$ となり，境界 1, 2 のポテンシャル値が確定する．

### 5.2.2 ベクトルポテンシャルの不定性をなくすための固定境界条件

1.2 節の（1.12）式の所で述べたように，ベクトルポテンシャルは不定であるので，領域内のどこかに $A$ の基準としてたとえば $A=0$ を与えて解く必要がある．図 5.8(a) のように解析領域内に電流 $+I$, $-I$ がある場合は，たとえば図に示した P 点にポテンシャルの基準 $A=0$ を与えて解析を行えばよい．それでは，$-I$ だけの電流が領域中にある図 5.8(b) の場合に P 点に $A=0$ を与えるとどうなるであろうか．電流はある

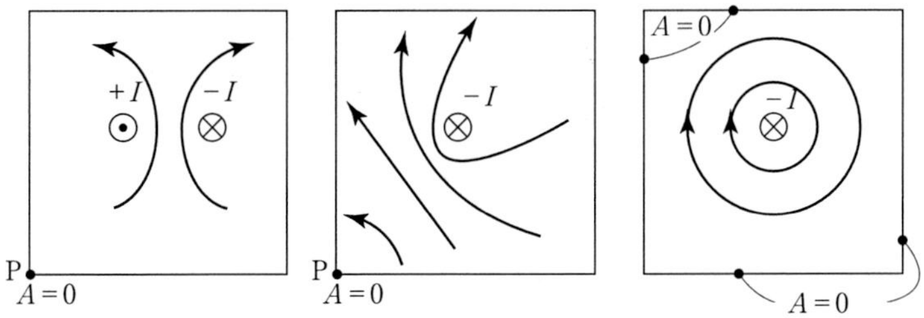


(a) 電流が $+I$, $-I$ あるとき　(b) 電流が $-I$ のみあるとき　(c) 周りの境界に $A=0$ を与えたとき

**図 5.8** ベクトルポテンシャルの不定性をなくするための境界条件

点で $-z$ 方向に流れると必ずどこかで $+z$ 方向に戻ってこなければならない. 図5.8(b) の場合はP点で電流が戻ってくることになるため, 磁束分布が図に示したようになるのである. このような場合は原理的（同軸二重導体と考えて, 境界の所に戻ってくる電流が流れると考える）に図5.8(c) のように周りの境界上に固定境界を与えればよい.

### 5.2.3 対称条件より与える固定境界

図5.9(a) のように $+I$, $-I$ の電流が領域内で対称の位置で流れている場合, 中心線a-b上では, $+I$, $-I$ によるベクトルポテンシャルが互いに打消し合って $A=0$ となる. この場合は図5.9(b) のように領域の右側だけを解析領域とし, 図のように左側の境界a-b上で $A=0$ として解けば, 図5.9(a) の領域全体を解析した場合と同じ結果が得られる.

### 5.2.4 $\boldsymbol{B}=0$ となる境界

図5.10のような磁石が生じる磁束分布を解析する場合, 遠く離れた境界上ではほぼ $\boldsymbol{B}=0$ となり, $\boldsymbol{A}\times\boldsymbol{n}=0$ つまり $\boldsymbol{A}=0$ を固定境界条件として与えて解くことが行われる. すなわち, $\boldsymbol{A}$ を用いて解く際, $\boldsymbol{n}\cdot\boldsymbol{B}=0$ の電気壁条件は固定境界条件に対応しているといえる.

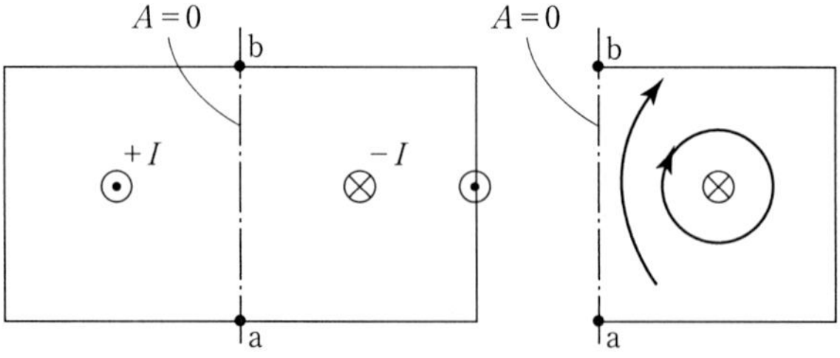


**図5.9** 対称条件より与える固定境界

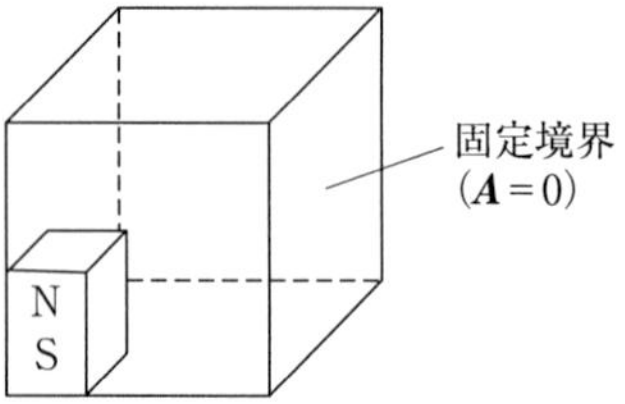


**図5.10** 境界上の磁束がほぼ零と見なせる場合

## 5.3 自然境界条件

これは磁界の強さ$H$が境界に垂直であるという条件を境界積分項に与えて，これらの条件を境界上で満足させる条件である．すなわち，有限要素法のような領域型解法において，ガラーキン法を適用して弱形式を導いた際の領域の境界面$S$上で定義される（2.33）式の境界積分項を零とおき，かつその境界上のポテンシャル$\boldsymbol{A}$を未知変数として取り扱うということは，境界面$S$上で$\boldsymbol{n}\times\boldsymbol{H}=0$，$\boldsymbol{n}\times\boldsymbol{M}=0$つまり磁界$\boldsymbol{H}$や磁化$\boldsymbol{M}$が境界に垂直になることを意味する．$\boldsymbol{n}\times\boldsymbol{H}=0$をベクトルポテンシャルを用いて書けば次式となる．

$$\boldsymbol{n}\times\nu\,\mathrm{rot}\,\boldsymbol{A}=0 \tag{5.15}$$

このような境界を自然境界，その条件を自然境界条件とよぶ[1)]．ある境界に自然境界条件を与えたい場合は，その境界上のポテンシャルを未知数として取り扱うだけで，

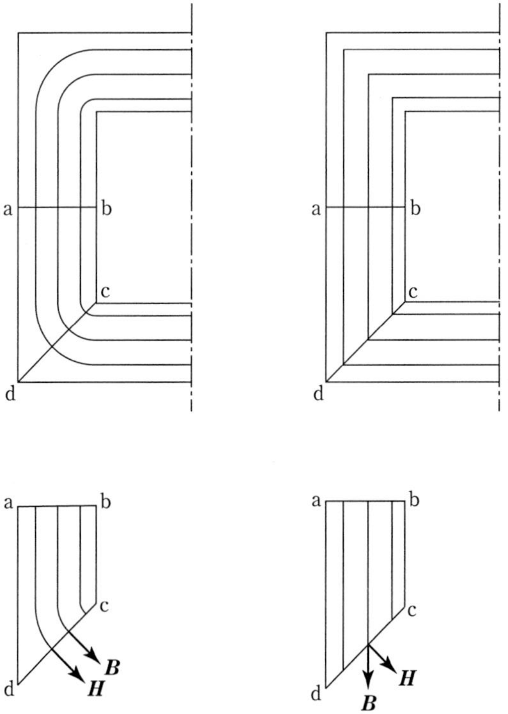


(a) 等方性材料　　(b) 異方性材料

**図 5.11** 変圧器モデルの磁束分布

自動的に自然境界条件を与えたことになる．

磁界 $\boldsymbol{H}$ が境界に垂直ということは，たとえば二次元場の等方性材料内では磁気ベクトルポテンシャル $\boldsymbol{A}$ の等しい等ポテンシャル線が境界に垂直になる，つまり $\boldsymbol{A}$ の法線微分が零（$\partial A/\partial n=0$）に対応しているので，ノイマン条件（Neumann condition）ともよばれる．この境界条件は，領域分割型解法において対称性を利用して解析領域を減らすときに有用である．$\boldsymbol{A}$ を用いて解く際，$\boldsymbol{H}$ が境界に垂直になる磁気壁条件は，自然境界条件に対応しているといえる．

次に，求まった磁束分布について考察する．図 6.10 のところで後述するように，等方性材料では磁束密度ベクトル $\boldsymbol{B}$ と磁界の強さベクトル $\boldsymbol{H}$ の方向は一致するが，磁性材料内の方向によって透磁率の異なる異方性材料では $\boldsymbol{B}$ と $\boldsymbol{H}$ の方向は一般に異なっている．それゆえ，図 5.11 のような変圧器モデルの鉄心内の磁束分布を自然境界条件を与えて解析領域を減らして（図の a-b-c-d-a の 1/8 領域）解析した際，等方性材料では図 5.11(a) のように自然境界上で $\boldsymbol{B}$ は垂直になるが，異方性材料では図 5.11(b) のように必ずしも自然境界上で $\boldsymbol{B}$ は垂直にならない（ただし，$\boldsymbol{H}$ は垂直である）．

## 5.4 周期境界条件

図 5.12 にモータの例を示す．固定子のスロット数は 36，極数は 12 である．スロット中の $u$, $v$, $w$ は，三相巻線の各相を示す．モータ内では円周方向に沿って同じ磁束分布が周期的に現われる．ここでは，このことを利用した境界条件を用いることにより，解析領域を減らすことを考える[3,5]．

図 5.12 の場合は，固定子のスロット数（=36）が極数（=12）で割りきれ，図のように同じ磁束分布が 1 極ピッチごとに周期的に現われる．この場合は，1 極ピッチ

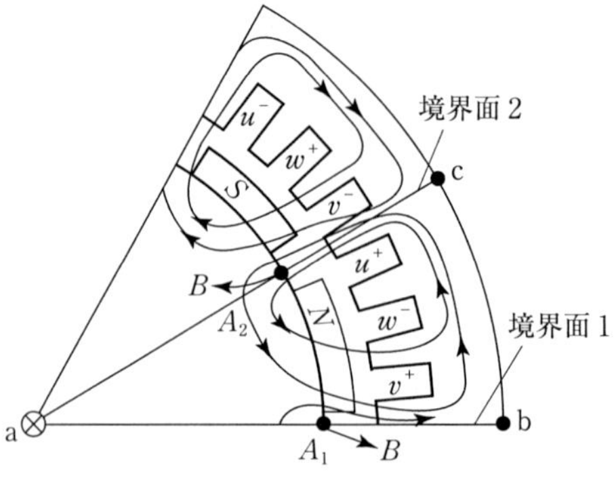


**図 5.12**　12 極永久磁石モータ（36 スロット）

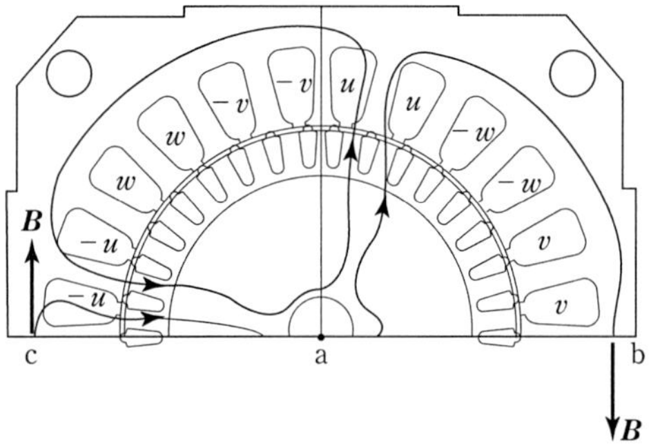


**図 5.13** 4 極誘導電動機（固定子：24 スロット，回転子：34 スロット）

分の領域（a-b-c-a）を解析するだけでよい．境界面 1 と境界面 2 では，磁束密度ベクトル $\boldsymbol{B}$ の向きが互いに逆になっているので，ベクトルポテンシャル $\boldsymbol{A}$ の向きも互いに逆になるとして取り扱えばよい．このような境界を周期境界，その条件を周期境界条件とよぶ．たとえば，境界 a-b 上の節点を 1，これに対応する境界 a-c 上の節点を 2 とすれば，これらの辺に沿ったベクトルポテンシャル $\boldsymbol{A}_1, \boldsymbol{A}_2$ の間には，次式の関係が成り立つ．

$$\boldsymbol{A}_1 = -\boldsymbol{A}_2 \tag{5.16}$$

二次元解析を行う際は，対応する周期境界上の節点に上式の条件を与えればよい．辺要素を用いた三次元解析の場合は，周期境界面に平行な $\boldsymbol{A}$ の成分にのみ，周期境界条件を与えればよい．

図 5.13 に，固定子のスロット数が 24，回転子のスロット数が 34 で極数が 4 の誘導電動機の例を示す．回転子のスロット数（=34）は極数（=4）で割り切れないので，同じ磁束分布が 2 極ピッチごとに周期的に現われる．この場合は，図（b）に示すような 2 極ピッチ分の領域を解析することになるが，図 5.12 と異なり，境界 a-b と境界 a-c の磁束密度ベクトル $\boldsymbol{B}$ の向きが同じになるので，境界上のベクトルポテンシャルの間の関係は次式となる．

$$\boldsymbol{A}_1 = \boldsymbol{A}_2 \tag{5.17}$$

以上のことにより，周期境界条件は一般に次式のように表すことができる．

$$\boldsymbol{A}^{\mathrm{I}} = (-1)^i \boldsymbol{A}^{\mathrm{II}} \tag{5.18}$$

ここで，$i$ は解析領域内の極数，$\boldsymbol{A}^{\mathrm{I}}, \boldsymbol{A}^{\mathrm{II}}$ は周期境界条件を与える境界 I, II のベクトルポテンシャルである．

次に，一次元三角形要素を用いた二次元解析において周期境界条件を与える具体的な手法を述べる．図 5.14 にモータの 1/12 の領域を示す．計算にはこの領域内の要

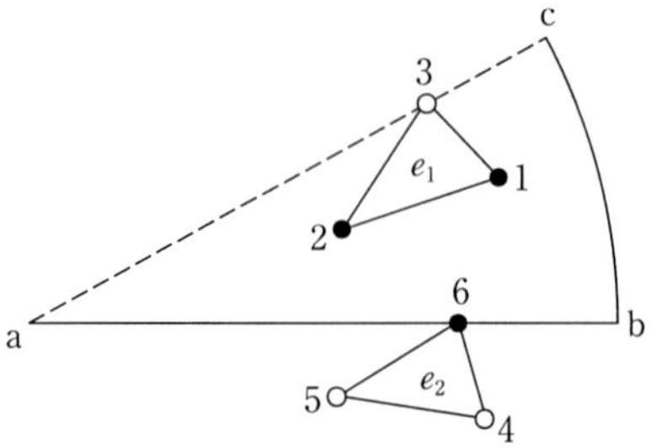


**図 5.14**　周期境界条件

素のみを使うことにする．要素分割を周期的に行えば，1 極ピッチ離れて対応する要素は，たとえば図 5.14 に示す $e_1$ と $e_2$ のように，合同となる．いま，要素 $e_1$ と $e_2$ について要素係数マトリックスを形成する．節点のポテンシャル値を $\boldsymbol{A}_i$ で表すと，これらの要素係数マトリックスは（2.40）式と同様の表示法を用いれば，次式のようになる．

$$\begin{Bmatrix} G_1^{e_1} \\ G_3^{e_1} \\ G_2^{e_1} \end{Bmatrix} = \begin{bmatrix} S_{11}^{e_1} & S_{13}^{e_1} & S_{12}^{e_1} \\ S_{31}^{e_1} & S_{33}^{e_1} & S_{32}^{e_1} \\ S_{21}^{e_1} & S_{23}^{e_1} & S_{22}^{e_1} \end{bmatrix} \begin{Bmatrix} A_1 \\ A_3 \\ A_2 \end{Bmatrix} - \begin{Bmatrix} K_1^{e_1} \\ K_3^{e_1} \\ K_2^{e_1} \end{Bmatrix} \tag{5.19}$$

$$\begin{Bmatrix} G_4^{e_2} \\ G_6^{e_2} \\ G_5^{e_2} \end{Bmatrix} = \begin{bmatrix} S_{44}^{e_2} & S_{46}^{e_2} & S_{45}^{e_2} \\ S_{64}^{e_2} & S_{66}^{e_2} & S_{65}^{e_2} \\ S_{54}^{e_2} & S_{56}^{e_2} & S_{55}^{e_2} \end{bmatrix} \begin{Bmatrix} A_4 \\ A_6 \\ A_5 \end{Bmatrix} - \begin{Bmatrix} K_4^{e_2} \\ K_6^{e_2} \\ K_5^{e_2} \end{Bmatrix} \tag{5.20}$$

$e_1$ と $e_2$ の要素は合同であるので，これらの要素係数マトリックスの間には次式の関係がある．

$$\begin{bmatrix} S_{11}^{e_1} & S_{13}^{e_1} & S_{12}^{e_1} \\ S_{31}^{e_1} & S_{33}^{e_1} & S_{32}^{e_1} \\ S_{21}^{e_1} & S_{23}^{e_1} & S_{22}^{e_1} \end{bmatrix} = \begin{bmatrix} S_{44}^{e_2} & S_{46}^{e_2} & S_{45}^{e_2} \\ S_{64}^{e_2} & S_{66}^{e_2} & S_{65}^{e_2} \\ S_{54}^{e_2} & S_{56}^{e_2} & S_{55}^{e_2} \end{bmatrix} \tag{5.21}$$

また，周期境界条件より，次式が成り立つ．

$$\begin{Bmatrix} A_1 \\ A_3 \\ A_2 \end{Bmatrix} = - \begin{Bmatrix} A_4 \\ A_6 \\ A_5 \end{Bmatrix} \tag{5.22}$$

さらに，電流の向きも逆になるので次式が得られる．

$$\begin{Bmatrix} K_1^{e_1} \\ K_3^{e_1} \\ K_2^{e_1} \end{Bmatrix} = - \begin{Bmatrix} K_4^{e_2} \\ K_6^{e_2} \\ K_5^{e_2} \end{Bmatrix} \tag{5.23}$$

1 極ピッチを解析対象とするので，図 5.14 の境界 a-b, a-c のうち，どちらか一方，たとえば a-c 側は解析領域外となり，節点 3 は解析対象からはずされる．もちろん節点 4, 5 も解析領域外である．したがって，(5.19)，(5.20) 式の中で解析に必要な式は $G_1^{e_1}, G_2^{e_1}, G_6^{e_2}$ のみとなり，これらを $A_1, A_2, A_6$ の関数として表現する必要がある．$G_1^{e_1}, G_2^{e_1}$ は次式のようになる．

$$G_1^{e_1}=S_{11}^{e_1}A_1+S_{13}^{e_1}(-A_6)+S_{12}^{e_1}A_2-K_1^{e_1} \tag{5.24}$$

$$G_2^{e_1}=S_{21}^{e_1}A_1+S_{23}^{e_1}(-A_6)+S_{22}^{e_1}A_2-K_2^{e_1} \tag{5.25}$$

また，(5.18) 式より，$A_4, A_5$ の代わりに $-A_1$，$-A_2$ を用いると (5.20) 式の $G_6^{e_2}$ は次式で与えられる．

$$G_6^{e_2}=S_{64}^{e_2}(-A_1)+S_{66}^{e_2}A_6+S_{65}^{e_2}(-A_2)-K_6^{e_2} \tag{5.26}$$

このままだと，要素 $e_2$ の要素係数マトリックスの計算が必要である．そこで (5.21)，(5.23) 式を用いると，(5.26) 式は次式で表される．

$$G_6^{e_2}=S_{31}^{e_1}(-A_1)+S_{33}^{e_1}A_6+S_{32}^{e_1}(-A_2)-(K_3^{e_1}) \tag{5.27}$$

(5.24)，(5.25)，(5.27) 式をマトリックス表示すると，次式のようになる．

$$\begin{Bmatrix} G_1^{e_1} \\ G_2^{e_1} \\ G_6^{e_2} \end{Bmatrix}=\begin{bmatrix} S_{11}^{e_1} & S_{12}^{e_1} & -S_{13}^{e_1} \\ S_{21}^{e_1} & S_{22}^{e_1} & -S_{23}^{e_1} \\ -S_{31}^{e_1} & -S_{32}^{e_1} & S_{33}^{e_1} \end{bmatrix}\begin{Bmatrix} A_1 \\ A_2 \\ A_6 \end{Bmatrix}-\begin{Bmatrix} K_1^{e_1} \\ K_2^{e_1} \\ -K_3^{e_1} \end{Bmatrix} \tag{5.28}$$

このようにすれば，要素 $e_2$ の要素係数マトリックスの計算が全く不必要になるので，図 5.14 の要素 $e_2$ を考える必要はなくなる．すなわち，周期境界部の計算においては，要素 $e_1$ の要素係数マトリックスを求め，(5.28) 式のようにマトリックスの要素の符号を一部変更するだけでよい．

## 5.5　無限領域の取り扱い

電磁界は一般に無限の広がりをもっている．鉄心で磁路が閉じている場合は，磁束が大きく広がることはないが，空心コイルによる磁界分布などを解析する際には磁束が無限遠まで広がることを考慮して解析を行わないと誤差が大きくなることがある．これを開領域問題とよぶ[6,7]．

開領域問題の解法としては，

(1)　有限要素法の解析領域をある程度広くとる方法，

(2)　内部領域には有限要素法を，外部領域には境界要素法を用いるハイブリッド型有限要素法[8,9]，

(3)　相似の三角形は同じ要素係数マトリックスを有することを利用して，外部の広い領域を取り扱う方法 (Ballooning)[10]，

(4)　半無限要素を用いる方法[11~13]

などがある．(1) の方法の場合，ポテンシャルは $1/r$ のオーダで減衰すると考えられ

るが，誤差を 1/10（たとえば 1% から 0.1% へ）に減らそうとすれば領域を 10 倍に大きくとる必要がある．一般的には精度はあまりよくない．(2) の方法の場合は，境界要素法の部分で密マトリックスになるので，計算時間と記憶容量が極端に増大するなどの問題を有している．それに対し，半無限要素は，精度，計算時間の点からこれらの手法よりも優れている．以下では，Ballooning 法と半無限要素を用いた開領域問題の解析法について述べる．

### 5.5.1 外部有限要素を用いる方法（Ballooning）

この方法は，図 5.15 のように，外部領域を相似形の有限要素で連続的に埋めつくして（外へゆくほど大きな要素で分割）開領域問題を取り扱おうとする方法である[10]．このとき，相似な要素の要素係数マトリックスが同じになるという性質を用いれば，計算式を容易に作成することができる．すなわち，内部領域 $R_{\mathrm{in}}$ のすぐ外側の帯状の領域の係数マトリックスを求めておけば，これより外の帯状の領域の係数マトリックスは漸化式により次々と与えられる．

図 5.15 の外部領域 $R_1$ の係数マトリックスが次式で与えられるとする．

$$\begin{bmatrix} S_{11} & S_{12} \\ S_{21} & S_{22} \end{bmatrix} \begin{Bmatrix} A_i \\ A_j \end{Bmatrix} = \begin{Bmatrix} 0 \\ 0 \end{Bmatrix} \tag{5.29}$$

ここで，$A_i$, $A_j$ は境界 $\Gamma_i$, $\Gamma_j$ のポテンシャルを示す．(5.29) 式の右辺の項が零であるのは，領域の外部では電流が流れておらず，ソース項を零とおけるからである．

寸法が異なっても相似な要素の係数マトリックスは同じなので，外部領域 $R_2$ の係数マトリックスも (5.29) 式と同じになる．そうすれば，領域 $R_1$, $R_2$ 全体の係数マトリッ

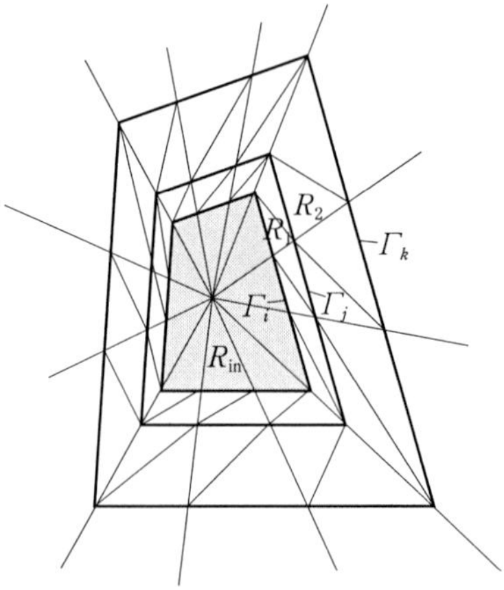


**図 5.15** 外部有限要素を用いる方法（Ballooning）

クスは次式となる．

$$\begin{bmatrix} S_{11} & S_{12} & 0 \\ S_{21} & (S_{22}+S_{11}) & S_{12} \\ 0 & S_{21} & S_{22} \end{bmatrix} \begin{Bmatrix} A_i \\ A_j \\ A_k \end{Bmatrix} = \begin{Bmatrix} 0 \\ 0 \\ 0 \end{Bmatrix} \tag{5.30}$$

上式を分解すれば次式となる．

$$S_{11}A_i + S_{12}A_j = 0 \tag{5.31}$$

$$S_{21}A_i + (S_{22}+S_{11})A_j + S_{12}A_k = 0 \tag{5.32}$$

$$S_{21}A_j + S_{22}A_k = 0 \tag{5.33}$$

(5.32) 式より $A_j$ を求め，(5.31)，(5.33) 式に代入すれば，次式のような $A_i$, $A_k$ についての方程式が得られる．

$$\begin{bmatrix} S_{11} - S_{12}(S_{22}+S_{11})^{-1}S_{21} & -S_{12}(S_{22}+S_{11})^{-1}S_{12} \\ -S_{21}(S_{22}+S_{11})^{-1}S_{21} & S_{22} - S_{21}(S_{22}+S_{11})^{-1}S_{12} \end{bmatrix} \begin{Bmatrix} A_i \\ A_k \end{Bmatrix} = \begin{Bmatrix} 0 \\ 0 \end{Bmatrix} \tag{5.34}$$

結局拡大された外部領域の係数マトリックス $S^{(m+1)}$ は，拡大される前の係数マトリックス $S^m$ を用いて，次式の漸化式より求められる．

$$S^{(m+1)} = \begin{bmatrix} S_{11}^m & 0_m \\ 0 & S_{22}^m \end{bmatrix} - \begin{bmatrix} S_{12}^m E^m S_{21}^m & S_{12}^m E^m S_{12}^m \\ S_{21}^m E^m S_{21}^m & S_{21}^m E^m S_{12}^m \end{bmatrix} \tag{5.35}$$

ここで，$E^m$ は次式で与えられる．

$$E^m = (S_{22}^m + S_{11}^m)^{-1} \tag{5.36}$$

外部有限要素の領域 1 層ごとに，外部領域の寸法が $K$ 倍になるとすれば，$K$, $K^2$, $K^4$, $K^8$, …の順で領域の寸法が拡大してゆく．$K=1.5$ とした場合，上述の領域拡大を 4 回適用するだけで，$K^8=(1.5)^8=25.6$ 倍に領域が拡がることになる．このように拡がった領域の最外部の境界のポテンシャルは零とおけばよい．

### 5.5.2　半無限要素を用いる方法

この手法は，全体の解析領域を図 5.16 に示すように，内部領域 $R_{\mathrm{in}}$ と外部領域 $R_{\mathrm{ex}}$ に分け，外部領域は無限遠方まで延びた 1 層の四辺形要素に分割し，内部領域と外部領域の両方でエネルギーのポテンシャルによる偏微分の式を作り，全解析領域内の磁束分布を求めるものである．この四辺形要素を半無限要素とよぶ．

半無限要素を用いた解析では，磁性体やコイルを有する内部領域は通常の有限要素法で解き，それより外の空間の外部領域でのポテンシャルはラプラス方程式を満足するとして，半無限要素で表現して取り扱おうとするものである．外部領域を $r$, $\theta$ の極座標により表し，ラプラス方程式の解 $f(r)$ として，ここでは図 5.17 のように $r$ とともに減衰する (5.37) 式を用いる．

$$f(r) = \frac{1}{r^n} \tag{5.37}$$

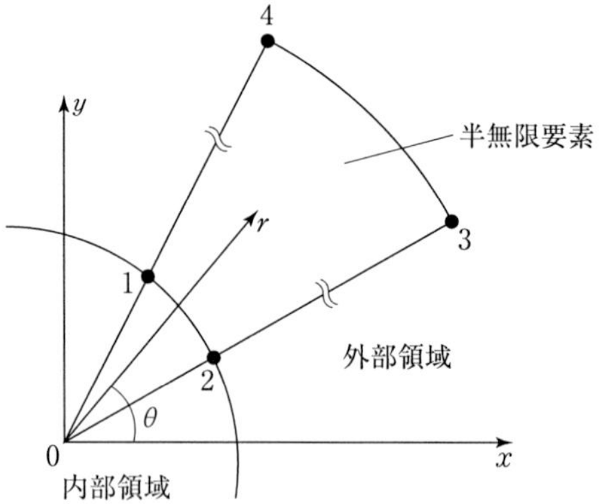


**図 5.16**　半無限要素

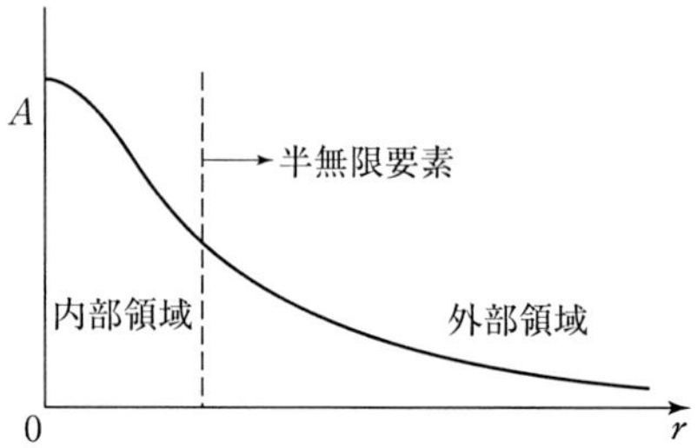


**図 5.17**　電流が作るポテンシャルの減衰

半無限要素と一般に用いられる四辺形要素の違いは，要素内部のポテンシャルを表現する補間関数にある．一般の四辺形要素は，一次あるいは高次の補間関数を用いるのに対して，半無限要素では，一つの要素内でもラプラス方程式が満足されるように，たとえば (5.37) 式を補間関数として用いる．さらに，この関数を用いる際に，図 5.16 で節点 3 と 4 を結ぶ辺のように，無限遠方における境界に相当する辺上では，ポテンシャル分布をすべて零として取り扱う．これは，ポテンシャルの基準 ($A=0$) を無限遠方におくという原則に基づいている．この場合，(5.37) 式の関数の物理的意味は，図 5.17 に示すように，内部領域内の電流により生じたポテンシャルが無限遠方にいたるまでに減衰していく様子を表現するものだといえる．すなわち，半無限要素を用いた場合は，無限遠方に $A=0$ という境界条件を与えていることになるので，固定境界条件や自然境界条件のような通常の境界条件は必要でない．

境界要素を用いる方法と半無限要素を用いる方法の差は，前者が外部領域を単一領域として取り扱うのに対し，後者は外部領域を半無限要素ごとに離散化して取り扱うことである．それゆえ，境界要素を用いる際は解くべき行列が密行列になるのに対し，

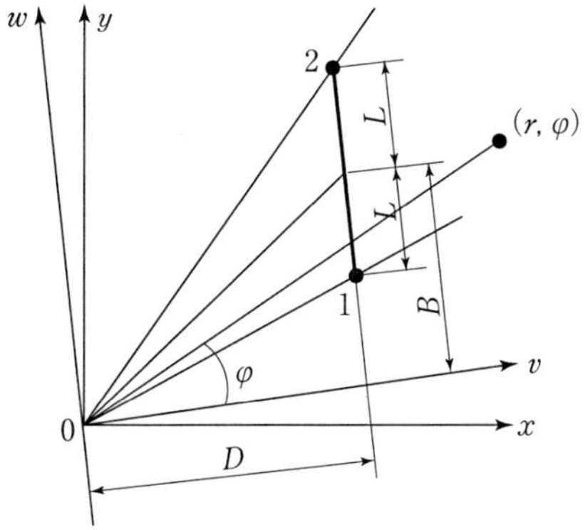


**図 5.18**　半無限要素 1-2 の計算式の導出

半無限要素では疎行列になるので計算時間が少なくて済む.

図 5.18 の半無限要素 1-2 において，$w$ 軸が 1-2 に平行になるような局所座標 $v$-$w$ を考える．このとき 1-2 上に $-1$ から 1 の間の値をとる変数 $\eta$ を考えれば，1-2 上のベクトルポテンシャル $A$ は節点 1, 2 のポテンシャル $A_1$, $A_2$ を用いて次式のように表すことができる.

$$A(\eta)=\frac{1}{2}\{(1-\eta)A_1+(1+\eta)A_2\} \tag{5.38}$$

極座標系を用いれば要素 1-2 上の点は（$D/\cos\varphi$, $\varphi$）で表される．ここで，$D$ は図に示したように，要素 1-2 と $w$ 軸との間の距離である．(5.37) 式のような $r$ とともに $A$ を減衰させる関数 $f(r)$ を用いれば，任意の点（$r$, $\varphi$）のポテンシャル $A(r, \varphi)$ は次式で表される.

$$A(r,\varphi)=\frac{f(r)}{2f(D/\cos\varphi)}\{(1-\eta)A_1+(1+\eta)A_2\} \tag{5.39}$$

(5.37) 式を (5.38) 式に代入すれば，節点 1, 2 の補間関数 $N_1$, $N_2$ は次式で表される[14].

$$N_1(r,\varphi)=\frac{1/r^n}{2\cos^n\varphi/D^n}(1-\eta) \tag{5.40}$$

$$N_2(r,\varphi)=\frac{1/r^n}{2\cos^n\varphi/D^n}(1+\eta) \tag{5.41}$$

$N_1$，$N_2$ を用いれば，(5.39) 式は次式のように書ける.

$$A=N_1A_1+N_2A_2 \tag{5.42}$$

図 5.18 で成り立つ (5.43) 式の関係を用いれば，$N_1$ は (5.44) 式となる.

$$\eta=\frac{1}{L}(D\tan\varphi-B) \tag{5.43}$$

$$N_1(v, w) = \frac{D^n}{2r^n \cos^n \varphi}\left(1 + \frac{B}{L} - \frac{D}{L}\tan\varphi\right)$$
$$= \frac{D^n}{2v^n}\left(1 + \frac{B}{L} - \frac{Dw}{Lv}\right) \tag{5.44}$$

ここで，$B$ は要素 1-2 の中点と $v$ 軸の間の距離である．同様にして，

$$N_2(v, w) = \frac{D^n}{2v^n}\left(1 - \frac{B}{L} + \frac{Dw}{Lv}\right) \tag{5.45}$$

外部領域中のエネルギー $\chi_e$ を $v$，$w$ 座標系で表せば次式となる．

$$\chi_e = \frac{\nu_0}{2}\iint\left\{\left(\frac{\partial A}{\partial v}\right)^2 + \left(\frac{\partial A}{\partial w}\right)^2\right\}dvdw \tag{5.46}$$

節点 $i$ のベクトルポテンシャル $A_i$ についてのエネルギーの偏微分は次式となる．

$$\frac{\partial \chi_e}{\partial A_i} = \nu_0\iint\left\{\frac{\partial A}{\partial v}\frac{\partial}{\partial A_i}\left(\frac{\partial A}{\partial v}\right) + \frac{\partial}{\partial w}\frac{\partial}{\partial A_i}\left(\frac{\partial A}{\partial w}\right)\right\}dvdw \tag{5.47}$$

(5.47) 式に (5.42) 式を代入し，$A_1$ と $A_2$ について偏微分すれば次式となる．

$$\begin{Bmatrix} \dfrac{\partial \chi_e}{\partial A_1} \\ \dfrac{\partial \chi_e}{\partial A_2} \end{Bmatrix} = \nu_0\int_D^\infty\left\{\int_{\frac{B-L}{D}v}^{\frac{B+L}{D}v}\begin{bmatrix} a_{11} & a_{12} \\ a_{21} & a_{22} \end{bmatrix}dw\right\}dv\begin{Bmatrix} A_1 \\ A_2 \end{Bmatrix} \tag{5.48}$$

ここで，

$$a_{11} = \left(\frac{\partial N_1}{\partial v}\right)^2 + \left(\frac{\partial N_1}{\partial w}\right)^2$$
$$a_{12} = a_{21} = \frac{\partial N_1}{\partial v}\frac{\partial N_2}{\partial v} + \frac{\partial N_1}{\partial w}\frac{\partial N_2}{\partial w} \tag{5.49}$$
$$a_{22} = \left(\frac{\partial N_2}{\partial v}\right)^2 + \left(\frac{\partial N_2}{\partial w}\right)^2$$

たとえば $a_{11}$ を計算すると (5.44) 式より次式となる．

$$a_{11} = \left[\frac{\partial}{\partial v}\left\{\frac{D^n}{2v^n}\left(1 + \frac{B}{L} - \frac{Dw}{Lv}\right)\right\}\right]^2 + \left[\frac{\partial}{\partial w}\left\{\frac{D^n}{2v^n}\left(1 + \frac{B}{L} - \frac{Dw}{Lv}\right)\right\}\right]^2$$
$$= \left[-\frac{nD^n}{2v^{n+1}}\left(1 + \frac{B}{L} - \frac{Dw}{Lv}\right) + \frac{D^{n+1}w}{2Lv^{n+2}}\right]^2 + \left[-\frac{D^{n+1}}{2Lv^{n+1}}\right]^2$$
$$= -\frac{n(n+1)D^{2n+1}w}{2Lv^{2n+3}}\left(1 + \frac{B}{L}\right) + \frac{(n+1)^2D^{2n+2}w^2}{4L^2v^{2n+4}} + \frac{n^2D^{2n}}{4v^{2n+2}}\left(1 + \frac{B}{L}\right)^2 + \frac{D^{2n+2}}{4L^2v^{2n+2}} \tag{5.50}$$

これを (5.48) 式に代入すると，1 行 1 列目の値は次式となる．

$$(1\text{ 行 }1\text{ 列目}) = \nu_0\int_D^\infty\left[-\frac{n(n+1)D^{2n+1}}{2Lv^{2n+3}}\left(1 + \frac{B}{L}\right)\frac{w^2}{2}\right.$$
$$\left. + \frac{(n+1)^2D^{2n+2}}{4L^2v^{2n+4}}\frac{w^3}{3} + \left\{\frac{n^2D^{2n}}{4v^{2n+2}}\left(1 + \frac{B}{L}\right)^2 + \frac{D^{2n+2}}{4L^2v^{2n+2}}\right\}w\right]_{\frac{B-L}{D}v}^{\frac{B+L}{D}v}dv$$

$$= \nu_0 \int_D^\infty \left\{ -\frac{n(n+1)D^{2n-1}(B+L)B}{Lv^{2n+1}} + \frac{(n+1)^2 D^{2n-1}(3B^2+L^2)}{6Lv^{2n+1}} \right.$$
$$\left. + \frac{n^2 D^{2n-1}(L^2+2LB+B^2)+D^{2n+1}}{2Lv^{2n+1}} \right\} dv$$

$$= \frac{\nu_0}{12nD}\{(4n^2+2n+1)L - 6nB + 3(D^2+B^2)/L\} \quad (5.51)$$

同様にして

$$(1 行 2 列目) = (2 行 1 列目) = \frac{\nu_0}{12nD}\{(2n^2-2n-1)L - 3(D^2+B^2)/L\} \quad (5.52)$$

$$(2 行 2 列目) = \frac{\nu_0}{12nD}\{(4n^2+2n+1)L + 6nB + 3(D^2+B^2)/L\} \quad (5.53)$$

具体的には，通常の有限要素法による係数マトリックスの節点 1, 2 に対応する個所に (5.51)～(5.53) 式の項を付け加えるだけで，半無限要素を用いた解析を行うことができる．

その他にも無限要素について種々の研究がなされている[15,16]．

# 6

# 磁性材料の磁気特性のモデリングと解析法

## 6.1　磁性材料の磁気特性

### 6.1.1　各種磁性材料

通常，モータ，アクチュエータ，変圧器，リアクトルなどの電気機器，電磁機器の鉄心には磁性材料が使われるが，これは磁束を通すために用いられる．同じ電流あるいは磁石でも，磁束をよく通す（透磁率が高い，飽和磁化が大きい）磁性材料を用いれば,小形で高出力な機器を設計することができる．機器の最適設計を行うためには,用いる磁性材料についての知見が必要なので,ここではその要点を示すことを試みる．

表6.1に，代表的な磁性材料のおおまかな材料特性を示す．機器の設計を行うためには，材料特性が機器の特性に及ぼす影響を十分把握しておく必要がある．小形の機器を設計しようとすれば,磁束密度 $B$（飽和磁化 $M_s$）が高い材料（パーメンジュール,電磁鋼板など）を，高効率機器を開発するためには，鉄損の少ない材料（電磁鋼板,アモルファスなど）を用いればよい．また，少ない起磁力で磁束を多く（すなわち大きな電磁力）発生させたい場合は，比透磁率の大きな材料（パーマロイ，電磁鋼板など）を用いればよい．これらの特性を総合的に判断（もちろん材料費も重要な因子である）して，使用する材料が決められる．

次に，これらの幾つかの磁性材料の特性について述べる[1,2]．鉄鋼は，一般的には構造材料として用いられるが，磁気回路を兼ねて鉄心，磁極としても用いられる．そのうちでも純鉄は比透磁率 $\mu_r$ が高く，保磁力 $H_c$ が小さいので直流機の鉄心などに用いられる．純鉄は高価であるので，炭素Cを1%以下程度含む炭素鋼が磁気回路に用いられる．Cが多いほど強度があるが透磁率は下がってくる．たとえばCを0.45%含む炭素鋼はS45 Cとよばれる．ただし，これらはもともと構造材料であり，磁性材料として作られるわけではなく，透磁率の大きさや鉄損値が規格で定められてはいないので,メーカやロットによって磁気特性が異なることに注意しておく必要がある．それに対し，電磁鋼板は磁性材料として製造されているので，6.1.3項で述べるよう

**表 6.1 各種磁性材料の特性比較**

| | 常用磁束密度<br>($B$) | 比透磁率<br>($\mu_r$) | 保持力<br>($H_c$) | 鉄損<br>($P$) | 導電率 ($\sigma$)<br>$\times 10^7$[S/m] | 任意<br>形状 |
|---|---|---|---|---|---|---|
| 電磁鋼板 | 方向性 1.8 T<br>無方向性 1.5 T | 1000～90000<br>大 | 小 | 中 | 0.19～0.71 | △ |
| アモルファス<br>(2605S-2) | 1.4～1.5 T<br>(飽和 $B$ 1.56 T) | 20000<br>大 | 小 | 小 | 0.077 | △ |
| ソフトフェライト | 0.35～0.45 T<br>(高周波時) | 500～15000<br>大 | 中 | 小 | ほぼ零 | △ |
| 粉末成形磁性体<br>Somaloy500<br>+0.5% Kenolube | 1.6 T (直流時)<br>0.5 T (高周波時) | 400～600<br>中 | 小 | 小<br>(高周波時) | 0.0011 | ○ |
| 構造材<br>(SS400 など) | 1.5 T | 1500～2000<br>中 | 小 | 中 | 1.03 | △ |

(注) 材料により特性にはかなりの幅があり，上の値は単なる一例である．

に JIS の規格で磁気特性が定められて（保障されて）いる．

電磁鋼板は，鉄にケイ素が数 % 添加された材料で，比較的安価で，飽和磁束密度が 2 T 前後と高く，比透磁率も数千～数万と大きいので，最も一般的に用いられる磁性材料である[3]．飽和磁束密度が高く，比透磁率も大きな磁性材料としては，鉄コバルト合金（パーメンジュール）がある[1]．飽和磁束密度は，2.4 T にも達するが，非常に高価な材料であるため，工業製品ではあまり使用されていない．一方，安価で導電率が小さな磁性材料として代表的なのは，フェライト（酸化鉄を焼結してセラミックスとしたもの）である．高速に動作するようなアクチュエータや高周波用変圧器・リアクトルでは，渦電流損の発生を抑えるためにフェライトが広く用いられている[1]．しかし，フェライトは飽和磁束密度が 0.5 T 程度と小さく，比透磁率も数百～数千程度であるため，高出力機には不向きである．

圧粉磁心は，鉄粉などの軟磁性粉末を，鉄心として必要な形状に，粉末冶金法を用いて作製した成形体である[4]．圧粉磁心の特長としては，三次元的に等方性で，渦電流損失が高周波で低いこと，三次元的な形状の製作が容易であること，生産性が良好であること，破砕しやすくリサイクル性に優れていることなど，ユニークかつ実用上有益と思われる特性が挙げられる．以上のようなことから，圧粉磁心を利用することで，従来の製造上の制約にとらわれない設計が可能となり，各種モータなどに適用することが試みられている[5]．

### 6.1.2 磁性材料の基礎理論

#### a. 磁 区

鉄心などに用いられる電磁鋼板や構造材の鉄になぜ磁束がよく通るかというと，このような磁性体（強磁性体とよばれる）は磁区（magnetic domain）とよばれる小さな磁石からなっているからである．磁区の大きさは1 mmから1 μm程度である．図6.1に磁区の例を示す．図6.1(a) は全結晶が一方向に磁化された場合であり，一つの磁区しかもっていない．磁区はその自由磁化エネルギーが最小値をとるように配列されるが，この場合は大きな反磁界 $H_d$ が存在して，エネルギー的に不安定である．図6.1(b) のように結晶表面の上と下に磁区を構成させると，磁束はすべて結晶の内側を通るので，反磁界は存在せずエネルギー的には得となる．図6.1(c) のように多磁区構造になると，エネルギー的にさらに安定な状態となる．磁区の構造は，磁性体の磁気エネルギーが最小になるように決定される．

### b. 磁性体の磁気エネルギー

磁性体の磁気エネルギーは主に以下のものから構成される[1,6,7,166]．

#### (1) 磁界によるポテンシャルエネルギー（外部磁場エネルギー，ゼーマンエネルギー） $\boldsymbol{E_H}$

磁化 $\boldsymbol{M}$ に磁界 $\boldsymbol{H}$ が加えられたときは $\boldsymbol{M}$ は $\boldsymbol{H}$ の方向を向こうとし，そのときのエネルギーは次式で与えられる．これはゼーマンエネルギーともよばれる．

$$E_H = -\boldsymbol{M} \cdot \boldsymbol{H} \tag{6.1}$$

#### (2) 静磁エネルギー $\boldsymbol{E_m}$

磁束密度 $B$ や磁界 $H$ が存在している空間中のエネルギーで，次式で与えられる．

$$E_m = \frac{BH}{2} = \frac{B^2}{2\mu_0} \tag{6.2}$$

#### (3) 磁気異方性エネルギー $\boldsymbol{E_a}$

強磁性体の磁化 $\boldsymbol{M}$ は結晶内である特定の結晶軸の方向へ向きたがる性質を有して

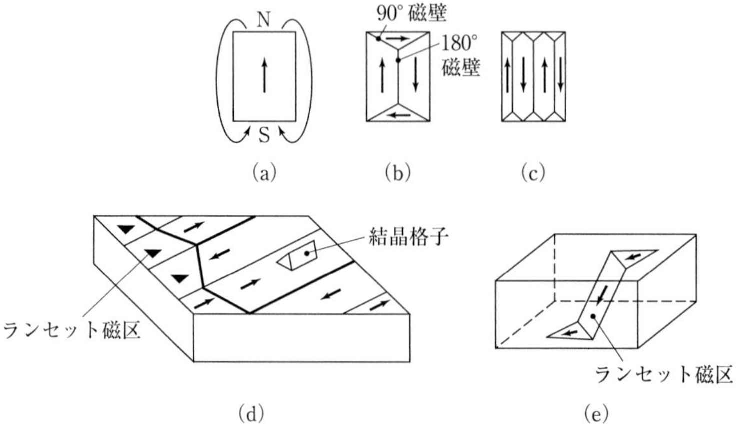


**図6.1**　磁　区

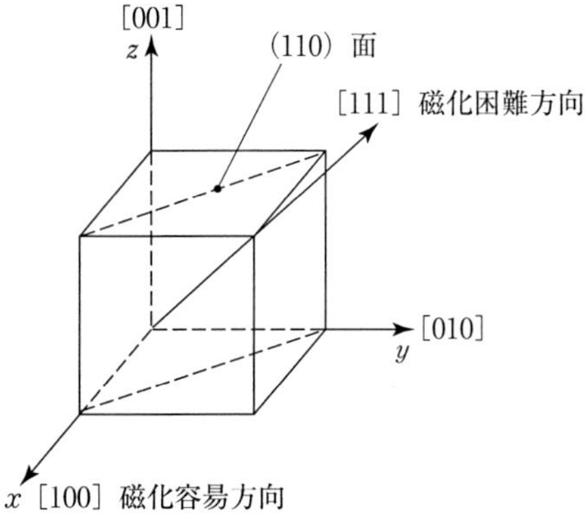


**図 6.2**　鉄の結晶格子と磁化容易方向

いる．これを磁気異方性（magnetic anisotropy），磁化の向きやすい方向を磁化容易方向，磁化しにくい方向を磁化困難方向とよんでいる．換言すれば，強磁性体に外部磁界を印加したとき，方向によって磁化の強さが異なることになる．鉄（Fe）の結晶は図 6.2 のような体心立方格子を有しており，[100]，[010]，[001] が磁化容易方向，[111] が磁化困難方向である．よって磁化困難方向は磁化容易方向から $\tan^{-1}\sqrt{2} = 54.7°$ の方向であるといえる．鉄のような立方晶系の磁性材料の場合は結晶磁気異方性を有し，立方体の各稜に関する内部磁化の方向余弦（cos）を（$\alpha_1, \alpha_2, \alpha_3$）とすると，磁気異方性エネルギー $E_a$ は次式のように方向余弦のベキ級数で表される．

$$E_a = K_1(\alpha_1^2\alpha_2^2 + \alpha_2^2\alpha_3^2 + \alpha_3^2\alpha_1^2) + K_2\alpha_1^2\alpha_2^2\alpha_3^2 + \cdots \tag{6.3}$$

ここで，$K_1, K_2$ は異方性定数であり，$K_2$ は小さいので通常無視されている．$K_1>0$ であり $\alpha_1=1, \alpha_2=\alpha_3=0$ のときは，[100] 方向で磁気異方性エネルギーが最低（$E_a=0$）となり，磁化の強さが最も安定な方向を示している．これが，磁化容易方向である．磁気異方性の発生原因は他にもあり，パーマロイなどの多結晶材料の誘導磁気異方性，薄膜材料のひずみ誘導磁気異方性，形状磁気異方性などがある[6)]．

**(4)　磁気ひずみエネルギー（磁気弾性エネルギー）$E_\sigma$**

磁性体の寸法を変化させると磁性体中の磁気モーメント間の距離が変わるので磁化 $M$ が変わる．逆に，強磁性体を磁化すると磁性体の寸法が変化する．これを磁気ひずみ（磁歪ともいう，magnetostriction）とよび，このときに張力がかかっていると磁気ひずみエネルギーが蓄えられる．

ある材料で磁化変化によって生じた変形量を $\delta L$ とするとき，磁歪 $\lambda$ は次式で表される．

$$\lambda = \frac{\delta L}{L}$$

ここで，$L$ は変形量観察方向での磁化変化前の材料長さである．たとえば 1 m の材料に $\lambda=1\times10^{-6}$ の磁歪が生じた場合の実際の変位量は $1\times10^{-6}$ m = 1 μm である．

磁区内の磁化による伸びは，飽和時の磁歪による伸びを $\lambda_s$（磁歪定数）とすれば $3/2\cdot\lambda_s$（この式の導出法は 6.5.2 項で示す）となる．飽和磁化の方向の磁歪変形を $L$ とすると，消磁状態（磁化があらゆる方向を向いている）では $x, y, z$ それぞれの方向に変形しているので，平均の変形量は $L/3$ となる．この変形状態を基準に磁歪を測定するため，$\theta$ を磁化 $M_s$ と応力 $\sigma$ の間の角度とすれば，$\cos^2\theta$ から 1/3 を引き，これに $3\lambda_s/2$ を掛けたものが磁歪による伸びとなる．これに応力 $\sigma$ を掛ければ磁気ひずみエネルギー $E_\sigma$ が求まり，次式となる．

$$E_\sigma = -\frac{3}{2}\lambda_s\sigma\left(\cos^2\theta-\frac{1}{3}\right) \tag{6.4}$$

3% ケイ素鋼板の［100］方向の飽和時の $\lambda_s$ は $2.18\times10^{-5}$ である[160]．

**(5)　磁壁エネルギー $E_w$**

磁区と磁区の境界を磁壁（magnetic domain wall）とよび，図 6.1 に示したように隣り合う磁区内の磁化のなす角によって 180° 磁壁と 90° 磁壁に分けられる．磁壁は 0.1 μm 程度の厚みを有しており，磁壁内で磁気モーメントは徐々に変化してエネルギーを有しており，そのエネルギーを磁壁エネルギーとよぶ．

図 6.1 の磁区の有するエネルギーを考えると，図 6.1(a) の場合は端面の磁極による静磁エネルギー $E_m$ が存在し，図 6.1(b)，(c) は $E_m$ は消滅するが，磁壁エネルギー $E_w$ や三角磁区による磁気ひずみエネルギー $E_\sigma$ が加わる．すなわち，より低い静磁エネルギーをとるという観点に立てば磁区の数は増加していき，磁区幅は無限に小さくなると考えられるが，磁壁枚数が増加すればその分磁壁のエネルギーなどが高くなるので，静磁エネルギーとのバランスによって磁区の数が決まる．どの磁区構造になるかは，これらのエネルギーの兼ね合いで決まる．

### c. 磁 化 過 程

強磁性体に磁界 $H$ を印加し，$H$ の値を大きくしていくと，磁束密度 $B$ の値はしだいに大きくなり，図 6.3 に示すような曲線が得られる．この曲線は，図中に記したように 4 つの磁化過程からなっている[1]．初透磁率領域では，図 6.4(a) のような脱磁状態にある磁性体に対して弱い磁界が作用し，各磁壁が安定な位置からわずかに転移する領域であり，磁化の変化は可逆的である．この場合は，図 6.4(b) のように外部磁界 $H_0$ の方向成分を有する磁区が大きくなる．磁区が大きくなったり小さくなったりするとき，実際は磁壁が動くのではなく磁壁内のスピン（小さな磁石）が少しずつ回転しており，見かけ上，磁壁が動いたように見える[178]．次に，不連続磁化領域（irreversible magnetization region）では，$B$–$H$ 曲線は急に立ち上がり，この領域では一度増加させた磁界を減少させても曲線は非可逆的となり，同じ経路をもどらない．

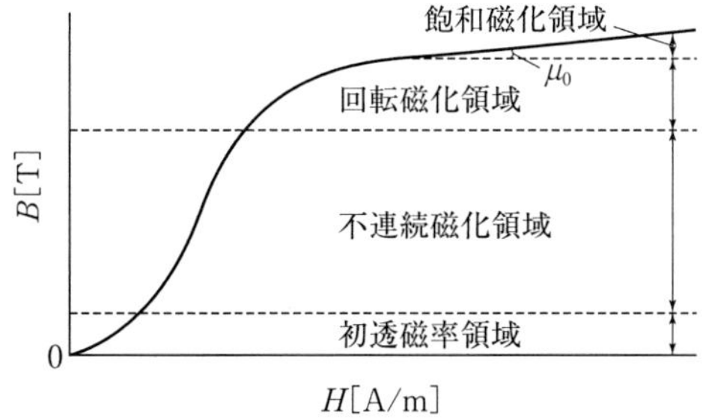


**図 6.3**　強磁性体の磁化過程

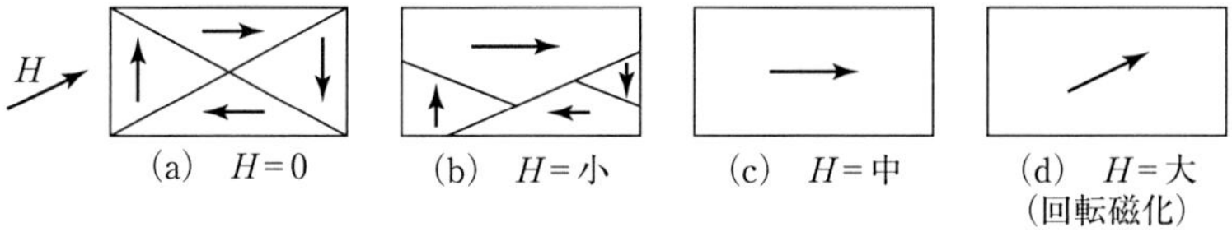


**図 6.4**　外部磁界 $H$ の大きさによる磁区構造の変化

**表 6.2**　飽和磁化，導電率，比重

| | | 飽和磁化 $M_s$[T] | 導電率 $\sigma$[S/m] | 比重 [g/cm³] |
|---|---|---|---|---|
| 純　鉄 | | 2.16 | $1.03\times10^7$ | 7.87 |
| 電磁鋼板 | 50A1300 | 2.12 | $0.714\times10^7$ | 7.85 |
| | 35A250 | 2.03 | $0.179\times10^7$ | 7.60 |
| | 6.5% Si | 1.8 | $0.122\times10^7$ | 7.48 |
| パーメンジュール (FeCoV) | | 2.4 | $0.385\times10^7$ | 8.2 |
| アモルファス (2605S-2) | | 1.56 | 76.9 | 8.02 |

つまり，この領域では磁壁は一つの安定な位置から他の安定な位置へと不連続的に移動（バルクハウゼン・ジャンプ）する．不連続的に移動した後の状態は，図 6.4(c) のように磁区がすべて同じ方向を向いた場合に対応する．

不連続磁化領域を過ぎると，$B$-$H$ 曲線の勾配は再びゆるやかになり，磁化は可逆的となる．この範囲では図 6.4(d) のように，磁壁の移動はすべて終わっており回転磁化が行われているので，これは，回転磁化領域（rotation magnetization region）とよばれている．この領域以上は，$H$ を大きくしても磁化 $M$ はあまり大きくならず，遂には飽和磁化の強さ $M_s$ に達し，飽和磁化領域とよばれる．

小形の機器を開発するために，鉄心をかなり飽和した領域で使う場合がある．このような場合には高い磁束密度まで測定した $B$-$H$ 曲線を用いる必要がある．磁性体が

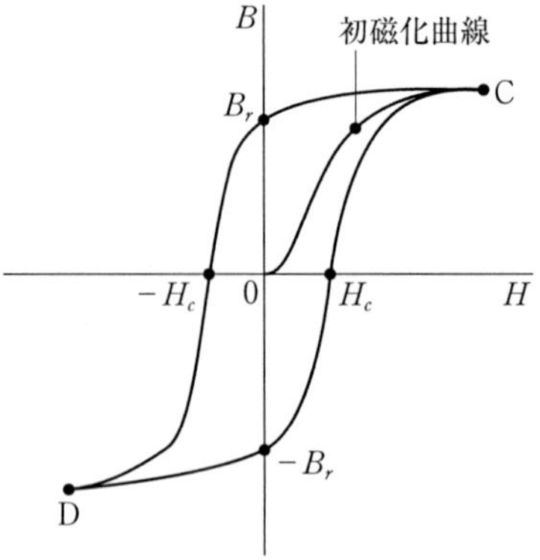


**図 6.5**　ヒステリシスループ

完全に飽和した場合には，$B$-$H$ 曲線の傾きが空気の透磁率 $\mu_0$ に等しくなる．

表 6.2 に代表的なコア材の飽和磁化 $M_s$，導電率 $\sigma$ を示す[8)]．純鉄の飽和磁化は 2.158 T，シリコンを 3% 含む電磁鋼板の飽和磁化は 2.03 T（表 6.2 の 35A250 に対応）である．飽和した領域まで $B$-$H$ 曲線が測定できないときは，飽和領域の $B$-$H$ 曲線の傾きが $\mu_0$ に等しくなることに注意して，この $M_s$ を用いて $B$-$H$ 曲線を近似すればよい[9)]．シリコン（Si）を含む電磁鋼板の場合は，Si の含有量とともに $M_s$ は減少し，次式のような近似式が示されている[10)]．

$$M_s = 2.158 - 0.048 \times (\text{Si の含有量\%})\ [\text{T}]$$

脱磁状態（$H=0$ で $B=0$）にある磁性体に対して直流の磁化反転，あるいは交流磁界を与えると，図 6.5 のように原点 0 から出発した磁化はまず初磁化曲線を経て，点 C に達する．その後は非可逆的な経路を通って点 D にいたり，再び点 C にもどる 1 つのループを形成する．このループをヒステリシスループ（hysteresis loop）とよんでいる．このループにおいて $H$ 軸を横切る点を保磁力（coercive force）$H_c$，また $B$ 軸を横切る点を残留磁束密度（residual flux density）$B_r$ という．

### d. 透　磁　率

磁性体中の磁界の強さ $H$ と磁束密度 $B$ の間の関係は，透磁率 $\mu$ を用いて（1.15）式で表される．ここで，透磁率は磁束の通りやすさを表している．鉄・ニッケル合金（パーマロイ）は磁束が通りやすいので，次式で示される比透磁率 $\mu_r$ が約 10 万になるものがある．

$$\mu_r = \frac{B}{\mu_0 H} \tag{6.5}$$

ここで，$\mu_0$ は真空の透磁率（$=4\pi\times10^{-7}$）である．透磁率としては種々のものが定義されており，次式のような $B$-$H$ 曲線の原点での傾き $\mu_i$ は初透磁率（initial permeability）とよばれている．

$$\mu_i = \lim_{H \to 0} \frac{B}{\mu_0 H} \tag{6.6}$$

磁化曲線またはヒステリシスループの各点における傾き，つまり微分をとった値は微分透磁率 $\mu_d$（differential permeability）とよばれ，次式で表される．

$$\mu_d = \frac{1}{\mu_0} \frac{dB}{dH} \tag{6.7}$$

**e.　マイナーループ**

電磁機器をインバータのようなひずみ波電源で駆動する場合は，磁束波形もひずむことになる．また，鉄心を飽和磁束密度に近い領域で励磁した場合も鉄心の非線形性により磁束波形や励磁電流波形がひずむ．このような場合の磁気特性がどのようになるかについて次に考察する．

図 6.6(a) は基本波磁束に対して第三調波磁束が逆相になっている場合の磁束密度

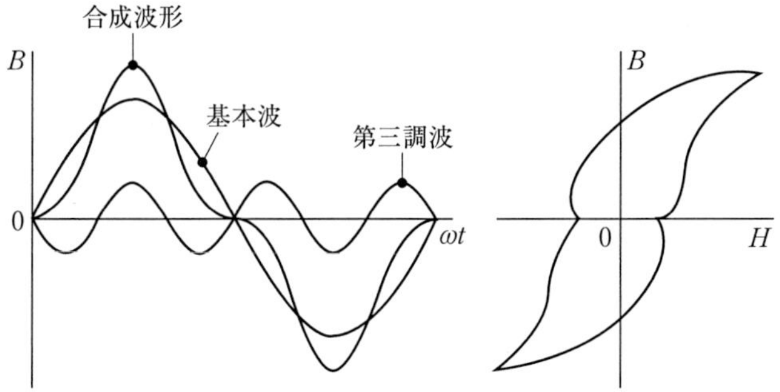


(a)　第三調波が逆相の場合

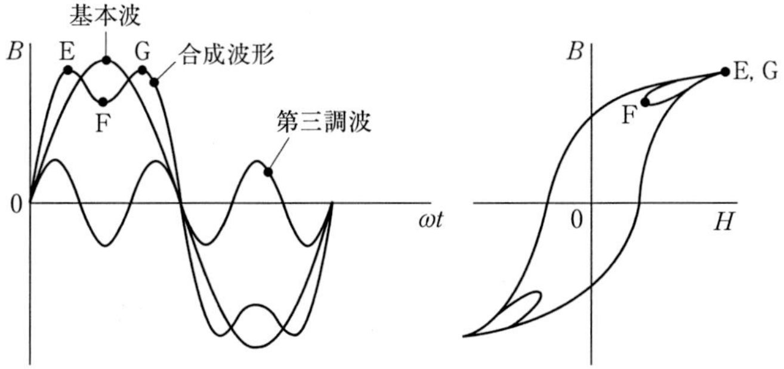


(b)　第三調波が同相の場合

**図 6.6**　第三調波を含むひずみ波とヒステリシスループ

とヒステリシスループを示す[11]．式で書くと次のようになる．

$$b(t) = B_1 \sin \omega t - B_3 \sin 3\omega t \tag{6.8}$$

ここで，$b(t)$ は磁束密度の瞬時値，$B_1$, $B_3$ はそれぞれ磁束密度の基本波，第三調波成分の振幅である．$\omega$ は角周波数（$=2\pi f$）である．図 6.6(b) は第三調波磁束が同相の場合を示す．このときは小さなヒステリシスループができており，これをマイナーループとよぶ．このように小さなループができるのは，図 6.6(b) の磁束波形上の E, F, G 点に着目すれば，E で磁束密度が一度ピークに達し，その後，$b$ が F まで下がって再び G まで上昇するからである．このように同じ振幅でも高調波の位相によってマイナーループはかなり異なってくる．交流に直流が重畳して，いわゆる直流偏磁している場合もこのようなマイナーループが生じる．

図 6.3 や図 6.5 のような初磁化曲線やヒステリシスループを解析に用いるために計算機に入力する場合は，たとえば，折れ線近似や多項式近似が用いられる．

### 6.1.3　電 磁 鋼 板

ここでは，鉄心材料として広く用いられる電磁鋼板について解説する．電磁鋼板は，鉄に 1〜6.5% のケイ素を添加して保持力を小さくした磁性材料である[2),3)]．ケイ素含有量の増加とともに，透磁率は増加（6.1.2 項 c. で述べたように，飽和磁化 $M_s$ はケイ素（Si）の含有量とともに減少する）し，低保磁力となり，導電率は低下するため，交流磁界で生じる渦電流損は小さくなる．ケイ素の含有量が 3% を超えると脆化が著しく加工が難しくなるため，3% 未満のものが一般的である．また，渦電流損を低減するために，厚さが 0.1〜0.5 mm の薄板形状を有し，表面に絶縁被膜を塗布して，それらを積層した積層鉄心として使用される．

電磁鋼板は，モータなどの回転機に用いられる無方向性電磁鋼板（non-oriented

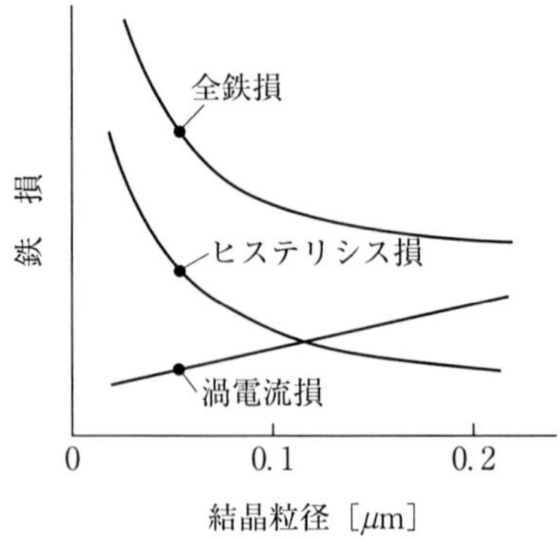


**図 6.7**　結晶粒径が鉄損に及ぼす影響

electrical steel sheet）と変圧器などの静止器に用いられる方向性電磁鋼板（grain oriented electrical steel sheet）に大別される．無方向性電磁鋼板は，磁化方向を回転しながら使用されることが多いため，鋼板面の全方向に高い透磁率を有することが求められ，結晶配列がランダムに近く磁気異方性が小さい材料（どの方向にも磁束が同じように通る特性）である．結晶粒径は 0.02～0.2 mm 程度である．

図 6.7 に，結晶粒径が鉄損に及ぼす影響の例を示す．結晶粒径が大きくなると磁壁が移動しやすくなり，ヒステリシス損が減少する．一方，結晶粒径が大きいと渦電流が流れる導体面が広くなることに対応するので，渦電流損は増加する．

無方向性電磁鋼板は周波数 50 Hz，最大磁束密度 1.5 T の正弦波励磁のときの単位重量当たりの鉄損の大きさ(圧延方向とそれに対する直角方向の平均値)から各グレード（JIS の規格）に分類される[12]．たとえば，35A270 というグレードであれば，35 は鋼板の厚さ 0.35 mm を表し，A は無方向性を，270 は周波数 50 Hz，最大磁束密度 1.5 T の正弦波励磁における鉄損値 $W_{15/50}$ が 2.70 W/kg 以下であることを表している．また，無方向性電磁鋼板に 5000 A/m の磁界を印加したときの磁束密度を $B_{50}$ と表し，35A270 の場合は $B_{50}=1.62$ T である．無方向性電磁鋼板は，モータの鉄心のようにあらゆる方向に磁束が通る場合に用いられる．また，無方向性電磁鋼板の中には，ケイ素の含有量を 6.5% まで高めて，高抵抗化し，さらに板厚を 0.1 mm とした高周波用電磁鋼板（6.5% ケイ素鋼板）も開発されており[13]，表皮効果が生じない数百 Hz で使用（高速用のモータなど）されている．

方向性電磁鋼板は，一方向に特に磁化されやすいように，磁化容易軸を圧延方向にそろえた電磁鋼板である．二次再結晶という冶金現象を用いて，磁化容易軸である［001］軸（図 6.2 参照）が圧延方向に数度以内にそろえられている（鋼板面は (110) 面に配向している．これを Goss 方位とよぶ）．これは，粒径が数 mm 以上（3～20 mm）の多結晶組織である．実際の方向性電磁鋼板では，［001］軸が圧延面に対してわずかに傾いているため，表面に磁極ができ，圧延面からの漏れ磁束による静磁エネルギーが増加するため，図 6.1(d) のような縞状の磁区（主軸とよぶ）に分れる．そして主磁区以外に，表面磁極による静磁エネルギーを減少させる図 6.1(e) のようなランセットとよばれる補助磁区が生じる[159]．ランセットは図に示すように主磁区と逆方向の磁化成分をもつ上下の表面磁区を下部構造が連結する形になっている．ランセットが現われると静磁エネルギーが減少するので，主磁区幅が大きくなり鉄損が増加する．鉄損を低減させるためにはランセットは少ない方がよい．またランセットの分布の違いが，後述の図 6.87 のようなバタフライループのヒステリシス現象の原因にもなっている[160]．

磁壁のピン止めは結晶粒界，鋼板表面，鋼板内の析出物で生じる．それゆえ，結晶粒が大きく，また鋼の純度が高く，内部ひずみが小さいほど磁区が移動しやすくなる

ため保磁力 $H_c$ が小さくなり，ヒステリシス損は減少するが，渦電流損は大きくなる．また，6.4.2 項で後述する異常渦電流損も結晶粒が大きくなると増加する．

方向性電磁鋼板は周波数 50 Hz，最大磁束密度 1.7 T の正弦波励磁のときの単位重量当たりの鉄損の大きさから各グレードに分類される．たとえば，35P135 の 35 は厚さ 0.35 mm，P は高配向性，135 は周波数 50Hz，最大磁束密度 1.7 T の正弦波励磁における鉄損値 $W_{17/50}$ が 1.35 W/kg 以下であることを表している．また，方向性電磁鋼板に 800A/m の磁界を印加したときの磁束密度を $B_8$ と表し，35P135 の場合は $B_8=1.88$ T である．通常の方向性材料は G が用いられ，たとえば 30G130 などと表される．

高配向性電磁鋼板では張力を加えることによりヒステリシス損を低減できる．そのために，ガラス質（酸化ケイ素）の表面絶縁皮膜が形成されている．また，渦電流損を減らすためにレーザ処理，スクラッチ処理，突起ロール圧刻などを施して磁区を細分化することも行われている[85, 170)]．方向性電磁鋼板は，圧延方向の磁気特性は非常に優れているが，直角方向の磁気特性は，無方向性電磁鋼板の直角方向の磁気特性よりも劣っている．そのため，変圧器やリアクトルといった磁束の方向が一方向の機器に使用が限られている．

電磁機器の高効率化を図るためには，損失の少ない電磁鋼板を開発する必要がある．無方向性電磁鋼板ではヒステリシス損が鉄損の主要部分（商用周波数で 60～70%）を占めるため，電磁機器の高効率化のためには，まずヒステリシス損の低減を図らなければならない．それに対し，方向性電磁鋼板では渦電流損が鉄損の主要部分を占めるため，板厚をさらに薄くしたり磁区細分化を行うなど，種々の検討が行われている[171)]．

## 6.2　異方性のモデリング

6.1 節で述べたように，方向性電磁鋼板のような異方性材料では圧延方向と直角方向で磁化のしやすさ，つまり透磁率が異なる．圧延方向と直角方向の間の磁気特性も異なっている[14～18)]．この場合の磁束密度ベクトル $\boldsymbol{B}$ と磁界強度ベクトル $\boldsymbol{H}$ の関係を考えてみると，図 6.8 のように一般に方向がお互いに異なっている．さらに磁界が回転している場合には，$\boldsymbol{H}$ ベクトルの $\boldsymbol{B}$ ベクトルに対する位相角 $\theta_{BH}$ は回転角度とともに変化する．このように，異方性材料の磁気特性は方向によって複雑に変化しており，これを二次元ベクトル磁気特性とよぶ．この異方性材料の磁気特性の取扱法としては，簡易的なものから詳細な実験データを用いるものまで種々提案されているが，ここでは（1）2 本の $B$-$H$ 曲線を用いる方法，(2) 多数の $B$-$H$ 曲線を用いる方法，(3) E & SS モデルについて説明する．

### 6.2.1　2本の B-H 曲線を用いる方法

電気機器などで用いる異方性材料（代表的な材料は方向性電磁鋼板である．また，無方向性電磁鋼板にも弱い異方性がある）は，薄い鋼板を積層して用いられることが多い．以下では圧延方向(磁化容易方向)が $x$ 軸に一致する二次元場について説明する．図6.9に，圧延方向と磁束のなす角度 $\theta_B$ をパラメータとした磁束密度 $|\boldsymbol{B}|$ と磁界の強さ $|\boldsymbol{H}|$ に関する磁化特性を示す．$x$, $y$ 方向の磁気抵抗率を $\nu_x$, $\nu_y$ とし，これらは磁束密度の関数で表されるとする．磁界の強さ $\boldsymbol{H}$ の $x$, $y$ 方向成分と磁束密度 $\boldsymbol{B}$ の $x$, $y$ 方向成分の間の関係を最も簡単に表すと，(6.9) 式のように書ける．

$$\begin{Bmatrix} H_x \\ H_y \end{Bmatrix} = \begin{bmatrix} \nu_x & 0 \\ 0 & \nu_y \end{bmatrix} \begin{Bmatrix} B_x \\ B_y \end{Bmatrix} \tag{6.9}$$

上式のように磁気抵抗率をマトリックスの形に表したものを，磁気抵抗率テンソルとよぶ．ここでは簡単のため，$\nu_x$ は $B_x$ のみの関数，$\nu_y$ は $B_y$ のみの関数として取り扱う．つまり，圧延方向（$x$ 方向）の B-H 曲線と直角方向（$y$ 方向）の B-H 曲線の2本の B-H 曲線のみで異方性の磁気特性を表す場合を考える．図6.9の $\theta_B=0°$ の曲線は $B_x$-$H_x$ 曲線（$H_y=\nu_y B_y$）のみで，$\theta_B=90°$ の曲線は $B_y$-$H_y$ 曲線（$H_y=\nu_y B_y$）のみ

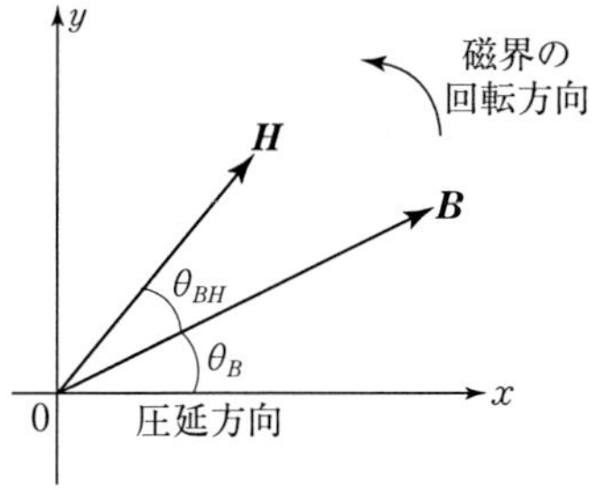


**図6.8　H ベクトルと B ベクトルの関係**

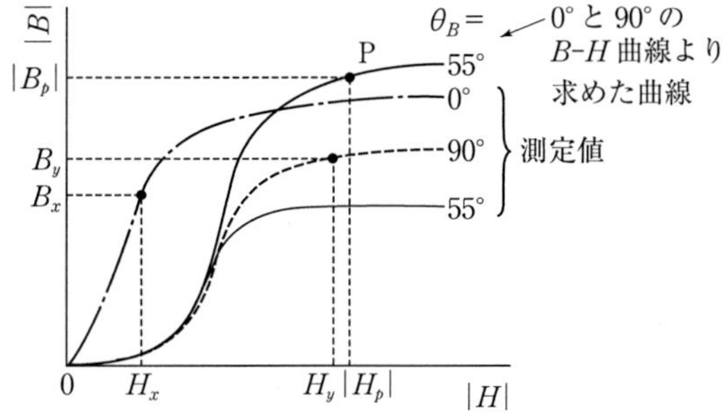


**図6.9**　$\theta_B=0°$ と 90° の B-H 曲線を用いて $\theta_B=55°$ の B-H 曲線を求めた結果

で表されるが，それ以外の任意の方向の $B$-$H$ 曲線は $B_x$-$H_x$ 曲線と $B_y$-$H_y$ 曲線の両方を用いて表される．

(6.9) 式を用いて $\theta_B = 55°$（磁化困難方向，理論的には 6.1 節で述べたように 54.7°）の磁化特性を求めると，図 6.9 の太線のようになる．これは図 6.10(a) に示すように，任意方向の磁束密度ベクトル $\boldsymbol{B}_p$ を $B_x$, $B_y$ に分解し，$B_x$, $B_y$ の値からそれぞれ図 6.9 中の $\theta_B = 0°$ および 90° の磁化特性を用いて $H_x$, $H_y$ を計算して $\boldsymbol{B}_p$ に対応する磁界強度を求めた．図 6.9 よりわかるように，この場合は高磁束密度領域において $\theta_B = 55°$（磁化困難方向）の磁化特性の透磁率（$=\boldsymbol{B}/\boldsymbol{H}$）が，圧延方向（磁化容易方向，$\theta_B = 0$）の値よりも大きくなるという矛盾が生じる．したがって，この表現法を用いて実際に解析を行うと，高磁束密度領域において磁束が圧延方向から傾いた領域では，計算結果に大きな誤差を伴う[15,19]．

異方性材料の取扱法をさらに検討するために，等方性材料と異方性材料内の磁束密度ベクトル $\boldsymbol{B}$ と磁界強度ベクトル $\boldsymbol{H}$ の間の関係の違いについて考察する．等方性材料では，理想的には $x$ 方向と $y$ 方向の磁気特性は同じなので，(6.9) 式で $\nu_x = \nu_y = \nu$ とすれば次式のように書ける．

$$\begin{Bmatrix} H_x \\ H_y \end{Bmatrix} = \begin{bmatrix} \nu & 0 \\ 0 & \nu \end{bmatrix} = \begin{Bmatrix} B_x \\ B_y \end{Bmatrix} \qquad (6.10)$$

$H_x = \nu B_x$, $H_y = \nu B_y$ の場合の $\boldsymbol{B}$ ベクトルと $\boldsymbol{H}$ ベクトルの関係を図示すれば，図 6.10(b) のようになる．つまり，等方性材料では $\boldsymbol{B}$ ベクトルと $\boldsymbol{H}$ ベクトルは同じ方向を向く（$H_x/B_x = H_y/B_y = \nu$）．それに対し，異方性材料では (6.9) 式の $H_x = \nu_x B_x$, $H_y = \nu_y B_y$ において，$\nu_x$ と $\nu_y$ は異なる（$H_x/B_x \neq H_y/B_y$）．この場合は，図 6.10(a) のように $\boldsymbol{B}$

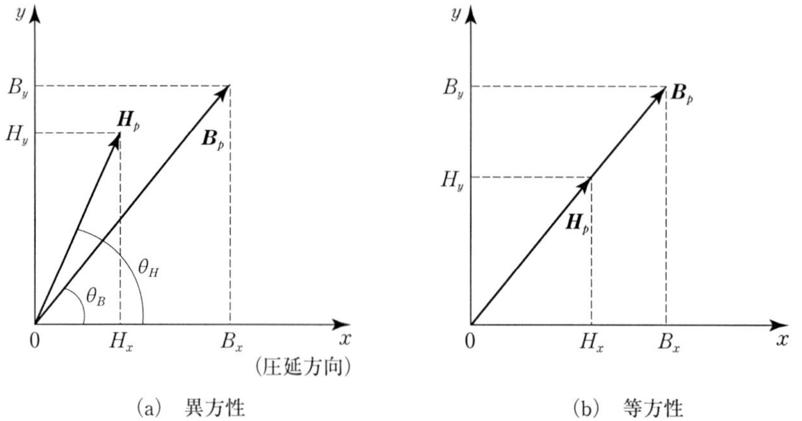


**図 6.10**　等方性と異方性の $\boldsymbol{H}$ ベクトルと $\boldsymbol{B}$ ベクトルの違い

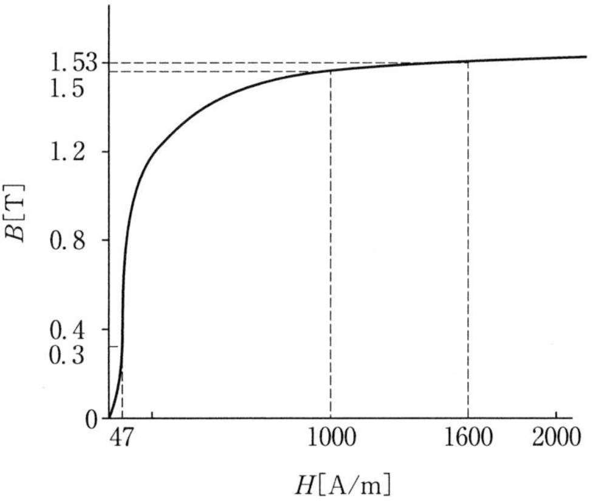


**図 6.11** 無方向性電磁鋼板 35A300 の $B$-$H$ 曲線

ベクトルと $\boldsymbol{H}$ ベクトルの方向は異なることになる.

ところで，磁化の回転やヒステリシスを無視した場合は，等方性とは，$\boldsymbol{B}$ と $\boldsymbol{H}$ の方向は一致し，いずれの方向の特性も同一であるということを意味するので，$\boldsymbol{B}$ ベクトルの大きさ $B$ が求まれば, $B$-$H$ 曲線から $\boldsymbol{H}$ ベクトルの大きさ $H$ が決まる．つまり，$H$ は $B$ の関数として表す必要がある．しかし，等方性材料の磁化特性を (6.9) 式で表し，成分に分解された $B_x$, $B_y$ に対応する $H_x$, $H_y$ を別々に求めた場合は不都合が生じる.

図 6.11 の無方向性電磁鋼板 35A300 の $B$-$H$ 曲線を例として考える．たとえば $B_x=1.5$ T, $B_y=0.3$ T のとき，図 6.11 より $H_x=1000$ A/m, $H_y=47$ A/m となり，$\sqrt{H_x^2+H_y^2}$ で $H$ を求めると 1001.1 A/m となる．$B_x=1.5$ T, $B_y=0.3$ T の場合は $B=1.53$ T であるが，このときの $H$ を実際の $B$-$H$ 曲線を用いて求めると $H=1600$ A/m となり，$\sqrt{H_x^2+H_y^2}$ で求めた 1001.1 A/m とは異なる．したがって，等方性の場合には，(6.9) 式ではなく磁気抵抗率 $\nu$ は $B$ の関数として取り扱う必要がある.

(6.9) 式の異方性材料の磁気特性の表現法として，$\nu_x$ を $B_x^2$ のみの関数，$\nu_y$ を $B_x^2$ のみの関数と表し，また，等方性材料の場合は $\nu$-$B^2$ の関数として表してニュートン・ラフソン法により非線形磁界解析を行う際は，ニュートン・ラフソン法の式が異方性材料と等方性材料で異なってしまうことはよく知られている[20]．それゆえ，異方性と等方性で異なるプログラムを用意する必要がある．また，$\nu_x$ が $B_x^2$ のみの関数であるというような取り扱いをすれば，(6.9) 式の下の個所で述べたような不都合があり，したがって 2 本の $B$-$H$ 曲線を用いる方法は精度が悪いといえるが，その簡便さから場合によって使われることがある.

### 6.2.2　多数の *B–H* 曲線を用いる方法

上記の点を改善するために，**B** ベクトルと **H** ベクトルの大きさ $B$, $H$ と方向 $\theta_B$, $\theta_H$ を詳細に測定し，磁化特性を $H$-($B$, $\theta_B$) および $\theta_H$-($B$, $\theta_B$) 曲線で表すことを考える[21,22]．図 6.12 に，二次元磁化特性測定装置を用いて測定した方向性電磁鋼板 35G165 の二次元磁化特性曲線を示す．この場合，異方性および等方性ともにニュートン・ラフソン法で必要な $\partial G_i/\partial A_j$ は，次式のような形にまとめることができる．

$$\frac{\partial G_i}{\partial A_j}=k_1\frac{\partial H}{\partial B}+k_2\frac{\partial H}{\partial \theta_B}+k_3\frac{\partial \theta_H}{\partial B}+k_4\frac{\partial \theta_H}{\partial \theta_B}+k_5 \tag{6.11}$$

$k_1, \cdots, k_5$ は，材質の種類に依存しない係数である．上式中の 4 個の微係数 $\partial H/\partial B$, $\partial \theta_H/\partial B$, $\partial H/\partial \theta B$, $\partial \theta_H/\partial \theta_B$ は，図 6.12 に示す測定結果から作成した $H$-($B$, $\theta_B$) および $\theta_H$-($B$, $\theta_B$) 曲線より求めればよい．

等方性の場合には，$\partial H/\partial \theta_B=\partial \theta_H/\partial B=0$, $\theta_H=\theta_B$, $\partial \theta_H/\partial \theta_B=1$ となり，異方性の特殊な場合として取り扱うことができる．したがって，(6.11) 式を用いてプログラムを作成すれば，入力する磁化特性を変更するだけで，異方性と等方性の区別が可能である．また，$B_x$-$H_x$ 曲線，$B_y$-$H_y$ 曲線を用いて解析する方法もある[158]．

**a.　ニュートン・ラフソン法を用いた解析**

ここでは，二次元有限要素法を用いた場合の解析法について述べる．一次三角形要素を用いた場合の有限要素法の式は (2.39) 式となる．ニュートン・ラフソン法で用いる非線形の式は，(2.39) 式を $A_j$ で偏微分することにより得られ，次式となる．

$$\frac{\partial G_i}{\partial A_j}=\frac{1}{4\Delta}(\nu_y c_i c_j+\nu_x d_i d_j)+\frac{\partial \nu_x}{\partial A_j}\frac{1}{4\Delta}\sum_{k=1}^{3} d_i d_j A_k+\frac{\partial \nu_y}{\partial A_j}\frac{1}{4\Delta}\sum_{k=1}^{3} c_i c_j A_k \tag{6.12}$$

(6.12) 式において，$\partial \nu_x/\partial A_j$, $\partial \nu_y/\partial A_j$ の項は次式のようになる[21]．

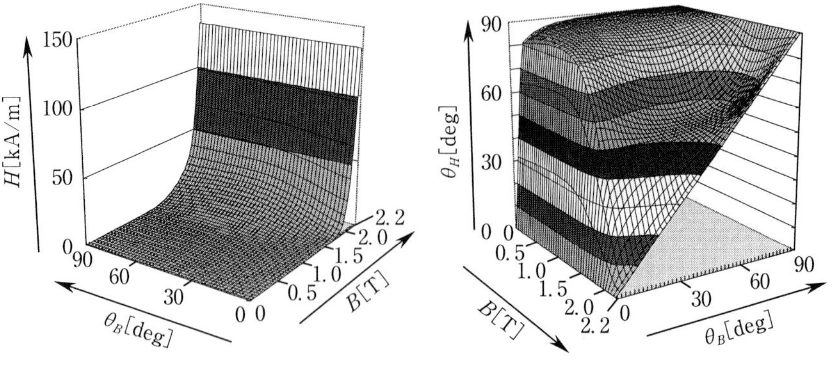


(a)　$H$-($B$, $\theta_B$) 曲線　　(b)　$\theta_B$-($B$, $\theta_B$) 曲線

**図 6.12**　二次元磁化特性曲線（方向性電磁鋼板，35G165）

$$\frac{\partial \nu_x}{\partial A_j}=\frac{1}{B\cos\theta_B}\left[\cos\theta_H\left(\frac{\partial H}{\partial B}\right)-H\sin\theta_H\left(\frac{\partial\theta_H}{\partial_B}\right)\right.$$
$$\left.+\left(\frac{\left\{\left(\frac{\partial H}{\partial B}\right)\cos\theta_H-H\sin\theta_H\left(\frac{\partial\theta_H}{\partial B}\right)\right\}B-H\cos\theta_H}{B}\right)\right]\frac{\partial B}{\partial A_j}$$
$$+\frac{1}{B\cos\theta_B}\left[\cos\theta_H\left(\frac{\partial H}{\partial\theta_B}\right)-H\sin\theta_H\left(\frac{\partial\theta_H}{\partial\theta_B}\right)\right.$$
$$\left.+\left(\frac{\left\{\left(\frac{\partial H}{\partial\theta_B}\right)\cos\theta_H-H\sin\theta_H\left(\frac{\partial\theta_H}{\partial\theta_B}\right)\right\}\cos\theta_B+H\cos\theta_H\sin\theta_B}{\cos\theta_B}\right)\right]\frac{\partial\theta_B}{\partial A_j} \tag{6.13}$$

$$\frac{\partial \nu_y}{\partial A_j}=\frac{1}{B\sin\theta_B}\left[\sin\theta_H\left(\frac{\partial H}{\partial B}\right)+H\cos\theta_H\left(\frac{\partial\theta_H}{\partial B}\right)\right.$$
$$\left.+\left(\frac{\left\{\left(\frac{\partial H}{\partial B}\right)\sin\theta_H+H\cos\theta_H\left(\frac{\partial\theta_H}{\partial B}\right)\right\}B-H\sin\theta_H}{B}\right)\right]\frac{\partial B}{\partial A_j}$$
$$+\frac{1}{B\sin\theta_B}\left[\sin\theta_H\left(\frac{\partial H}{\partial\theta_B}\right)+H\cos\theta_H\left(\frac{\partial\theta_H}{\partial\theta_B}\right)\right.$$
$$\left.+\left(\frac{\left\{\left(\frac{\partial H}{\partial\theta_B}\right)\sin\theta_H+H\cos\theta_H\left(\frac{\partial\theta_H}{\partial\theta_B}\right)\right\}\sin\theta_B-H\sin\theta_H\cos\theta_B}{\sin\theta_B}\right)\right]\frac{\partial\theta_B}{\partial A_j} \tag{6.14}$$

ただし，$B=\sqrt{B_x^2+B_y^2}$, $\theta_B=\tan^{-1}(B_y/B_x)$ であるので，(6.13)，(6.14) 式において，$\partial B/\partial A_j$, $\partial\theta_B/\partial A_j$ の項は，一次三角形要素を用いた場合，(2.64) 式を用いて次式のようになる．

$$\frac{\partial B}{\partial A_j}=\frac{\partial B}{\partial B_x}\frac{\partial B_x}{\partial A_j}+\frac{\partial B}{\partial B_y}\frac{\partial B_y}{\partial A_j}=\frac{d_j}{2\Delta}\cos\theta_B-\frac{c_j}{2\Delta}\sin\theta_B \tag{6.15}$$

$$\frac{\partial\theta_B}{\partial A_j}=\frac{\partial\theta_B}{\partial B_x}\frac{\partial B_x}{\partial A_j}+\frac{\partial\theta_B}{\partial B_y}\frac{\partial B_y}{\partial A_j}=-\left(\frac{1}{B}\right)\frac{d_j}{2\Delta}\sin\theta_B-\left(\frac{1}{B}\right)\frac{c_j}{2\Delta}\cos\theta_B \tag{6.16}$$

$\partial B/\partial B_x$, $\partial\theta_B/\partial B_x$ などの導出法は，後述の (6.18) 式参照．

三次元の解析の場合の式は，磁気抵抗率 $x$, $y$, $z$ 方向成分 $\nu_x$, $\nu_y$, $\nu_z$ を (4.125) 式に代入すれば得られ，次式となる．

$$\frac{\partial G_i}{\partial A_j}=\sum_k\Bigg[\iiint\Bigg\{\frac{\partial \nu_x}{\partial A_j}(\mathrm{rot}\,\boldsymbol{N}_i)_x(\mathrm{rot}\,\boldsymbol{N}_k)_x+\frac{\partial \nu_y}{\partial A_j}(\mathrm{rot}\,\boldsymbol{N}_i)_y(\mathrm{rot}\,\boldsymbol{N}_k)_y$$
$$+\frac{\partial \nu_z}{\partial A_j}(\mathrm{rot}\,\boldsymbol{N}_i)_z(\mathrm{rot}\,\boldsymbol{N}_k)_z\Bigg\}A_k+\{\nu_x(\mathrm{rot}\,\boldsymbol{N}_i)_x(\mathrm{rot}\,\boldsymbol{N}_j)_x$$
$$+\nu_y(\mathrm{rot}\,\boldsymbol{N}_i)_y(\mathrm{rot}\,\boldsymbol{N}_j)_y+\nu_z(\mathrm{rot}\,\boldsymbol{N}_i)_z(\mathrm{rot}\,\boldsymbol{N}_j)_z\}\Bigg] \qquad (6.17)$$

ここで，たとえば $(\mathrm{rot}\,\boldsymbol{N}_i)_x$ は $\mathrm{rot}\,\boldsymbol{N}_i$ の $x$ 方向成分を表す．磁束が $z$ 方向にあまり流れず，$\nu_z$ を無視できる場合は，$\partial\nu_x/\partial A_j$, $\partial\nu_y/\partial A_j$ は（6.13），(6.14）式と同じになる．$\partial B/\partial A_j$, $\partial\theta_B/\partial A_j$ は次式で表される．

$$\frac{\partial B}{\partial A_j}=\frac{\partial B}{\partial B_x}\frac{\partial B_x}{\partial A_j}+\frac{\partial B}{\partial B_y}\frac{\partial B_y}{\partial A_j}$$
$$=\sum_{k=1}^{6}\left\{\frac{\partial(B_x^2+B_y^2)^{\frac{1}{2}}}{\partial B_x}\frac{\partial(\mathrm{rot}\boldsymbol{N}_kA_k)_x}{\partial A_j}+\frac{\partial(B_x^2+B_y^2)^{\frac{1}{2}}}{\partial B_y}\frac{\partial(\mathrm{rot}\boldsymbol{N}_kA_k)_y}{\partial A_j}\right\}$$
$$=\sum_{k=1}^{6}\left\{\frac{1}{2}(B_x^2+B_y^2)^{-\frac{1}{2}}\cdot 2B_x\frac{\partial(\mathrm{rot}\boldsymbol{N}_kA_k)_x}{\partial A_j}+\frac{1}{2}(B_x^2+B_y^2)^{\frac{1}{2}}\cdot 2B_y\frac{\partial(\mathrm{rot}\boldsymbol{N}_kA_k)_y}{\partial A_j}\right.$$
$$=\frac{B_x}{\sqrt{B_x^2+B_y^2}}(\mathrm{rot}\,\boldsymbol{N}_j)_x+\frac{B_y}{\sqrt{B_x^2+B_y^2}}(\mathrm{rot}\,\boldsymbol{N}_j)_y$$
$$=\cos\theta_B(\mathrm{rot}\,\boldsymbol{N}_j)_x+\sin\theta_B(\mathrm{rot}\,\boldsymbol{N}_j)_y$$

$$\frac{\partial\theta_B}{\partial A_j}=\frac{\partial\theta_B}{\partial B_x}\frac{\partial B_x}{\partial A_j}+\frac{\partial\theta_B}{\partial B_y}\frac{\partial B_y}{\partial A_j}$$
$$=\sum_{k=1}^{6}\left\{\frac{\partial\left(\tan^{-1}\dfrac{B_y}{B_x}\right)}{\partial B_x}\frac{\partial(\mathrm{rot}\,\boldsymbol{N}_kA_k)_x}{\partial A_j}+\frac{\partial\left(\tan^{-1}\dfrac{B_y}{B_x}\right)}{\partial B_y}\frac{\partial(\mathrm{rot}\,\boldsymbol{N}_kA_k)_y}{\partial A_j}\right\}$$
$$=\sum_{k=1}^{6}\left\{\frac{B_y}{1+B_y^2/B_x^2}\left(-\frac{1}{B_x^2}\right)\frac{\partial(\mathrm{rot}\,\boldsymbol{N}_kA_k)_x}{\partial A_j}+\frac{1/B_x}{1+B_y^2/B_x^2}\frac{\partial(\mathrm{rot}\,\boldsymbol{N}_kA_k)_y}{\partial A_j}\right\}$$
$$=-\frac{B_y}{B_x^2+B_y^2}(\mathrm{rot}\,\boldsymbol{N}_j)_x+\frac{B_x}{B_x^2+B_y^2}(\mathrm{rot}\,\boldsymbol{N}_j)_y$$
$$=-\frac{1}{B}\sin\theta_B(\mathrm{rot}\,\boldsymbol{N}_j)_x+\frac{1}{B}\cos\theta_B(\mathrm{rot}\,\boldsymbol{N}_j)_y \qquad (6.18)$$

(6.17)式において $\nu_z$ の項を無視し，(6.13)，(6.14)，(6.18)式を代入すると次式となる．

$$\frac{\partial G_i}{\partial A_j}=\sum_k\Bigg[\iiint\Bigg\{\Bigg(\frac{\cos\theta_B(\mathrm{rot}\,\boldsymbol{N}_j)_x+\sin\theta_B(\mathrm{rot}\,\boldsymbol{N}_j)_y}{B\cos\theta_B}[C_1]$$
$$+\frac{-\sin\theta_B(\mathrm{rot}\,\boldsymbol{N}_j)_x+\cos\theta_B(\mathrm{rot}\,\boldsymbol{N}_j)_y}{B^2\cos\theta_B}[C_2]\Bigg)(\mathrm{rot}\,\boldsymbol{N}_i)_x(\mathrm{rot}\,\boldsymbol{N}_k)_x$$
$$+\Bigg(\frac{\cos\theta_B(\mathrm{rot}\,\boldsymbol{N}_j)_x+\sin\theta_B(\mathrm{rot}\,\boldsymbol{N}_j)_y}{B\sin\theta_B}[C_3]$$
$$+\frac{-\sin\theta_B(\mathrm{rot}\,\boldsymbol{N}_j)_x+\cos\theta_B(\mathrm{rot}\,\boldsymbol{N}_j)_y}{B^2\sin\theta_B}[C_4]\Bigg)(\mathrm{rot}\,\boldsymbol{N}_i)_y(\mathrm{rot}\,\boldsymbol{N}_k)_y\Bigg\}A_k$$

$$+\{\nu_x(\mathrm{rot}\,\boldsymbol{N}_i)_x(\mathrm{rot}\,\boldsymbol{N}_j)_x+\nu_y(\mathrm{rot}\,\boldsymbol{N}_i)_y(\mathrm{rot}\,\boldsymbol{N}_j)_y\}\Big]$$

ここで，$[C_1]$, $[C_2]$ は（6.13）式のそれぞれ第1, 2項の［　］の中の値を，$[C_3]$, $[C_4]$ は（6.14）式のそれぞれ第1, 2項の［　］の中の値を示す．上式において $i$ と $j$ を入れ替えてももとの式に等しくならない．このように，異方性材料の解析をニュートン・ラフソン法を用いて行う場合は有限要素法の係数マトリックスは対称にならないので，非対称マトリックス用の連立一次方程式の解法を用いる必要がある．それに対し等方性材料の解析をニュートン・ラフソン法を用いて行う場合は，（4.125）式よりわかるように対称マトリックスになる．

自由エネルギー（$\int \boldsymbol{H}d\boldsymbol{B}-TS$）（$T$:温度, $S$:エントロピー）を用いて定式化を行えば，係数マトリックスが対称になることが示されている[165]．

**b.　Fixed-Point 法を用いた解析**

Fixed-Point 法はニュートン・ラフソン法と異なり，微分磁気抵抗率を用いずに非線形反復計算を行う[23~26]. Fixed-Point 法での非線形残差 $G_i(\boldsymbol{A})$ は,（4.112）式にガラーキン法を適用し，弱形式[27]に変形すると次式のように表される．

$$G_i(\boldsymbol{A})=\iiint \mathrm{rot}\,\boldsymbol{N}_i\cdot(\nu_{\mathrm{FP}}\,\mathrm{rot}\,\boldsymbol{A})\,dV-\iiint \boldsymbol{N}_i\cdot\boldsymbol{J}_0\,dV+\iiint(\mathrm{rot}\,\boldsymbol{N}_i)\cdot\boldsymbol{H}_{\mathrm{FP}}\,dV \quad (6.19)$$

ここで，$\boldsymbol{N}_i$ は辺要素の補間関数である[27]．（6.19）式において，第2項と第3項を右辺に移動して $\boldsymbol{J}_0$ と前のステップで求まった $\boldsymbol{H}_{\mathrm{FP}}$ を与えて計算する場合は異方性材料解析時のニュートン・ラフソン法の場合と異なり，式の形から対称マトリックスとなる．

図6.13に Fixed-Point 法を用いた非線形磁界解析の概念図を示す[28]．概念図の $B$ 軸上にある白丸（○）は，収束目標値である．Fixed-Point 法では，まず計算の初期に一定とする磁気抵抗率 $\nu_{\mathrm{FP}}$ を適当に与えて線形磁界解析を行い，磁束密度 $\boldsymbol{B}^{(1)}$ を求める．次に，この $\boldsymbol{B}^{(1)}$ に対応する $B$-$H$ 曲線上の磁界 $\boldsymbol{H}(\boldsymbol{B}^{(1)})$ と，$\nu_{\mathrm{FP}}$ に対応する $B$-$H$ 直線上の磁界 $\nu_{\mathrm{FP}}\boldsymbol{B}^{(1)}$ との差分（残差）$\boldsymbol{H}_{\mathrm{FP}}^{(2)}$ を求める（（4.111）式参照）．この残差 $\boldsymbol{H}_{\mathrm{FP}}^{(2)}$ を次のステップの計算に反映すれば，残差 $\boldsymbol{H}_{\mathrm{FP}}^{(2)}$ に対して $\boldsymbol{B}^{(2)}$ が変化し，ステップを重ねるごとに残差 $\boldsymbol{H}_{\mathrm{FP}}$ の変化量 $\delta\boldsymbol{H}_{\mathrm{FP}}$ が零となる（残差 $\boldsymbol{H}_{\mathrm{FP}}$ が一定値となる）ことで収束するという方法である．つまり，磁気抵抗率による磁界 $\nu_{\mathrm{FP}}\boldsymbol{B}$ に，補正する量 $\boldsymbol{H}_{\mathrm{FP}}$ を足しこんでいく方法である．図6.13の概念図は（a),（b),（c）と反復回数が進むごとに収束に向かっていく様子を示している．

磁気異方性材料では，図6.14のように一般的に磁束密度ベクトル $\boldsymbol{B}$ と磁界ベクトル $\boldsymbol{H}$ が空間的位相差を有している．図6.14中の RD は電磁鋼板の圧延方向（rolling direction）を，TD は直角方向（transverse direction）を表す．$\theta_{\mathrm{RD}}$ は $x$ 軸に対する RD のずれ角，$\theta_H$ および $\theta_B$ は，それぞれ RD に対する $\boldsymbol{H}$ および $\boldsymbol{B}$ のずれ角である．

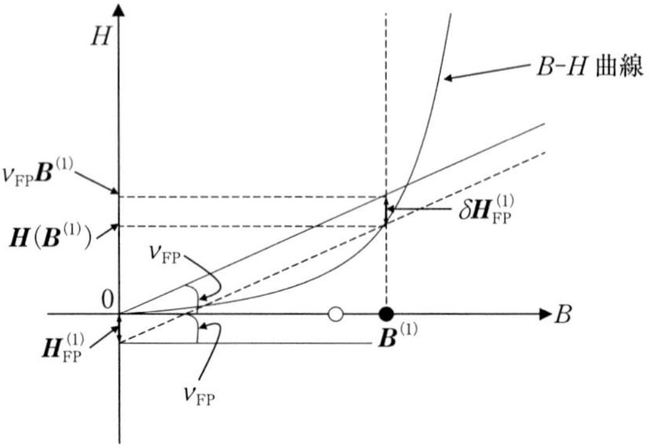


(a)　反復 1 回目

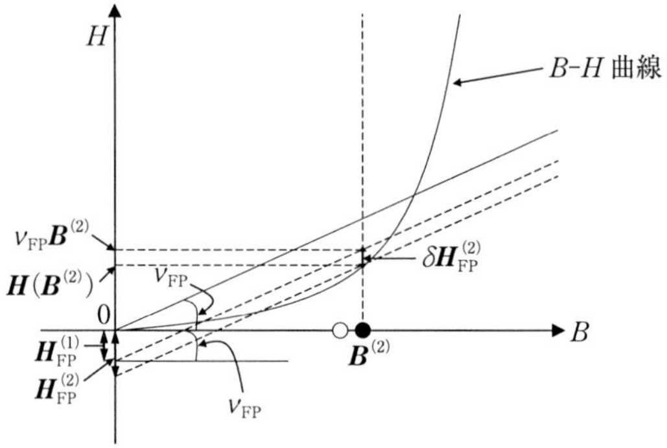


(b)　反復 2 回目

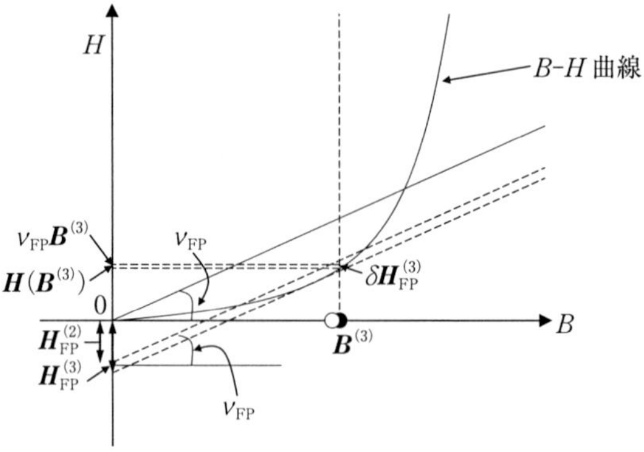


(c)　反復 3 回目

**図 6.13**　Fixed-Point 法の収束の概念図

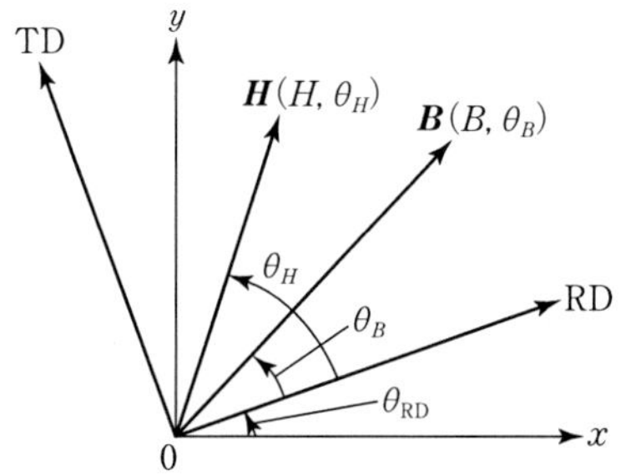

**図 6.14** $B$ と $H$ の関係

(a) $H$-$(B, \theta_B)$ 曲線

(b) $\theta_H$-$(B, \theta_B)$ 曲線

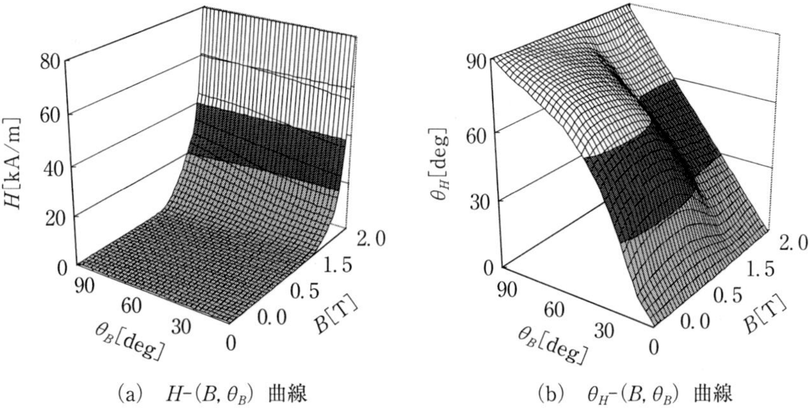

**図 6.15** 二次元磁化特性曲線（無方向性電磁鋼板，35A300）

磁束密度ベクトル $B$ を $(B, \theta_B)$，磁界強度ベクトル $H$ を $(H, \theta_H)$ の関数として扱い，磁気特性を $H$-$(B, \theta_B)$ および $\theta_H$-$(B, \theta_B)$ で表すことを考える．図 6.15 は無方向性電磁鋼板 35A300 の交番磁束条件下における二次元磁化特性曲線を示す．

磁気異方性を考慮した場合の Fixed-Point 法の残差 $H_{FP}$ を求める際，$x$-$y$ 空間で考慮すると RD の傾きによっては $B_x$ と $H_x$ あるいは $B_y$ と $H_y$ で符号が異なるため，残差 $H_{FP}$ を正しく求められない可能性がある．これを改善するためには，残差 $H_{FP}$ をまず RD-TD 空間で求め，その後 $x$-$y$ 空間に対応させるという操作が必要になる[21]．

RD-TD 空間における磁界強度の RD 成分 $H_{RD}$，TD 成分 $H_{TD}$ は（6.20）式で求められる．

$$H_{RD} = H\cos\theta_H, \quad H_{TD} = H\sin\theta_H \\ B_{RD} = B\cos\theta_B, \quad B_{TD} = B\sin\theta_B \tag{6.20}$$

$B_{RD}$，$B_{TD}$ は，磁束密度ベクトル $B$ の RD 成分および TD 成分であり，$\theta_B$，$\theta_H$ は，$B$

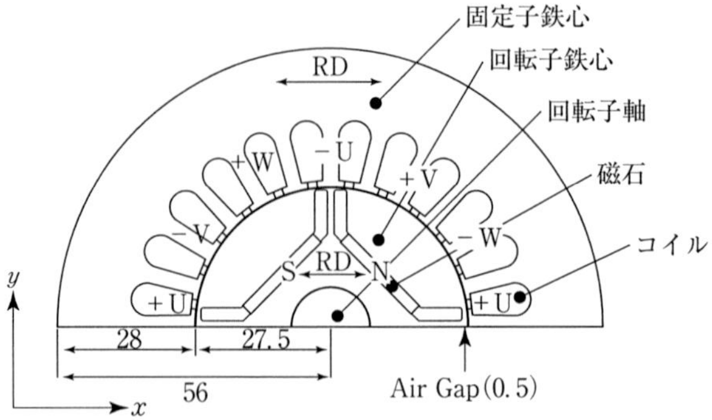


**図 6.16**　電気学会解析手法検討用 D モデル

**表 6.3**　Fixed-Point 法とニュートン・ラフソン法の計算時間の比較

| 方法 | 反復回数 | 計算時間［sec］ |
|---|---|---|
| FPM | 236 | 3915 |
| NRM | 42 | 8599 |

CPU：Intel Core 2 Duo E8400(3.16 GHz)
メモリ：3 GB RAM

ベクトルと $\boldsymbol{H}$ ベクトルの圧延方向からの角度である．

RD−TD 空間における残差 $\boldsymbol{H}_{\mathrm{FP_{RD\text{-}TD}}}$ は (6.21) 式で求められる．

$$\boldsymbol{H}_{\mathrm{FP_{RD\text{-}TD}}}=\begin{Bmatrix}H_{\mathrm{FP_{RD}}}\\H_{\mathrm{FP_{TD}}}\end{Bmatrix}=\begin{Bmatrix}H_{\mathrm{RD}}-\nu_{\mathrm{FP_{RD}}}B_{\mathrm{RD}}\\H_{\mathrm{TD}}-\nu_{\mathrm{FP_{TD}}}B_{\mathrm{TD}}\end{Bmatrix} \tag{6.21}$$

ここで，$\nu_{\mathrm{FP_{RD}}}$, $\nu_{\mathrm{FP_{TD}}}$ は Fixed-Point 法の磁気抵抗率の RD 成分，TD 成分である．いま，RD が $x$ 軸から正の方向に $\theta_{\mathrm{RD}}$ だけずれ角を有しているとすると，$x$-$y$ 空間における残差 $\boldsymbol{H}_{\mathrm{FP}_{x\text{-}y}}$ は $\boldsymbol{H}_{\mathrm{FP_{RD\text{-}TD}}}$ を正の方向に $\theta_{\mathrm{RD}}$ だけ回転させたものに等しくなる．よって $\boldsymbol{H}_{\mathrm{FP}_{x\text{-}y}}$ は (6.22) 式で求められる．

$$\begin{aligned}\boldsymbol{H}_{\mathrm{FP}_{x\text{-}y}}&=\begin{Bmatrix}H_{\mathrm{FP}_x}\\H_{\mathrm{FP}_y}\end{Bmatrix}=\begin{bmatrix}\cos\theta_{\mathrm{RD}}&-\sin\theta_{\mathrm{RD}}\\\sin\theta_{\mathrm{RD}}&\cos\theta_{\mathrm{RD}}\end{bmatrix}\begin{Bmatrix}H_{\mathrm{FP_{RD}}}\\H_{\mathrm{FP_{TD}}}\end{Bmatrix}\\&=\begin{Bmatrix}H_{\mathrm{FP_{RD}}}\cos\theta_{\mathrm{RD}}-H_{\mathrm{FP_{TD}}}\sin\theta_{\mathrm{RD}}\\H_{\mathrm{FP_{RD}}}\sin\theta_{\mathrm{RD}}+H_{\mathrm{FP_{TD}}}\cos\theta_{\mathrm{RD}}\end{Bmatrix}\end{aligned} \tag{6.22}$$

以下に，磁気異方性を考慮した場合における IPM モータ（電気学会解析手法検討用 D モデル[167)]）の無負荷時および負荷時の解析を行い, Fixed-Point 法とニュートン・ラフソン法の計算時間および収束特性について比較検討を行った例を述べる[28)]．

図 6.16 に解析モデルおよびコイル配置を示す．コアの磁気特性および鉄損特性として，実際の電気学会解析手法検討用 D モデルとは異なる無方向性電磁鋼板 35A300

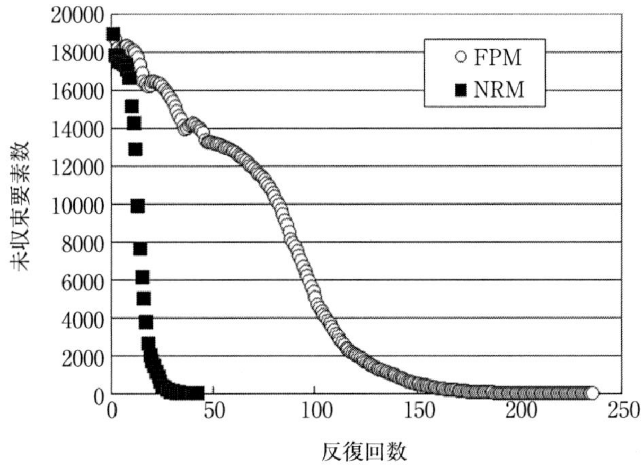


**図 6.17** Fixed-Point 法とニュートン・ラフソン法の収束特性の比較

の測定データ（図 6.15）を用いた．磁石の磁化 $M$ は 1.25 T（パラレル配向），コイル 1 相当たりの巻数は 35 ターンとして，電流入力により磁界解析を行った．

印加電流の実効値 $I_{rms}$ は 3 A，電流位相 $\beta$ は 25 deg である．ステータコアの圧延方向の角度は 0 deg 固定とし，ロータコアの圧延方向の角度は，モータを回転させた際の機械角にあわせた．ただし，圧延方向の角度と機械角は，$x$ 軸の方向（=0 deg）が基準である．回転速度は 1500 $min^{-1}$ とし，渦電流は考慮せず，機械角 $\theta_{rot}$ を 0 deg から 170 deg まで 10 deg ごとに回転させ，合計 18 ステップの解析を行った．計算時間は 18 ステップの結果を示し，収束特性は 1 ステップ目の結果を示す．

各手法の計算時間の結果を表 6.3 に，収束特性を図 6.17 に示す．計算速度も比較対象とするため，各手法における非線形解析の収束条件は，各要素の磁束密度の最大変化量 $\Delta B_{max} < 1.0 \times 10^{-3}$ T と設定した．また，線形反復計算（ICCG 法）における収束条件は，線形残差が $10^{-6}$ 以下とした．用いた計算機の諸元は，CPU が Intel Core 2 Duo E8400（3.16 GHz）でメモリが 3 GB RAM である．収束特性において Fixed-Point 法（FPM）は収束までの反復回数が 236 回，ニュートン・ラフソン法（NRM）が 42 回と Fixed-Point 法は反復回数が 5.5 倍程度多いが，計算時間は Fixed-Point 法がニュートン・ラフソン法に比べて 1/2 以下となる結果が得られた．これは，ニュートン・ラフソン法では係数マトリックスが非対称になるために BiCGSTAB 法（3.4.2 項参照）を用いたのに対し，Fixed-Point 法ではマトリックスが対称となるので ICCG 法（3.4.1 項参照）を用いることができ，線形ソルバの計算時間が短いことの方が大きな要因であると考えられる．また，Fixed-Point 法は係数マトリックスの更新が必要ないため，マトリックス作成にかかる時間が短いとも考えられる．

これらより，二次元磁気特性を考慮した非線形電磁界解析では，Fixed-Point 法は対称マトリックスであるためプログラミングが容易で線形ソルバが使用でき，緩和係数を導入せずとも良好な収束特性を示すなど，ニュートン・ラフソン法に比べて利点が多いといえる．

### 6.2.3　E & SS モデル

前述のように，異方性材料の場合は一般に磁界強度ベクトル $\boldsymbol{H}$ と磁束密度ベクトル $\boldsymbol{B}$ の向きは異なっており，回転磁束下の磁気特性はさらに複雑になってくる．そこで，交番磁界下と回転磁界下さらに渦電流，ヒステリシスまで考慮して，実際の機器で生じている現象を表すことのできる E & SS モデル（積分型 E & S モデル）が提案されている[29~31]．この方法では二次元ベクトル磁気特性測定装置を用いて軸比 $\alpha$（図 6.18 の楕円回転磁束の短軸 $B_{\min}$ と長軸 $B_{\max}$ の比：$\alpha = B_{\min}/B_{\max}$，$\alpha = 1$ は円回転磁束，$\alpha = 0$ は交番磁束に対応），最大磁束密度 $B_m (= B_{\max})$，圧延方向からの長軸の角度 $\theta_B$ を変えたときの $B$ 波形と $H$ 波形を測定し，これをデータ整理して次式で表す[31]．

$$
\begin{aligned}
H_x &= \nu_{xr} B_x + \nu_{xi} \int B_x dt \\
H_y &= \nu_{yr} B_y + \nu_{yi} \int B_y dt
\end{aligned}
\qquad (6.23)
$$

ここで，$\nu_{xr}$, $\nu_{yr}$ は磁気抵抗係数，$\nu_{xi}$, $\nu_{yi}$ は磁気ヒステリシス係数とよばれ，$B$ 波形と $H$ 波形を関係づける係数である．たとえば，$\nu_{xr}$, $\nu_{xi}$ は 1 周期の各瞬時に対して $B_x$, $H_x$ 波形の測定データをプロットして求める．これらは，$B_m$, $\theta_B$, $\alpha$ によって種々異なった値を有しており，多数のデータを計算機に記憶しておいて，これをテーブルルックアップ方式で用いる．この方法では種々の条件下で測定した実測データを用いるので，交番ならびに回転ヒステリシスまで考慮していることになり，$\boldsymbol{B}$ ベクトルならびに

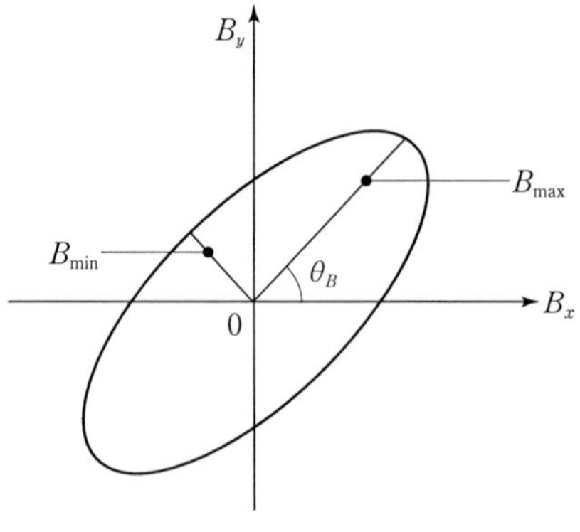


**図 6.18**　楕円回転磁束

$\boldsymbol{H}$ ベクトルを同時に解析できる.

次に, E & SS モデルの二次元磁界解析の基礎方程式を導出する. (1.18) 式のアンペアの周回路の法則の $z$ 方向成分の式に (2.2), (6.23) 式を代入すれば, 次式が得られる[32].

$$\{\mathrm{rot}\,\boldsymbol{H}\}_z=\frac{\partial H_y}{\partial x}-\frac{\partial H_x}{\partial y}$$
$$=\frac{\partial}{\partial x}(\nu_{yr}B_y+\nu_{yi}\int B_y dt)-\frac{\partial}{\partial y}(\nu_{xr}B_x+\nu_{xi}\int B_x dt)$$
$$=-\frac{\partial}{\partial x}\left(\nu_{yr}\frac{\partial A}{\partial x}\right)-\frac{\partial}{\partial y}\left(\nu_{xr}\frac{\partial A}{\partial y}\right)-\frac{\partial}{\partial x}\left(\nu_{yi}\int\frac{\partial A}{\partial x}dt\right)-\frac{\partial}{\partial y}\left(\nu_{xi}\int\frac{\partial A}{\partial y}dt\right)=J_{0z} \tag{6.24}$$

上式にガラーキン法を適用すれば, 有限要素法の式を導出することができる.

本手法では実測データを下記のように近似する.

$$\begin{cases} B_x=B_{mkx}\sin(\tau+\varphi_x)=R_{Bx}\cos\tau-I_{Bx}\sin\tau \\ B_y=B_{mky}\sin(\tau+\varphi_y)=R_{By}\cos\tau-I_{By}\sin\tau \end{cases} \tag{a}$$

ここで, $B_{mkx}$ は $x$ 方向の最大磁束密度, $B_{mky}$ は $y$ 方向の最大磁束密度, $R_{Bx}$, $R_{By}$, $I_{Bx}$, $I_{By}$ は各成分の実数部と虚数部の係数である. $\tau$ は一周期の角度を示す.

磁界強度 $\boldsymbol{H}$ についての一般式はフーリエ級数展開を用いて,

$$\begin{cases} H_x=\sum_{n=1}^{N}(R_{(2n-1)Hx}\cos(2n-1)\tau-I_{(2n-1)Hx}\sin(2n-1)\tau) \\ H_y=\sum_{n=1}^{N}(R_{(2n-1)Hy}\cos(2n-1)\tau-I_{(2n-1)Hy}\sin(2n-1)\tau) \end{cases} \tag{b}$$

となる. $R_{(2n-1)Hx}$, $R_{(2n-1)Hy}$, $I_{(2n-1)Hx}$, $I_{(2n-1)Hy}$ は, それぞれ磁界強度波形の $n$ 次の実数部と虚数部の係数である.

E & SS モデルを表す (6.23) 式と (a), (b) 式を連立させることにより, たとえば $\nu_{xr}$, $\nu_{xi}$ は次式となる[33].

$$\begin{cases} \nu_{xr}=\dfrac{\sum_{n=1}^{N}R_{(2n-1)Hx}\cos(2n-1)\tau}{\cos\tau}\left(\dfrac{R_{Bx}}{R_{Bx}^2+I_{Bx}^2}\right)+\dfrac{\sum_{n=1}^{N}I_{(2n-1)Hx}\sin(2n-1)\tau}{\sin\tau}\left(\dfrac{I_{Bx}}{R_{Bx}^2+I_{Bx}^2}\right) \\ \nu_{xi}=\dfrac{\sum_{n=1}^{N}R_{(2n-1)Hx}\cos(2n-1)\tau}{\cos\tau}\left(\dfrac{I_{Bx}}{R_{Bx}^2+I_{Bx}^2}\right)+\dfrac{\sum_{n=1}^{N}I_{(2n-1)Hx}\sin(2n-1)\tau}{\sin\tau}\left(\dfrac{R_{Bx}}{R_{Bx}^2+I_{Bx}^2}\right) \end{cases}$$

このように, 磁束密度は正弦波に限定されるが, 磁界強度においては任意の波形を再現できる.

注意すべきは, 磁気抵抗率係数, 磁気ヒステリシス係数ともに波形データとして与えられるため, 各ステップに応じたそれぞれの値を用い, 線形計算を行うことである.

次に，求まった磁束密度 $B_m$，軸比 $\alpha$ などに応じて $\nu_r$, $\nu_i$ の修正を行い，ベクトルポテンシャルの修正量が収束判定値より小さくなるまで反復計算を繰り返す．

## 6.3 ヒステリシス特性のモデリング

ヒステリシス特性のモデリング法としては種々の方法が提案されている．ここでは，そのうちの以下の6種類の方法について述べる．

1. 補間法（実測ヒステリシス曲線を補間して用いる方法）
2. プライザッハモデル（磁性体が多数の磁気双極子から構成されているものとしてヒステリシス特性を取り扱う方法）
3. Jiles-Atherton モデル（磁壁の運動などの物理現象をモデリングし，実測に合うようにパラメータを決める方法）
4. Stoner-Wohlfarth モデル（磁性体を相互作用のない単磁区粒子の集合体として取り扱う方法）
5. LLG 方程式（磁区の形状などは磁性体のエネルギーが最小になるように決定されるというマイクロマグネティックス理論に基づいた方法）
6. フィッティング係数を用いる方法（フィッティング係数を用いて交流ヒステリシス曲線をモデリングする方法）

上記のどれかの方法を用いれば，ヒステリシス特性を常にうまくモデリングできるというわけではなく，さらなる研究が必要である．その他に，関数でヒステリシス特性を近似する Potter-Schmulian モデルもあるが，あまり近似がよいとはいえないようである[34, 35]．その他にも種々のモデリング法が提案されている[36～41]．

### 6.3.1 補 間 法

#### a. ヒステリシス曲線の表現法

この方法では，磁性体を直流で励磁して測定した多数のヒステリシス曲線を用いる[42, 43]．まず，図 6.19 のように，測定された最大値が異なる数本のヒステリシス曲線のうちの初期磁化曲線の上側の曲線のみを計算機に記憶させる．下側の曲線は，原点に対して対称の位置にある上側曲線のデータの符号を反転させることにより求める．次に，計算機が記憶している以外のヒステリシス曲線上の点を求める方法について述べる．新しく作られるヒステリシス曲線が，(i) 既存の2つのヒステリシスループの間にある場合，(ii) 記憶されているループのいずれよりも小さい場合，(iii) いずれのループよりも大きい場合について考える．

(i) の例として，図 6.19 の曲線2を，2つの曲線1, 3から求める場合を考える．曲線2上の任意の点Pの位置は，そこから引かれた直線の長さの間に次の関係があるように，内挿によって求める．

$$\frac{\overline{P'P}}{\overline{PP''}}=\frac{\overline{P_1P_2}}{\overline{P_2P_3}} \tag{6.25}$$

(ii) の場合には，記憶されている最小のループに相似なループを新しく作る．

(iii) の場合には，記憶されている最大のループの上下に初期磁化曲線の飽和部を付け加えるのみで，ヒステリシス曲線はそれ以上膨らまないと仮定した．たとえば，図6.19で曲線1が記憶されている最大のループとすれば，その上に初期磁化曲線 $P_1$-$P_m$ を追加する．

図6.20のような単相4脚鉄心変圧器（図は下半分のみを示している）内の磁束分布を上述のヒステリシス曲線の補間法を用いて解析した例を次に示す[42]．このような単相変圧器では，ヒステリシス特性の考慮が必要不可欠である．鉄心の磁束は正弦波励磁で，脚の平均最大磁束密度は1.7Tである．図6.21に磁束分布の計算結果（1/4領域）を示す．$\omega t=0°$ は脚の磁束密度が最大になる瞬間をとった．図6.22に，図6.20に示した外脚とヨークの中心部の局部的な磁束波形の計算値と実測値の比較を示す．ヒステリシスを考慮しない場合の局部的な磁束波形は対称波になるのに対し，ヒステ

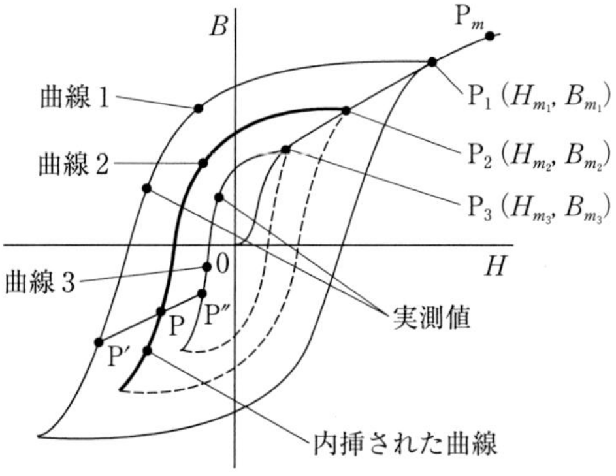


**図6.19**　ヒステリシス曲線の表現法

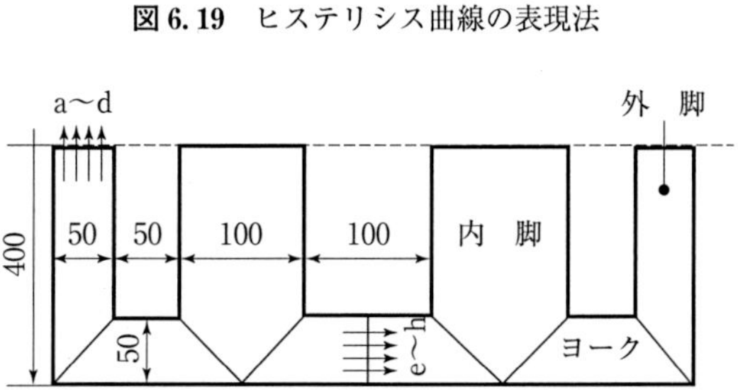


**図6.20**　単相4脚鉄心モデル

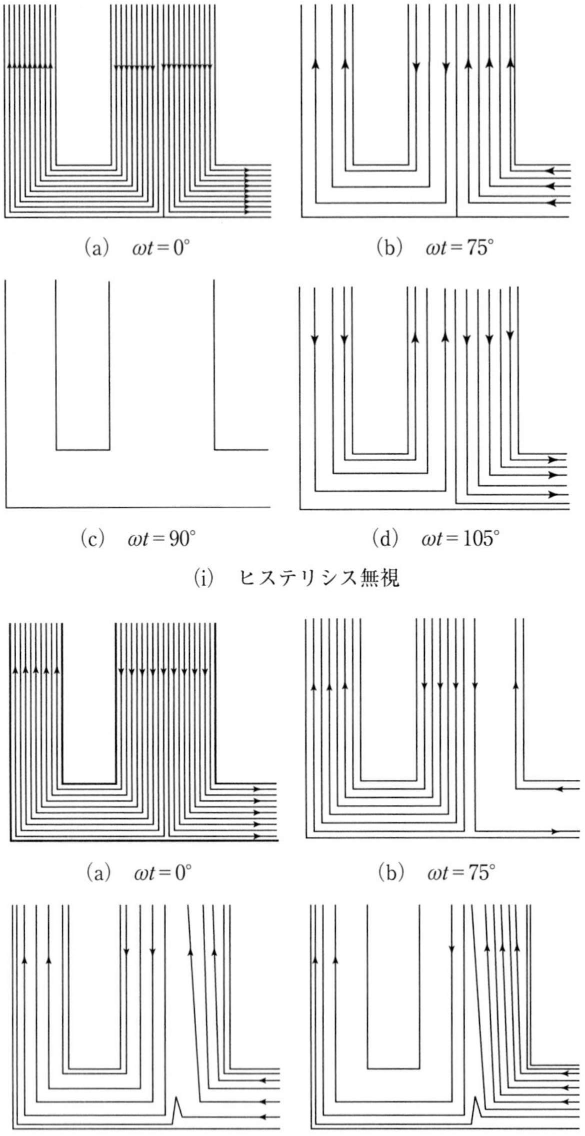

(a)　$\omega t=0°$　　(b)　$\omega t=75°$

(c)　$\omega t=90°$　　(d)　$\omega t=105°$

(i)　ヒステリシス無視

(a)　$\omega t=0°$　　(b)　$\omega t=75°$

(c)　$\omega t=90°$　　(d)　$\omega t=105°$

(ii)　ヒステリシス考慮

**図 6.21**　磁束分布

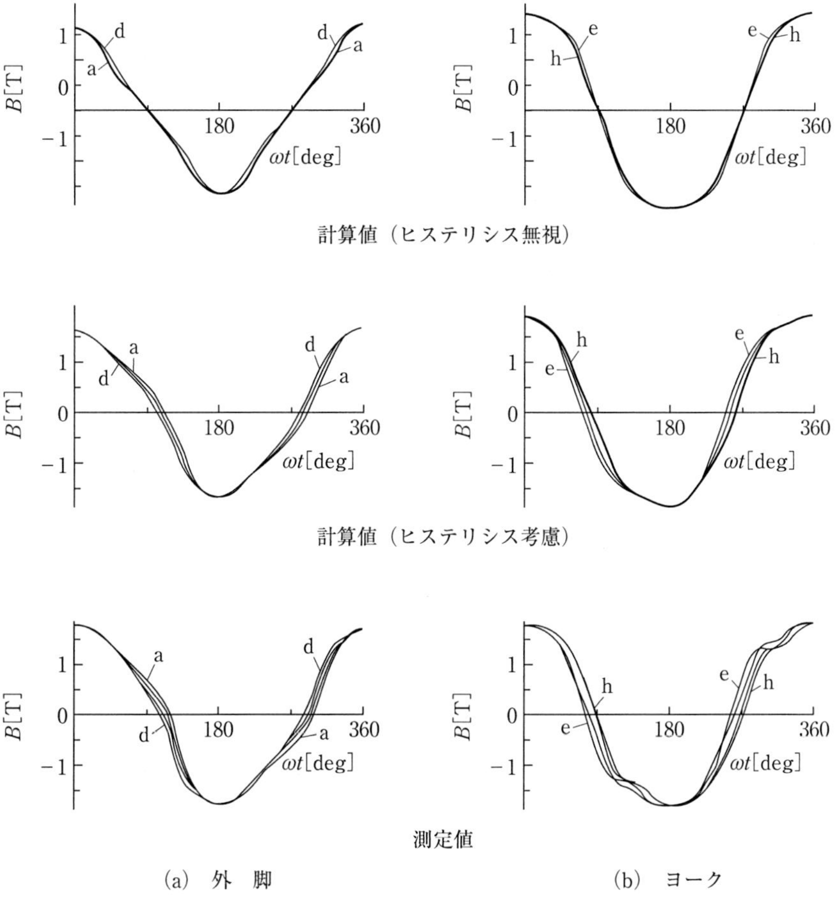


**図 6.22**　局所磁束波形

リシスを考慮した場合は磁束波形は非対称になり，実測波形と比較的よく一致している．

### b.　ヒステリシス曲線上の動作点

ヒステリシスを考慮した解析を行う際は，ステップ・バイ・ステップで，時間を追って計算し，求まった磁束密度の増減に対応してヒステリシス曲線を選択する必要がある．図 6.23 に，用いられるヒステリシス曲線の選択法を示す．図に示すように，磁束密度の時間的な極大値によってヒステリシス曲線を選択すればよい．

すなわち，⓪，①，②の間は初期磁化曲線上を動き，②から⑦まで $B$ が下がっていくが，これは②を起点とした上側ヒステリシス曲線上を動く．⑧の $|B_{max2}|$ は

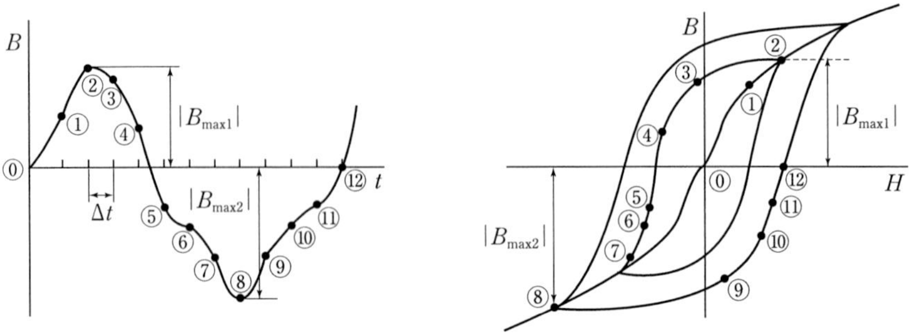


(a)　磁束密度波形　　　　(b)　ヒステリシス曲線上の動作点

**図 6.23**　ヒステリシス曲線の選択法

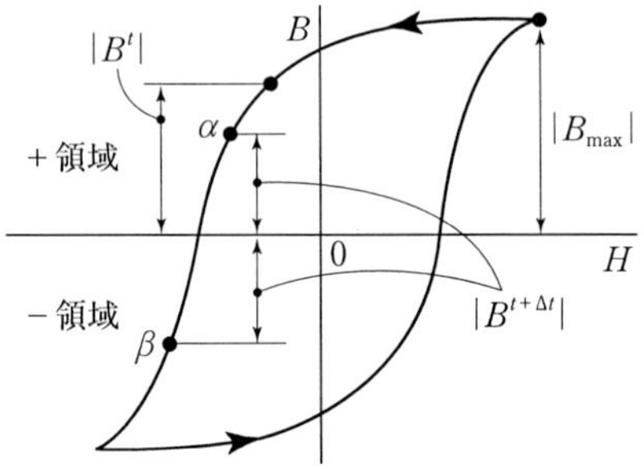


(a)　磁束密度の動作点

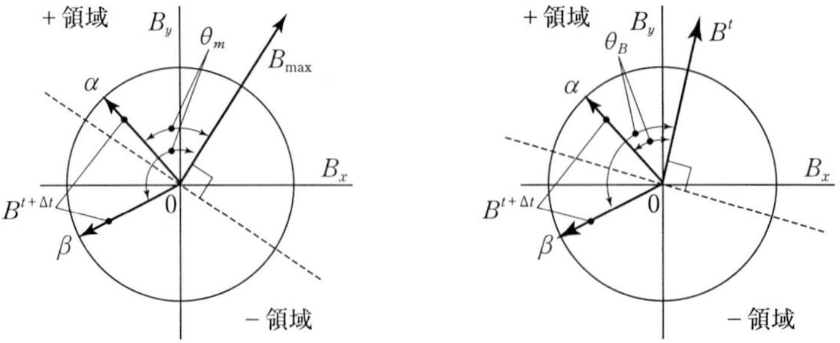


(b)　方法 1（$\theta_m$）　　　　(c)　方法 2（$\theta_B$）

**図 6.24**　ヒステリシス曲線上の動作点の決定法

$|B_{\max1}|$ より大きいので，図 6.23(b) のように②〜⑦のヒステリシス曲線が終わった後は初期磁化曲線上を下がり，⑧に達すると⑧を起点とした下側ヒステリシス曲線⑧〜⑫を上がっていくという経過をたどる.

時刻 $t+\Delta t$ におけるある点の磁束密度が，$\boldsymbol{B}^{t+\Delta t}$ と求まったとする．このとき，この磁束密度を示すヒステリシス曲線上の位置は，図 6.24(a) のように，$\alpha$ 点と $\beta$ 点の 2 点が考えられ，どちらが真の動作点であるかを $\boldsymbol{B}$ の大きさだけで決定することはできない．そこで，たとえば次のような方法が考えられる[44]．

方法 1($\theta_m$)：図 6.24(b) に示すように，磁束密度が最大になる瞬間のベクトル $\boldsymbol{B}_{\max}$ と $\boldsymbol{B}^{t+\Delta t}$ との間の角度 $\theta_m$ が 90° より小さければ $\alpha$（+領域），大きければ $\beta$（−領域）と考える．

方法 2($\theta_B$)：図 6.24(c) に示すように，1 ステップ前の $B^t$ と得られた $B^{t+\Delta t}$ との間の角度 $\theta_B$ に着目し，$\theta_B$ が 90° より小さければ $\alpha$（+領域），大きければ $\beta$（−領域）と考える．

### c.　マイナーループの補間法

永久磁石式 MRI 装置のように，コイルに大きさの変化するパルス状の電流を流す場合は，図 6.25 のようなマイナーループが生じる．これを模擬するために，図 6.26 のような測定されたヒステリシスループの上側曲線を用いてマイナーループを近似的に求める方法が提案されている[45,46]．以下にその方法の概要を示す．

マイナーループの上側曲線および下側曲線は以下のようにして決定する．

#### (1)　上側曲線

図 6.25 の a 点を始点とする上側曲線②は，a 点を頂点とするヒステリシスループの上側曲線②に等しいと考えられるので，マイナーループは，あらかじめ入力しておいた図 6.26 の上側ヒステリシス曲線（メジャーループの実測値，三次曲線で補間）のうち，最も近い最大磁束密度をもつ曲線 2 本を線形補間することによって求める．

#### (2)　下側曲線

ある時刻 $t$ で求まった動作点が b 点（$H_{\min}$, $B_{\min}$）であったとする．時刻 $t+1$ にお

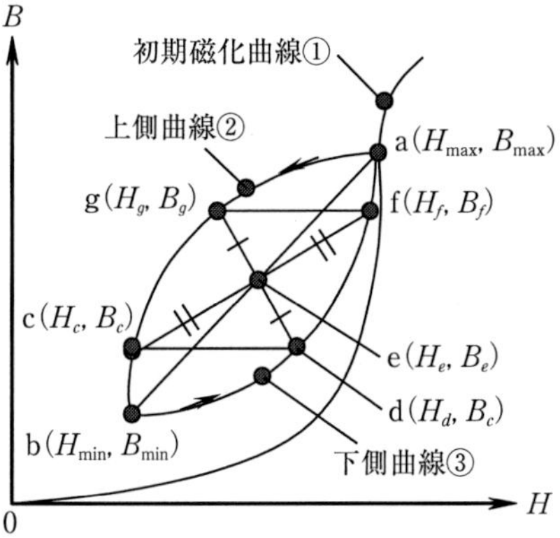


図 6.25　マイナーループの説明

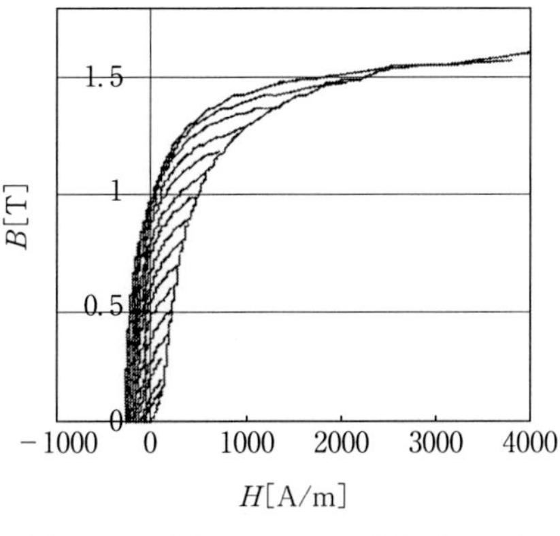


図 6.26　上側ヒステリシス曲線（SS400）

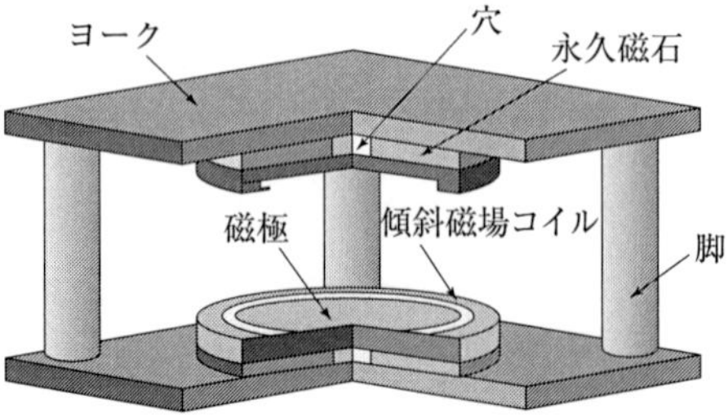


**図 6.27**　対向型永久磁石式 MRI 装置

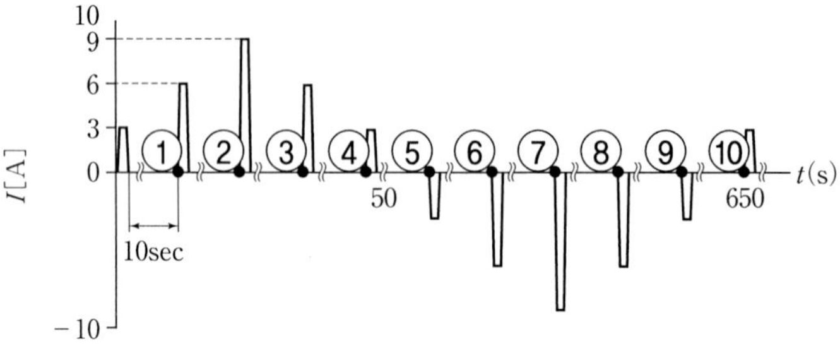


**図 6.28**　傾斜磁場コイルに流すパルス電流

けるニュートン・ラフソン法の 1 回目の反復計算で求まった磁束密度が $B_c$ であるとし，かつ $B_c > B_{\min}$ とする．$B_c$ は 1 つ前の反復計算で求まった磁束密度の値 $B_{\min}$ よりも増加したので，マイナーループの下側曲線をたどるはずである．そこで，動作点は磁束密度が $B_c$ である下側曲線③上の d 点（$H_d$, $B_c$）となる．上側曲線と下側曲線は a 点と b 点の中点 e に対して点対称であると仮定すれば，下側曲線での $H_d$ は次式より求まる．

$$H_d = H_g + 2(H_e - H_g) \tag{6.26}$$

また，ニュートン・ラフソン法による非線形計算に必要な $\nu_d$, $\partial\nu_d/\partial B_c^2$ は $\partial H_d/\partial B_c$ が $\partial H_g/\partial B_g$ に等しいことを用いれば次式で与えられる．

$$\nu_d = \frac{H_d}{B_c} \tag{6.27}$$

$$\frac{\partial \nu_d}{\partial B_c^2} = \frac{\partial}{\partial B_c}\left(\frac{H_d}{B_c}\right)\frac{\partial B_c}{\partial B_c^2} = \left(\frac{1}{B_c}\frac{\partial H_d}{\partial B_c} - \frac{H_d}{B_c^2}\right)\frac{1}{2B_c} = \frac{1}{2B_c^2}\left(\frac{\partial H_g}{\partial B_g} - \nu_d\right) \tag{6.28}$$

ここで，式中の $H_g$, $B_g$ は上側曲線より容易に求めることができ，d 点での $\partial\nu_d/\partial B_c^2$ は d 点と g 点の $\partial H/\partial B$ が等しいことより得られる．

図 6.27 に永久磁石式 MRI 装置のモデルを，図 6.28 に傾斜磁場コイルに流すパルス状電流を示す．図 6.29 に，MRI の画像の鮮明度に及ぼすポールピース中の残留磁

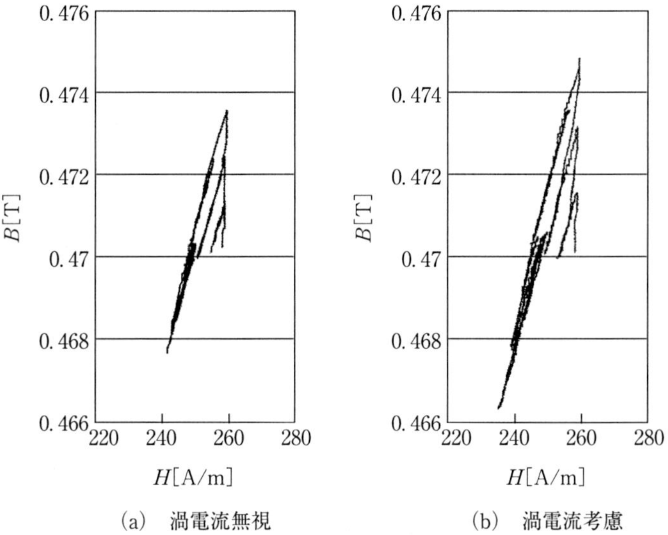


**図 6.29**　渦電流がマイナーループに及ぼす影響

化を求めるために，上述のマイナーループの補間法を用いてポールピース表面でのマイナーループの振舞いを調べた例を示す[47]．渦電流を考慮した場合は，マイナーループの振幅が大きくなっている．

### 6.3.2　プライザッハモデル

**a.　原　　理**

プライザッハモデルでは，磁性体が図 6.30 に示すような特性を有する多数の磁気双極子から構成されているものと仮定する[48~51]．ヒステリシス特性は，その双極子が正，または負のいずれかの状態に変化することによって表現される．具体的には，磁界 $H$($H<H_u$) が増加して $H=H_u$ となったとき，磁化 $M$ が $-M_s$ から $+M_s$ に反転し，磁界 $H$ が減少して $H=H_d$ となったときには，磁化 $M$ が $+M_s$ から $-M_s$ に反転する．ただし，すべての双極子において，$M_s$ は同一であるとする．磁性体の磁化の変化は，同一の保磁力 ($H_u$, $H_d$) を有する双極子（個数：$k(H_u, H_d)$）の磁化が，一斉に回転するとして求められる．また，磁化の計算に用いられる動作点は，(b), (c) 図中に●印で示した P または Q 点である．つまり，保持力 ($H_u$, $H_d$) の双極子の $M$ は，その個数を考慮すると，$+M_s\times k(H_u, H_d)$，または $-M_s\times k(H_u, H_d)$ になる．

**b.　分 布 関 数**

プライザッハモデルでは，磁性体は双極子の集合体として表現されるので，磁化

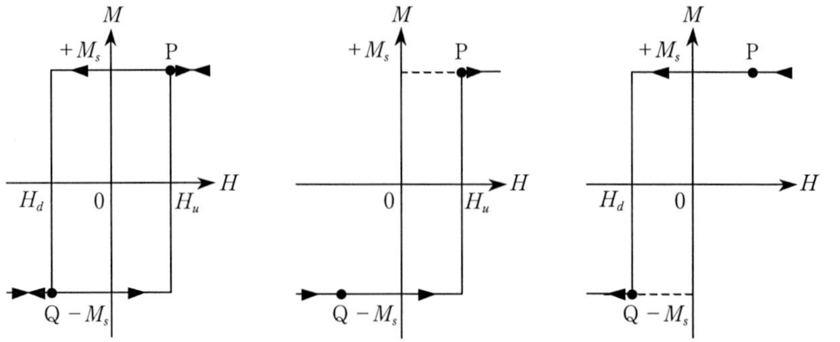


(a) 双極子の符号変化　(b) 正に磁化されている状態　(c) 負に磁化されている状態

**図 6.30　磁気双極子**

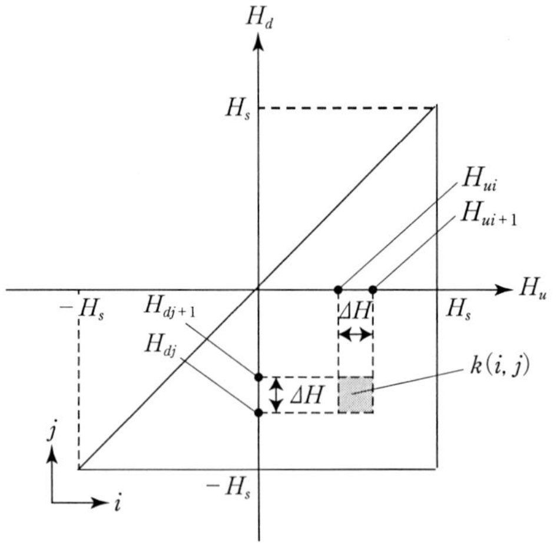


**図 6.31　分布関数の定義域**

$M$ は，各双極子の磁化の総和として，次式で与えられる．

$$M = \iint_{H_u, H_l} M_s \cdot \alpha(H_u, H_d) \cdot k(H_u, H_d)\, dH_u dH_d \tag{6.29}$$

ここで，$\alpha(H_u, H_d)$ は磁化の反転を表す値で，$\alpha = \pm 0.5$ である．$\alpha$ の決定法については後述する．また，双極子の保持力（$H_u, H_d$）が変化する範囲は，$-\infty \sim +\infty$ であるが，後述するように，実質的には $-H_s \leqq (H_u, H_d) \leqq H_s$（$H_s$：飽和磁界）で十分であり，かつ $H_u \geqq H_d$ であるので，（$H_u, H_d$）の定義域は，図 6.31 に示す三角形領域となる．この三角形領域上で定義される双極子の個数 $k(H_u, H_d)$ が，分布関数とよばれる．したがって，(6.30) 式で示す積分値 $K$ を求めることができれば，(6.29) 式

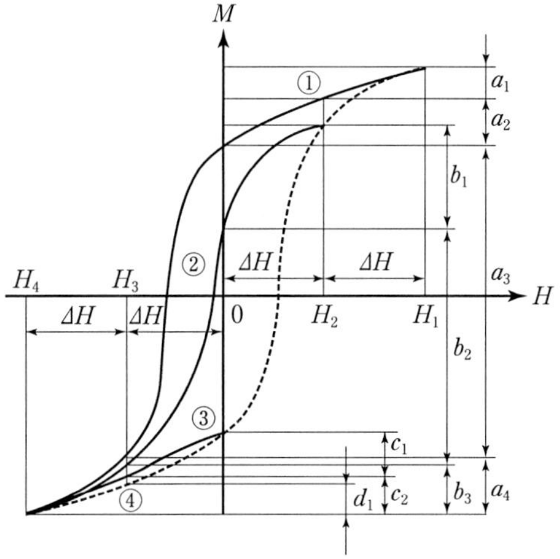


**図 6.32**　下降磁化曲線

は代数和の形で簡単に表すことが可能である．

$$K=\iint_{H_u,H_d} k(H_u, H_d)\,dH_u dH_d \tag{6.30}$$

ここで $k(H_u, H_d)$ は連続的に変化するが，その値は後述するように，計算上の制約から離散的になり，図 6.31 に示すように，たとえば，$H_{ui} \leqq H_u \leqq H_{ui+1}$ および $H_{dj} \leqq H_d \leqq H_{dj+1}$ の四角形領域に割り当てられる．この領域内では $k$ は一定となり，以下では簡単のため，$k(i, j)$ と表す．

図 6.32 に示す実測によって得られたヒステリシスループを用いて，$k(i, j)$ の具体的な計算法を示す[52]．①〜④は下降磁化曲線とよばれ，特に曲線①は，実測システムにおいて発生可能な最大の磁界 $H_m$ を印加して得られた曲線である．曲線②〜④の最大磁界 $H_2$, 0 および $H_3$ は，簡単のため曲線①の磁界の変化範囲 $-H_m(=H_4) \leqq H \leqq H_m(=H_1)$ を $\Delta H$ で等分にした値とした．図 6.33(a) に示すように，全定義領域（$-H_m \leqq (H_u, H_d) \leqq H_m$）にわたって (6.30) 式の積分を行うと，得られた積分値 $K(=a_1+a_2+a_3+a_4)$ は，図 6.32 の下降磁化曲線①上における磁化の変化分，つまり $2M_m$($M_m$: 実測された磁化の最大値) になる．積分範囲を $H_2 \leqq (H_u, H_d) \leqq H_1$ にした場合には，曲線①上の $H_2 \leqq (H_u, H_d) \leqq H_1$ に対する磁化の変化分となり，(a) 図では $a_1$ となる．このように積分領域を種々変更し，曲線①上における磁化の変化分も同様に計算すれば $a_1$〜$a_4$ が求まる．曲線②〜④上における磁化の変化分も同様に計算すると，(b)〜(d) 図に示す各積分値を求めることができる．たとえば，$H_2 \leqq H_u \leqq H_1$, $H_3 \leqq H_d \leqq H_2$ の小領域における $K$，つまり，$k(4, 3)\cdot(\Delta H)^2$ は，(a), (b) 図より，$(a_2-b_1)$ となる．

これからわかるように，$M=M_s$ となる $H \geqq H_s$ の領域では，$K(i, j)=0$ ではなくてはならない．したがって，分布関数の定義領域は，図 6.33 に示したようになる．

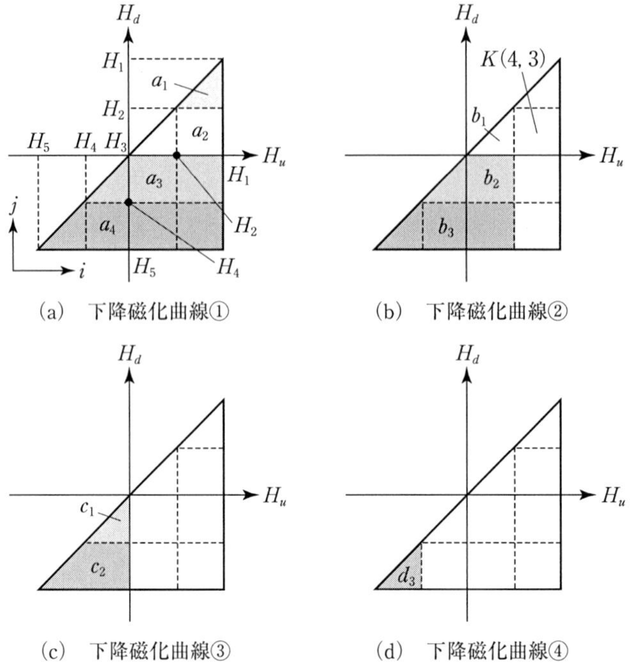


**図 6.33**　下降磁化曲線と分布関数の関係

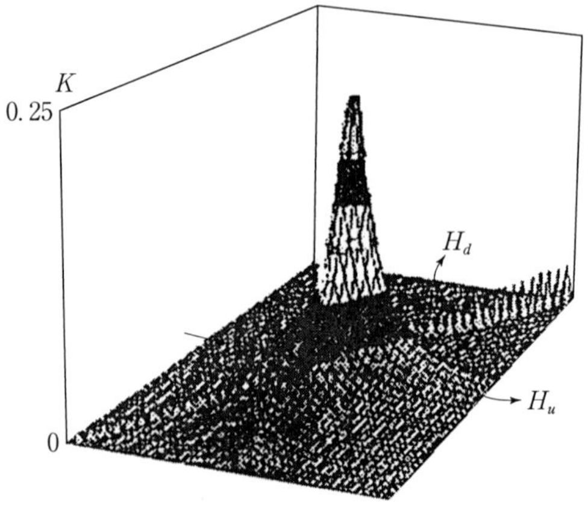


**図 6.34**　分布関数の一例（SS400）

図 6.34 に，SS400 材の $K(i, j)$ の一例を示す．測定誤差がなく，試料の磁化特性が理想的であれば，$K(i, j)$ は $H_d = -H_u$ に対して線対称になる．

### c. 逆分布関数

有限要素法による磁界解析では，汎用性の観点から磁気ベクトルポテンシャルを未知変数として計算を行う．そして，得られた磁束密度 $B$ から，非線形計算に必要な $\nu$, $\partial\nu/\partial B^2$ を計算することができる．しかし，プライザッハモデルのように，磁化 $M$ が磁界の強さ $H$ の関数として表される場合は，有限要素法によって得られた $B$ から，$M$ または $H$ を直接求めることは困難である．そこで，$B$ から $H$ を直接計算することが可能である逆分布関数法が用いられている[52, 53]．逆分布関数の場合も分布関数法と同様の手順で求めることができる．

### d. 磁化反転領域

図 6.35 に示した磁化過程をたどる際の，双極子の磁化反転を表すパラメータ $\alpha$ ($H_u$, $H_l$) の決定法について述べる．図 6.36(a)～(h) は，図 6.35 中の動作点が①～⑧の場合の磁化状態に対応している．

① 図 6.35 の①，つまり，完全に消磁された状態では，図 6.36(a) に示すように，$H_d = -H_l$ に対して線対称の領域で，双極子の磁化が互いに逆になる．このとき磁性体の磁化 $M$ は零である．

②③ 図 6.35 の②～③のように，動作点が初磁化曲線上を上昇した場合，磁性体の $M$ が増加するように，負に磁化されていた双極子が正に反転する．

④ 図 6.35 の④まで動作点が下降すると，それに伴い，磁性体の $M$ が減少するように，正に磁化されていた双極子が負に反転する．

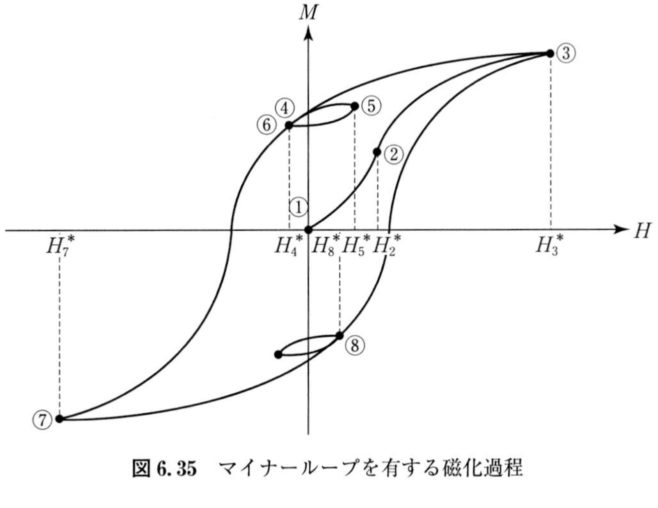


**図 6.35** マイナーループを有する磁化過程

⑤⑥　図 6.35 の⑤まで動作点が上昇すると，マイナーループを形成する．このとき磁性体の $M$ が増加するように，負に磁化されていた双極子が正に反転する．次に，動作点が⑥まで減少すると，磁性体の $M$ が減少するように，正に磁化されていた双極子が負に反転し，④と同じ磁化状態になりマイナーループは閉じる．

⑦　図 6.35 の⑦まで動作点が下降すると，それに伴い，磁性体の $M$ が減少するように，正に磁化されていた双極子が負に反転する．

⑧　図 6.35 の⑧まで動作点が上昇すると，それに伴い，磁性体の $M$ が増加するように，負に磁化されていた双極子が正に反転する．

このような磁化の反転に従って，$\alpha$ の正負を決定する．また，図 6.35 の③で，すべ

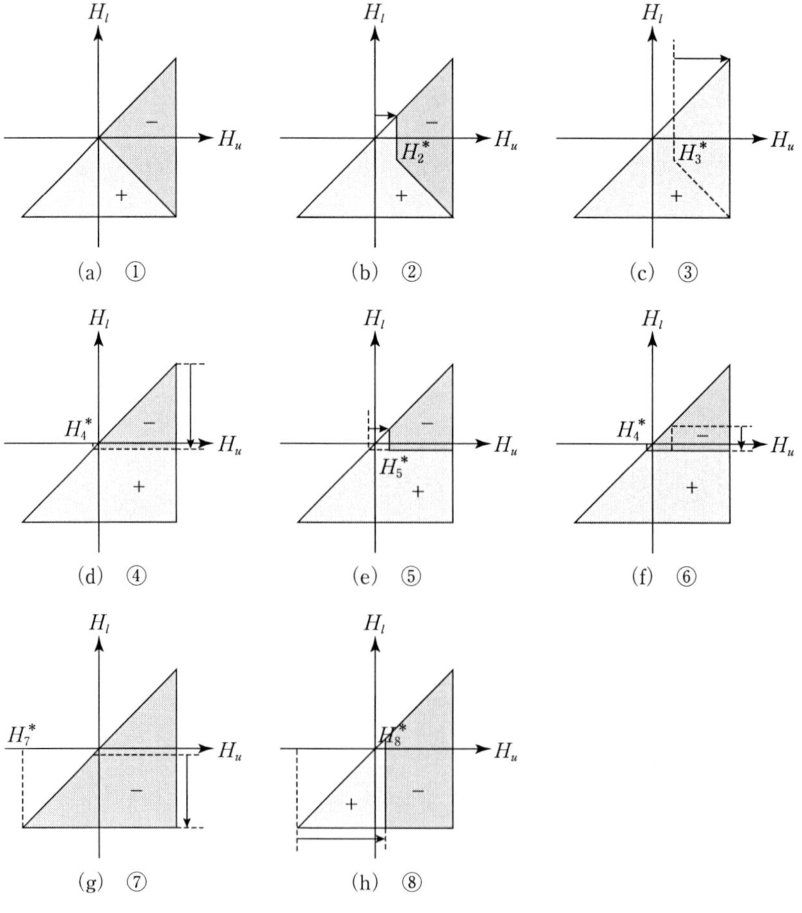


**図 6.36**　磁化過程と双極子の磁化状態の関係

ての双極子が正に磁化されている場合，磁性体の磁化 $M$ は，図 6.35 で $H$ が $H_7^*$ から $H_3^*$ まで変化した場合に対応している．このときの磁化の変化は $2M_m$ になるが，実際の磁化は $M_m$ なので $\alpha$ の絶対値を 1/2 とし，$\alpha=\pm 0.5$ とする．

以上述べたプライザッハモデルは，$B$ と $H$ の大きさ，すなわちスカラ量の間の関係のみを表すことができ，いわゆる $B$ ベクトルと $H$ ベクトルの方向が一般に異なっている異方性材料は扱えないので，スカラプライザッハモデルとよばれる．異方性材料のいわゆるベクトルヒステリシス特性を取り扱えるようにするため，圧延方向に対して種々の方向のスカラプライザッハモデルを用意し，それに係数を掛けてモデリングする方法などが提案されている[54,55]．

### 6.3.3　Jiles-Atherton モデル

Jiles-Atherton モデル（J-A モデル）は磁壁の移動を考慮したモデルであり，ヒステリシスのないモデルとピン止め力を考慮したヒステリシスモデルの 2 種類が示されている[56,57]．

**a.　ヒステリシスのないモデル**

これは次式で定義される実効磁界 $H_e$ を用いて，$H_e=0$ のときは零，$H_e=\infty$ のときは 1 になるような関数 $L(H_e)$ を用いて，磁壁が平行状態になったときのヒステリシスのない $B$-$H$ 曲線（anhysteretic curve）を表そうとするものである．

$$H_e=H+\alpha M \tag{6.31}$$

ここで，$H$ は磁性体の内部磁界，$\alpha$ は磁壁間の結合を表す平均磁界パラメータで，実験結果を用いて決定される．上述のような特性を有する関数 $L(H_e)$ として，J-A モデルでは改良ランジュバン関数（modified Langevin function）を導入している．これを用いると，ヒステリシスのない場合の磁化 $M_{an}$ は，飽和磁化 $M_s$ を用いて次式で表される．

$$M_{an}=M_s\left[\coth\left(\frac{H_e}{a}\right)-\left(\frac{a}{H_e}\right)\right] \tag{6.32}$$

ここで，$a$ はヒステリシスのない $B$-$H$ 曲線の形を決める値で，次式で与えられる．

$$a=\frac{k_B T}{\mu_0\langle m\rangle}$$

ここで，$k_B$ はボルツマン定数，$T$ は温度（ケルビン），$\langle m\rangle$ は磁区の大きさの平均値である．

結局，ヒステリシスのない $B$-$H$ 曲線は（6.31），(6.32）式で求められる．実験でこの曲線を求める際は，値のわかった直流磁界 $H_{dc}$ を印加し，次に振幅の大きな低周波（たとえば 0.2 Hz）の交流磁界を印加し，交流成分を零に減衰させることにより得られる[57]．

**b.　ヒステリシスを考慮したモデル**

外部磁界が印加されると磁壁が動こうとするが，ピンニングのため，磁壁はスムーズに動かず，それによってヒステリシスが生じる．これを考慮したモデルは以下のようにして導出される．

実効磁束密度 $B_e$ による非可逆磁化 $M_{\mathrm{irr}}$ のエネルギー $\int M_{\mathrm{irr}} dB_e$ は損失のない場合のエネルギー $\int M_{an}(H_e)dB_e$ からヒステリシスによる損失 $k\int dM_{\mathrm{irr}}$ を差し引いて，次式のように表される．

$$\int M_{\mathrm{irr}} dB_e = \int M_{an}(H_e)\,dB_e - k\int\left(\frac{dM_{\mathrm{irr}}}{dB_e}\right)dB_e \tag{6.33}$$

ここで，$k$ はピン止め力に比例したパラメータであり，次式で与えられる．

$$k = \frac{n\langle\varepsilon\pi\rangle}{2m}$$

$m$ は単位体積当たりの磁気モーメント，$n$ はピン止め部の密度の平均値，$\langle\varepsilon\pi\rangle$ は180°磁壁の平均ピン止めエネルギーである．(6.33) 式を $B_e$ で微分すると次式が得られる．

$$M_{\mathrm{irr}} = M_{an} - \delta k\frac{dM_{\mathrm{irr}}}{dB_e}$$

$\delta$ は磁界増加時には $+1$，減少時には $-1$ の値をとる係数である．ところで，実効磁束密度 $B_e$ は (6.31) 式の $M$ を $M_{\mathrm{irr}}$ とおいたものを用いて次式で表される．

$$B_e = \mu_0 H_e = \mu_0(H + \alpha M_{\mathrm{irr}})$$

上式を微分して $dM_{\mathrm{irr}}/dB_e$ を求め，これを (6.33) 式に代入すると次式が得られる．

$$\frac{1}{\mu_0\left(\alpha + \dfrac{dH}{dM_{\mathrm{irr}}}\right)} = \frac{M_{an} - M_{\mathrm{irr}}}{\delta k}$$

上式をさらに変形すれば，結局次式が得られる．

$$\frac{dM_{\mathrm{irr}}}{dH} = \frac{M_{an} - M_{\mathrm{irr}}}{\delta k/\mu_0 - \alpha(M_{an} - M_{\mathrm{irr}})} \tag{6.34}$$

また可逆磁化 $M_{\mathrm{rev}}$ は次式で表される．

$$M_{\mathrm{rev}} = c(M_{an} - M_{\mathrm{irr}}) \tag{6.35}$$

ここで，$c$ は初磁化率 $\chi_{in}$，非ヒステリシス磁化曲線における原点の磁化率 $\chi_{an}$ を用いて，次式で与えられる係数である．

$$c = \frac{\chi_{in}}{\chi_{an}}$$

全体の磁化 $M$ は，非可逆磁化 $M_{\mathrm{irr}}$ と可逆磁化 $M_{\mathrm{rev}}$ の和であり，次式で与えられる．

$$M = M_{\mathrm{irr}} + M_{\mathrm{rev}} \tag{6.36}$$

結局，ヒステリシス曲線（メジャーループ）は，(6.34) 式より $M_{\mathrm{irr}}$ を（$M_{an}$ は (6.32) 式より求まる），また，(6.35) 式より $M_{\mathrm{rev}}$ を求め，(6.36) 式で両者を加え合わせることにより求められる．

本モデルを用いてヒステリシスループを表現するためには，飽和磁化 $M_s$，ピン止め力に比例したパラメータ $k$，磁区内の磁化間の結合度 $\alpha$，熱平衡状態に関係し，ヒステリシスのない $B$-$H$ 曲線の形を決める値 $a$，磁壁の可逆運動に関係した値 $c$ の計5個の物理的パラメータの値を，実測したヒステリシスループより求める（同定）必要がある[164]．モデリングの精度は，これらのパラメータの決め方に依存しており，種々の同定方法が提案されている[58]．

### 6.3.4　Stoner-Wohlfarth モデル

#### a.　基　礎　式

これは，磁性体を一軸磁気異方性をもった相互作用のない有限個の単磁区粒子（Stoner-Wohlfarth 粒子[59]）の集合体として扱って，ヒステリシス特性を表現しようとするモデルである[60,61]．このモデルでは，各粒子は磁化容易方向に一様に磁化されて同じ磁気モーメント $M_s$ をもち，どの方向にも回転できるとして取り扱う．また粒子間の相互作用は無視する．異方性磁界 $H_k(=2K_u/M_s,\ K_u$：磁気異方性定数) はガウス分布に従い，その磁化容易軸 $p$ は三次元的に分布していると仮定する．印加磁界下の単磁区粒子の集合体の磁化は，個々の SW（Stoner-Wohlfarth）粒子の過去の履歴を考慮して磁化の和をとることにより求められる．

#### b.　SW 粒子の磁界中での振る舞い

個々の SW 粒子に，磁界 $H$ を印加したときの磁化 $M_s$ は図 6.37 のようにエネルギーが最小になる方向に回転する．すなわち，磁界 $H$ が加わった場合の SW 粒子のエネルギー $E$ は，磁気異方性による異方性エネルギーと，印加磁界による外部磁場エネルギー（ゼーマンエネルギー）の和として，以下のように表される[62]．

$$E=V\{K_u\sin^2\theta-\boldsymbol{M}_s\cdot\boldsymbol{H}\} \tag{6.37}$$

ここで，$K_u$ は磁気異方性定数，$V$ は SW 粒子の体積，$\theta$ は磁化の磁化容易軸方向 $\boldsymbol{p}$ からの角度，$\boldsymbol{M}_s$ は飽和磁化，$\boldsymbol{H}$ は印加磁界である．磁化容易軸 $\boldsymbol{p}$ と印加磁界 $\boldsymbol{H}$ の角度を $\alpha$ とすると，(6.37) 式は次式となる．

$$E=V\{K_u\sin^2\theta-M_sH\cos(\alpha-\theta)\} \tag{6.38}$$

また，磁界 $\boldsymbol{H}$ の磁化容易軸 $\boldsymbol{p}$ 方向成分 $H_p$ と，困難軸 $t$ 方向成分 $H_t$ は，図 6.37 より次式で表される．

$$H_p=H\cos\alpha \tag{6.39}$$

$$H_t=H\sin\alpha \tag{6.40}$$

磁化は $\boldsymbol{p}$ 軸と $\boldsymbol{t}$ 軸を含む面上を向くものとする．磁化の安定な方向は，(6.38) 式が

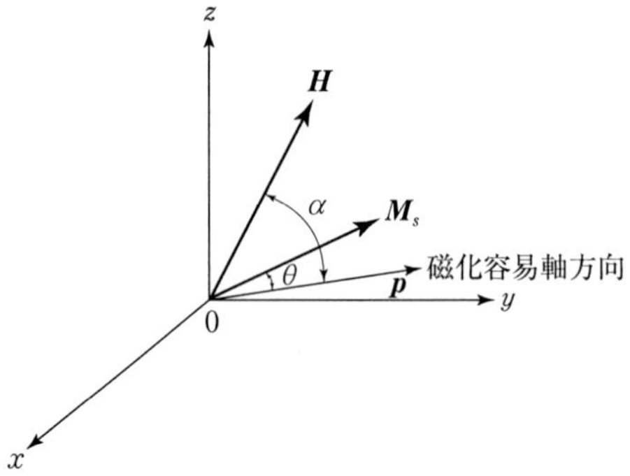


**図 6.37**　印加磁界 $\boldsymbol{H}$ と磁化 $\boldsymbol{M}_s$

極小値をとる $\theta$ であり，以下の式を解くことにより求まる．

$$\frac{\partial E}{\partial\theta}=V\{2K_u\sin\theta\cos\theta-M_sH\sin(\alpha-\theta)\}=0 \tag{6.41}$$

$$\frac{\partial^2 E}{\partial\theta^2}=V\{2K_u(\cos^2\theta-\sin^2\theta)+M_sH\cos(\alpha-\theta)\}>0 \tag{6.42}$$

一方，磁化の安定な方向から不安定な方向へ移り変わるときの磁界 $\boldsymbol{H}$ は，(6.41) 式と次式を満たす条件により与えられる．

$$\frac{\partial^2 E}{\partial\theta^2}=V\{2K_u(\cos^2\theta-\sin^2\theta)+M_sH\cos(\alpha-\theta)\}=0 \tag{6.43}$$

次に，(6.41) 式と (6.43) 式を満たす磁界を求める．(6.41)，(6.43) 式を変形すると次式となる．

$$2K_u\sin\theta\cos\theta-M_s(H_t\cos\theta-H_p\sin\theta)=0 \tag{6.44}$$

$$2K_u(\cos^2\theta-\sin^2\theta)+M_s(H_p\cos\theta+H_t\sin\theta)=0 \tag{6.45}$$

(6.44) 式の両辺に $\cos\theta$ を，また (6.45) 式の両辺に $\sin\theta$ を掛けると次式となる．

$$H_t\cos^2\theta-H_p\sin\theta\cos\theta=\frac{2K_u}{M_s}\sin\theta\cos^2\theta \tag{6.46}$$

$$H_p\sin\theta\cos\theta+H_t\sin^2\theta=-\frac{2K_u}{M_s}\sin\theta(\cos^2\theta-\sin^2\theta) \tag{6.47}$$

(6.46)，(6.47) 式より次式が得られる．

$$H_p=-\frac{2K_u}{M_s}\cos^3\theta \tag{6.48}$$

$$H_t=\frac{2K_u}{M_s}\sin^3\theta \tag{6.49}$$

(6.48)，(6.49) 式より次式が得られる．

$$H_p^{2/3}+H_t^{2/3}=H_k^{2/3} \tag{6.50}$$

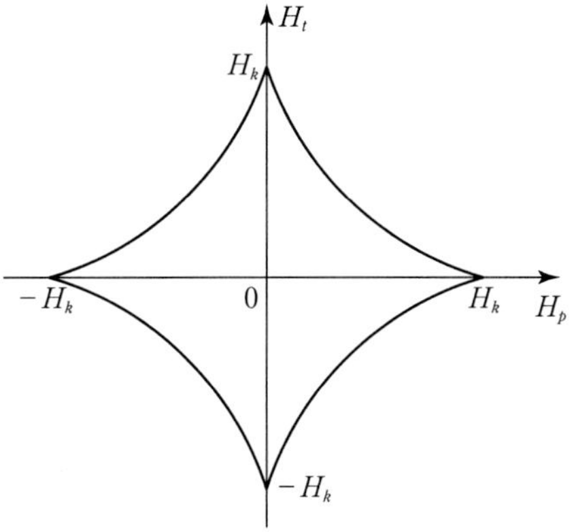


**図 6.38**　$H_p$, $H_t$ 平面におけるアステロイド曲線

ここで，$H_k$ は異方性磁界とよばれ次式で表される．

$$H_k = \frac{2K_u}{M_s} \tag{6.51}$$

(6.50) 式は図 6.38 のような $H_p$, $H_t$ 平面におけるアステロイド曲線を表す式である．このアステロイド曲線は，SW 粒子の磁化の方向の安定な領域と不安定な領域を分ける限界曲線となっている．

### c.　磁化の方向

次に，ある方向の磁界 $H_p$, $H_t$ が印加されたときの磁化の安定な方向 $\theta$ が，その磁界のベクトルの先端から引いたアステロイド曲線の接線に等しいことを示す．(6.48)，(6.49) 式に (6.51) 式を代入したものを $\theta$ で微分すると，次式が得られる．

$$\frac{dH_p}{d\theta} = 3H_k \cos^2\theta \sin\theta \tag{6.52}$$

$$\frac{dH_t}{d\theta} = 3H_k \sin^2\theta \cos\theta \tag{6.53}$$

上式より，接線の傾きは，次式のように求まる．

$$\frac{dH_t}{dH_p} = \tan\theta \tag{6.54}$$

接線の傾きは $\tan\theta$ で，かつ接線は最大値が $H_k$ でアステロイド曲線の内側にあるため接線の $H_t$ 軸との交点は $H_k \sin\theta$ となるので，アステロイド曲線の接線の方程式は，次式となる．

$$H_t = H_p \tan\theta + H_k \sin\theta \tag{6.55}$$

一方，磁化の安定な方向 $\theta$ を求める条件式である (6.44) 式に (6.51) 式を代入して書き直すと，次式となる．

$$H_t = H_p \tan\theta + H_k \sin\theta \tag{6.56}$$

すなわち，磁化の安定な方向 $\theta$ は，(6.55) 式のアステロイド曲線の接線の方程式に一致する．

磁化の安定条件の式である (6.42) 式に，(6.39)，(6.40)，(6.51)，(6.56) 式を代入すると，次式のように変形できる．

$$\begin{aligned}\frac{\partial^2 E}{\partial\theta^2} &= \frac{2K_uV}{\cos\theta}\left\{\cos^3\theta - \sin^2\theta\cos\theta + \frac{M_sH}{2K_u}\cos(\alpha-\theta)\cos\theta\right\}\\ &= \frac{2K_uV}{\cos\theta}\left\{\cos^3\theta - \sin^2\theta\cos\theta + \frac{H_p}{H_k}\cos^2\theta + \frac{H_t}{H_k}\sin\theta\cos\theta\right\}\\ &= \frac{2K_uV}{\cos\theta}\left\{\cos^3\theta - \sin^2\theta\cos\theta + \frac{H_p}{H_k}\cos^2\theta + \frac{1}{H_k}(H_p\tan\theta + H_k\sin\theta)\sin\theta\cos\theta\right\}\\ &= \frac{2K_uV}{\cos\theta}\left(\cos^3\theta + \frac{H_p}{H_k}\right) > 0\end{aligned} \tag{6.57}$$

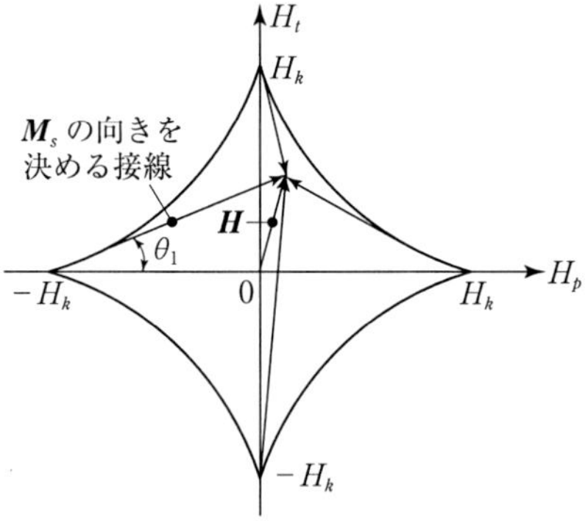


**図 6.39**　磁界強度ベクトル $\boldsymbol{H}$ の先端がアステロイドの内側にある場合

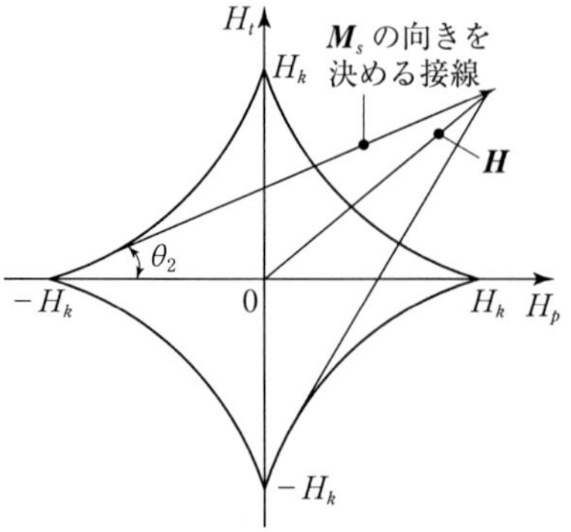


**図 6.40**　磁界強度ベクトル $\boldsymbol{H}$ の先端がアステロイドの外側にある場合

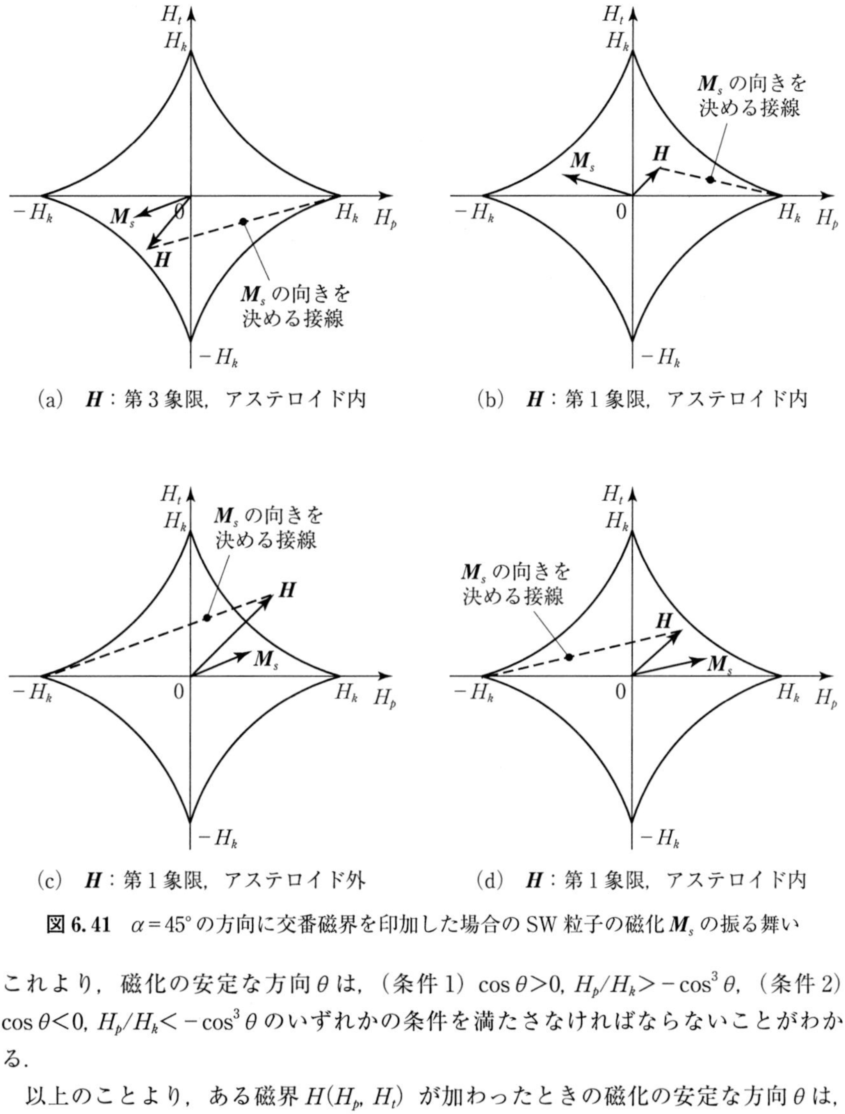


**図 6.41**　$\alpha=45°$ の方向に交番磁界を印加した場合の SW 粒子の磁化 $\boldsymbol{M}_s$ の振る舞い

これより，磁化の安定な方向 $\theta$ は，（条件 1）$\cos\theta>0$, $H_p/H_k>-\cos^3\theta$,（条件 2）$\cos\theta<0$, $H_p/H_k<-\cos^3\theta$ のいずれかの条件を満たさなければならないことがわかる．

以上のことより，ある磁界 $H(H_p, H_t)$ が加わったときの磁化の安定な方向 $\theta$ は，$H_p$-$H_t$ 平面における点（$H_p$, $H_t$）から（6.57）式を満たすようにアステロイド曲線に引いた接線の方向に等しい．たとえば，図 6.39 に示すようにベクトルの先端がアステロイドの内側にあるような磁界 $\boldsymbol{H}$ が加わった場合，図に示すような 4 本の接線が引けるが，SW 粒子の磁化の安定な方向は容易軸からの角度が最も小さい $\theta_1$ となる．図 6.40 のように磁界ベクトルの先端がアステロイドの外側にある場合は，接線が 2

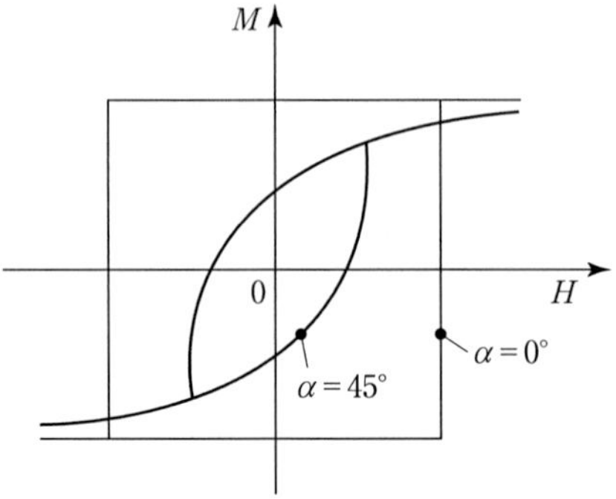


**図 6.42**　*M*-*H* 曲線

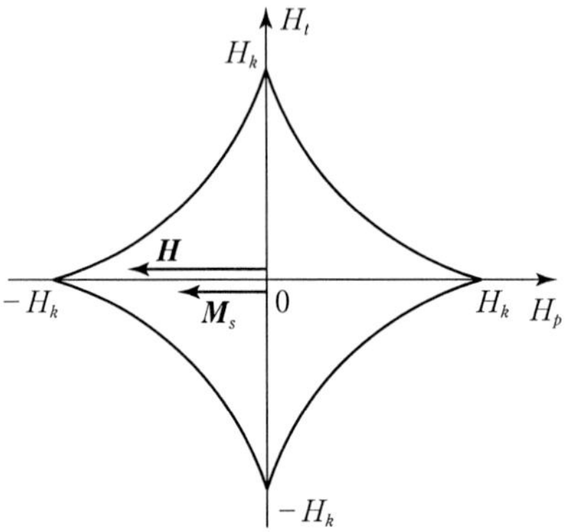


(a)　***H***：負，アステロイド内

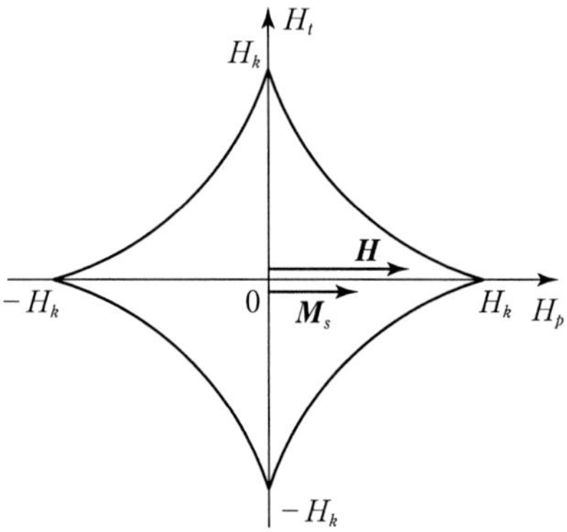


(b)　***H***：正，アステロイド内

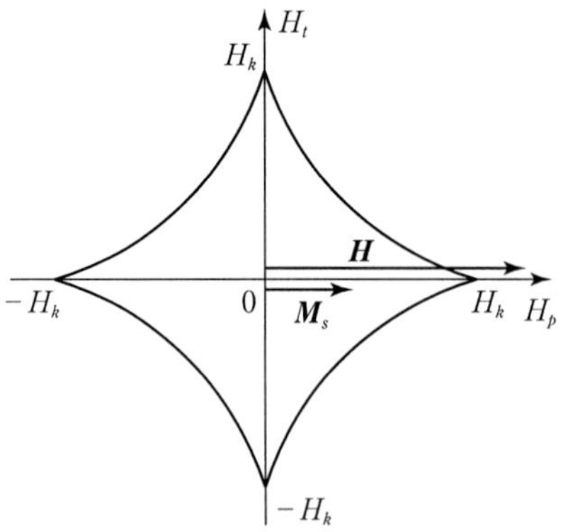


(c)　***H***：正，アステロイド外

**図 6.43**　$\alpha = 0°$ の方向に交番磁界を印加した場合の SW 粒子の磁化 $\boldsymbol{M}_s$ の振る舞い

本引け，磁化の向きは傾きの小さい方の $\theta_2$ となる[62)].

次に，交番磁界が印加された場合の磁化の振る舞いについて述べる．図 6.41 (a)に，磁化容易軸（$H_p$）に対して 225° の方向に磁界が印加された場合の磁化 $\boldsymbol{M}_s$ の向き（第 3 象限）を示す．磁界が逆方向に印加（45°）された場合でも磁化の安定な方向は図(b) のように第 2 象限を向いている．図（c）のように磁界がさらに大きくなってアステロイドを横切ると急に磁化が第 1 象限を向くようになる．磁界が減少しても図(d) のように磁化は第 1 象限を向いている．このように，SM モデルでの磁界 $\boldsymbol{H}$ と磁化 $\boldsymbol{M}_s$ は非可逆的な振る舞いをする．図 6.42 に，一例として，磁化容易軸から 45° の方向（$\alpha=45°$）に交番磁界を印加した場合のヒステリシスループを示す．$M$ は磁化 $\boldsymbol{M}$ を $\boldsymbol{H}$ ベクトル方向へ射影したものである．磁界が磁化容易方向（$\alpha=0°$）を向いている場合は図 6.43 に示したプロセスを経るので，図 6.42 のように直角のヒステリシスループを示す．

このように，SW 粒子の磁化の安定な方向は，同じ磁界が加わった場合でも，直前の磁化状態によって異なる．そのため，直前の磁化状態を履歴 $S$ として保存しておくことが必要となる[63, 64)]．磁界がない場合に，磁化が $+p$ 側を向いた状態を $S=1$，$-p$ 側を向いた状態を $S=0$ と定義し，履歴 $S$ を利用することで磁界 $\boldsymbol{H}$ が印加されたときの磁気モーメントの安定な方向を決定することができる．

磁性体の磁化 $M$ は各単磁区粒子の磁化 $\boldsymbol{M}_s$ の和として次式で求められる．

$$M=\frac{1}{V}\int_0^{2\pi}\int_0^{\pi}\boldsymbol{M}_s(\xi,\psi,\boldsymbol{H})\,\rho(\xi,\psi)\sin(\psi)\,d\psi d\xi \tag{6.58}$$

ここで，$V$ は考えている磁性体の体積である．また，$\rho(\xi,\psi)$ は球座標（$\xi,\psi$）を用いて表した SW 粒子の分布関数で，たとえば乱数を用いて与えられ，次式の関係を有している．

$$\int_0^{2\pi}\int_0^{\pi}\rho(\xi,\psi)\sin(\psi)\,d\psi d\xi=1 \tag{6.59}$$

以上の結果は，粒子内の磁気モーメントはすべて平行に保たれながら一斉に回転する一斉磁化回転モデルに従うとしたものである．また，SW 粒子間の相互作用と磁壁のピンニング効果は無視している．しかし，実際の磁性体の磁化は，必ずしもこのような理想的な振る舞いをするわけではない．

すなわち，磁化容易軸方向では，通常，磁化反転に要する磁界，すなわち保磁力 $H_c$ は異方性磁界 $H_k$ よりもかなり小さい．これは，磁化容易軸方向での磁化反転が上述の一斉磁化回転ではなく，磁壁の移動により磁化が印加磁界方向に向くためである．そこで，$H_k$ よりも小さな磁界で磁化のスイッチングが生じることを考慮できる修正 SW 粒子モデルが提案されている[65)].

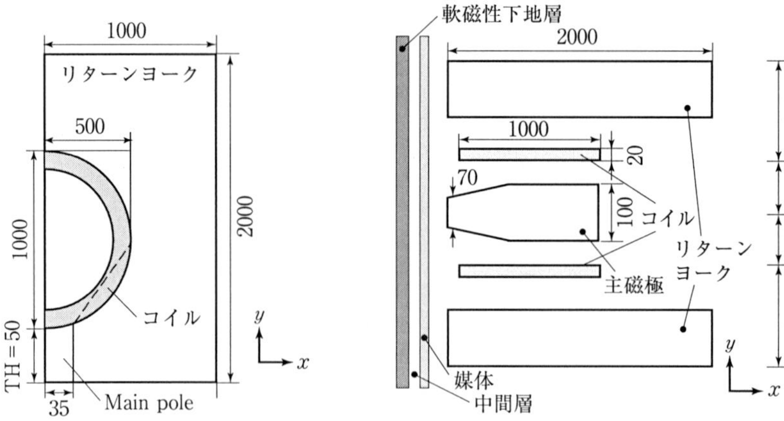


図 6.44　カスプコイル励磁型単磁極ヘッド

### d. 適　用　例

Stoner-Wohlfarth モデルを三次元有限要素法に導入して，媒体の磁気記録特性の解析が行われている[63,66,67]．図 6.44 のようなカスプコイル励磁型単磁極ヘッドにより媒体（Stoner-Wohlfarth 粒子でモデル化）に磁化を記録する場合の解析を例にとる[68]．512 個の SW 粒子を考え，異方性磁界 $H_k(2K_u/M_s)$ を 796 A/m, 飽和磁化 $M_s$ が 0.565 T，保磁力 $H_c$ が 637 kA/m の媒体の $B$-$H$ 曲線を図 6.45 に示す．図 6.46 に，媒体を移動させたときの磁化分布の変化を示す．

## 6.3.5　LLG 方程式

以上のモデリングは，磁性体のマクロな磁化特性を表すものであったが，磁気ヘッド，記録媒体の材料となる薄膜磁性体の内部における磁化分布や磁区の振る舞い，磁化過程などの物理現象を解析したい場合には，マイクロマグネティックス理論を用いる必要がある．微小領域での磁性体内の磁化の挙動を動的に解析するため，次式のような LLG（Landau-Lifshitz-Gilbert）方程式が用いられている[69,70,138]．

$$\frac{d\boldsymbol{M}}{dt} = -\gamma \boldsymbol{M} \times \boldsymbol{H} + \frac{\alpha}{M_s}\left(\boldsymbol{M} \times \frac{d\boldsymbol{M}}{dt}\right) \tag{6.60}$$

ここで，$\gamma$ は磁化 $\boldsymbol{M}$ が磁化容易軸のまわりで，歳差運動する場合のジャイロ磁気定数（$=1.105\times10^5$ g(m/A・s)），$M_s$ は飽和磁化である．$\alpha$ は Gilbert の制動定数（損失定数，減衰係数）とよばれ，摩擦力（損失）の大きさに関係する緩和振動数 $\lambda$ との間に次式の関係がある．

$$\alpha = \frac{4\pi\mu_0\lambda}{\nu M_s} \tag{6.61}$$

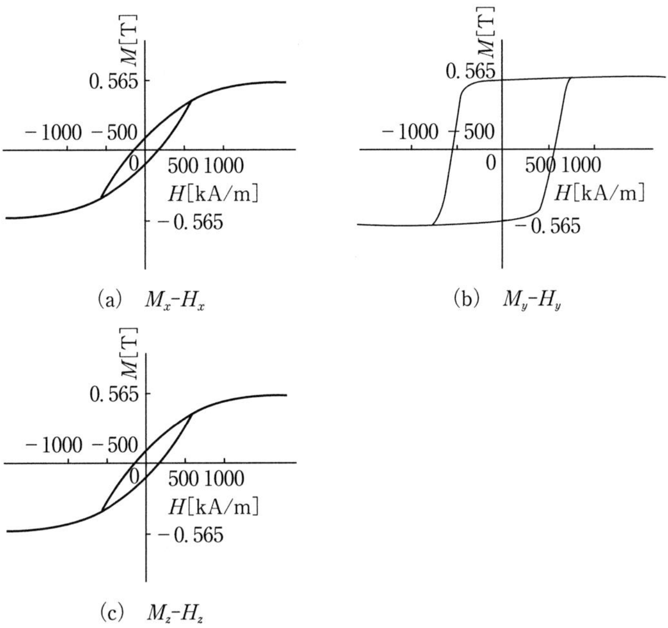


**図 6.45** 媒体を SW 粒子でモデリングしたときのヒステリシスループ
($M_s$=0.565[T], $H_c$=637[kA/m])

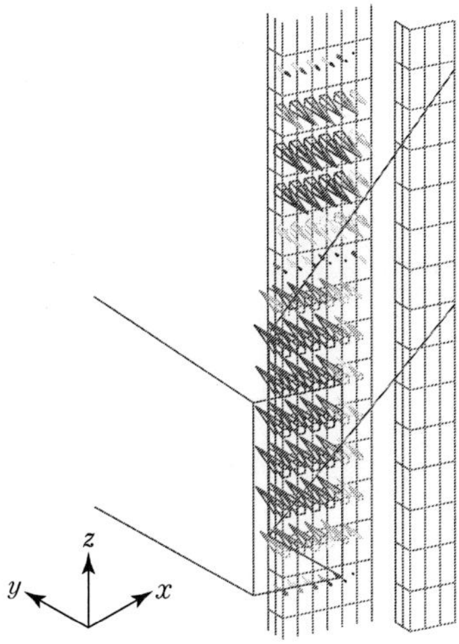


**図 6.46** 媒体を移動させたときの記録された磁化分布

(6.60) 式の $\boldsymbol{H}$ は有効磁界（実効磁界）とよばれ，次式で計算される.

$$\boldsymbol{H} = -\frac{\partial \varepsilon}{\partial \boldsymbol{M}} \tag{6.62}$$

ここで，$\varepsilon$ は磁性体のエネルギー密度であり，6.1 節で述べた外部磁界によるエネルギー，磁気異方性エネルギー，交換エネルギー，静磁エネルギーの和である.

(6.60) 式の右辺第 1 項は磁化 $\boldsymbol{M}$ の運動の方向は $\boldsymbol{H}$ に垂直であり，磁化によって磁化 $\boldsymbol{M}$ が磁界のまわりを歳差運動（こまのように回転体の回転軸がその方向をゆっくりと変えてゆく運動）することを表している．この項だけだと，磁化はいつまでも歳差運動を続けることになるが，現実には歳差運動の半径が徐々に小さくなり，最後には磁化 $\boldsymbol{M}$ は磁界 $\boldsymbol{H}$ の向きにそろう．右辺第 2 項は，この運動の減衰を表す項である．制動作用は $d\boldsymbol{M}/dt$ を阻止する力であり，これと外部磁界 $\boldsymbol{H}$ との合力が $\boldsymbol{M}$ に作用すると考えれば，(6.60) 式は次式のように変形できる.

$$\frac{d\boldsymbol{M}}{dt} = -\gamma\left\{\boldsymbol{M}\times\left(\boldsymbol{H}-\frac{\alpha}{\gamma M_s}\frac{d\boldsymbol{M}}{dt}\right)\right\} \tag{6.63}$$

(6.63) 式の右辺の $d\boldsymbol{M}/dt$ に (6.60) 式をそのまま代入すれば，次式のようになる.

$$\begin{aligned}\frac{d\boldsymbol{M}}{dt} &= -\gamma\left\{\boldsymbol{M}\times\left(\boldsymbol{H}-\frac{\alpha}{\gamma M_s}\frac{d\boldsymbol{M}}{dt}\right)\right\}\\ &= -\gamma\boldsymbol{M}\times\boldsymbol{H}-\frac{\gamma\alpha}{M_s}\boldsymbol{M}\times\left\{\boldsymbol{M}\times\left(\boldsymbol{H}-\frac{\alpha}{\gamma M_s}\frac{d\boldsymbol{M}}{dt}\right)\right\}\\ &= -\gamma\boldsymbol{M}\times\boldsymbol{H}-\frac{\gamma\alpha}{M_s}\boldsymbol{M}\times(\boldsymbol{M}\times\boldsymbol{H})+\frac{\alpha^2}{M_s^2}\boldsymbol{M}\times\left(\boldsymbol{M}\times\frac{d\boldsymbol{M}}{dt}\right)\end{aligned} \tag{6.64}$$

ここで (6.65) 式の公式を用いれば，(6.64) 式は (6.66) 式のようになる.

$$\boldsymbol{a}\times(\boldsymbol{b}\times\boldsymbol{c}) = (\boldsymbol{a}\cdot\boldsymbol{c})\boldsymbol{b}-(\boldsymbol{a}\cdot\boldsymbol{b})\boldsymbol{c} \tag{6.65}$$

$$\begin{aligned}\frac{d\boldsymbol{M}}{dt} &= -\gamma\boldsymbol{M}\times\boldsymbol{H}-\frac{\gamma\alpha}{M_s}\boldsymbol{M}\times(\boldsymbol{M}\times\boldsymbol{H})\\ &\quad+\frac{\alpha^2}{M_s^2}\left\{\left(\boldsymbol{M}\cdot\frac{d\boldsymbol{M}}{dt}\right)\boldsymbol{M}-(\boldsymbol{M}\cdot\boldsymbol{M})\frac{d\boldsymbol{M}}{dt}\right\}\\ &= -\gamma\boldsymbol{M}\times\boldsymbol{H}-\frac{\gamma\alpha}{M_s}\boldsymbol{M}\times(\boldsymbol{M}\times\boldsymbol{H})-\alpha^2\frac{d\boldsymbol{M}}{dt}\end{aligned} \tag{6.66}$$

ここで，$\boldsymbol{M}$ の大きさは時間変化しないため $\boldsymbol{M}$ と $d\boldsymbol{M}/dt$ は直交しているので，$\boldsymbol{M}\cdot d\boldsymbol{M}/dt=0$ となることを利用した．(6.66) 式を変形すれば次式となる.

$$(1+\alpha^2)\frac{d\boldsymbol{M}}{dt} = -\gamma\boldsymbol{M}\times\boldsymbol{H}-\frac{\gamma\alpha}{M_s}\boldsymbol{M}\times(\boldsymbol{M}\times\boldsymbol{H}) \tag{6.67}$$

通常のマイクロマグネティックシミュレーションには差分法などが用いられる．磁区構造の解析を行う場合などは，計算格子を磁壁の厚さより大きくできないので，マイクロマグネティックシミュレーションは小サイズの磁性体の解析に限定されることが多い．磁気ヘッドは有限要素法で，媒体はLLG方程式で解析した例も報告されている[71,72]．

### 6.3.6 フィッティング係数を用いる方法

磁性体に交流磁界を印加した際，磁壁の移動による磁区拡大によって磁化が進行する．このとき，磁壁移動に伴う磁束の変化により，6.4節で述べるような古典的渦電流とは別に磁壁周辺には磁壁の移動を妨げるように集中して異常渦電流が発生する．この異常渦電流のため，渦電流は磁壁の位置で不連続となる．

古典的渦電流のみを考慮した場合の損失と比べると，異常渦電流損の影響はかなり大きく，図6.47に示したように，異常渦電流損を考慮しないとヒステリシス曲線の形状は実測値と大きく異なったものとなる．よって，交流磁気特性を解析する際には，異常渦電流損まで考慮することが必須である．しかし，異常渦電流損は磁壁数や周波数，印加磁界の大きさによる磁壁の移動速度，慣性力，磁区構造の変化などさまざまな要因によって複雑に変化するため，異常渦電流損を正確に求めることは非常に難しい．そのため，異常渦電流の挙動を正確に表現でき，実測値に近いヒステリシス曲線を求めることのできる交流ヒステリシスモデルが求められている．

交流でのヒステリシスループを模擬する方法として種々の方法が検討されているが，ここではSimplifiedモデルとThin sheetモデルについて述べる．

**a. Simplifiedモデル**

Simplifiedモデルにおいては，入力した磁束密度 $B(t)$ に対する磁界 $H$ は以下の式で表される[73]．

$$H(t) = H_{\mathrm{stat}}(B(t)) + C_0\delta\left|\frac{dB(t)}{dt}\right|^{\frac{1}{2}} + C_1\delta\left|\frac{dB(t)}{dt}\right|^{\gamma} \tag{6.68}$$

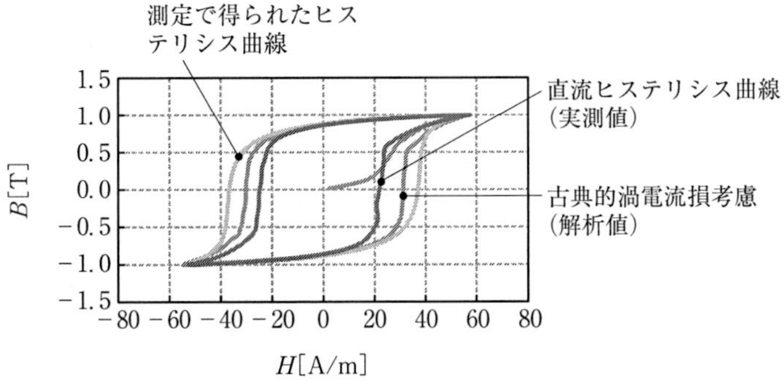


**図6.47** 直流ヒステリシス曲線（実測値），古典的渦電流損を考慮したヒステリシス曲線（解析値）と測定で得られたヒステリシス曲線（50A1300, 1 T, 70 Hz）

$$\gamma(B(t)) = a_0 + a_1\delta\left(\frac{B(t)}{B_s}\right) + a_2\left(\frac{B(t)}{B_s}\right)^2 \tag{6.69}$$

ここで，$C_1 = \sigma d^2/12$, $C_0$, $a_0$, $a_1$, $a_2$ はフィッティングのための係数，$B_s$ は飽和磁束密度，$d$ は鋼板厚さ，$\delta$ はヒステリシス曲線上において上昇曲線であるか下降曲線であるかを決める方向係数である．$dB/dt$ は 1 ステップ前の磁束密度と時間刻み幅 $\Delta t$ より求める．(6.68) 式の右辺第 1 項は直流ヒステリシス曲線から求められる磁界の値，第 2 項は異常渦電流による磁界の値，第 3 項は古典的渦電流による磁界の値である．Simplified モデルは，古典的渦電流による磁界，異常渦電流による磁界を各フィッティング係数の変化によって調節し，実測値と解析値との合わせ込みを行う方法である．

**b. Thin sheet モデル**

Thin sheet モデルにおいて，入力磁束密度 $B$ に対する磁界 $H$ は以下の式で表される[74]．

$$H(t) = H_{\text{stat}}(B(t)) + \frac{\sigma d^2}{12}\frac{dB(t)}{dt} + \delta\left|g(B)\frac{dB(t)}{dt}\right|^{\frac{1}{\alpha}} \tag{6.70}$$

ここで，$\alpha$, $g(B)$ は曲線形状を決定するフィッティング関数である[6]．

(6.70) 式の第 1 項は直流ヒステリシス曲線から求められる磁界の値，第 2 項は古典的渦電流による磁界の値，第 3 項は異常渦電流による磁界の値である．Thin sheet モデルは異常渦電流による磁界を各フィッティング係数の変化によって調節し，実測値と解析値との合わせ込みを行う方法である．

これらのモデルを用いればある程度交流ヒステリシス曲線を再現できる．しかし，これらフィッティング係数により合わせ込みを行うモデルの欠点として，周波数，最大磁束密度が変化するたびに係数を変更する必要がある，係数の決定が非常に困難であるといった点があり，今後さらに検討する必要がある．

## 6.4 鉄　　損

### 6.4.1 鉄損について

ここでは，磁性体に生ずる磁気損失，すなわち鉄損の計算法について述べる．

鉄損はファラデーの電磁誘導の法則によって誘起される渦電流が流れることによって生ずるジュール損である渦電流損，磁性体の有する $\boldsymbol{B}$ と $\boldsymbol{H}$ のヒステリシス現象によって生ずるヒステリシス損と，これらに含まれないアノマラス損（残留損や異常損失ともよばれる．磁壁の移動に起因する渦電流損失など）から構成される[1,75]．

鉄損 $P$[J/m$^3$] は，ポインチングベクトルの発散の体積積分で表現でき，次式となる[76]．

$$P=-\iiint \mathrm{div}\,(\boldsymbol{E}\times\boldsymbol{H})\,dV \tag{6.71}$$

ここで，マイナスがついているのは，外から磁性体の中に電力が流入して損失になるということを表している．ガウスの発散定理を用いて上式の体積積分を面積積分に変換することを考える．電磁鋼板のように面寸法に比べて厚みが十分小さい磁性体の場合，図 6.48 の側面からのエネルギー放出は無視できるので，電磁鋼板の上下表面のみ考えればよい[76]．表面の面積ベクトルを $\boldsymbol{S}$ とすれば，(6.71) 式は次式となる．

$$\begin{aligned}P&=-2\iint_S(\boldsymbol{E}\times\boldsymbol{H})\,d\boldsymbol{S}=2S(\boldsymbol{E}\times\boldsymbol{H})\boldsymbol{n}\\&=-2S(E_xH_y-E_yH_x)\end{aligned}\tag{6.72}$$

ここで, $\boldsymbol{n}$ は $z$ 方向の法線ベクトル, $S$ は磁性体板の上表面または下表面の面積である．

(1.31) 式のファラデーの電磁誘導の法則の式において，図 6.48 の電界の $z$ 方向成分 $E_z$ が一様であるとすれば，次式が得られる．

$$\begin{aligned}\frac{\partial B_x}{\partial t}&=\frac{\partial E_y}{\partial z}-\frac{\partial E_z}{\partial y}=\frac{\partial E_y}{\partial z}\\\frac{\partial B_y}{\partial t}&=-\frac{\partial E_x}{\partial z}+\frac{\partial E_z}{\partial x}=-\frac{\partial E_x}{\partial z}\end{aligned}\tag{6.73}$$

磁性体断面で同じ方向に一様に磁束が流れること，電界は $z$ 方向（厚さ：$d$）の中間地点を境界として図 6.48 のように正負逆になることを考慮すれば，(6.73) 式より次式が得られる．

$$\begin{aligned}E_y&=\frac{\partial}{\partial t}\int_0^{d/2}B_x dz=\frac{d}{2}\frac{\partial B_x}{\partial t}\\E_x&=-\frac{\partial}{\partial t}\int_0^{d/2}B_y dz=-\frac{d}{2}\frac{\partial B_y}{\partial t}\end{aligned}\tag{6.74}$$

(6.74) 式を (6.72) 式に代入すれば，次式が得られる．

$$P=Sd\left(\frac{\partial B_y}{\partial t}H_y+\frac{\partial B_x}{\partial t}H_x\right)\tag{6.75}$$

密度を $\rho$ とし，単位重量当たりの平均電力の式の形に表せば，鉄損 $W$ (W/kg) は次式となる．

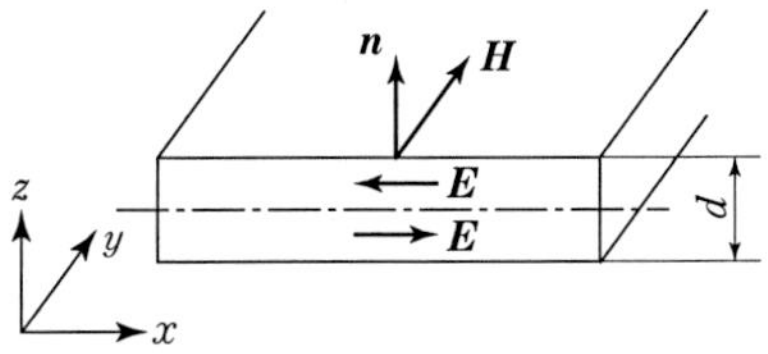


**図 6.48**　鉄損とポインチングベクトル（$\boldsymbol{E}\times\boldsymbol{H}$）

$$W=\frac{1}{\rho SdT}\int_0^T Pdt=\frac{1}{\rho T}\int_0^T\left(H_x\frac{\partial B_x}{\partial t}+H_y\frac{\partial B_y}{\partial t}\right)dt=\frac{1}{\rho T}\int \boldsymbol{H}\cdot d\boldsymbol{B} \tag{6.76}$$

ここで，$T$ は周期である．周波数 $f$ は $T$ を用いて $f=1/T$ と表せ，上式は次式となる．

$$W=\frac{f}{\rho}\int \boldsymbol{H}\cdot d\boldsymbol{B}=\frac{f}{\rho}\left(\int H_x dB_x+\int H_y dB_y\right) \tag{6.77}$$

上式は鉄損 $W$ が磁束密度ベクトル $\boldsymbol{B}$ と磁界強度ベクトル $\boldsymbol{H}$ を用いて計算できることを示す．また $\boldsymbol{B}$ と $\boldsymbol{H}$ が任意方向を向く，いわゆる二次元ベクトル磁気特性を示す磁性体の鉄損は，$x$ 方向と $y$ 方向のヒステリシスループの面積より求められることがわかる．

### 6.4.2　渦電流損

#### a. 古典的渦電流損

##### (1)　長方形試料

長方形の薄板電磁鋼板に，図 6.49 のように長手方向に磁束が一様に印加され，渦電流による反作用磁界が無視できる場合には，渦電流損の理論解（これは古典的渦電流損 $W_{\mathrm{CL}}$ (classical eddy current loss) とよばれている）を求めることができる[77]．図のように磁界が $z$ 方向に印加され，$x$ 方向に渦電流が流れる場合を考える．(1.31) 式の $z$ 方向成分は次式のように書ける．

$$(\mathrm{rot}\,\boldsymbol{E})_z=\frac{\partial E_y}{\partial x}-\frac{\partial E_x}{\partial y}=-\frac{\partial B_z}{\partial t} \tag{6.78}$$

この場合，電界 $\boldsymbol{E}$ は $x$ 方向成分のみであり，$E_x=J_x/\sigma$ の関係を用いれば次式が得られる．

$$\frac{\partial J_x}{\partial y}=\sigma\frac{\partial B_z}{\partial t} \tag{6.79}$$

(6.79) 式より $J_x$ を求めると次式となる．

$$J_x=\sigma y\frac{\partial B_z}{\partial t} \tag{6.80}$$

鋼板の厚さを $d$ として古典的渦電流損 $W_{\mathrm{CL}}^*$ を計算すると，次式のようになる．

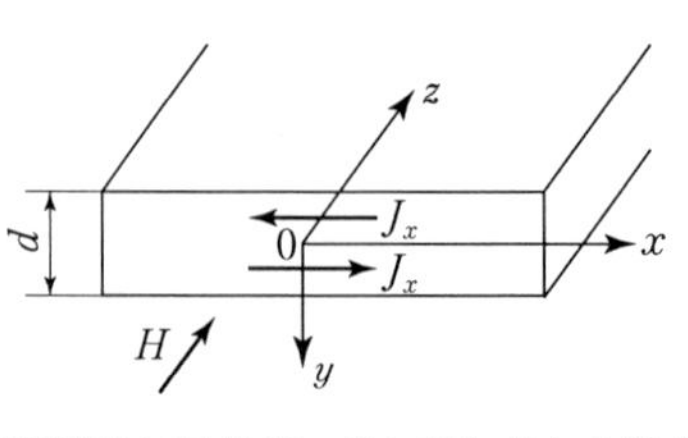


**図 6.49**　長方形試料に磁界が一様に印加される場合の渦電流損

$$W_{CL}^* = \frac{1}{d}\int_{-d/2}^{d/2} \frac{J_x^2}{\sigma} dy = \frac{1}{d\sigma}\int_{-d/2}^{d/2} \left(\sigma \frac{\partial B_z}{\partial t}\right)^2 y^2 dy = \frac{\sigma}{d}\left(\frac{\partial B_z}{\partial t}\right)^2 \left[\frac{y^3}{3}\right]_{-d/2}^{d/2} = \frac{\sigma d^2}{12}\left(\frac{\partial B_z}{\partial t}\right)^2 \quad (6.81)$$

交流磁束（$B_z = B_m \sin \omega t$）が印加された場合，$W_{CL}^*$ は次式のように計算される．

$$W_{CL}^* = \frac{\sigma d^2}{12}\left\{\frac{d}{dt}(B_m \sin \omega t)\right\}^2 = \frac{\sigma d^2}{12}(2\pi f B_m \cos \omega t)^2 = \frac{\sigma(\pi f d B_m)^2}{6}(1 + \cos 2\omega t) \quad (6.82)$$

一周期の平均をとれば次式となる．

$$W_{CL}^* = \frac{\sigma(\pi f d B_m)^2}{6} \quad [\mathrm{W/m^3}] \quad (6.83)$$

密度を $\rho$ とすれば，単位重量当たりの古典的渦電流損 $W_{CL}$ は次式となる．

$$W_{CL} = \frac{\sigma(\pi f d B_m)^2}{6\rho} \quad [\mathrm{W/kg}] \quad (6.84)$$

ひずみ波交流（$B_1 \sin \omega t + B_3 \sin 3\omega t + \cdots$）の場合の古典的渦電流損は次式となる[78]．

$$W_{CL} = \frac{\sigma(\pi f d)^2}{6\rho}\sum n^2 B_n^2 \quad (6.85)$$

ここで，$B_n$ は $n$ 次の高調波の磁束密度の振幅であり，$B_1$ は $B_m$ に対応している．導体が単純な形をしていて，かつ反作用磁界が無視できる場合は，上記のように理論解が求まっている．鋼板に誘導される電圧を求めて渦電流損を求めることもできるが，これについては文献[27]を参照されたい．

### (2) リング試料

図 6.50 のような内半径 $r_1$，外半径 $r_2$ のリング試料の古典的渦電流損の理論式を導出する．図 6.50 の a-b-c-d-a を通る磁束 $\phi$ は次式で与えられる．

$$\phi = 2x(r_2 - r_1)B_m \cos \omega t \quad [\mathrm{Wb}] \quad (6.86)$$

ここで，$x$[m] は厚み方向の距離，$B_m$[T] は試料内の最大磁束密度である．a-b-c-d-a に沿って誘導される電圧 $e$ は次式で与えられる．

$$e = -\frac{d\phi}{dt} = 4\pi f x(r_2 - r_1)B_m \sin \omega t \quad [\mathrm{V}] \quad (6.87)$$

a-d, b-c の部分を無視すると，d-c 部分の誘導起電力の実効値 $E$ は次式で与えられる．

$$E = \sqrt{2}\pi f x(r_2 - r_1)B_m \quad [\mathrm{V}] \quad (6.88)$$

この電圧は径方向を向いており，径方向の抵抗を $R$ とすれば，厚さ $dx$ の古典的渦電流損 $dW_{CL}^*$ は次式で与えられる．

$$dW_{CL}^* = \frac{E^2}{R} \quad [\mathrm{W}] \quad (6.89)$$

ここで，図 6.50 のような角度 $\theta$ の扇形試料の径方向の断面積 $S$[m$^2$] は次式で与えられる．

$$S = r\theta dx \quad [\mathrm{m^2}] \quad (6.90)$$

ここで，$r$[m] はリング試料の中心から径方向の任意の値である．なお，$r_1 < r < r_2$ で

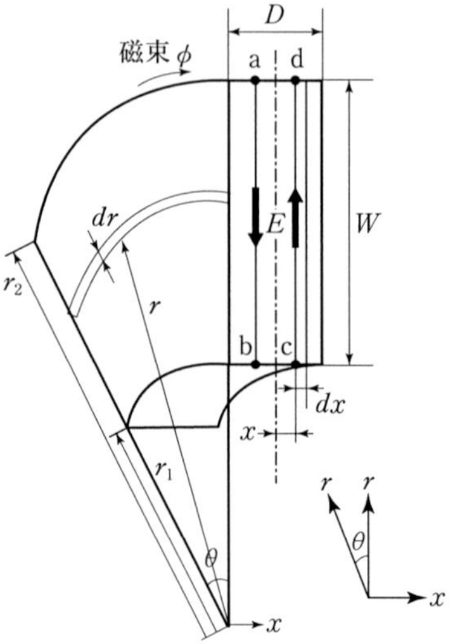


**図 6.50**　リング試料の渦電流損の計算

ある．(6.90) 式を考慮すると，リング試料の径方向の抵抗 $R[\Omega]$ は次式で与えられる．

$$R=\int_{r_1}^{r_2}\frac{1}{\sigma r\theta dx}dr=\frac{1}{\sigma\theta dx}\ln\frac{r_2}{r_1}\quad[\Omega] \tag{6.91}$$

ここで $\sigma$[S/m] は導電率である．

(6.89) 式に (6.88) 式，(6.91) 式を代入して，$x$ について $-d/2$〜$d/2$ まで積分すれば，次式のように角度 $\theta$ のリング内の損失 $W_{\mathrm{CL}}^*$[W] が求まる．

$$W_{\mathrm{CL}}^*=\int_{-d/2}^{d/2}\frac{\{\sqrt{2}\pi fx(r_2-r_1)B_m\}^2\sigma\theta}{\ln\dfrac{r_2}{r_1}}dx=\frac{(\pi dfB_m)^2(r_2-r_1)^2\sigma\theta d}{6\ln\dfrac{r_2}{r_1}}\quad[\mathrm{W}] \tag{6.92}$$

(6.92) 式を角度 $\theta$ の扇形のリング試料の重量 $\theta\pi\rho d(r_2^2-r_1^2)/2\pi$ で除せば，次式のように単位重量当たりの古典的渦電流損 $W_{\mathrm{CL}}$[W/kg] が求まる．

$$W_{\mathrm{CL}}=\frac{\sigma(\pi dfB_m)^2(r_2-r_1)^2}{3\rho(r_2^2-r_1^2)\ln\dfrac{r_2}{r_1}}\quad[\mathrm{W/kg}] \tag{6.93}$$

ここで，$\rho$[kg/m$^3$] は密度である．

**b.　磁界解析により求まった渦電流分布より算出した渦電流損**

実機では渦電流の流れる導体は任意の形状をしている，この場合の渦電流損は有限要素法により求められた渦電流分布より算出することができる．渦電流波形が一般にひずみ波の場合に生じる渦電流損 $W_e$[W] は，次式で与えられる．

$$W_e = \frac{1}{T/2}\int_0^{T/2}\left\{\iiint_V \frac{|J_e|^2}{\sigma} dV\right\}dt \quad [\mathrm{W}] \tag{6.94}$$

ここで，$T$ は周期，$V$ は渦電流の流れる導体の体積を示す．

渦電流密度 $J_e$ が（6.95）式のように時間的に正弦波状に変化する場合（$j\omega$ 法）を考える．

$$J_e = |J_e| e^{j\omega t} = |J_e|(\cos\omega t + j\sin\omega t) \tag{6.95}$$

最大値が $|J_e|$ の正弦波渦電流の実効値は $|J_e|/\sqrt{2}$ であるので，渦電流損（(電流の実効値)$^2$×(抵抗)）は次式となる．

$$W_e = \frac{1}{2\sigma}\iiint_V |J_e|^2 dV \quad [\mathrm{W}] \tag{6.96}$$

### c.　異常渦電流損

通常の渦電流損は，材質が均一な導体に渦電流が流れて生じる損失として求められる．それに対し，電磁鋼板やパーマロイのような磁性体の場合は，磁区が存在し，交流磁界により磁壁が移動する．そのときに磁壁のまわりに渦電流が流れることにより生じる渦電流損を余分に計算する必要があり，これを異常渦電流損とよぶ[79,80]．

#### (1)　磁壁が1個のとき

図6.51に，厚さ $d$ の無限長単結晶磁性体を $z$ 方向に沿って磁化する場合を考える[81]．磁化容易軸が $z$ 方向であるとし，最初は消磁状態で1枚の180°磁壁が $y$ 軸に沿って存在しているとする．保磁力以上の磁界 $\boldsymbol{H}$ を印加すると，この磁壁が移動して図6.52のように渦電流が磁壁の周辺に流れ渦電流損が生じる，これが異常渦電流損である．磁壁以外の領域では，次式の電界 $\boldsymbol{E}$ の静電界の式が成り立つとする．

$$\mathrm{rot}\,\boldsymbol{E} = 0 \tag{6.97}$$

磁性体中の導電率は一定とし，$\boldsymbol{J} = \sigma\boldsymbol{E}$ を上式に代入すれば，電流密度 $\boldsymbol{J}$ は次式のように書ける．

$$\mathrm{rot}\,\boldsymbol{J} = 0 \tag{6.98}$$

上式の rot をとってベクトル算法の公式を用いれば，次式が得られる．

$$\mathrm{grad}\,\mathrm{div}\,\boldsymbol{J} - \nabla^2\boldsymbol{J} = 0 \tag{6.99}$$

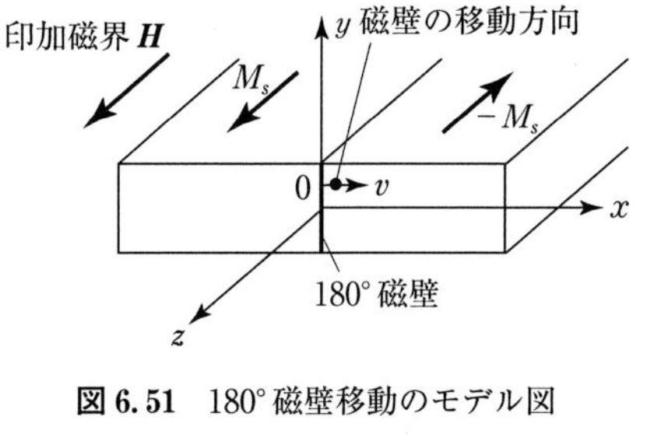


**図 6.51**　180°磁壁移動のモデル図

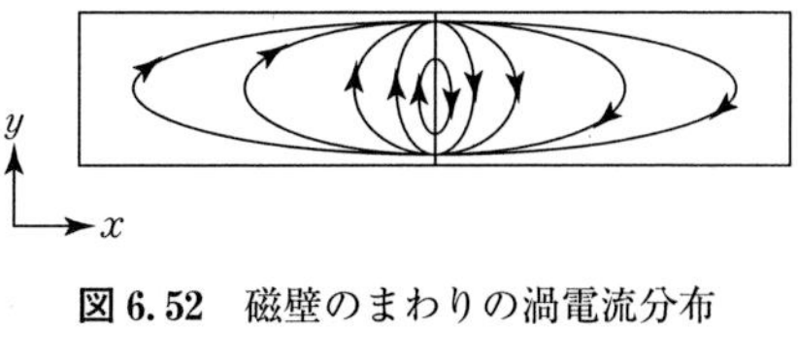


**図 6.52**　磁壁のまわりの渦電流分布

電流連続の式（div $\boldsymbol{J}=0$）を用いれば上式は次式となる．

$$\nabla^2 \boldsymbol{J}=0 \tag{6.100}$$

図 6.51 では磁界 $\boldsymbol{H}$ は $z$ 方向に印加され，渦電流は二次元平面（$x$-$y$）で流れるので，(6.100) 式を $\boldsymbol{J}$ の $x, y$ 方向成分 $J_x, J_y$ で書けば次式となる．

$$\frac{\partial^2 J_x}{\partial x^2}+\frac{\partial^2 J_x}{\partial y^2}=0 \tag{6.101}$$

$$\frac{\partial^2 J_y}{\partial x^2}+\frac{\partial^2 J_y}{\partial y^2}=0 \tag{6.102}$$

$\boldsymbol{J}$ は磁性体内のみを流れるので，磁性体の上面（$y=d/2$）と下面（$y=-d/2$）では次式が成り立つ．

$$J_y=0 \tag{6.103}$$

磁壁が図 6.53 のように $x$ 方向に動いている場合，動いている磁壁の個所でファラデーの電磁誘導の法則（(1.29) 式）を適用すると，$J_y/\sigma$ を $y$ の方向の電界と考えれば次式が得られる．

$$\frac{d[J_y(x=0^-)+J_y(x=0^+)]}{\sigma}=\frac{d\Phi}{dt} \tag{6.104}$$

ここで，$\Phi$ は磁壁の存在する断面の磁束である．$v(=dx/dt)$ を磁壁の移動速度，$M_s$ を磁区の飽和磁化とすれば，$d\Phi/dt$ は次式で与えられる．

$$\frac{d\Phi}{dt}=2M_s vd \tag{6.105}$$

上式の右辺に 2 がつくのは，図 6.53 の右側の磁区では磁壁が移動した分だけ $-M_s$ の範囲が縮小し，左側の磁区ではその分 $+M_s$ の範囲が増大して，磁化の変化分が 2 倍になったと考えられるからである．

(6.101) 式の偏微分方程式を変数分離を用いて解くことを考える．$J_x=X(x)Y(y)$ とおくと，$X'Y+XY'=0$ となる．この式を変形すれば $X'/X=-Y'/Y=\lambda$（$\lambda$ は定数）となる．$\lambda$ は正または負なので $X, Y$ は三角関数や指数関数となり，結局 $J_x, J_y$ は三角関数と指数関数の積の形になることがわかる．対称性と (6.103)，(6.104) 式の境界条件を考慮すると，$J_x, J_y$ は次式で与えられる[81)]．

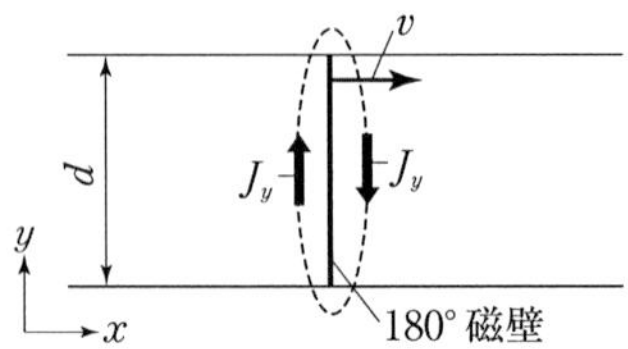


**図 6.53**　180° 磁壁の移動

$$J_x=\frac{2\sigma}{d}\frac{d\Phi}{dt}\sum\frac{(-1)^{\frac{n-1}{2}}}{n\pi}\sin\frac{n\pi y}{d}\exp\left(-\frac{n\pi|x|}{d}\right) \tag{6.106}$$

$$J_y=\mp\frac{2\sigma}{d}\frac{d\Phi}{dt}\sum\frac{(-1)^{\frac{n-1}{2}}}{n\pi}\cos\frac{n\pi y}{d}\exp\left(-\frac{n\pi|x|}{d}\right) \tag{6.107}$$

ここで，$\sum$ は奇数の $n$ での総和を示す．$J_y$ が $x=0$, $y=d/2$ で（6.103）式を満足していることは，（6.107）式に $x=0$, $y=d/2$ を代入すると $\cos(n\pi y/d)=\cos(n\pi/2)=0$ となることにより了解できる．（6.107）式において，たとえば $x=0^-$, $y=0$ での $J_y$ の値を求めると，$\cos(n\pi y/2)=1$, $\exp(-n\pi|x|/d)=1$ なので，次式となる．

$$J_y=\frac{2\sigma}{d}\frac{d\Phi}{dt}\sum\frac{(-1)^{\frac{n-1}{2}}}{n\pi} \tag{6.108}$$

上式の $\sum$ の項は Leibniz の公式（$\sum(-1)^n/(2n+1)=\pi/4$）[82] を用いれば 1/4 となるので，$J_y$ は $x=0^-$ で（6.104）式を満足している．（6.106），（6.107）式は，磁壁のまわりの渦電流 $J_x$, $J_y$ は磁壁から遠ざかった場所（$x$ が大きい個所）では指数関数的に減少することを示している．

磁区の $x$ 方向の長さを $L$ として，奥行方向単位長さ当たりの磁壁のまわりの渦電流損（異常渦電流損；abnormal eddy current loss）$W_{\mathrm{AB}}$ を求めると，次式となる．

$$\begin{aligned}W_{\mathrm{AB}}&=4\frac{1}{\sigma}\int_0^L\int_0^{d/2}(J_x^2+J_y^2)\,dxdy\\&=4\frac{1}{\sigma}\left(\frac{2\sigma}{\sigma}\right)^2\left(\frac{d\Phi}{dt}\right)^2\int_0^{d/2}\sum\frac{(-1)^{n-1}}{n^2\pi^2}\left\{\sin^2\left(\frac{n\pi y}{d}\right)+\cos^2\left(\frac{n\pi y}{d}\right)\right\}dy\int_0^L\exp\left(-\frac{2n\pi x}{d}\right)dx\end{aligned} \tag{6.109}$$

（6.109）式の $y$ についての積分項は，$n$ が奇数についての総和なので $d/(2\pi^2)\cdot\sum(1/n^2)$ となる．また，$x$ についての積分項は次式となる．

$$\int_0^L\exp\left(-\frac{2n\pi x}{d}\right)dx=-\frac{d}{2n\pi}\left[\exp\left(-\frac{2n\pi L}{d}\right)-1\right] \tag{6.110}$$

磁壁が 1 個の場合は $L$ はほぼ $d$ に等しいので，上式の exp(　) の項は零となり，結局 $x$ についての積分項は $d/(2n\pi)$ となる．以上のことより，(6.109) 式は次式となる．

$$\begin{aligned}W_{\mathrm{AB}}&=\frac{16\sigma^2}{\sigma d^2}\left(\frac{d\Phi}{dt}\right)^2\frac{d}{2\pi^2}\frac{d}{2\pi}\sum\frac{1}{n^3}\\&=\sigma\left(\frac{d\Phi}{dt}\right)^2\frac{4}{\pi^3}\sum\frac{1}{n^3}=0.1356\,\sigma\left(\frac{d\Phi}{dt}\right)^2\end{aligned} \tag{6.111}$$

交流磁束（$B_z=B_m\sin\omega t$）が印加された場合，単位断面積当たりの $W_{\mathrm{AB}}$ は次式のように計算される．

$$W_{\mathrm{AB}}=0.1356\,\sigma(2\pi fB_m\cos\omega t)^2=5.35\,\sigma f^2B_m^2\frac{1+\cos2\omega t}{2} \tag{6.112}$$

1 周期の平均をとれば次式となる．

$$W_{AB}=5.35\,\sigma f^2 B_m^2 \tag{6.113}$$

次に，(6.111) 式で求められた異常渦電流損の値（厚さ $d$ の鋼板の磁壁 1 個分の損失）を (6.81) 式の古典的渦電流損の値（厚さ $d$ の鋼板の単位体積当たりの損失）と比較する[83]．古典的渦電流損は板厚の 2 乗に比例するのに対し，磁壁移動で生じる異常渦電流損は断面積の 2 乗に比例する．また，古典的渦電流損 $W_{CL}$ の係数は 1/12＝0.0833 なのに対し，異常渦電流損 $W_{AB}$ は 0.1356 であり，古典的渦電流損 $W_{CL}$ の 1.628 倍になっており，異常渦電流損は無視できないことがわかる．

**(2)　磁壁が複数個のとき**

(6.111) 式は磁壁が 1 枚のときの渦電流損である．図 6.54 のように厚さ $d$，無限幅で磁壁が $2L$ の間隔で複数個存在している場合を考える．この場合の 1 周期当たりの平均渦電流損 $W_{PB}$ は，同様の計算で次のように求められている（Pry and Bean モデル）[81,84]．

$$W_{PB}=\frac{\sigma}{2Ld}\left(\frac{d\Phi}{dt}\right)^2\frac{2}{\pi^3}\sum\frac{1}{n^3}\left[\coth\left(n\pi\frac{L+x_w}{d}\right)\right]+\coth\left(n\pi\frac{L-x_w}{d}\right) \tag{6.114}$$

ここで，$x_w$ は図 6.54 に示した磁壁の平均位置からの距離である．あまり磁化されていないときは $x_w \ll L$ なので，(6.114) 式は次式で近似される．

$$W_{PB}=\frac{\sigma}{2Ld}\left(\frac{d\Phi}{dt}\right)^2\frac{4}{\pi^3}\sum\frac{1}{n^3}\coth\left(\frac{n\pi L}{d}\right) \tag{6.115}$$

Pry と Bean によって計算された磁壁運動のモデルは以下のようにも書ける[79]．

$$W_{PB}=\frac{8.4\sigma dbf^2B_m^2}{\pi m}\quad[\mathrm{W/m^3}] \tag{6.116}$$

ここで，$\sigma$ は導電率，$m$ は磁壁の総数，$d$ は試料の厚さ，$b$ は試料の幅である．(6.116) 式より，磁壁の移動による異常渦電流損を低減するには，磁壁の数 $m$ を増加させることが効果的であることがわかる．磁壁を人工的に増加するには，表皮被覆による応力印加，レーザ照射[3]や表面に細かい傷（スクラッチ）を付ける方法[85]などがある．

磁区の寸法が小さくて $2L \ll d$ とおける場合（つまり磁壁の枚数が多い場合）は，

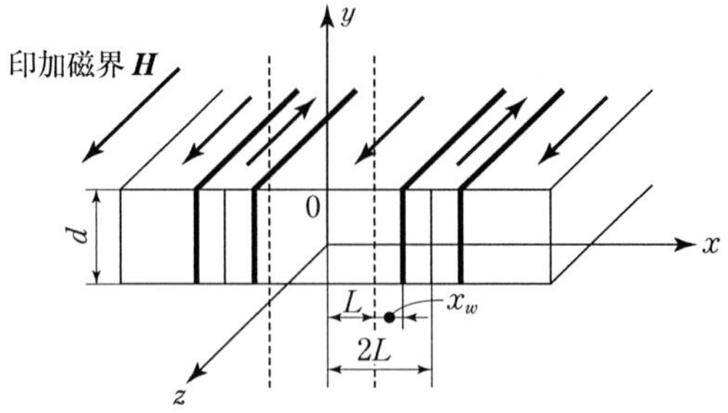


**図 6.54**　磁壁が複数個ある場合

$\coth(n\pi L/d)$ はほぼ $d/(n\pi L)$ と近似できるので，(6.115) 式は次式となる[81].

$$W_{\mathrm{PB}} = \frac{\sigma}{L^2}\left(\frac{d\Phi}{dt}\right)^2 \frac{2}{\pi^4}\sum\frac{1}{n^4} = \frac{\sigma d^2}{12}\left(\frac{dB_z}{dt}\right)^2 \tag{6.117}$$

ここで，上式では $\sum 1/n^4 = \pi^4/96$，また，$d\Phi/dt = 2Ld(dB_z/dt)$ となることを用いた[82].
(6.117) 式は，磁壁の枚数を多くすると (6.81) 式の古典的渦電流損の式に等しくなる，つまり異常渦電流損が零になることを示している．すなわち，磁区の数が多くなると磁壁の 1 枚当たりの移動量が少なくなり，したがってその移動速度も小さくなるため，異常渦電流損が小さくなると考えられる．換言すれば，磁区の幅が狭くなると発生する渦電流損は古典的渦電流損に近くなるといえる．逆に方向性電磁鋼板のような大結晶粒材では磁壁間隔が大きいので，異常渦電流損も大きい．また，0.23 mm 厚の電磁鋼板や 0.1 mm 厚の 6.5% ケイ素鋼板のような薄手材では，磁化の向きが鋼板に垂直な方向を向いた磁区構造が生じ，鋼板面内渦電流が増える結果，異常渦電流損が増加する．

磁区が大きくて $2L \gg d$ と見なせるときは，(6.115) 式の coth 項は 1 に近づき，(6.111) 式の $W_{\mathrm{AB}}$ とは次式の関係があることがわかる．

$$W_{\mathrm{PB}} = \frac{\sigma}{2Ld}\left(\frac{d\Phi}{dt}\right)^2 \frac{4}{\pi^3}\sum\frac{1}{n^3} = \frac{1}{2Ld}W_{\mathrm{AB}} \tag{6.118}$$

(6.118) 式は $2L \gg d$ のときは Pry and Bean モデルの損失 $W_{\mathrm{PB}}$ は磁壁 1 個の異常渦電流損を磁壁の体積 ($2Ld$) で除した値に等しいことを示している．このように，(6.81) 式の $W_{\mathrm{CL}}^*$，(6.111) 式の $W_{\mathrm{AB}}$，(6.118) 式の $W_{\mathrm{PB}}$ は互いに関係しているといえる[83].

Bertotti によれば，磁壁の移動による異常渦電流損の瞬時値 $P_{\mathrm{exc}}$ (excess loss) は次式で与えられる[81].

$$P_{\mathrm{exc}} = H_{\mathrm{exc}}\frac{dB}{dt} \tag{6.119}$$

ここで，$H_{\mathrm{exc}}$ は異常磁界である．$H_{\mathrm{exc}}$ は磁束の変化が 180° 磁壁 1 個だけで生じるとしたときの $H_{\mathrm{w}}$ と磁化反転に寄与する領域の実効的な数 $n$ を用いて，次式のように書ける．

$$H_{\mathrm{exc}} = \frac{H_w}{n} \tag{6.120}$$

また，$H_w$ は次式で表される．

$$H_w = \sigma GS\frac{dB}{dt} \tag{6.121}$$

ここで，$S$ は磁性体の断面積，$G$ は係数で 0.1356 に等しい（(6.111) 式参照）．$n$ は $H_{\mathrm{exc}}$ が増えると増加するので，平均的に次式で近似できると考えられる．

$$n = n_0 + \frac{H_{\mathrm{exc}}}{V_0} \tag{6.122}$$

$n_0$ と $V_0$ はパラメータであり，$V_0$ は局所保持力（local coercive field）とよばれる．（6.120）式は磁束が分布して $n$ が増えると $H_{exc}$ が減少することを，また，（6.122）式は $H_{exc}$ が増加すると $n$ も増加することを示している．（6.120）式と（6.122）式を用いて $n$ を消去すると，次式が得られる．

$$(H_{exc})^2+n_0V_0H_{exc}-V_0H_w=0 \tag{6.123}$$

上式を $H_{exc}$ について解き，（6.121）式の関係を用いると次式となる．

$$\begin{aligned}H_{exc}&=\frac{-n_0V_0+\sqrt{(n_0V_0)^2+4V_0H_w}}{2}=\frac{n_0V_0}{2}\left(\sqrt{1+\frac{4H_w}{n_0^2V_0}}-1\right)\\&=\frac{n_0V_0}{2}\left(\sqrt{1+\frac{4\sigma GSV_0}{n_0^2V_0^2}\left|\frac{dB}{dt}\right|}-1\right)\end{aligned} \tag{6.124}$$

（6.119）式より，磁壁が多数個あるときの異常渦電流の瞬時値の式が次式のように導出される．

$$P_{exc}=\frac{n_0V_0}{2}\left(\sqrt{1+\frac{4\sigma GSV_0}{n_0^2V_0^2}\left|\frac{dB}{dt}\right|}-1\right)\frac{dB}{dt} \tag{6.125}$$

Fiorillo ら[86]は，さらに次のような考察を行っている．一般に $G$, $V_0$ などの間で次式の関係が成り立つ．

$$\frac{4\sigma GSV_0}{n_0^2V_0^2}\left|\frac{dB}{dt}\right|\gg 1 \tag{6.126}$$

（6.126）式の関係を用いれば（6.125）式は次式となる．

$$P_{exc}=\frac{n_0V_0}{2}\frac{2\sqrt{\sigma GSV_0}}{n_0V_0}\left|\frac{dB}{dt}\right|^{\frac{3}{2}}=\sqrt{\sigma GSV_0}\left|\frac{dB}{dt}\right|^{\frac{3}{2}} \tag{6.127}$$

1 秒間当たりの異常渦電流損 $W_{exc}$［W/m$^2$］は次式で計算される．

$$W_{exc}=\frac{1}{T}\int_0^T P_{exc}=\sqrt{\sigma GSV_0}\,\frac{1}{T}\int_0^T\left|\frac{dB}{dt}\right|^{\frac{3}{2}}dt \tag{6.128}$$

（6.129）式の公式[87]（$\Gamma(\quad)$ はガンマ関数）を用いれば，磁束密度 $B$ が正弦波の場合（$B=B_m\sin\omega t$）は，（6.128）式は（6.130）式となる．

$$\int_0^{2\pi}\cos^\alpha x\,dx=2\sqrt{\pi}\,\Gamma\left(\frac{\alpha+1}{2}\right)\Big/\Gamma\left(\frac{\alpha+2}{2}\right) \tag{6.129}$$

$$\begin{aligned}W_{exc}&=\sqrt{\sigma GSV_0}\,(2\pi fB_m)^{\frac{3}{2}}\frac{1}{T}\int_0^T(\cos\omega t)^{\frac{3}{2}}dt\\&=\sqrt{\sigma GSV_0}\,(fB_m)^{\frac{3}{2}}\times\frac{(2\pi)^{\frac{3}{2}}}{2\pi f}f\,2\sqrt{\pi}\,\frac{\Gamma(1.25)}{\Gamma(1.75)}\\&=8.76\sqrt{\sigma GSV_0}\,(fB_m)^{\frac{3}{2}}\end{aligned} \tag{6.130}$$

異常渦電流損を考慮する手法として，磁壁の数を実験により求め，それを用いて損失を推定する手法[79,88,89]も提案されている．その他にも種々の方法がある[90,91]．

### 6.4.3 ヒステリシス損

磁性体に印加する磁界をゆっくり増加し，次に減少させ，最後にもとの値にもどせば，磁性体中の磁束密度 $B$ と磁界の強さ $H$ は図 6.55 のような（直流の）ヒステリシスループ（図は $f=0.005$[Hz] で測定したループ）を描く．これは無方向性電磁鋼板 35A360 の例である．このループの面積は損失（単位：ジュール）に対応しており，これはヒステリシス損とよばれている．図 6.55 のように磁束密度の最大値を種々変えた場合のヒステリシスループの面積（単位は J/m$^3$）をプロットしたものが図 6.56 である．周波数 $f$ の交流磁界を印加した際は 1 秒間にヒステリシスループが $f$ 回描けることになるので，磁性体内に生じる単位体積当たりのヒステリシス損 $W_h$[W/m$^3$] は，ヒステリシスループの面積に周波数 $f$ を掛けることにより求まり，次式となる[27]．

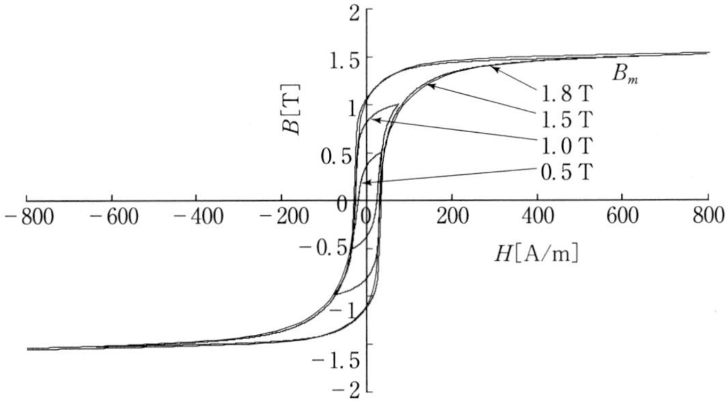


**図 6.55**　ヒステリシスループ（$f=0.005$ Hz, 35A360）

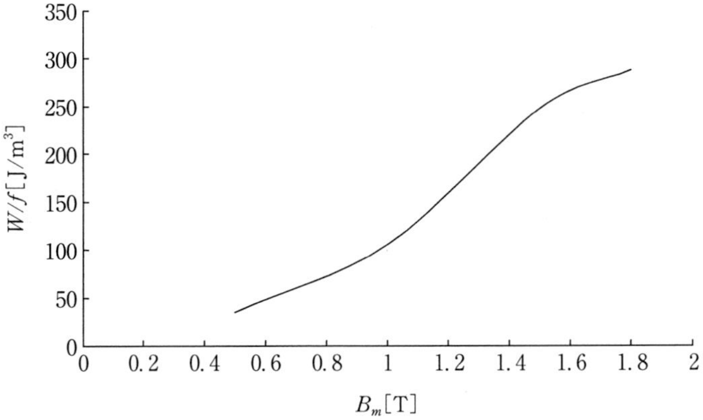


**図 6.56**　1 サイクル当たりのヒステリシス損（35A360）

$$W_h = f\iiint_V \left(\oint \boldsymbol{H}\cdot d\boldsymbol{B}\right) dV \quad [\mathrm{W/m^3}] \tag{6.131}$$

単位重量当たりのヒステリシス損 $W_h^*$[W/kg] は，マイナーループがない場合，測定で求めた単位重量当たりのヒステリシス損 $g(B_m)$[J/kg]（1 サイクル当たりの損失，最大磁束密度 $B_m$ の関数）を用いて，次式で表される．

$$W_h^* = f\times g(B_m) \quad [\mathrm{W/kg}] \tag{6.132}$$

マイナーループがない場合に有限要素法でヒステリシス損の解析を行う際は，単位重量当たりのヒステリシス損の測定値 $g(B_m)$[J/kg]($B_m$ の関数）を計算機に入力しておき，求まった各要素の磁束密度の最大値 $B_m$ を用いて，(6.133) 式よりヒステリシス損 $W_h$ を求めればよい．

$$W_h = f\rho\iiint_V g(B_m)\,dV = f\rho\sum_{e=1}^{n_e} g(B_m)\,V^{(e)} \quad [\mathrm{W}] \tag{6.133}$$

ここで，$\rho$ は密度［kg/m$^3$]，$n_e$ はヒステリシス損を計算する領域中の全要素数，$V^{(e)}$ は要素 $e$ の体積［m$^3$］である．

### 6.4.4 鉄損の推定法

#### a. 交番磁束下の鉄損

#### (1) 正弦波鉄損

#### (i) 二周波法（古典的鉄損推定法）

鉄損 $W$ は, 一般にヒステリシス損 $W_h$ と渦電流損 $W_e$ に分離できる．(6.131), (6.84) 式で示したように，ヒステリシス損は周波数 $f$ の 1 乗，古典的渦電流損は $f$ の 2 乗に比例すると仮定できる．それゆえ，正弦波の交番磁界により生じる鉄損 $W$ は次式で近似でき，これは古典的鉄損推定法とよばれることがある．

$$W = K_h f B_m^2 + K_e f^2 B_m^2 \tag{6.134}$$

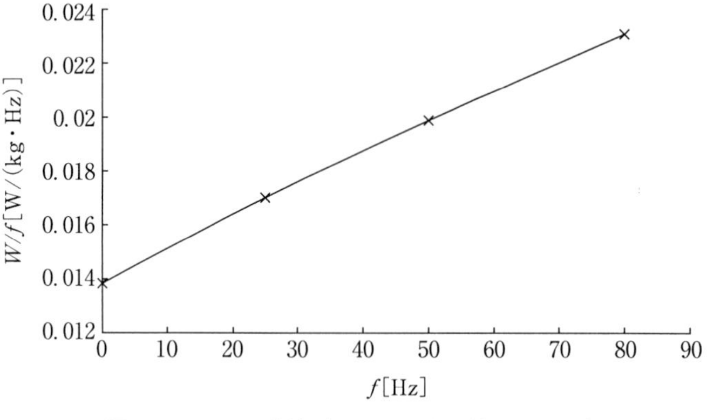


**図 6.57**　$W/f$-$f$ 曲線（$B_m$ = 1 T, 実測値，35A360）

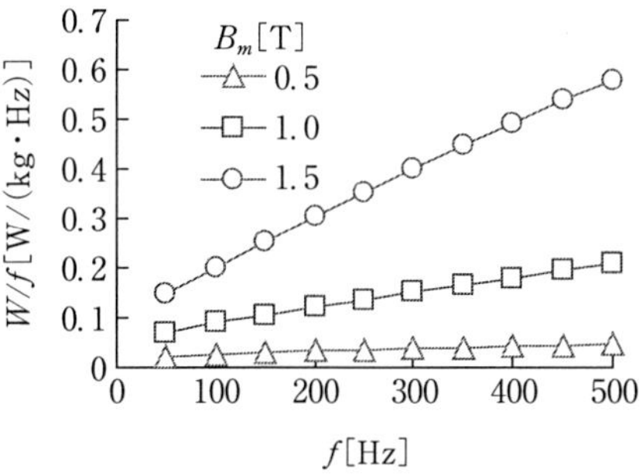


**図 6.58**　$W/f$-$f$ 曲線（50A1300，実側値）

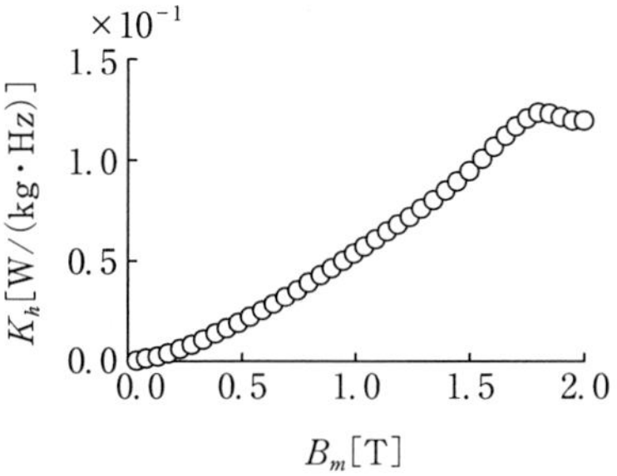


(a)　$K_h$-$B_m$ 曲線

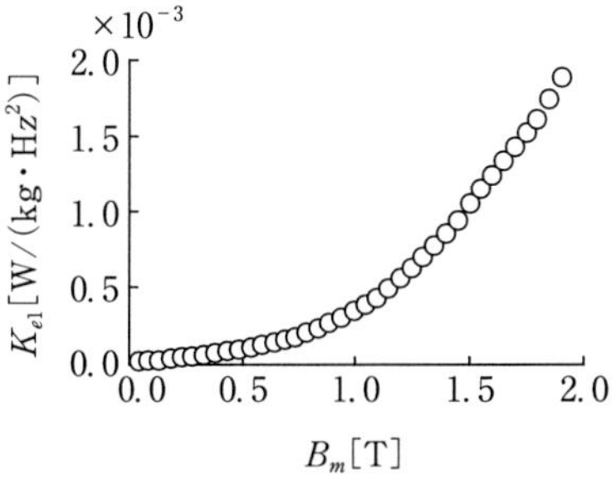


(b)　$K_{e1}$-$B_m$ 曲線

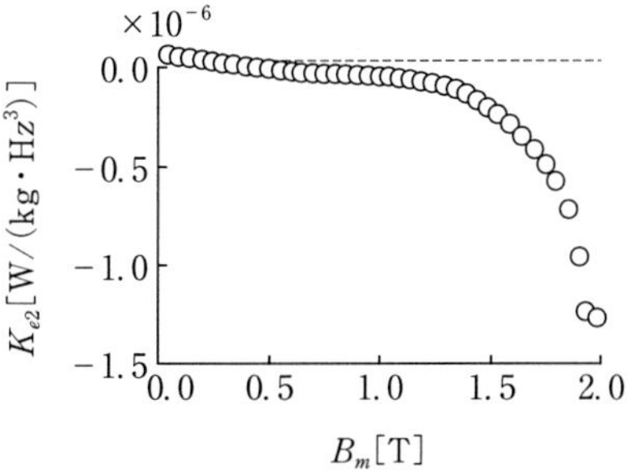


(c)　$K_{e2}$-$B_m$ 曲線

**図 6.59**　損失係数曲線（50A1300）

右辺第1項がヒステリシス損，第2項が渦電流損を表している．$K_h$ はヒステリシス損係数，$B_m$ は磁束密度の最大値，$K_e$ は渦電流損係数である．

図 6.57 に，$B_m$=1[T] 時の $W/f-f$ 曲線を示す．この図は，単板磁気試験器を用いて 35A360 の交番鉄損を測定した結果より求めた．$W/f-f$ 曲線はほぼ直線となり，最小二乗法を用いてこの直線の傾きと切片を 25 Hz と 50 Hz の値を用いて算出すれ

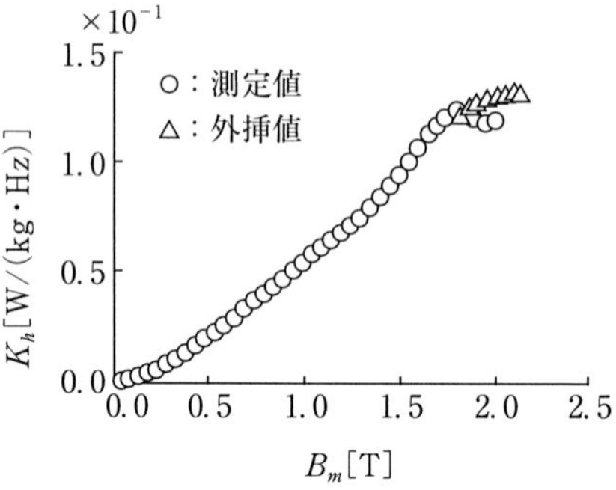


**図 6. 60**　外挿を施した $K_h$-$B_m$ 曲線（50A1300）

ば，$K_h=0.0142$, $K_e=0.000114$ となる．

**(ii)　多周波法**

前項の二周波法では，ヒステリシス損を $B_m^2$ の関数としているため，$B_m$ が大きくなるにつれ，ヒステリシス損は $B_m^2$ に比例して大きくなる．そのため飽和領域付近のヒステリシス特性が実際の値と異なってしまう可能性がある．

そこで多周波法では，複数の周波数 $f$ による $W$ の測定結果を基に，$W/f$-$f$ 曲線から，最小二乗法による二次多項式近似を行い，ヒステリシス損係数 $K_h$，渦電流損係数 $K_e$ を算出する．これらの損失係数が（6.135）式のように $B_m$ の関数となるように各係数を六次多項式で近似し鉄損分離を行う[92]．

$$K_n(B)=a_6B_m^6+a_5B_m^5+a_4B_m^4+a_3B_m^3+a_2B_m^2+a_1B_m \tag{6.135}$$

ここでは(6.136)式のように鉄損 $W$ を $f$ の三次関数で表した場合について検討を行う．

$$W=K_hf+K_{e_1}f^2+K_{e_2}f^3 \tag{6.136}$$

それぞれ損失係数として，3 個の係数を用い，それぞれの損失係数に $B_m$ に対する依存性を反映している．また，ヒステリシス損係数 $K_h$ が単調増加している上限 $B_n$ から飽和磁束密度 $B_s$ まで（$B_n<B<B_s$）を，（6.137）式のように二次多項式で外挿し鉄損推定を行う．

$$K_h=c_2B_m^2+c_2B_m+c_1 \tag{6.137}$$

なお，多周波法を用いた際の鉄損推定時のヒステリシス損については，飽和領域以降（$B>B_s$）を一定値として計算を行っている．また渦電流損係数 $K_{e_1}$, $K_{e_2}$ については，単調増加点以降も，ヒステリシス損係数 $K_h$ のような外挿は行わず，（6.135）式の形のまま鉄損推定を行っている．図 6.58 に無方向性電磁鋼板 50A1300 での $W/f$-$f$ 曲線，図 6.59 に（6.136）式を使用した場合の各損失係数曲線，図 6.60 に $K_h$-$B_m$ 曲線に対して飽和磁束密度までの外挿を施した場合の $K_h$-$B_m$ 曲線を示す．

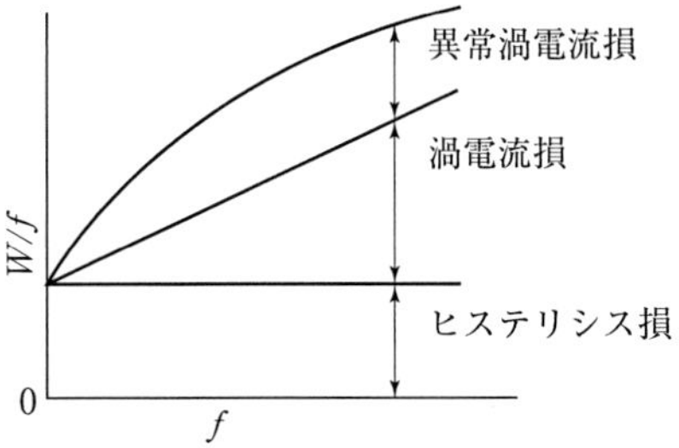


**図 6.61**　鉄損 $W$ の周波数 $f$ による変化（磁束密度一定）

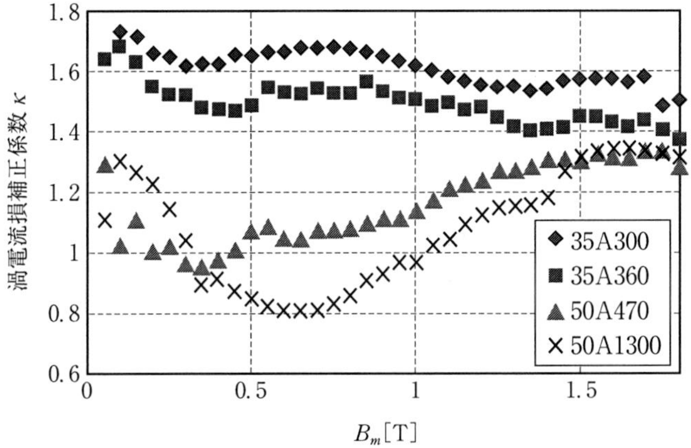


**図 6.62**　各試料の渦電流損補正係数

### (iii)　渦電流損補正係数を用いた鉄損推定

ヒステリシス損が（6.134）式のように周波数 $f$ の 1 乗，渦電流損が $f$ の 2 乗に比例すると仮定した場合は，図 6.57 のように $W/f$-$f$ 曲線はほぼ直線になるが，たとえば薄い電磁鋼板では図 6.61 のように直線にはならず，図に示した直線との差がいわゆる異常渦電流損に対応している．

異常渦電流損は考慮するが表皮効果を無視した鉄損モデルでは，（6.84）式の古典的渦電流損を用いて，鉄損は次式で表される[81]．

$$W = K_h f B_m^2 + \frac{\sigma(\pi f d B_m)^2}{6\rho} + W_{ex}$$

ここで，$W_{ex}$ はヒステリシス損と古典的渦電流損で考慮されない鉄損の増加量であり，この場合はこの項が異常渦電流損に対応する．

（6.84）式や（6.96）式より求まる渦電流損は，磁壁の周辺に発生する異常渦電流損を考慮できていない．磁界解析により求まった磁束分布より異常渦電流損を考慮して鉄損を求めるために，実験データを解析に取り込む方法が提案されている．ここでは，古典的渦電流損に補正係数を乗じて異常渦電流損を考慮する手法を述べる[93~95]．

異常渦電流損も古典的渦電流損と同様，$B_m$ や $f$ の 2 乗に比例すると考えれば，次式のように古典的渦電流損に補正係数 $\kappa$ を乗じることにより，両損失を表現することができる[172]．

$$W_e' = K_h f B_m^2 + \frac{\kappa\sigma(\pi f d B_m)^2}{6\rho} \tag{6.138}$$

ここで，$d$ は板厚，$\rho$ は密度である．(6.134) 式の右辺第 2 項と (6.138) 式の右辺第 2 項を等しいとおくと，$\kappa$ は (6.139) 式で表すことができる．

$$\kappa = \frac{6\rho K_e}{\sigma(\pi d)^2} \tag{6.139}$$

図 6.62 に各試料の渦電流損補正係数 $\kappa$ を示す．ここで，渦電流損係数 $K_e$ は 35A300 は 50 Hz と 80 Hz で鉄損分離して求めた値，35A360 と 50A470 は 30 Hz と 50 Hz, 50A1300 は 50 Hz と 100 Hz の値を用いている．0.5 T 近辺において値が小さくなっているのは，透磁率が高く，表皮効果が顕著であるためだと考えられる．異常渦電流損を考慮するために，磁性体の導電率に補正係数 $\kappa$ を掛けて導電率を考えた場合の渦電流解析を行って損失を求めることが行われている[168, 172]．

一般に無方向性電磁鋼板の磁区の大きさは，鋼板の厚さに比べて十分に小さく[173]異常渦電流損はあまり生じない．一方，方向性電磁鋼板の磁区の大きさは，鋼板の厚さ程度かそれ以上であり，磁区幅は周波数の増加により減少し，それに従って $\kappa$ も小さくなる．文献[174, 175]によると，方向性電磁鋼板の磁区の大きさは周波数 $f$ に対して $f^{-0.5}$ で小さくなることが実験で示されている．それゆえ周波数が高くなると磁区が小さくなり，異常渦電流損も減少するから $\kappa$ も $f$ とともに減少する．

モータなどをインバータ駆動したときのように，磁束密度波形に高調波成分が多数含まれて渦電流が流れる場合は，電磁鋼板 1 枚を要素分割し，いわゆる表皮効果を考慮して鋼板 1 枚内の渦電流分布を計算して求めないと，実際の損失よりも小さめの値が求まってしまう場合がある[96]．そこで，モータをインバータ駆動して求めたひずみ波磁束を電磁鋼板の一次元単板モデルに印加して板厚方向の渦電流解析を行い，表皮効果を考慮して渦電流損を算出する方法が提案されている[94, 96]．

**(2)　ひずみ波鉄損**

モータ，アクチュエータ，変圧器などの種々の電磁デバイスがインバータで駆動されることが多いが，インバータからのパルス幅変調（pulse width modulation：PWM）のひずみ波電圧が機器に印加されると鉄心内の磁束はひずみ，高調波磁束による渦電流損やマイナーループによる鉄損のため，一般に正弦波励磁の場合に比べて鉄損が増加する．

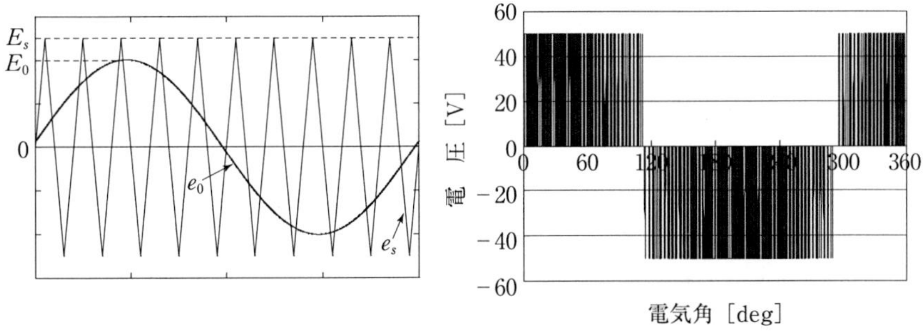


(a) PWM インバータの動作波形　(b) PWM インバータの電圧波形

**図 6.63** PWM インバータの波形

パルス変調方式である PWM インバータは，インバータの出力半周期内のパルスを複数個に分割し，個々のパルス幅を制御することによって出力電圧の制御と低次高調波の低減を図っている．波形は信号波 $e_0$ と搬送波 $e_s$ を比較してトランジスタへの信号が作られる．搬送波信号 $e_s$ の周波数をキャリア周波数 $f_c$ とよび，信号波 $e_0$ の周波数を基本波 $f_0$ と定義し，一般にキャリア周波数は，基本波より十分高く設定される．変調度 $m$ を図 6.63(a) に示す信号波の振幅 $E_0$ と搬送波の振幅 $E_s$ の比率（$m=E_0/E_s$）で定義する[97]．図 6.63(b) に PWM 電圧波形の例を，図 6.64 に基本波周波数 $f_0=50$ Hz，キャリア周波数 $f_c=10$ kHz, $B_m=1$ T，変調度 $m=0.9$ の場合のヒステリシスループ, $m=0.4, 0.9$ の場合の磁束密度波形と磁界の強さ波形を示す[98]．図 6.65 に磁束密度波形と磁界の強さ波形のスペクトルを示す．この例ではキャリア周波数 $f_c$ の 2 倍付近の周波数の振幅が大きいことがわかる．

ところで，図 6.6 にひずみ波磁束とヒステリシスループの例を示したが，この場合は磁束密度の第三調波成分の大きさは同じである．図 6.6(a) は第三調波磁束の位相が基本に対して逆相の場合（$b=b_1\sin\omega t+b_3\sin(3\omega t-180°)$）で，マイナーループは生じていない．図 6.6(b) は同相の場合（$b=b_1\sin\omega t+b_3\sin 3\omega t$）で，マイナーループが生じている．このように同じ高調波成分を有するひずみ波でも，高調波の位相によってマイナーループが生じたり生じなかったりする．

**(i)　実効値磁束密度を用いる方法**

図 6.6(a) のようにマイナーループが生じていない場合は，鉄損は次式で推定できる[99,100]．

$$W=W_h(B_m)+W_e(B_{eff}) \tag{6.140}$$

ここで，$W_h(B_m)$ はヒステリシス損が磁束密度の最大値 $B_m$ の関数であることを示しており，これはたとえば後述の図 6.67(b) の $W_h$ のような曲線となる．図 6.6 の例では，磁束密度波形の基本波成分と第三調波成分は同じでも (a) 図の $B_m$ と (b) 図の $B_m$

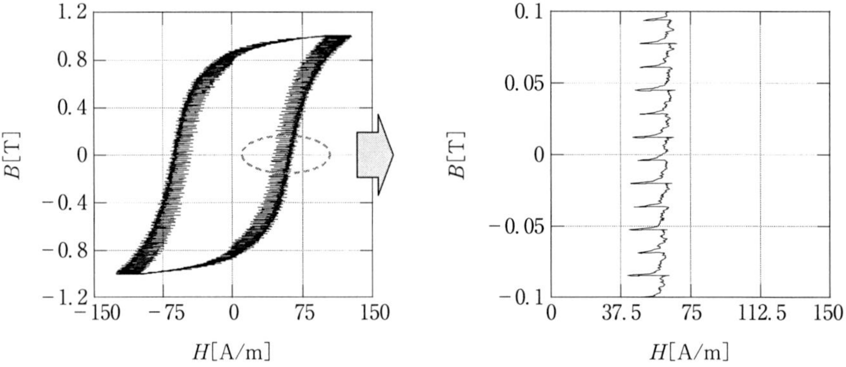


(a) ヒステリシスループ ($m=0.9$)

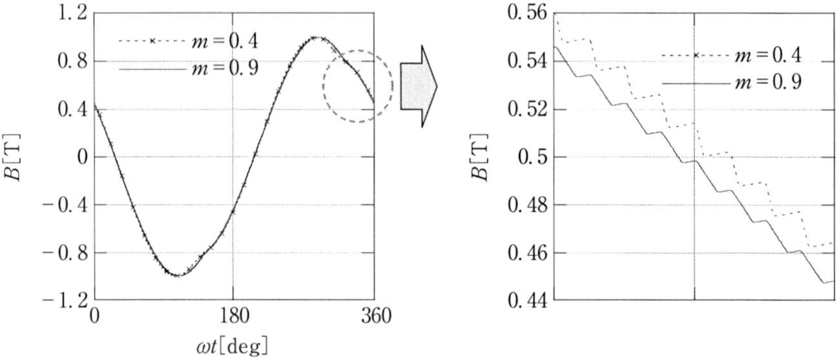


全体図 拡大図

(b) 磁束密度波形

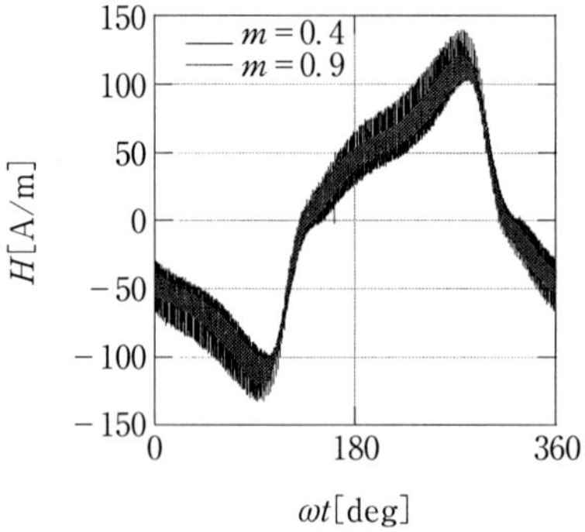


(c) 磁界の強さ波形

**図 6.64** ヒステリシスループおよび $B$, $H$ 波形
($f_0=50$ Hz, $f_c=10$ kHz, $B_m=1$ T)

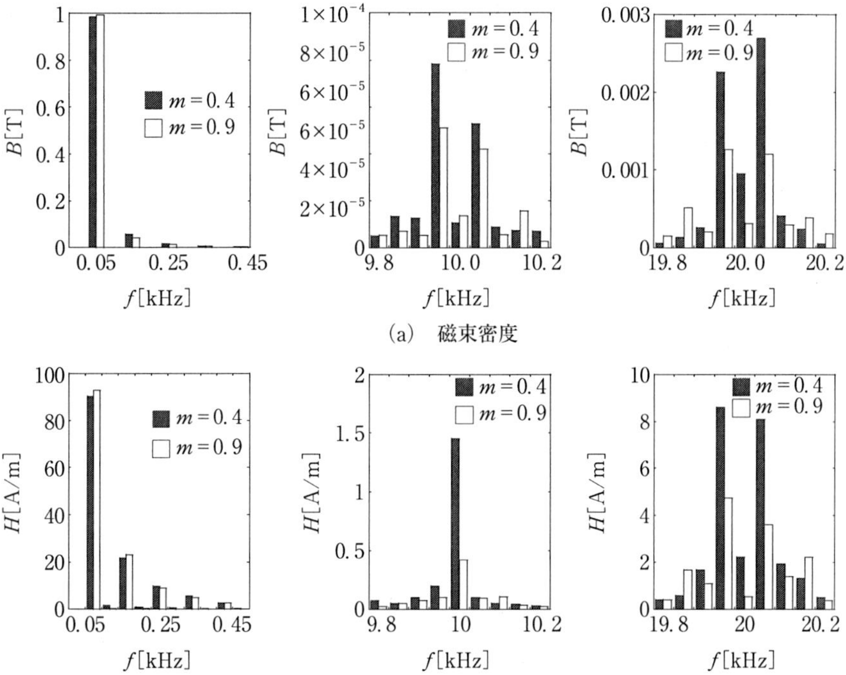


(a) 磁束密度

(b) 磁界の強さ

(i) 基本波 $f_0$ 近傍　(ii) キャリア周波数 $f_0$ 近傍　(iiii) $2f_0$ 近傍

**図 6.65** $B$ 波形と $H$ 波形のスペクトラム（$f_0 = 50$ Hz, $f_c = 10$ kHz, $B_m = 1$ T）

は異なっている．

$W_e(B_{\mathrm{eff}})$ は，渦電流損が実効値磁束密度 $B_{\mathrm{eff}}$ の関数で表されることを示しており，後述の図 6.67(b) の $W_e$ のような曲線となる（ただしこの場合は，図 6.67(b) の横軸の $B_m$ を $B_{\mathrm{eff}}$ と読み換える）．実効値磁束密度 $B_{\mathrm{eff}}$ は，ひずみ波の実効値電圧と等しい実効値電圧を示す正弦波の最大磁束密度であり，第 $n$ 次高調波（$n$ は奇数次のみとする）の振幅を $B_n$ とすれば，次式で定義される[99]．

$$B_{\mathrm{eff}} = \sqrt{\sum (nB_n)^2} = \sqrt{B_1^2 + 9B_3^2 + \cdots} \tag{6.141}$$

上式は次のようにして導出される．ひずみ波の磁束密度 $b$ は次式で表される．

$$b = B_1 \sin \omega t + B_3 \sin 3\omega t + \cdots \tag{6.142}$$

ただし，高調波成分の位相は簡単のため零とした．この磁束により生じる電圧の実効値 $V_{\mathrm{eff}}$ は次式で求められる．

$$V_{\mathrm{eff}} = \sqrt{\frac{1}{T}\int_0^T \left(NS\frac{db}{dt}\right)^2 dt} \tag{6.143}$$

ここで，$N$は励磁巻線の巻数，$S$は鉄心の断面積，$T$は周期である．(6.143)式に(6.142)式を代入し，(6.143) 式の積分は同じ周期数同士の積の積分のみがある値をもつことに着目すれば，平方根中の $n$ 次調波分の積分値 $A_n$ は次式となる．

$$A_n=\frac{(NSn\omega B_n)^2}{T}\int_0^T(\cos n\omega t)^2dt=\frac{(NSn\omega B_n)^2}{2T}\left[t+\frac{\sin 2n\omega t}{2n\omega}\right]_0^T=\frac{(NSn\omega B_n)^2}{2} \quad (6.144)$$

よって $V_{\mathrm{eff}}$ は次式となる．

$$V_{\mathrm{eff}}=\sqrt{2}\,\pi fNS\sqrt{\sum(nB_n)^2} \quad (6.145)$$

ところで，磁束が正弦波状に変化する場合の磁束密度 $b$ は $b=B_m\sin\omega t$ と書け，このときの誘起電圧 $v$ は次式となる．

$$v=-NS\omega\cos\omega t$$

この場合，$b$ は位相が $v$ よりも 90° 進んでおり，電圧の実効値 $V_{\mathrm{eff}}$ は次式となる．

$$V_{\mathrm{eff}}=\sqrt{2}\,\pi fNSB_m=4.44fNSB_m \quad (6.146)$$

(6.145) 式と (6.146) 式を比べることにより，$B_{\mathrm{eff}}$ がひずみ波の実効値電圧と等しい実効値電圧を示す正弦波の最大磁束密度 $B_m$ に対応していることがわかり，$B_{\mathrm{eff}}$ が実効値磁束密度とよばれることが了解できる．

実効値磁束密度を用いる方法は比較的低い周波数の場合にしか適用できず，PWM インバータのようなキャリア周波数が数十 kHz の高調波成分を多く含むひずみ波における鉄損推定に適用すると，測定値との誤差が大きいことが確認されている[179,180]．また，従来のひずみ波鉄損推定法では，マイナーループがない状態で最大磁束密度が等しければヒステリシス損も等しいという考え方であるが，マイナーループがなく最大磁束密度が等しくても，インバータの変調度が変化すると，表皮効果の影響でヒステリシス損が大きく変化しているという報告がある[181]．なお，PWM インバータ励磁下の鉄損を求める方法としては，三次元有限要素法を用いて詳細な電磁界解析を行う

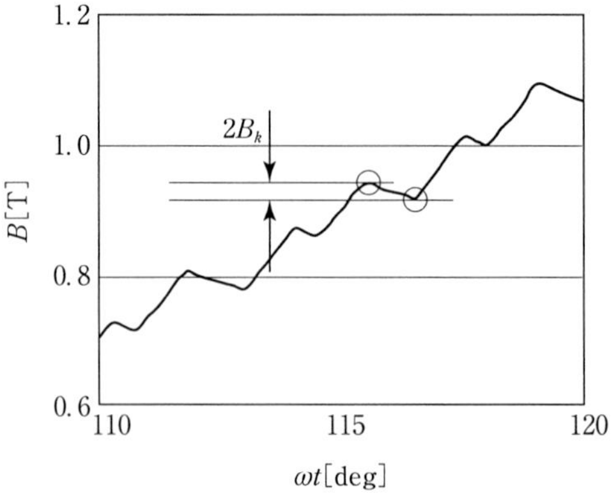


**図 6.66**　ひずんだ磁束密度波形とマイナーループ

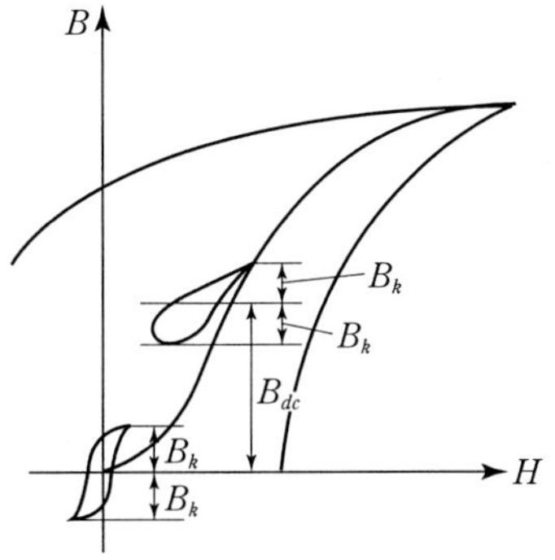


(a)　マイナーループの位置

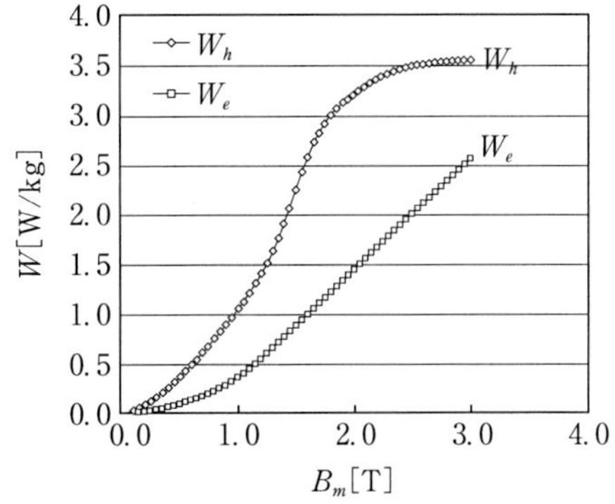


(b)　鉄損の分離曲線

**図 6.67**　ひずみ波磁束によって生じるマイナーループによる鉄損の考慮

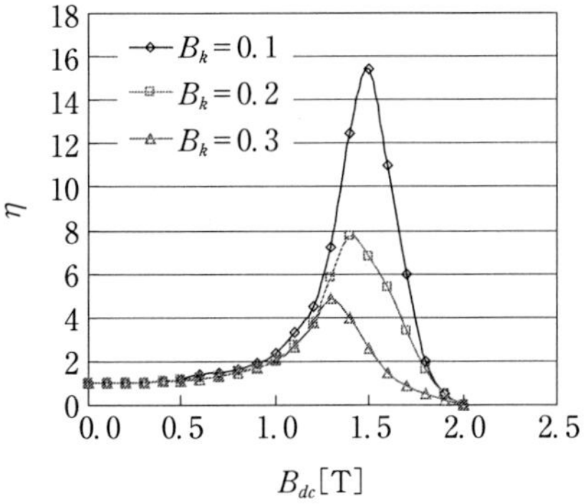


(a)　$L$ 方向

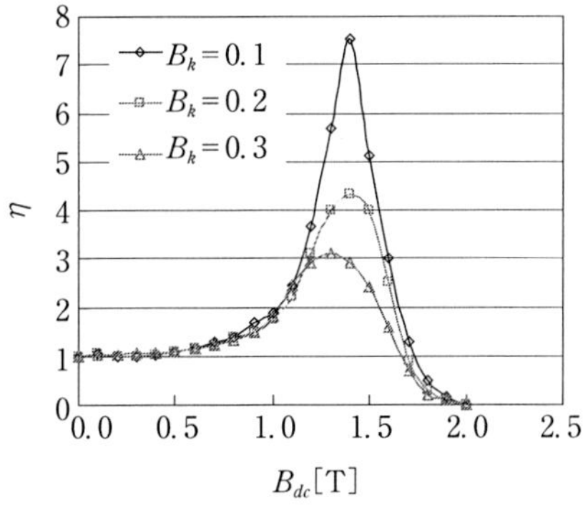


(b)　$C$ 方向

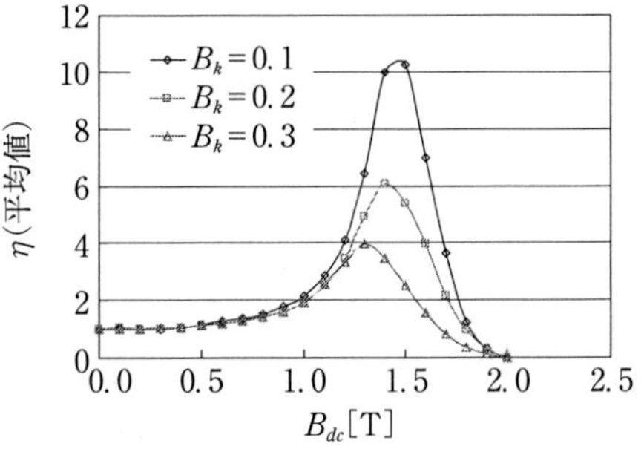


(c)　$L$ と $C$ の平均

**図 6.68**　ヒステリシス損の増加係数 $\eta$（35A300）

方法[182]や複雑な推定式を用いる方法[183]も提案されているが，設計現場で手軽に用いられるようなものではない．そこで，PWM 波の $n$ 次の高調波成分による古典的渦電流損に，$n$ 次の高調波成分に対応した表皮深さ $\delta_n$ を考慮した推定式が提案されている[179]（コラム 4 参照）．

**(ii)　変位係数を用いる方法**

図 6.6 は，高調波成分の振幅が同じでも，高調波成分の位相が異なれば鉄損は異なった値になることを示している．図 6.6(b) のようにマイナーループが生じている場合の鉄損は，次式で推定される[101]．

$$W = W_h(B_m) + W_e(B_{\mathrm{eff}}) + 2\sum_k \eta W_h(B_k) \tag{6.147}$$

(6.147) 式の右辺第 3 項はマイナーループのヒステリシス損に対応しており，磁束波形が対称波である場合は，マイナーループはヒステリシスループ当たり 2 個できるので，2 が掛けられている．$\sum_k$ はマイナーループのペアの総和を示す．この損失は，マイナーループの振幅 $B_k$ が同じでも，どの位置（後述の図 6.95 の $B_{dc}$ に対応）にできるかによって異なることがわかっており，その増加割合は変位係数 $\eta$ で表される．磁束波形の高調波成分が低次の場合に比較的精度よい推定が可能である．

インバータ駆動時には，磁束波形のひずみによってマイナーループが生じ，ヒステリシス損が増加する．図 6.66 の簡易的な磁束密度波形を用いて，マイナーループによる鉄損の考慮方法について説明する．図 6.66 におけるひずみ波磁束密度の peak to peak 値（$2B_k$）の半分（$B_k$）を図 6.67(a) のマイナーループの振幅とみなし，任意の磁束密度 $B_m$ におけるヒステリシス損をいわゆる素材の $W_h$-$B_m$ カーブである図 6.67(b) から読み取り，全要素の和を求めることでマイナーループを考慮した．$B_{dc}$ は図 6.67(a) のように零点からひずみ波磁束密度の peak to peak 値の中点までの大きさである．任意の直流成分 $B_{dc}$ を含む場合，マイナーループは鉄心の飽和の影響によって対称とならず，鉄損が増加する[101,102]．

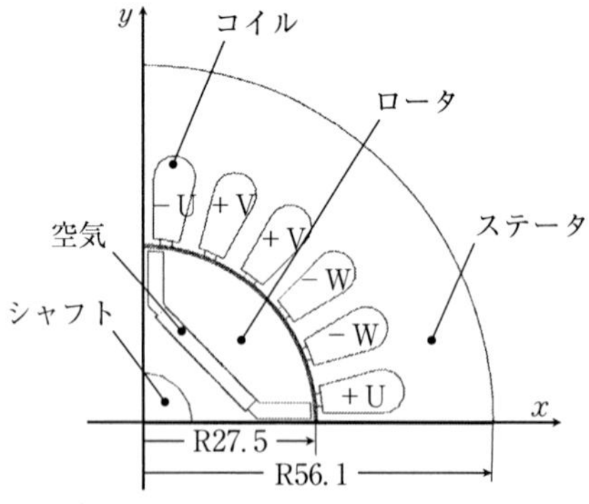


**図 6.69**　リラクタンスモータモデル

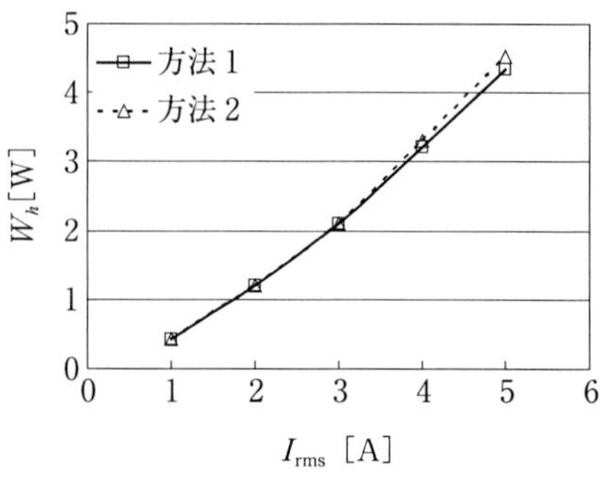


**図 6.70**　ヒステリシス損の特性（50A350）

そこで，図 6.68 に示す直流偏磁下でのヒステリシス損の増加係数（変位係数）$\eta = W_h/W_{h0}$（$W_{h0}$：$B_{dc}=0$ での損失）（交流振幅 $B_m=0.1\sim0.3$ T）を考慮することで損失を算出する．材質は無方向性電磁鋼板 35A350 である．$L$ は長手方向(longitudinal)，$C$ は直角方向（cross）の測定結果を示している．図 6.68 より，直流成分 $B_{dc}$ を 1.5 T 程度含む場合，ヒステリシス損は $B_{dc}=0$ の場合に比べて 10 倍以上になることがわかる[94]．固定子および回転子の電磁鋼板は 35A350 であり，50A300 とは異なっているが，文献[103]によれば，電磁鋼板のグレードの違いによるヒステリシス損の増加の割合 $\eta$ に大きな差異がないことから，図 6.68 の $L$ と $C$ の平均値を $\eta$ として用いて直流重畳下のヒステリシス損計算を行った．$B_k=0.1$ T, 0.2 T, 0.3 T 以外は内挿により，また，$B_k=0.3$ T 以上は外挿により求めた．振幅 $B_k$ が 0.1 T 以下の場合は $B_k=0.1$ T での $\eta$ を使用した．

図 6.69 のように IPM モータの磁石を取り除いたモータ（リラクタンスモータに対応）のヒステリシス損 $W_h$ を求めた結果を図 6.70 に示す．$I_{\mathrm{rms}}$ は固定子巻線に流した電流の実効値を示す．方法 1 は，直流偏磁しているマイナーループを原点にもってきて近似する方法[93,104]，方法 2 は，図 6.69 のマイナーループの直流偏磁による損失増加係数 $\eta$ を考慮したヒステリシス損である．図 6.70 より，直流偏磁による増加係数 $\eta$ を考慮した場合，最大で 4% 程度ヒステリシス損が増加することがわかる．実効値電流 $I_{\mathrm{rms}}$ が小さい場合は，直流磁束密度 $B_{dc}$ も小さく係数 $\eta$ がほぼ 1 であるため，偏磁の考慮の有無による差が小さいと考えられる．

その他にも種々の鉄損推定法が提案されている．

### (iii) 波形率を用いる方法

前述の方法は，鉄損をヒステリシス損と渦電流損に分離（鉄損分離）してそれぞれのひずみ波励磁下の損失を算定し，その総和として鉄損を推定している．ここでは，鉄損分離を行わずに，マイナーループを生じない場合の 1 周期当たりの鉄損 $W/f$ [J/kg] は，波形率 $FF$ の 2 乗と周波数 $f$ の積によって決まるという実験結果を用いて，ひずみ波鉄損を推定する方法を述べる[105,106]．

鉄心に巻いたサーチコイルに誘起する電圧の波形率 $FF$ は次式で表される．

$$FF = \text{実効値}/\text{平均値} = \left(\frac{dB}{dt}\right)_{\mathrm{rms}} \Bigg/ \left(\frac{dB}{dt}\right)_{\mathrm{ave}} \tag{6.148}$$

正弦波電圧の最大値を $V_m$ とすれば，電気回路論より電圧の実効値 $V_{\mathrm{eff}}$ は $V_m/\sqrt{2}$，平均値 $V_{\mathrm{ave}}$ は $2V_m/\pi$ なので，正弦波電圧の波形率は $FF=\pi/(2\sqrt{2})=1.11$ となる．

図 6.71 (a) のような方形波の実効値と平均値はいずれも $V_m$ なので $FF=1$ となる．図 6.71(b) のようなパルス波をフーリエ級数展開すれば，次式となる．

$$v = \frac{4V_m}{\pi}\left(\cos\omega\tau \sin\omega t + \frac{\cos 3\omega\tau}{3}\sin 3\omega t\right) + \frac{\cos 5\omega\tau}{5}\sin 5\omega t \cdots \tag{6.149}$$

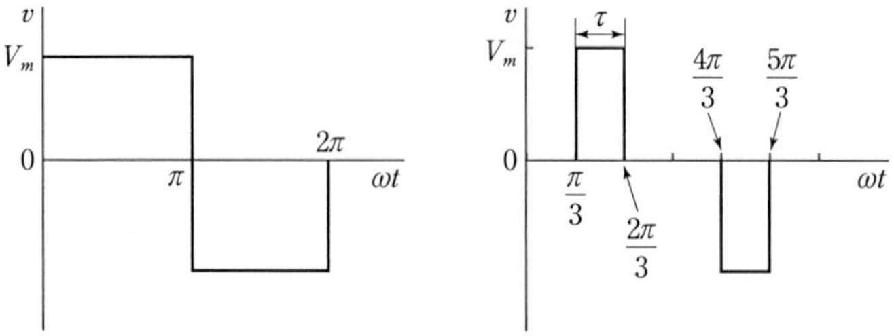


(a)　$FF=1.00$　　　(b)　$FF=1.73$

**図 6.71**　パルス波の電圧波形

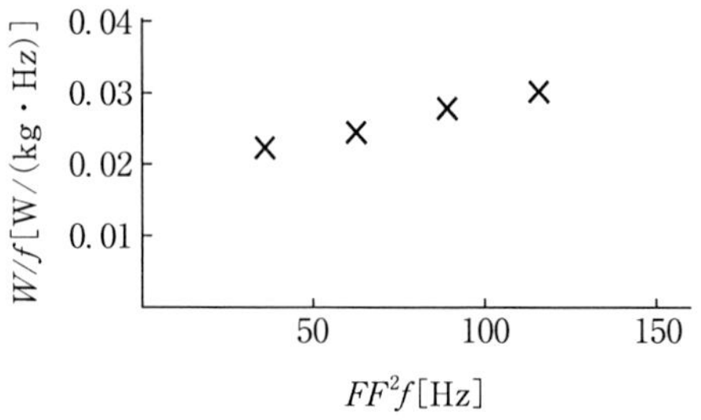


**図 6.72**　$W/f$-$FF^2f$ 曲線（$B_m=1$ T, 50A350, 実測値）

$\tau=\pi/3$ のときの電圧の平均値 $V_{\mathrm{ave}}$ と実効値は $V_{\mathrm{eff}}$ は次式で与えられる．

$$V_{\mathrm{ave}}=\frac{1}{\pi}\int_{\pi/3}^{2\pi/3} V_m dt=\frac{V_m}{3} \tag{6.150}$$

$$V_{\mathrm{eff}}=\sqrt{\frac{1}{2}\left\{\int_{\pi/3}^{2\pi/3} V_m^2 dt+\int_{4\pi/3}^{5\pi/3} V_m^2 dt\right\}}=\frac{V}{\sqrt{3}} \tag{6.151}$$

このときの波形率は $FF=V_{\mathrm{eff}}/V_{\mathrm{ave}}=\sqrt{3}=1.73$ であり，波形率 $FF$ はひずみの程度を表しているといえ，波形ひずみの程度が大きいと波形率も大きくなるといえる．

渦電流の大きさは磁束密度の時間微分 $dB/dt$ に比例し，したがって渦電流損は，その 2 乗に比例する．それゆえ 1 周期当たりの渦電流損は，

$$\int_0^T \left(\frac{dB}{dt}\right)^2 dt=\frac{1}{f}\left(\frac{dB}{dt}\right)_{\mathrm{rms}}^2 \tag{6.152}$$

に比例する．一方，誘起電圧の平均値（$dB/dt$）$_{\mathrm{ave}}$ は，磁束密度の最大値 $B_m$ を用いて次式で与えられる．

$$\left(\frac{dB}{dt}\right)_{\mathrm{ave}}=\frac{2}{T}\int_0^{T/2}\left|\frac{dB}{dt}\right|dt=2f\int_{-B_m}^{B_m} dB=2f\times 2B_m=4fB_m \tag{6.153}$$

ここで，$T$ は周期を表す．(6.148)，(6.153) 式より，1 周期当たりの渦電流損に対応する $(1/f)(dB/dt)_{\mathrm{rms}}^2$ は，次式のように $FF^2$-$f$ の関数の形に書くことができる．

$$\frac{1}{f}\left(\frac{dB}{dt}\right)_{\mathrm{rms}}^2 = 16B_m^2 \cdot FF^2 \cdot f \tag{6.154}$$

上式より1周期当たりの鉄損 $W/f$ が周波数依存性のないヒステリシス損と $(dB/dt)_{\mathrm{rms}}^2$ に比例する渦電流損の和として扱うことができれば, $W/f$ は次式で表すことができる.

$$\frac{W}{f} = aFF^2 \cdot f + b \tag{6.155}$$

ここで, $a, b$ は材質によって決まる定数である.

図6.72に, 正弦波励磁 ($FF=1.11$) した場合の50A350の $B_m=1.0$ T における $W/f$-$FF^2$-$f$ 特性を示す. 文献[106]によれば, ひずみ波励磁の結果もほぼこの直線上に乗るので, 正弦波励磁下の鉄損のカタログデータがあれば, ひずみ波電圧波形の $FF^2$-$f$ を算出してひずみ波鉄損を求めることができる.

**b. 回転磁束下の鉄損**

今まで述べてきた交番磁束では, 磁束が一方向に印加されて, その向きが交互に変化する. それに対し, 磁束の方向が時間とともに変化する場合を回転磁束とよぶ. 図6.73に真円の回転磁束 (軸比 $\alpha=1$) 下において無方向性電磁鋼板50A290の鉄損を測定した例を示す[17]. 30 Hz と 50 Hz の鉄損の測定結果を用いてヒステリシス損と渦電流損に分離した結果も示した. 飽和すると磁性体中の磁区はすべて同じ方向を向くようになり, あたかも1つの磁石のようになる. これに回転磁束が印加されると磁石が回転することになり, この場合は, 磁壁の移動はないので, ヒステリシス損はなくなる. それゆえ, 図6.18の回転磁束において $\alpha=1$ の場合には磁束密度が高くなると鉄損 $W$ が減少する. $B_m=2$ T 以上で鉄損 $W$ が零にならないのは, 渦電流損がほぼ $B_m^2$ に比例して増加しており, これとヒステリシス損の和が鉄損 $W$ であるからである.

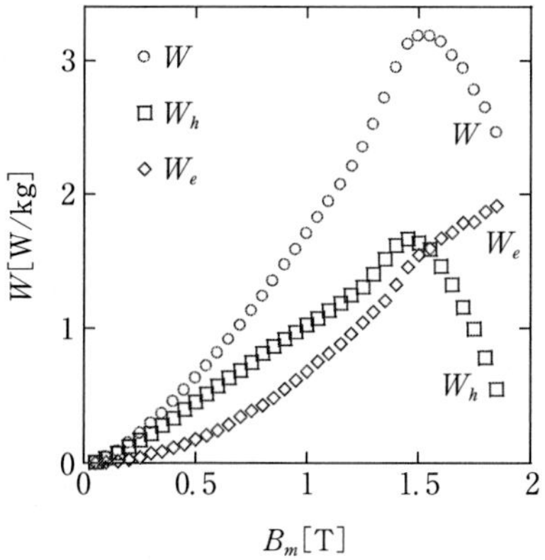


**図6.73**　回転磁束下の鉄損 $W$ と鉄損分離結果 (50A290, 50 Hz)

図 6.74 に，軸比 $\alpha$ と圧延方向からの長軸の傾き $\theta_B$ が方向性電磁鋼鈑の鉄損に及ぼす影響を示す[107~109]．低磁束密度領域では軸比 $\alpha$ が大きくなるにつれて，鉄損が増加する．軸比 $\alpha$ が 1 に近づくと高磁束密度領域で鉄損が減少する．これはヒステリシス損が減少したためであり，軸比 $\alpha$ が大きいほど鉄損が減少し始める磁束密度が低くなる．また長軸の傾き $\theta_B$ が大きくなると低磁束密度領域での軸比 $\alpha$ による鉄損の差は小さくなり，$\theta_B=60°$ では約 1.3 T より高い磁束密度領域では，軸比 $\alpha$ が小さいほど鉄損が大きくなっている．以上要するに，$\alpha=1$ の場合は真円なので $\theta_B$ が変化しても鉄損は変わらない．$\theta_B=0°$ の場合で $\alpha$ を大きくしていくと圧延方向を向いた交番磁束が徐々に真円の回転磁束に近づくので，図 6.74(a) のように $\alpha$ の増加とともに鉄損 $W$ も大きくなる．$\theta_B=60°$ の場合も図 6.74(b)のように $B_m$ の低い領域(約 1.3 T

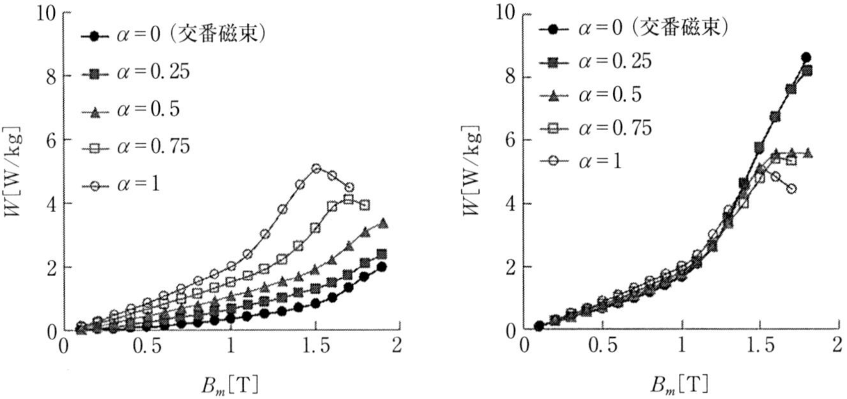


(a)　$\theta_B=0°$　　　(b)　$\theta_B=60°$

**図 6.74**　軸比 $\alpha$ と長軸の傾き角 $\theta_B$ が回転磁束下の鉄損に及ぼす影響（30G130, 50 Hz）

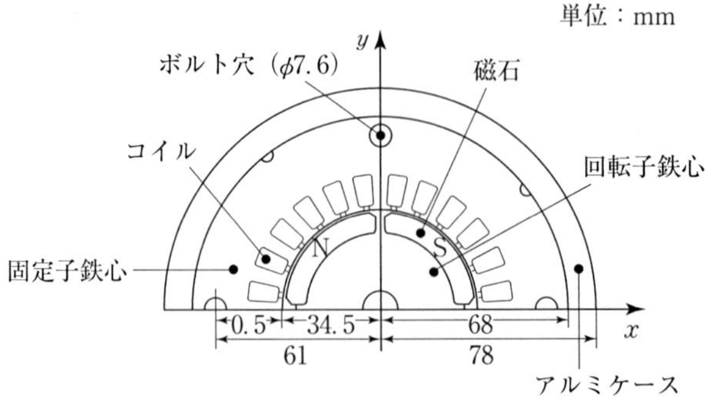


**図 6.75**　表面磁石型モータモデル

以下）では$\alpha$が大きい方が鉄損$W$は大きいが，$B_m$の高い領域（約 1.3 T 以上）では$\alpha$が小さくて交番磁束励磁に近くなった方が磁化困難軸方向の鉄損が$\alpha=1$の回転

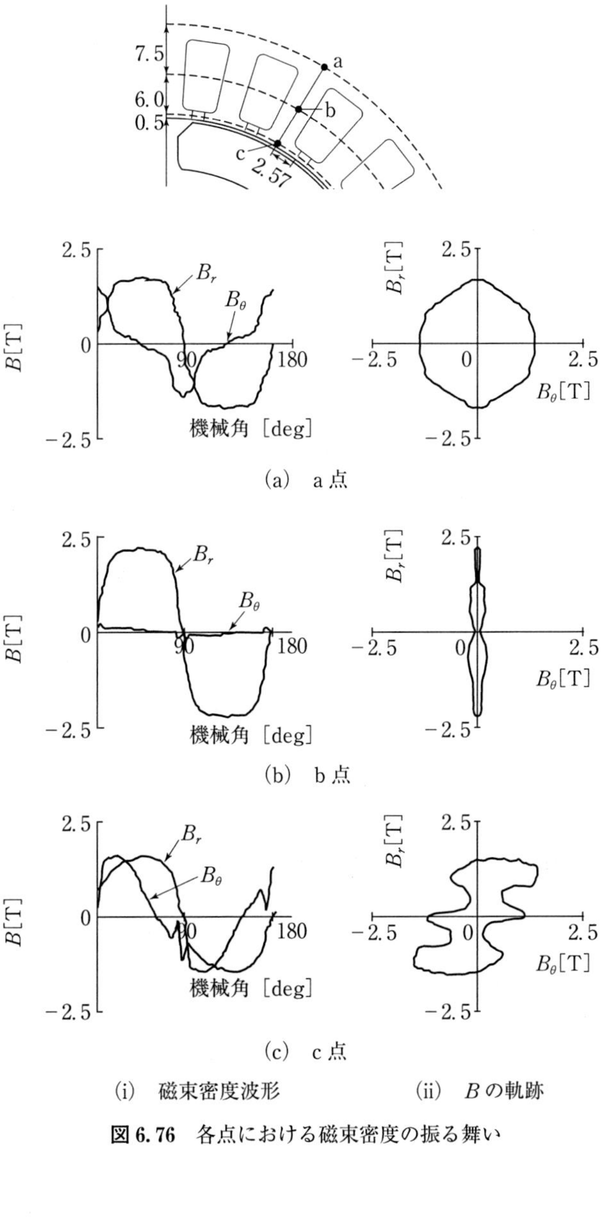


**図 6.76**　各点における磁束密度の振る舞い

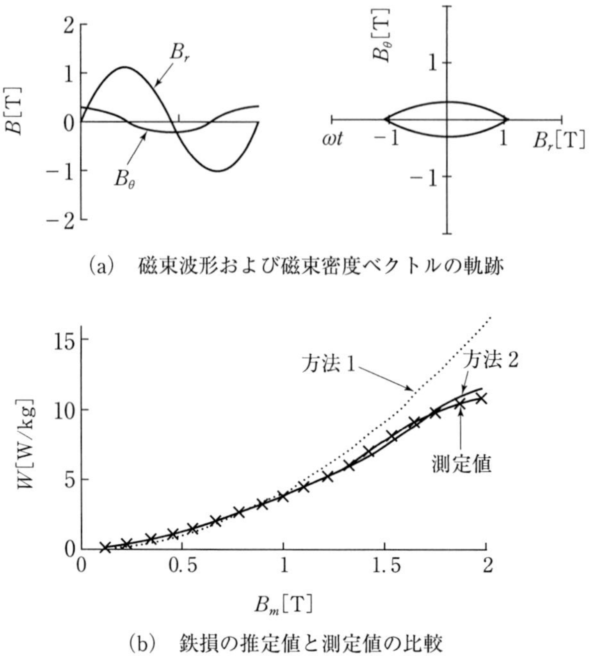


**図 6.77**　ひずんだ楕円回転磁束下の鉄損の推定（$\alpha=0.25$, 10% 第 3 高調波）

磁束下の鉄損よりもかなり大きくなるため，$\alpha$ が小さいほど鉄損は大きくなる．

図 6.75 に示した表面磁石型モータの固定子鉄心内の磁束密度ベクトルの軌跡を図 6.76 に示す[110, 118]．図 6.76 にはひずんだ楕円回転磁束を $r$, $\theta$ 方向の交番磁束波形に分解した結果も示した．このようにテースの背部や先端でひずんだ楕円回転磁束が生じているが，このような回転磁束下の鉄損の推定を行うために，たとえば，楕円回転磁束を次式のように二方向の交番磁束に分解し，次式のように二方向交番磁束下での鉄損の測定値の和として，楕円回転磁束下の鉄損 $W$ を求める方法が提案されている[111]．

$$W = W_r + W_\theta \tag{6.156}$$

ここで $W_r$, $W_\theta$ は，$r$ および $\theta$ 方向の交番鉄損を示す．二方向励磁型単板磁気試験器[16]を用いて，軸比（楕円の短軸と長軸の比）$\alpha=0.25$ で，10% の第三高調波成分を有するひずんだ楕円回転磁束下の鉄損の測定値を，図 6.77 に示す[112]．実効値磁束密度 $B_{eff}$ を用いて $r$, $\theta$ 方向の交番磁束下の鉄損（(6.140) 式）の和として求めた結果を，図 6.77 に方法 1 として示す．このように，回転磁束下の鉄損を交番磁束下の鉄損の和として求める方法では，磁束密度が高くなると実測値に合わなくなる場合がある．

より精度の高い鉄損の推定を行うために，回転磁束下での鉄損の測定値を用いて推定を行う方法[112]，***H***, ***B*** ベクトルの内積から求める方法[113,114] などが提案されている．なお，文献[112] で示した方法を用いて推定した結果を図 6.77 に方法 2 として示した．

## 6.5　磁気特性に及ぼす諸因子

### 6.5.1　切断による残留応力

回転機鉄心は電磁鋼板をプレスして打ち抜くため，その際に切断部には加工ひずみが生じる．実機の材料特性に即した解析を行うためには，このような磁化特性や鉄損特性の劣化を考慮した解析が必要である[115~117]．特に小形の回転機では，応力による劣化の程度（鉄損の増加割合）が顕著である．

まず，試料を切断したときの切断面近傍の磁束分布を測定して，切断面からどの程度の範囲まで，磁気特性が劣化しているかの検討を行った例を述べる[115]．図 6.78(a) のような単板試料（35A250）に磁束分布測定用のプローブ（鉄板に穴をあけずに磁束分布を測定する方法，改良プローブ法とよぶ，付録 2 参照）を多数取り付け，次に図中の破線の部分で切断し，磁束分布を測定した結果を図 6.78(b) に示す．この例では切断部から約 10 mm の範囲まで劣化が生じていることがわかる．

次に，電気学会の「回転機のバーチャルエンジニアリングのための電磁界解析技術調査専門委員会」において提案された，解析精度検証用の三相誘導機モデル（図 6.79）を用いて，切断部の磁気特性の劣化の影響の検討を行った例を示す[118]．加工ひずみ

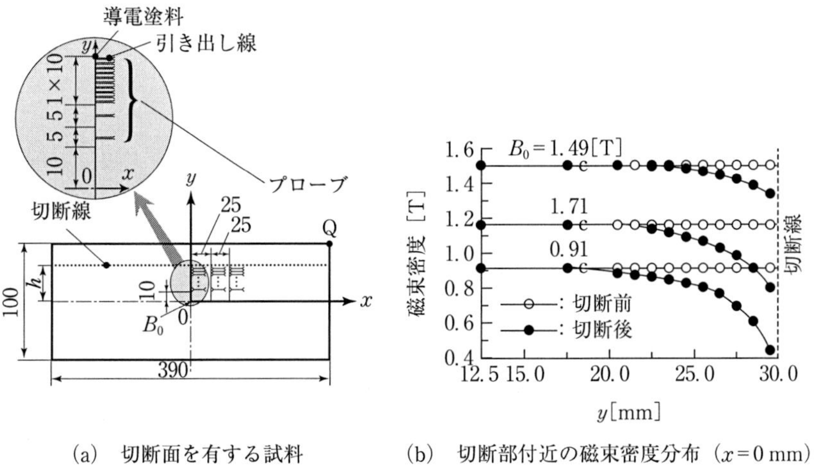


(a)　切断面を有する試料　　(b)　切断部付近の磁束密度分布（$x = 0$ mm）

**図 6.78**　切断部付近の磁気特性の検討（35A250）

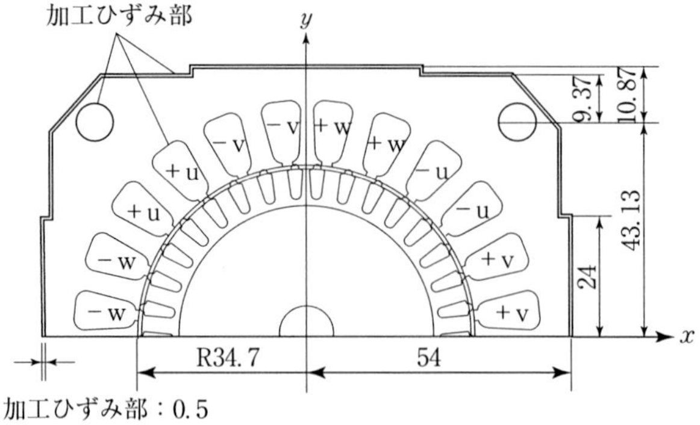


**図 6.79**　三相誘導機モデル

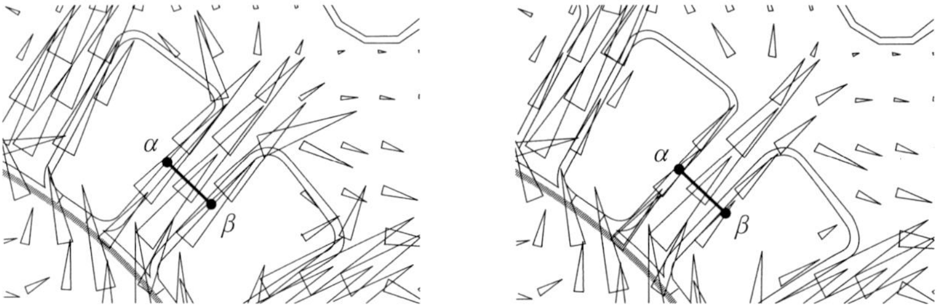


(a)　加工ひずみなし　　(b)　加工ひずみあり

**図 6.80**　磁束密度分布の拡大図

の幅は，コアの形状によっても変わるが，切断部から 0.5 mm の領域（板の幅に相当）で応力の残留が著しいという報告がされているので，ここでは，切断部から 0.5 mm の領域で一様に加工ひずみが入ると仮定した．ただし，ステータの材質は 50A290 とした．

図 6.80 に，テース部の磁束密度分布の拡大図を示す．テース部に着目すると，加工ひずみを考慮しない場合は，テース部に一様に磁束が流れているのに対し，加工ひずみを考慮した場合は，加工ひずみ部の磁束密度が小さく，テース部中央で磁束密度が大きくなっていることがわかる．図 6.81 に線分 $\alpha\beta$ 上の磁束密度の大きさを示す．加工ひずみを考慮した場合，テース中央部に磁束が集中していることがわかる．これは，切断部で磁化特性が劣化しているため磁束が通りにくくなり，その分磁束がテース中央部に多く流れるためであると考えられる．このようにテース中央付近の磁束密度が増加するため，ステータ全体の鉄損の計算値は，加工ひずみを考慮した場合の方が大きくなった．

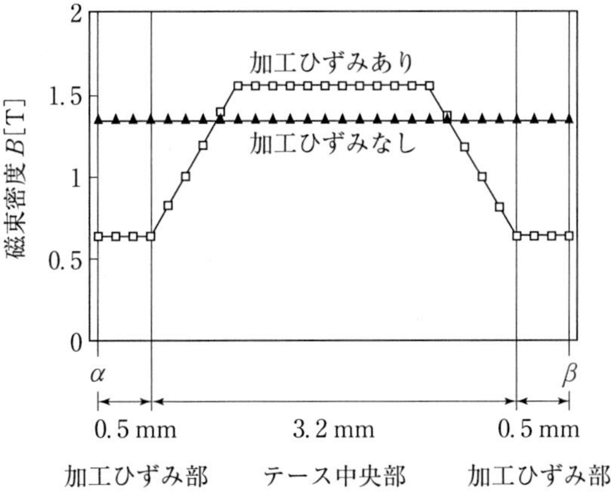


**図 6.81**　線分 $\alpha\beta$ 上の磁束密度の大きさ

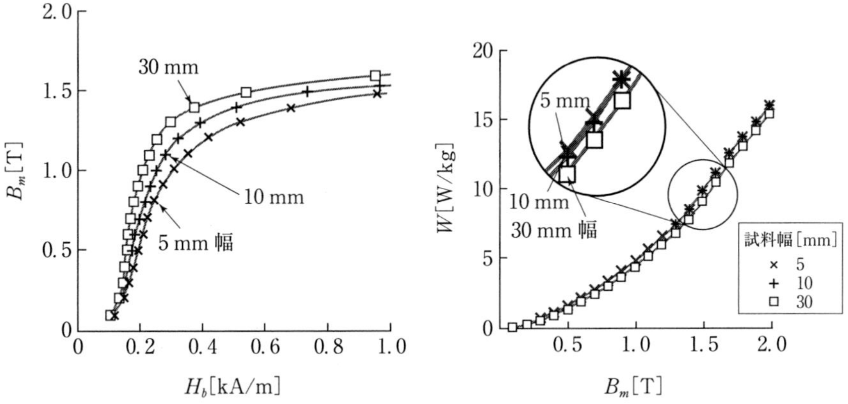


(a)　$B_m$-$H_b$ 曲線　　(b)　鉄損曲線

**図 6.82**　切断ひずみが $B$-$H$ 曲線，鉄損曲線に及ぼす影響（50A1300, 50 Hz）

モータコアなどを切断すると，加工ひずみのために磁気特性が劣化する．電磁鋼板メーカのカタログ値を用いて，有限要素法などの数値解析法により電磁機器の磁気回路設計を行った場合，切断による加工ひずみなどにより，実機の特性は設計段階で推定した特性と異なることがある．機器の特性を精度よく推定するためには，これらの要因による磁気特性の変化を考慮する必要がある．試料を 5 mm, 10 mm, 30 mm 幅に切断したときの磁気特性の変化を測定した．磁気特性にばらつきがある場合，単板磁気試験器（SST）内に試料を並列に配置して測定を行うと，磁束がかたよるため，見かけの磁気特性はそれぞれの磁気特性よりも悪くなる．したがって，ここでは SST

内に単板試料を1枚だけ設置して測定を行った[119]．

図6.82に，50A1300の $B_m$-$H_b$ 曲線を示す．試料が劣化すると，透磁率の大きい領域（$B_m$＝1.5T付近）で所定の $B_m$ を生じるための $H_b$ が増加し，$B_m$ が小さい領域で鉄損が増加している．またその増加割合は，試料幅が狭いほど著しい．本試料では，切断することにより，$H$ は最大で2倍近く増加したが，鉄損 $W$ は約1.2倍以内であった．また，2T付近での劣化率はいずれも10%以下である．このように鉄損のもともと大きい50A1300の劣化率は，2T付近ではあまり大きくないので，電磁鋼板のカタログ値を用いて設計した場合でも，実機と大きな差を生じないと考えられる．それに対し，鉄損の少ない電磁鋼板の場合は切断ひずみによる鉄損への増加分が全体の鉄損に比べて無視できなくなるので，低鉄損の高級電磁鋼板を用いる場合は，試料幅による差が図6.82に示した場合よりも大きくなると考えられる．

### 6.5.2　圧縮応力

#### a.　応力が磁気特性に及ぼす影響

モータのように焼きばめがなされている場合は，100MPa以上の圧縮応力が鉄心に印加されている場合があり，それが原因で磁気特性が劣化する[120~126]．そのため，圧縮応力下での磁気特性をよく理解していないと，せっかく高グレード材を導入しても，モータなどの高効率化を図ることはできない．単板の試料1枚に応力を印加する場合，大きな圧縮応力を印加すると座屈し，測定することができない．そこで，ここでは積層試料を用いて磁気特性を測定した例を示す．

図6.83に，電磁鋼板35A360の圧延方向の試料に圧縮応力（応力 $\sigma<0$）を印加

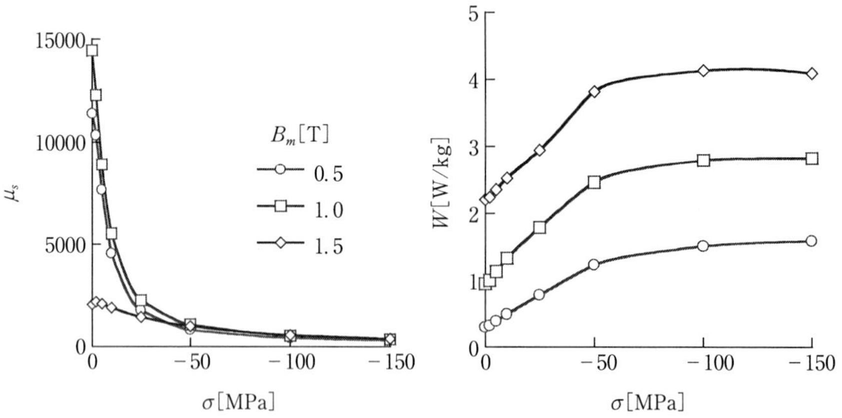


(a)　比透磁率　　(b)　鉄　損

**図6.83**　応力が圧延方向の磁気特性に及ぼす影響（35A360, 50Hz）

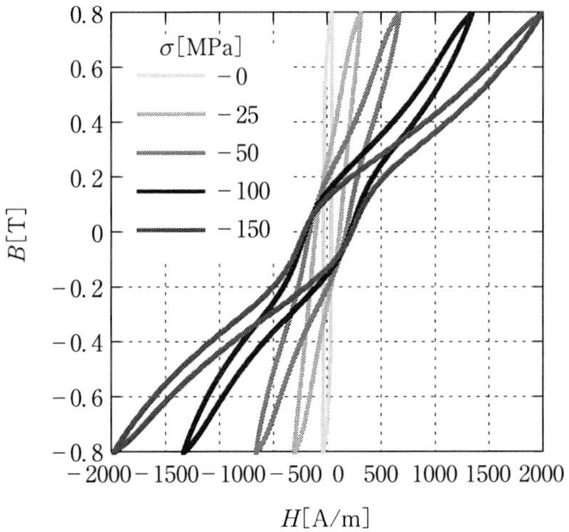


**図 6.84** 応力がヒステリシスループに及ぼす影響（圧延方向，35A360, 50 Hz, 0.8 T）

して，磁気特性の測定を行った結果を示す[127]．比透磁率は応力の増加によって減少し，鉄損は増加している．比透磁率，鉄損ともに応力が小さいときの劣化が大きく，−50 MPa 以上では両者ともあまり変化していない．

図 6.84 に，$B_m = 0.8$ T のときのヒステリシスループを示す．応力が増加するに従って大きな磁界が必要となり，その結果 $B$ と $H$ の傾きである比透磁率は減少している．また保磁力も，応力の増加に従って増加している．圧縮応力の増加により，ヒステリシスループの面積が増加し，それに伴って，保磁力も増加したといえる．

上述の結果は磁束が通っている方向に圧縮応力を印加した場合であるが，積層鋼板のボルト締めのように，磁束が通っている方向に垂直（厚さ方向）に応力を印加した場合や[128, 129]，かしめを施した場合（たとえば約 10 MPa の応力が印加）も磁気特性が変化する[130]．

### b. 応力により磁気特性が変化する理論的根拠

#### (1) 磁歪のメカニズムおよび磁気ひずみエネルギーの式

応力による磁気特性の変化は磁歪におおいに関係しているので，まず磁歪のメカニズムについて考察する．強磁性体に磁界が印加されたときに磁性体の長さが変化するのは以下の理由による．

(i) 一つの磁区内では結晶が磁化の方向にもともとひずんでいる．これは磁化の方向に結晶格子がひずむと磁気弾性エネルギーが下がるためである．しかしひずみすぎると弾性エネルギーが増加するので，ちょうど釣り合う寸法までひずむことになる．また，外部から磁界を印加していないときは，磁性体内の各磁区は図 6.85(a) のよ

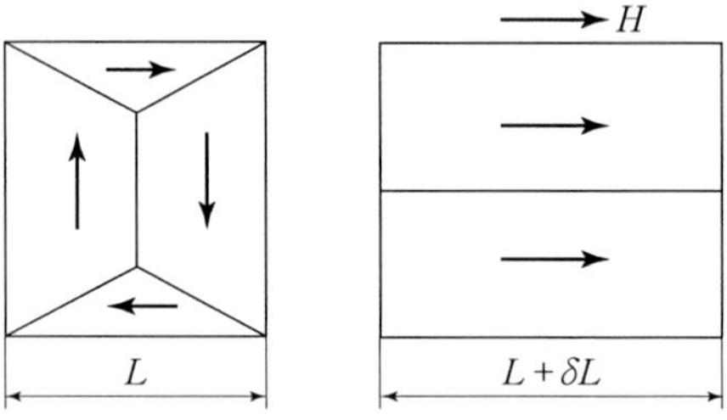


（a）消磁状態　（b）飽和状態

**図 6.85**　磁界を印加した際の自発ひずみの変化

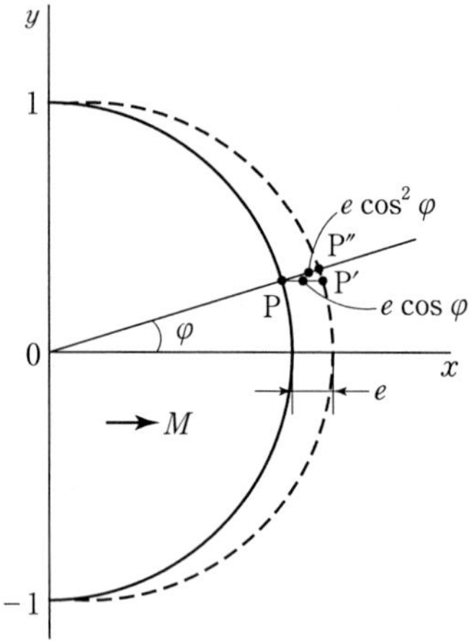


**図 6.86**　磁性体の長さの変化

うにいろいろな方向を向いている．

（ii）外部から磁界を印加すると磁区内の磁化の方向がそろうようになり，各磁区内でのひずみは磁化の回転に伴ってその向きを変えるので，図 6.85（b）のように全体としての寸法が $L$ から $L+\delta L$ に変化する．

図 6.86 のような半径 1 の磁性体球を用いて，磁化の回転によって，ひずみがどのように変化するかを計算する[138]．磁化 $M$ が $x$ 方向を向いているとし，磁界を $x$ 方向に印加したとき，磁性体球の半径が $x$ 方向に $e$ だけ伸びるとする．$M$ に対して $\varphi$ の角度では $x$ 方向に $\mathrm{PP}'=e\cos\varphi$ だけ伸びるので，半径 0P 方向の伸び PP″ は次式となる．

$$\frac{\delta L}{L}=e\cos^2\varphi \tag{6.157}$$

もし消磁状態で $M$ の方向が無秩序に分布していたとすると，そのときの外形の伸びはあらゆる方向の伸びの平均になる．0P 方向をあらゆる方向に動かした場合の伸びは，立体角 $d\varphi\sin\varphi d\theta$（$\theta$ は図 6.86 の $x$ 軸を中心とした回転角度）で積分[69]して全立体角 $4\pi$ で除算することにすれば，次式のように求められる．

$$\left(\frac{\delta L}{L}\right)_{消磁}=\frac{1}{4\pi}\int_0^{\pi}e\cos^2\varphi\sin\varphi\,d\varphi\int_0^{2\pi}d\theta=-\frac{2\pi e}{4\pi}\int_1^{-1}t^2dt=\frac{e}{3} \tag{6.158}$$

ただし，上式では $t=\cos\varphi$ として計算した．磁化が全部同じ方向を向いた場合は $e$ だけ伸びると考えているので，図 6.85（b）の飽和状態での伸びは次式となる．

$$\left(\frac{\delta L}{L}\right)_{飽和}=e \tag{6.159}$$

以上の球の寸法変化をまとめると，球が非磁性体の場合の半径は 1，その球が磁性体になり，かつ完全な消磁状態では半径 $1+e/3$ の球，磁化が飽和すると飽和方向への中心からの距離は $1+e$，飽和方向に直角方向の中心からの距離は 1 になる．結局，消磁状態と飽和状態の間の長さの変化 $\lambda_s$ は次式となる．

$$\lambda_s=\left(\frac{\delta L}{L}\right)_{\text{飽和}}-\left(\frac{\delta L}{L}\right)_{\text{消磁}}=\frac{2}{3}e \tag{6.160}$$

よって磁区内の磁化による伸び $e$ は $\lambda_s$ を用いれば次式で与えられる．

$$e=\frac{3}{2}\lambda_s \tag{6.161}$$

上式の伸び $e$ に応力 $\sigma$ を乗じ，かつ磁束と異なった方向 $\theta$ に磁歪が生じた方が磁気ひずみエネルギーが大きくなるので $\sin^2\theta$ を掛けることにすれば，(6.4) 式が得られる．

### (2)　Bozorth の理論

Bozorth は，応力が磁化に及ぼす影響を，応力によるエネルギーと磁化の向きとの兼ね合いで説明している．外部から圧力や張力などの力が与えられている場合の磁気ひずみエネルギー $E_\sigma$ は，(6.4) 式で示したように次式で与えられる．

$$E_\sigma=-\frac{3}{2}\lambda_s\sigma\left(\cos^2\theta-\frac{1}{3}\right) \tag{6.162}$$

図 6.87(a) に 50A250 の磁歪のバタフライループをレーザドップラ振動計で測定した例を，図 6.87(b) に磁束密度による磁歪の変化を示す．このように，無方向性電磁鋼板は正の磁歪をもち，磁化された方向に伸びる性質を有している（方向性電磁鋼板は異なった磁歪特性を有している）．(6.162) 式は，$\lambda_s$ と $\sigma$ が正のとき，$\theta=0$ deg においてエネルギーが最小になる．つまり磁化の向きは図 6.88 (a) のように応力の向きにほぼ平行になることを示している[135,136]．それゆえ，応力 $\sigma$ が正（張力）のときは磁化 $M$ も増加して，透磁率 $\mu$ が大きくなる．$\lambda_s\sigma$ が負のときは，$\theta=90$ deg においてエネルギーが最小になる．つまり，たとえば $\lambda_s$ が正で $\sigma$ が負（圧縮力）のときは，図 6.88(b) のように磁化 $M$ は応力に対してほぼ垂直方向を向き，磁化は応力とともに減少する．

磁化 $M$，応力 $\sigma$，磁歪 $\lambda_s$ は，(6.162) 式の磁気ひずみエネルギー $E_\sigma$ と (6.163) 式の磁界によるポテンシャルエネルギー $E_H$ の和が最小になるように振る舞うとすれば，これらは (6.164) 式を解くことにより求まる[136]．

$$E_H=-M_sH\cos\theta \tag{6.163}$$

$$\frac{d}{d\theta}(E_\sigma+E_H)=0 \tag{6.164}$$

ただし (6.163) 式では，応力を磁界 $H$ と同じ方向に印加した場合を考えている．

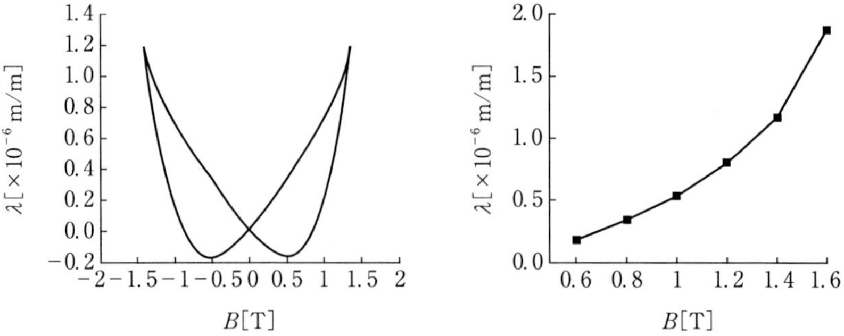


(a)　磁歪のバタフライループの例 ($B_m = 1.5$ T)　　(b)　磁束密度が磁歪のピーク値に及ぼす影響

**図 6.87**　磁歪の振る舞い（50A250）

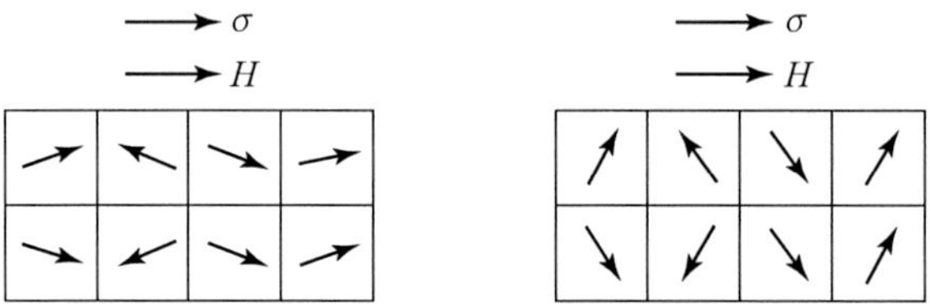


(a)　$\sigma > 0$, $\lambda_s > 0$　　(b)　$\sigma < 0$, $\lambda_s > 0$

**図 6.88**　応力 $\sigma$，磁歪 $\lambda_s$ と磁区内の磁化の関係

(6.162)，(6.163) 式を (6.164) 式に代入すれば，次式となる．

$$\frac{d}{d\theta}\left[-\frac{3}{2}\lambda_s\sigma\left(\cos^2\theta - \frac{1}{3}\right) - M_s H\cos\theta\right] = \sin\theta\,(3\lambda_s\sigma\cos\theta + M_s H) = 0 \qquad (6.165)$$

$M = M_s\cos\theta$ であるので，これを用いれば次式が得られる．

$$M = \frac{M_s^2 H}{3(-\lambda_s)\sigma} \qquad (6.166)$$

上式は，たとえば $\lambda_s > 0$ の磁性体において，圧縮応力 $\sigma$ ($\sigma < 0$) を印加したときに，応力 $\sigma$ を大きくするほど磁化 $M$ が小さく，つまり透磁率が小さくなることを示している．これと同じように，Becker は変位と磁歪間の理論を理想的な条件の場合について導出して，磁歪，内部応力，透磁率の間の関係を説明している[176,177]．

(6.164) 式はエネルギーが最小になる方向 $\theta$ に磁化 $M$ が向くことを示している．(6.162) 式より，$E_\sigma$ は次のように変形できる．

$$E_\sigma = -\frac{3}{2}\lambda_s\sigma\left(\frac{1+\cos 2\theta}{2} - \frac{1}{3}\right) = -\frac{3}{4}\lambda_s\sigma\cos 2\theta - \frac{1}{4}\lambda_s\sigma$$

このように，磁気ひずみエネルギーは $\cos 2\theta$ で変化するのに対し，磁界によるポテ

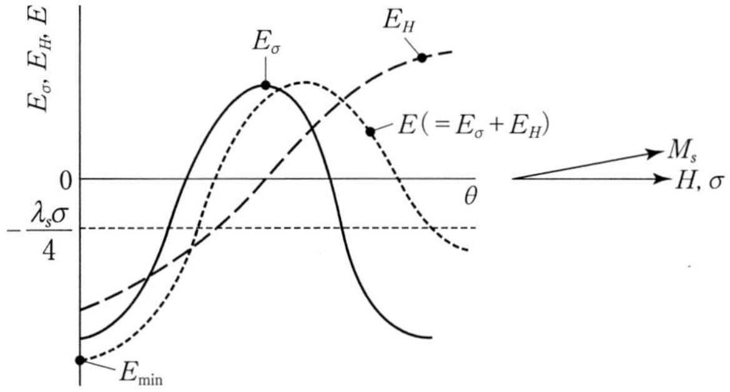


(a)　張力（$\lambda_s>0, \sigma>0$）

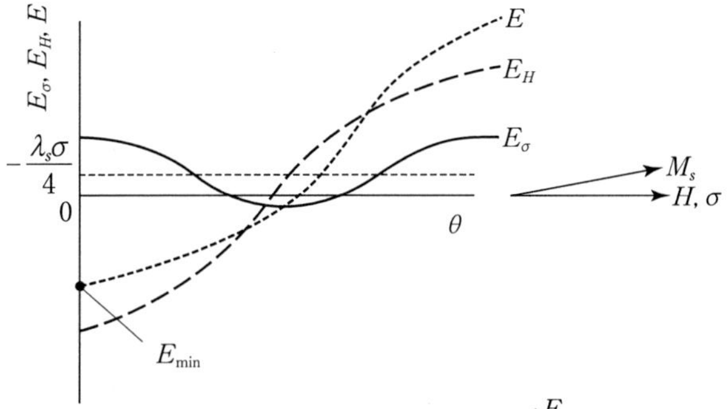


(i)　$\sigma$ 小

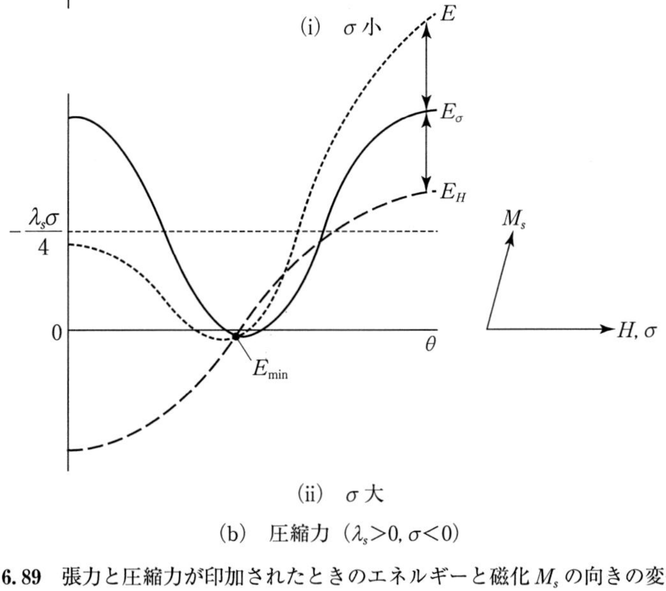


(ii)　$\sigma$ 大

(b)　圧縮力（$\lambda_s>0, \sigma<0$）

**図 6.89**　張力と圧縮力が印加されたときのエネルギーと磁化 $M_s$ の向きの変化

ンシャルエネルギーは（6.163）式のように $\cos\theta$ で変化することがわかる．図6.89に，張力（$\sigma>0$）と圧縮力（$\sigma<0$）が印加されたときの，エネルギー（$E=E_\sigma+E_H$）の和と磁化 $M_s$ の向きの変化を示す．図6.89(a) より，張力が印加された場合は張力の大きさによって $E$ の極小位置が変わらず，磁化が安定方向（磁束が通っている方向，$\theta=0$）を向くことがわかる[176]．それに対し，圧縮力が印加された場合は，応力が大きくなると $E$ が min になる位置が変化して[176]，$E=90°$ 付近（磁束が通っている方向に垂直）で $E$ が最小になることがわかる．

**(3)　Jiles らの理論**

Jiles らは，応力を印加したときに磁気特性が変化する理由を，以下のように説明している[131〜133]．

磁性体に磁界 $H$ と応力が同じ向きに印加された場合の磁性体のエネルギー $A$ は次式で与えられる．

$$A=\mu_0 HM+\frac{\mu_0}{2}\alpha M^2+\frac{3}{2}\sigma\lambda \tag{6.167}$$

ここで，$\mu_0 HM$ は外部印加磁界 $H$ によるエネルギー，$\mu_0\alpha M^2/2$ は磁性体の磁化 $M$ によるエネルギーである．$\alpha$ は実効磁界定数であり，各磁気モーメントと磁化 $M$ の間の結合の強さを示している．$3\sigma\lambda/2$ は磁性体に応力 $\sigma$ が印加されたときの磁気ひずみエネルギーであり，$\lambda$ は磁歪定数である．磁性体中の磁化 $M$ は実効磁界 $H_{\mathrm{eff}}$ によって変化する．実効磁界 $H_{\mathrm{eff}}$ はエネルギー $A$ の磁化 $M$ による微分をとることにより得られ，次式となる．

$$H_{\mathrm{eff}}=\frac{1}{\mu_0}\frac{dA}{dM}=H+\alpha M+\frac{3}{2}\frac{\sigma}{\mu_0}\frac{d\lambda}{dM} \tag{6.168}$$

(6.168) 式の右辺第3項は実効磁界の応力による寄与分で，次式のように $H_\sigma$ で表現される．

$$H_\sigma=\frac{3}{2}\frac{\sigma}{\mu_0}\frac{d\lambda}{dM} \tag{6.169}$$

磁歪 $\lambda$ が磁化 $M$ と応力 $\sigma$ の関数で表されれば $H_\sigma$ が決定される．鉄の場合の $d\lambda/dM$，$H_\sigma$ などは以下のようになる．

磁歪は磁束密度が大きくなるほど増加し[134]，$d\lambda/dM>0$ となるので，張力（$\sigma>0$）印加時は $H_\sigma>0$ となり，$\mu$ は大きくなる．また，圧縮力（$\sigma<0$）印加時は $H_\sigma<0$ となり $\mu$ は小さくなる．図6.83に示した測定結果はこの場合に対応している．

**(4)　Hubert と Schaefer の理論**

Hubert と Schaefer は，圧縮応力が小さいときは図6.90(a) のように厚さ（$y$）方向に磁区が向き，$y$ 方向に180°磁壁が生じると説明している[161]．圧縮応力が増加すると，図6.90(b)(i) のように細分化された磁区が観測され，厚さ方向には磁区が図

6.90(b)(ii) のように配置されると考えられる．圧縮応力がさらに増えると，磁区がさらに複雑に細分される[161]．図 6.90(c) に，磁区を三次元的に描いた図を示す[137]．図 6.88 に応力印加時の磁区分布を示したが，これは概念図で，実際は図 6.90 のように複雑な分布をしている（詳細は文献[161] 参照）．磁束はこのように複雑な磁区に沿って，磁界の向きに運ばれていくと考えられる．

**(5)　磁歪の逆効果**

鉄は正の磁歪定数 $\lambda_s$ をもつので，磁化された［100］軸方向に伸びている．材料に応力が与えられてひずみが発生したとき，磁化がそのひずみに応じた方向をとる現象を磁歪の逆効果とよぶ．たとえば，鉄の場合は，1 つの磁化容易方向に磁化成分をもつ磁区は引っ張られた方向に磁化方向を変える．［100］軸方向に張力を与えると磁化の磁気ひずみエネルギーは下がり，圧縮力を与えると磁気ひずみエネルギーは上がる．このような外部の影響によって磁区のエネルギーは変化し，新しい平行状態に移るのである[159]．このときの具体的な磁区パターンの例を図 6.90(c) に示す[137]．

**(6)　考　察**

以上の議論は方向性電磁鋼板の場合の話である．無方向性電磁鋼板の磁区は多様であり，かなり複雑である[159]．表面磁極による静磁エネルギーは方向性の場合より数オーダ高くなるので，この静磁エネルギーを減ずるために，より細かい磁区に分かれている．

以上要するに，磁区の総エネルギーは，6.1.2 項で述べた磁界によるポテンシャルエネルギー $E_H$，静磁エネルギー $E_m$，磁気異方性エネルギー $E_a$，磁気ひずみエネルギー $E_\sigma$，磁壁エネルギー $E_w$ の総和であり，磁性体に応力が印加された場合もこれが最小になるように磁区が振る舞って磁気特性が決定される．しかしながら，実際の磁性材料には予期しない不純物や欠陥が存在するため，このエネルギーを正確に計算して，あらゆる材料で種々の応力下の磁気特性を説明するレベルにまではいたっていないと思われる．

応力による磁気ひずみエネルギーをマイクロマグネティックスに導入した式も導出されているが[161]，それを詳細に解くことは容易でないと思われる．

**c.　焼きばめされたモータ鉄心の鉄損解析例**

モータ鉄心を固定するために，鉄心の外側にアルミのフレームなどを焼きばめすることがよく行われている[139~142]．焼きばめするとモータ鉄心に応力が印加されて，カタログ値に比べて鉄損が大きくなる．ここでは，鉄心内の焼きばめ応力分布の解析を行い，焼きばめによる鉄損の増加割合の解析を行った例を示す[143]．

**(1)　表面磁石型（SPM）モータモデル**

図 6.91 に，解析および実験に用いた表面磁石型モータ（スロット数：9，極数：6）を示す．本モータは巻線の挿入を容易にするため，図 6.91 の破線の部分（テースとヨー

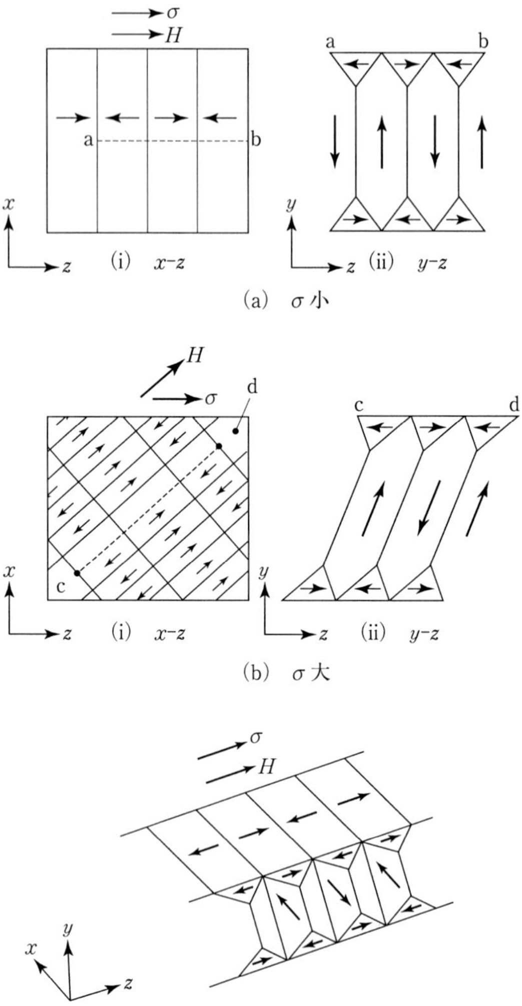


(a)　σ小

(b)　σ大

(c)　見取り図

**図 6.90**　圧縮力印加時の磁区パターンの例
(Goss 方位を有している方向性電磁鋼板の場合)

クの境界部）もパンチされており，固定子背部とテース部が分離できるようになっている．また，テース同士は先端で接続されている．固定子の材質は無方向性電磁鋼板 35A360，回転子の材質は S45C，磁石の残留磁束密度は 1.25T（ラジアル配向）である．ワイヤカットしたモータを作成し，アルミフレームにより焼きばめした．無負荷運転

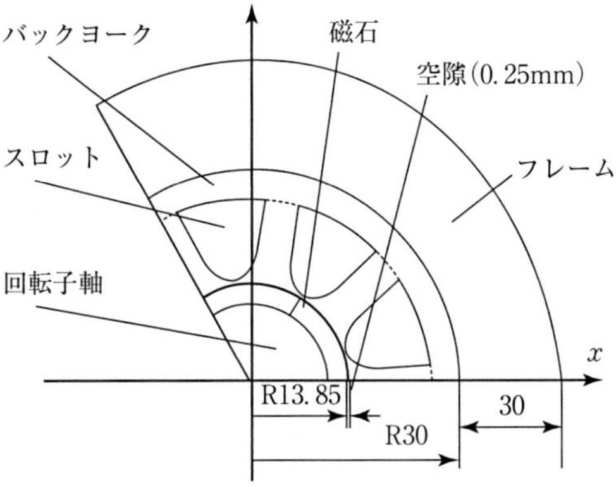


**図 6.91**　6 極表面磁石型モータ

(1000 $\min^{-1}$, 50 Hz に対応）を行い，鉄損を測定した.

### (2)　解 析 方 法

焼きばめ加工時の温度変化による熱ひずみを求めることで応力分布の解析を行った．要素の各節点における熱ひずみ $\varepsilon$ は次式で表すことができる.

$$\varepsilon = \alpha(t - t_0) \tag{6.170}$$

ここで，$\alpha$ は線膨張係数，$t$ は各節点の温度，$t_0$ は基準温度である．基準温度とは，「解析対象の物体がその温度になると，熱ひずみが零となり，解析モデルそのものの形状となる温度」と定義する．したがって，焼きばめ加工時の温度をこの基準温度 $t_0$ とし，各節点の熱ひずみの初期値を零とすることにより，全体の温度が 0℃ となったときの各節点の変位，すなわち熱ひずみを求めることができる.

基準温度 $t_0$ は焼きばめ加工時に必要な温度上昇に等しい．この温度上昇を $\Delta T$ とおくと，これは次式で求められる[144].

$$\Delta T = t - t_0 = \frac{a - b}{\alpha b} \tag{6.171}$$

$\alpha$ はアルミケースの線膨張係数を示す．また，$a$ はステータの外半径，$b$ は焼きばめ加工を行う前のフレームの内半径である．したがって，$|a-b|$ は焼きばめ代のことである．ここで，焼きばめ代 $|a-b|$ は次式で求められる[145].

$$|a - b| = P_f a\left\{\frac{1}{E_2}\left(\frac{a^2 + d^2}{d^2 - a^2} + \nu_2\right) + \frac{1}{E_1}\left(\frac{c^2 + a^2}{a^2 - c^2} - \nu_1\right)\right\} \tag{6.172}$$

$c, d$ は，それぞれステータのバックヨークの内半径，焼きばめフレームの外半径を示す．$E_1, E_2$ はステータおよびフレームのヤング率，$\nu_1, \nu_2$ はステータおよびフレームのポアソン比である．また，$P_f$ は焼きばめ応力であり，これは焼きばめ時のステータとフレームの境界面における半径方向の応力に対応する．以上の式より基準温度 $t_0$

を，また（6.170）式より熱ひずみ$\varepsilon$を算出することができる．

単位体積当たりのエネルギー（エネルギー密度）を$U_{ds}$とすると，この値は物質のポアソン比$\nu$，ヤング率$E$，各方向のひずみ$\varepsilon_x$, $\varepsilon_y$, $\varepsilon_z$を用いて，次式で表すことができる[144]．

$$U_{ds}=\frac{E}{4(1+\nu)(1-2\nu)}\begin{bmatrix}2(1-\nu)(\varepsilon_x^2+\varepsilon_y^2+\varepsilon_z^2)+4\nu(\varepsilon_x\varepsilon_y+\varepsilon_y\varepsilon_z+\varepsilon_z\varepsilon_x)\\+(1-2\nu)(\gamma_{xy}^2+\gamma_{yz}^2+\gamma_{zx}^2)\end{bmatrix} \tag{6.173}$$

なお，最後の項に含まれる変数$\gamma$はせん断応力であるが，今回はこの値は無視できるものとする．応力$\sigma$はひずみのエネルギー密度をひずみで偏微分することで求めることができるため，各方向の応力は次式で表すことができる[146]．

$$\sigma_x=\frac{\partial U_{ds}}{\partial \varepsilon_x}=\frac{E}{(1+\nu)(1-2\nu)}[(1-\nu)\varepsilon_x+\nu(\varepsilon_y+\varepsilon_z)] \tag{6.174}$$

$$\sigma_y=\frac{\partial U_{ds}}{\partial \varepsilon_y}=\frac{E}{(1+\nu)(1-2\nu)}[(1-\nu)\varepsilon_y+\nu(\varepsilon_z+\varepsilon_x)] \tag{6.175}$$

$$\sigma_z=\frac{\partial U_{ds}}{\partial \varepsilon_z}=\frac{E}{(1+\nu)(1-2\nu)}[(1-\nu)\varepsilon_z+\nu(\varepsilon_x+\varepsilon_y)] \tag{6.176}$$

各方向の応力を合力として示し，図示することに適しているのがフォンミーゼス相当応力である．フォンミーゼス相当応力$\sigma_v$は次式で求めることができる[123]．

$$\sigma_v=\sqrt{\frac{1}{2}\{(\sigma_x-\sigma_y)^2+(\sigma_y-\sigma_z)^2+(\sigma_z-\sigma_x)^2\}} \tag{6.177}$$

### (3)　応力分布の計算

フォンミーゼス相当応力は大きさで算出されるスカラ量であるため，応力が圧縮応力と引張り応力のどちらであるかを区別することができないという難点があり，解析に応力の向きを考慮しなければならない場合には用いるべきではない．しかし，ここでは圧縮応力に着目し引張り応力については考慮しないため，（6.177）式で合力に相当する応力を求めた．焼きばめ応力が10.7 MPaの場合の解析を行った．まず，（6.171），（6.172）式より基準温度を求める．$a$, $c$, $d$, $E_1$, $E_2$, $\nu_1$, $\nu_2$, $P_f$の値は下記のとおりである．$\alpha_1$, $\alpha_2$はステータとフレームの線膨張係数である．

$$a=30.0\ [\mathrm{mm}],\quad c=26.2\ [\mathrm{mm}],\quad d=60.0\ [\mathrm{mm}]$$

$$E_1=6999.524\ [\mathrm{kgf/mm^2}],\quad E_2=20916.94\ [\mathrm{kgf/mm^2}]$$

$$\nu_1=0.3,\quad \nu_2=0.3$$

$$P_f=1.09\ [\mathrm{kgf/mm^2}]$$

$$\alpha_1=10.8\ [\mathrm{deg^{-1}}],\quad \alpha_2=23\ [\mathrm{deg^{-1}}]$$

以上を（6.172）式に代入して計算すると，焼きばめ代$|a-b|$は0.0204 mmとなり，これを（6.171）式に代入して計算すると，基準温度すなわち焼きばめ加工に必要な温度変化は$\varDelta T=29.54$ Kとなる．この値をパラメータとして用い，応力解析を行った．

### (4)　焼きばめがモータコアの鉄損に及ぼす影響

図 6.91 のモータコア内の各要素の応力に対応する B-H 曲線を用いて磁界解析を行い, 磁束密度 B の分布を求めた. 次に, 各要素の応力に対応した鉄損曲線（W-B 曲線）（図(6.83(b)）を用いて, 鉄損を算出した. 図 6.92 に, 0 MPa 時の鉄損曲線を用いた場合（焼きばめなし）と, 各要素の応力に対応する鉄損曲線を用いて鉄損分布を計算した結果（焼きばめあり）を示す. 鉄損分布は応力によってかなり変化している. これは, 鉄損は図 6.83(b) のように応力によって変化するからである.

図 6.93 に, 鉄損の計算値と測定値の比較を示す. 鉄損は, 無負荷でモータを回転させた場合のトルクの測定値から, 未着磁のロータを回転させた場合のトルク（機械損）を差し引き, それに機械的角速度を掛けることにより求めた[143]. 焼きばめなし鉄心とは, ワイヤカット加工を行って応力（残留応力を含む）が印加されていない鉄心の鉄損の測定結果のことである. 鉄損の計算値と測定値はよく一致しており, これより圧縮応力による素材鉄損の変化を考慮した解析の必要性がわかる.

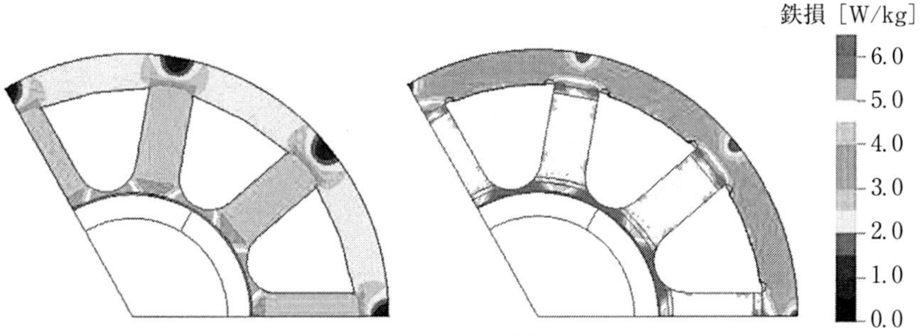


(a)　焼きばめなし　　(b)　焼きばめあり

**図 6.92**　固定子鉄心内の鉄損分布

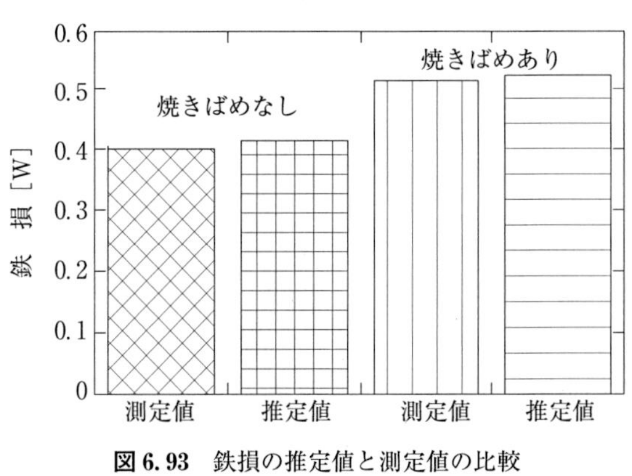


**図 6.93**　鉄損の推定値と測定値の比較

### 6.5.3 直流偏磁

電磁鋼板は，一般に対称な磁束正弦波を印加した状態で使用される．しかし，近年のパワーエレクトロニクス機器の発達に伴い，電磁鋼板の励磁条件は多様化しており，偏磁条件下での利用も増加している．直流電流と交流電流によって励磁される機器では，図6.94のように鉄心に，磁界あるいは磁束密度に関して原点非対称となる偏磁が発生する．偏磁はヒステリシスループをひずませ，それに伴って鉄損の増大や励磁コイルに流れる最大電流の増加などを招く．それゆえ，高効率機器の設計や機器の効率よい運転を行うためには，偏磁条件下での磁気特性の詳細な見積りが必要である[147~149]．

ここでは，直流励磁コイルとしてヘルムホルツコイルを，交流励磁コイルとして開磁路型単板磁気試験器（開磁路型SST）を用いて，お互いのコイルとの磁気的結合を抑えた測定器を用いて，さまざまな偏磁条件下における磁気特性を測定した例を述べる[102, 150]．

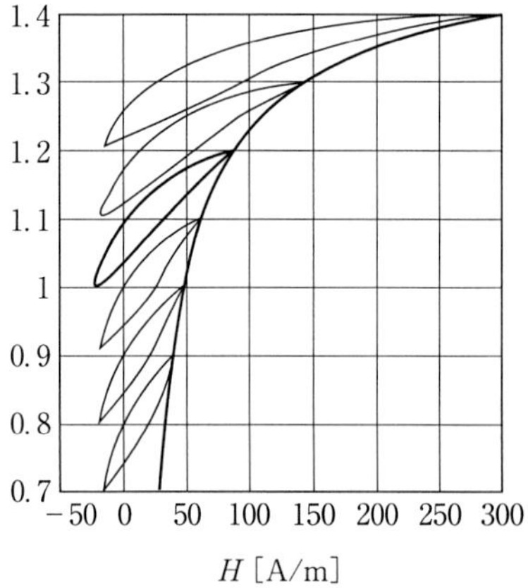


図 6.94　偏磁条件下のヒステリシスループ（$B_k$＝0.1 T, 35A300）

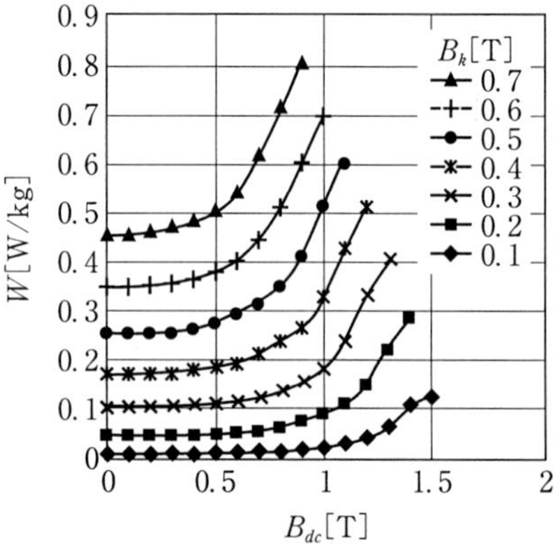


図 6.96　偏磁条件下における鉄損（35A300, 50 Hz）

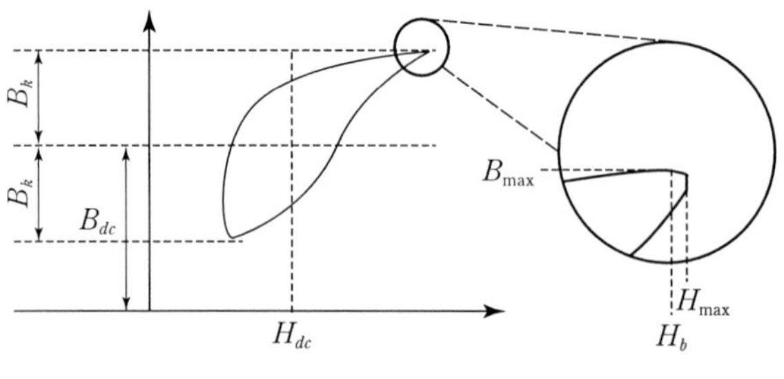


図 6.95　偏磁条体下における磁気特性の変数の定義

偏磁条件下における磁気特性の各パラメータを図 6.95 に示す．$B_k$ は試料内の磁束密度の交流成分の振幅，$B_{dc}$ は偏磁量，すなわち試料内の磁束密度の直流成分，$H_{dc}$ は磁界の強さの直流成分，$B_{\max}$ は最大磁束密度，$H_b$ は磁束密度が最大のときの磁界の強さ，$H_{\max}$ は磁界の強さの最大値を表す．図 6.94 のように，磁束密度の交流成分の振幅 $B_k$(＝0.1 T) が同じでも，直流偏磁量 $B_{dc}$ が大きくなればヒステリシスループはかなりひずんでいる．図 6.96 に，交流励磁周波数を 50 Hz としたときの，無方向性電磁鋼板 35A300 の偏磁条件下における鉄損の測定結果を示す．$B_{\max}$ が 1 T を超えたあたりから偏磁条件下の鉄損は急激に増加している．これは図 6.94 のように，$B_{dc}$ が大きくなれば $B_k$ が同じでもヒステリシスループの面積が増加するためである．このように，鉄損の増加は主にヒステリシス損の増加に起因しているといえる．

### 6.5.4　温　　　度

#### a.　温度が磁気特性に及ぼす影響

電気・電子機器は通常室温で運転されるが，自動車の車軸加熱用ビレットヒータ[151]や鋼管の電縫溶接時などには，室温から鉄のキュリー温度（770℃）以上にまたがる温度範囲での磁界解析が必要となる場合がある．また，高効率な低温電気機器（たとえば超電導モータ）の開発では，磁性体を低温で用いるかどうかの設計指針を立てる際に，低温での磁界解析が必要となる．ここでは，このような高温や低温での磁気特性の例を示す．

図 6.97 に，リング試料をセラミック製の保護容器に入れて，室温（RT）から 700℃までの高温で冷間圧延鋼板 SPCC(厚さ 1 mm)と 6.6% ケイ素鋼板(厚さ 0.1 mm)の $B$–$H$ 曲線，比透磁率，鉄損の温度依存性の測定を行った結果を示す[152,153]．

温度がそう高くないときは，$B$–$H$ 曲線は温度によってはあまり影響を受けない．温度が高くなってキュリー温度（770℃）に近くなると，$B$–$H$ 曲線はかなり変化する．なお，800℃までの測定を行った結果，比透磁率はキュリー温度でほぼ 1 になった[154]．高温で磁界が小さいときは $B$–$H$ 曲線はより急激に立ち上がるようになり，低い磁束密度で飽和する．図 6.97(a) より，磁界 $H$ が同じのとき，温度上昇に伴い磁束密度 $B$ は室温よりも減少していることがわかる．よって，温度が上昇すると飽和磁化 $M_s$ が減少しているといえる．温度が上昇すると飽和磁化はさらに下がり，キュリー温度で飽和磁化が零になる．

図 6.97(c) より，鉄損 $W$ は温度上昇に伴い室温よりも小さくなっている．また図 6.98 より，低磁束密度（この例では $B_m = 0.25$ T）では温度上昇により比透磁率 $\mu_r$ は増加（ホプキンソン効果）[138] していることがわかる．

図 6.99 に，SPCC と 6.5% ケイ素鋼板の渦電流損 $W_e$ の温度による変化を示す[153]．図中には，(6.93) 式より求めたリング試料の古典的渦電流損 $W_{CL}$ も示した．SPCC

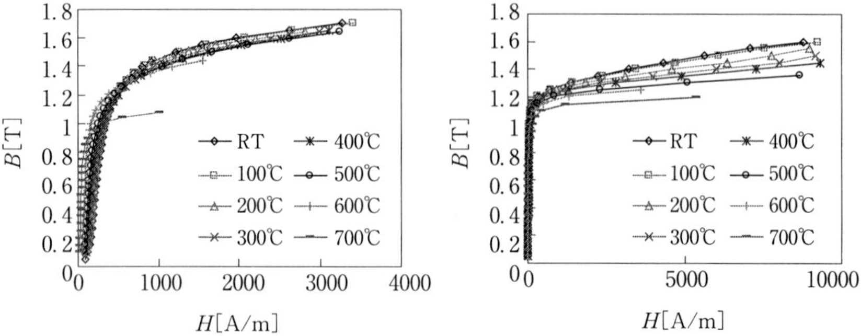


(a)　B-H 曲線

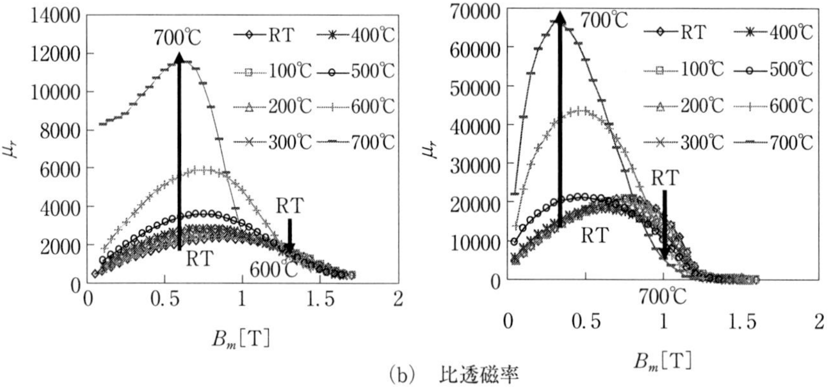


(b)　比透磁率

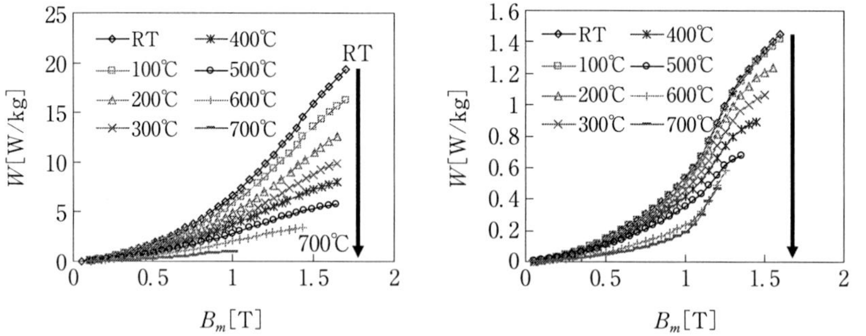


(c)　鉄　損

(i)　SPCC　　　　(ii)　6.5％ケイ素鋼板

**図 6.97**　高温時の磁気特性の測定結果（50 Hz）

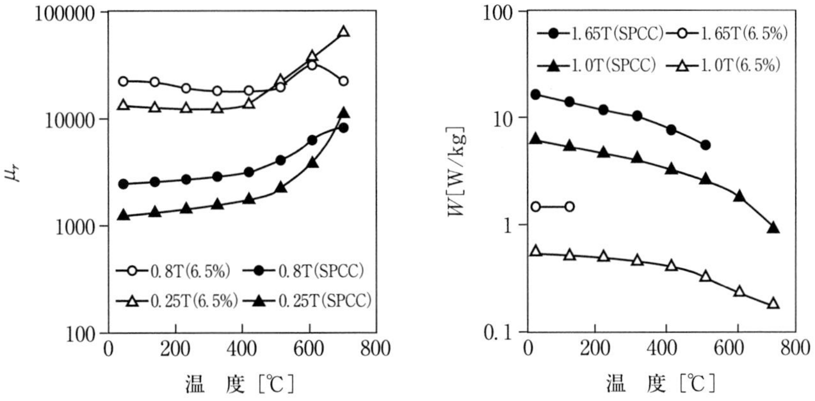


(a)　比透磁率 $\mu_r$　　(b)　鉄　損 $W$

**図 6.98**　比透磁率と鉄損の温度による変化（50Hz）

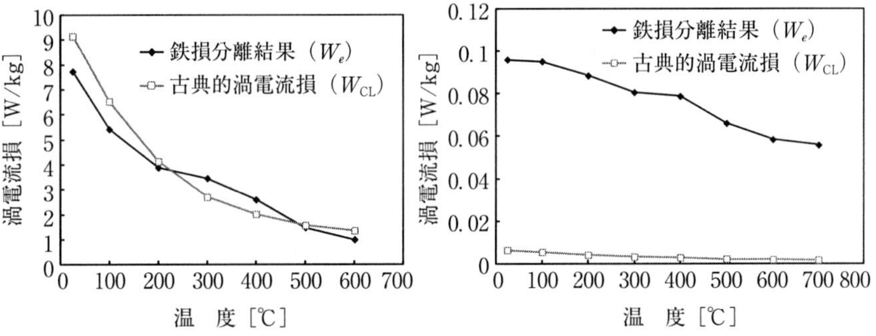


(a)　SPCC（$B_m$＝1.5 T）　　(b)　6.5％ケイ素鋼板（$B_m$＝1.2 T）

**図 6.99**　渦電流損の温度特性の比較（50 Hz）

の $W_e$ の方が温度による変化は大きい．これは図 6.100 に示したように，SPCC の導電率 $\sigma$ の方が温度によって大きく変化するからである．また，6.5% ケイ素鋼板の場合は，鉄損分離を行って求めた $W_e$ と (6.93) 式の古典的渦電流損 $W_{CL}$ はかなり異なっており，高温においても 6.6% ケイ素鋼板は異常渦電流損が大きいことがわかる．

図 6.101 に，小形単板磁気試験器を用いて無方向性ケイ素鋼板 35A300 の常温（RT）と低温（77 K）の磁気特性の測定を行った結果を示す[155]．励磁周波数は 50 Hz とした．図 6.101(a) より，低温の比透磁率 $\mu_s$ の最大値は常温の場合に比べて約 15% 大きくなっていることがわかる．そして，鉄損 $W$ も低温の方が常温よりも大きくなっており，最大磁束密度 $B_m$ が 2 T では約 12% 増加している．低温，常温，高温の測定値を比較すれば，一般に低温ほど飽和磁化 $M_s$ と鉄損 $W$ が大きく，温度上昇とともにこれら

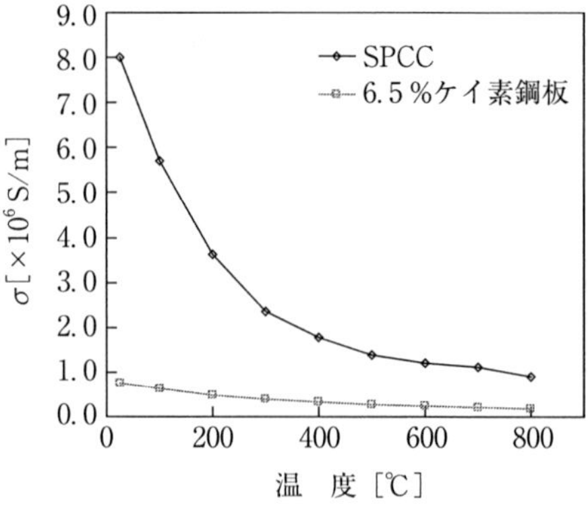


図 6.100　導電率の測定結果

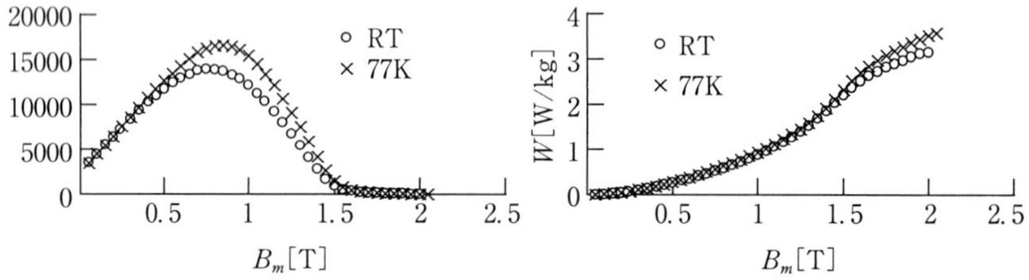


(a)　$\mu_s$-$B_m$ 曲線　　(b)　$W$-$B_m$ 曲線

図 6.101　常温（RT）と低温（77K）の磁気特性の測定結果の比較（35A300, 50 Hz）

が減少するといえる．ただし，すべての材料でこのことが成り立つとはいえず，6.5% ケイ素鋼板では 77 K の方が常温よりも比透磁率が小さくなるという報告がある[156]．

### b.　強磁性体が高温になると磁性が減少する理論的根拠

鉄などの強磁性体（フェロ磁性体）では磁気モーメント（主に電子の自転によって生じるスピン角運動量に対応）が平行に配列して磁化が形成される．有限温度では磁気モーメント（以下スピンとよぶ）は熱振動しているため，これを平行にそろえることはできない．ワイス（Weiss）の理論によれば，強磁性体内にはそのまわりのスピンによって磁界（分子磁界とよばれる）が生じ，それによってスピンが互いに平行にそろえられると考える[157]．すなわち，1 つのスピンを取り除いた空間には，周囲の分子のスピンによって磁界（分子磁界とよばれる）が生じており，その大きさは次式のように磁化 $M$ に比例すると考えられる[157]．

$$H_m = wM \tag{6.178}$$

ここで $w$ は係数である．単位体積中に $n$ 個あるスピンが外部磁界 $H$ と分子磁界 $wM$ 中で熱振動しているときの平均の磁化 $M$ は，ランジュヴァン（Langevin）の理論に

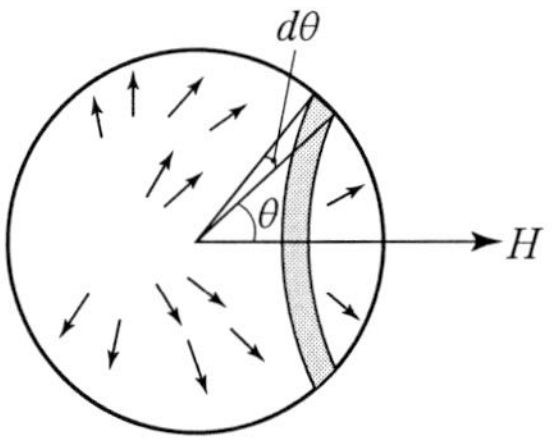


**図 6.102** 磁性体の単位球中のスピンの分布

よれば次のようにして求められる[157]．スピンがあらゆる方向を向いている磁性体中に単位球を考え，それに磁界（$H+wM$）を印加したときに，磁界に対して $\theta$ の方向のスピンが磁界方向を向く確率は $\exp(m(H+wM)\cos\theta/kT)$ に比例する．ここで，$m$ はスピンの磁気モーメント，$k$ はボルツマン定数，$T$ は絶対温度である．ところで，スピンが磁界に対して $\theta$ と $\theta+d\theta$ の間の角をなす割合は，図 6.102 の斜線を施した面積 $2\pi\sin\theta d\theta$（図 6.102 の球の半径は単位長なので）に比例する．したがって，スピンが $\theta$ と $\theta+d\theta$ の間を向く確率 $p(\theta)d\theta$ は次式となる．

$$p(\theta)\,d\theta=\frac{\exp\left(\dfrac{m(H+wM)}{kT}\cos\theta\right)\sin\theta d\theta}{\displaystyle\int_0^{\pi}\exp\left(\dfrac{m(H+wM)}{kT}\cos\theta\right)\sin\theta d\theta} \tag{6.179}$$

スピンの向きが磁界に対して $\theta$ の場合は，磁界方向に磁気モーメントの成分 $m\cos\theta$ を生じるので，単位体積内のスピン全体による磁化 $M$ は次式で与えられる．

$$\begin{aligned}M&=Nm\int_0^{\pi}\cos\theta p(\theta)\,d\theta\\&=Nm\frac{\displaystyle\int_0^{\pi}\exp\left(\dfrac{m(H+wM)}{kT}\cos\theta\right)\cos\theta\sin\theta d\theta}{\displaystyle\int_0^{\pi}\exp\left(\dfrac{m(H+wM)}{kT}\cos\theta\right)\sin\theta d\theta}\end{aligned} \tag{6.180}$$

ここで，$N$ は単位体積中の原子数である．上式を変形すれば次式となる．

$$M=Nm\left(\coth\alpha-\frac{1}{\alpha}\right)=NmL(\alpha) \tag{6.181}$$

ここで $\alpha$ は次式で与えられる．

$$\alpha=\frac{m(H+wM)}{kT} \tag{6.182}$$

(6.181) 式の $L(\alpha)$ はランジュバン関数[157]とよばれる．(6.182) 式を $M$ について解くと次式となる．

$$M=\frac{kT}{mw}\alpha-\frac{H}{w} \tag{6.183}$$

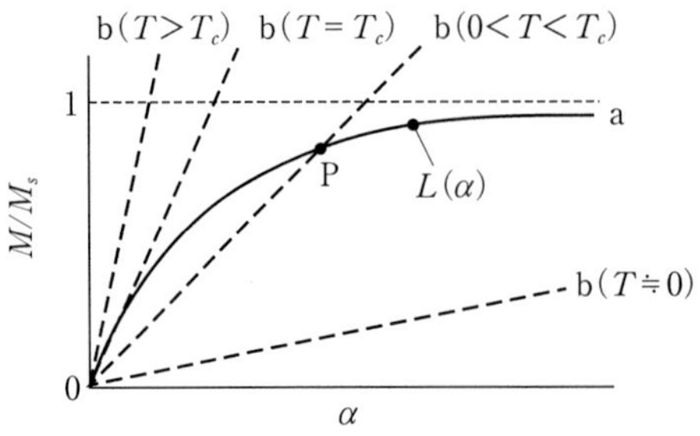

**図 6.103**　温度 $T$ での強磁性体の磁化の求め方

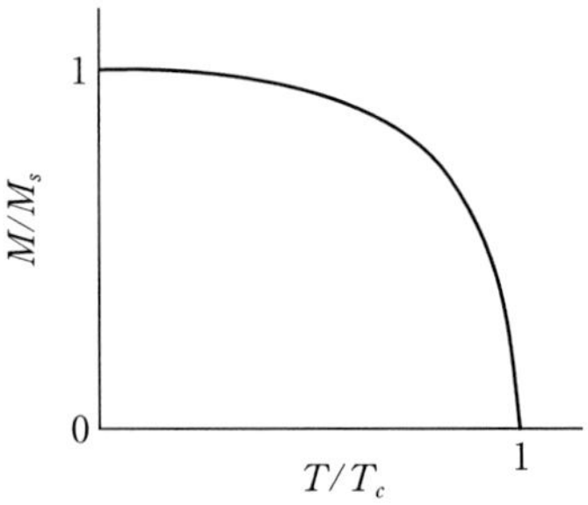

**図 6.104**　磁化 $M$ の温度変化

$M$ は (6.181) 式と (6.183) 式を同時に満足しなければならず，解は曲線 $a$((6.181) 式) と曲線 $b$((6.183) 式) の交点 P で与えられる．図 6.103 に 2 つの曲線を示す．

(1)　$T=0$ 付近では曲線 $b$ の傾きは十分小さく，両者の交点は $\alpha\to\infty$ の方，つまり $L(\alpha)\to 1$ であり，$M=Nm$ となる．つまり，これはすべての磁気モーメントが平行に並んだ状態であり，飽和磁化に等しい．

(b)　温度 $T$ を上げると直線 $b$ は傾きを増し，P 点は曲線 a に沿ってしだいに下がってくる．つまり磁化 $M$ が小さくなる．

(c)　直線 b が曲線 a の原点における接線に近づくにつれて，P 点は急速に下降して $M=0$ となる．このときの温度 $T_c$ をキュリー温度とよぶ．それ以上の高温では P 点は 0 点にとどまり，常に $M=0$ となる．

$M$ と $T$ の関係を図 6.103 から求めると，図 6.104 のようになる．図のように磁化は温度が低くなると温度によってあまり変化しなくなる．キュリー温度 $T_c$ に近づくと熱振動により磁気モーメントの秩序が乱れ磁化 $M$ が小さくなり，磁性が失われてくる．図 6.103 は実測値と必ずしも一致しないが，傾向はよく表しているといえる．

(6.3) 式の磁気異方性定数 $K_1$, $K_2$ と (6.4) 式の磁歪定数 $\lambda_s$ は温度の上昇とともに小さくなり，キュリー温度付近で零になる[136]．つまり，磁性を示さなくなる．また，磁性体の導電率は図 6.100 のように温度とともに小さくなり，図 6.99 のように渦電流損は温度が上昇すると減少し，また高温になると磁性がなくなっているのでヒステリシス損も減少する．以上のように，温度が上昇すると図 6.97 のように磁化が下がり，また鉄損も減少するといえる．

**[コラム 1]　磁束波形の $n$ 次調波成分の振幅は電圧波形のそれの $1/n$ になる理由**

たとえばひずみ波の電圧波形 $v$ を調波分析した結果が次式で表されるとする．

$$v = V_1 \sin \omega t + V_3 \sin 3\omega t \qquad (1)$$

サーチコイルの出力電圧が (1) 式で表された場合，サーチコイルに鎖交する磁束 $\Phi$ は次式となる．

$$\Phi=-\int v dt=\frac{V_1}{\omega}\cos\omega t+\frac{V_2}{3\omega}\cos 3\omega t \qquad (2)$$

これより，磁束の第三調波成分の振幅は電圧のそれの 1/3 になることがわかる．つまり，$n$ 次高調波の電圧を積分すれば $1/n$ がかかってくるので，磁束の $n$ 次高調波分の振幅は小さくなる．それゆえ，コラム図 1 のように，電圧波形がひずんでいても，それを積分した磁束波形はあまりひずまないことになる．このことは PWM インバータの電圧波形が図 6.63(b) のように極端にひずんでいても，それに対応する磁束密度波形は図 6.64(b) のようにあまりひずんでないことに対応する．

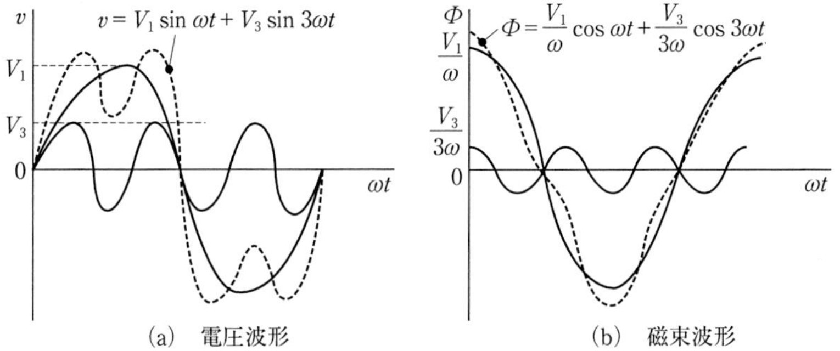


**コラム図 1**　高調波を含む場合の電圧波形と磁束波形の比較

## ［コラム 2］　消磁方法

初期磁化曲線などを測定する際は，磁性材料中の磁束密度 $B$ と磁界の強さ $H$ の両方を完全に零にしてから測定する必要があり，これを消磁とよぶ．消磁を行うために，キュリー点以上に加熱した後，無磁界中で冷却する（熱消磁）方法か，コラム図 2 のように十分大きな振幅の交番磁界を加えた後，磁界の振幅を零まで減ずる（交流消磁）方法が用いられる[1),2)]．交流消磁法では，渦電流が流れて表皮効果が生じると試料の中の方まで減衰磁界が侵入しなくなり，試料の中の方が十分消磁できなくなることがあるので，消磁に用いる交流磁界の周波数に注意する必要がある．たとえば，0.5 mm 厚のパーマロイ（電気抵抗率 $6\times10^{-7}\,\Omega\cdot$m，$f=50$ Hz の商用周波数では $\delta=0.208$ mm となり，十分な消磁はできないので，

---

1) F. Thiel, A. Schnabel, S. Knappe-Gruneberg, D. Ttollfus, and M. Burghoff: "Proposal of a Demagnetization Function", *IEEE Trans. Magn.*, Vol. 43, No. 6, pp. 2959-2961 (2007)

2) 三村　学・高橋則雄・中野正典・宇治川　智・新納敏文・宮城大輔：数 mT 以上の低磁束密度下におけるパーマロイの直流磁気特性測定法の検討，電気学会マグネティックス研究会資料，MAG-11-120 (2011)

さらに低い周波数（たとえば 0.1 Hz：$\delta=4.66$ mm）で消磁する必要がある．コラム図 3 に消磁波形の例を示す．この場合は，0.1 Hz で 100 サイクルの減衰波形を作っているので，消磁に 1000 秒かかっている．

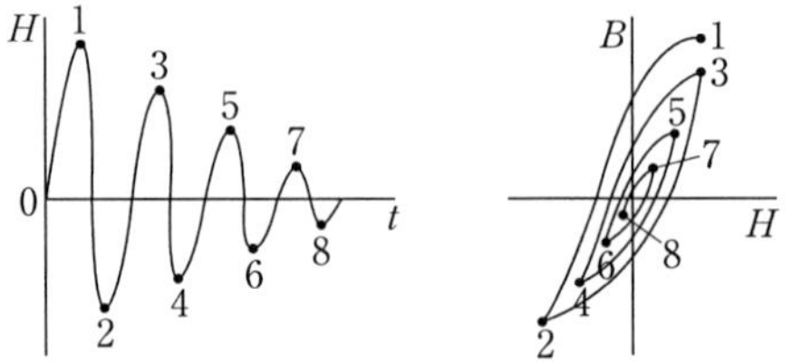


(a) 減衰磁界　(b) $B$ と $H$ の軌跡

**コラム図 2** 交流消磁方法

**[コラム 3] 古典的渦電流によって発生する磁界が $d^2\sigma/12\cdot dB(t)/dt$ になる理由**

$y$ 方向の厚さが $d$ で，$x, z$ 方向に長い導体において，$z$ 方向に一様に磁束密度 $B_z$ が印加されて，渦電流が $x$ 方向（$J_{ex}$）に流れる場合を考える．このとき，(1.5) 式の $x$ 方向成分の式（$H_y=0$ となることに注意）は次式となる．

$$\frac{\partial H_z}{\partial y}=J_{ex} \tag{1}$$

(1.31) 式の $z$ 方向成分の式に，(1.37) 式と $E_y=0$ を代入すれば，

$$\frac{\partial}{\partial y}\left(\frac{J_{ex}}{\sigma}\right)=\frac{\partial B_z}{\partial t} \tag{2}$$

となる．$\partial B_z/\partial t$ は $y$ の関数ではないので，(2) 式より $J_{ex}$ が次式のように求まる．

$$J_{ex}=\sigma\frac{dB_z}{dt}y \tag{3}$$

鋼板表面の磁界を $H_a$ とすれば，(1), (3) 式より鋼板表面（$y=d/2$）から $y$ の位

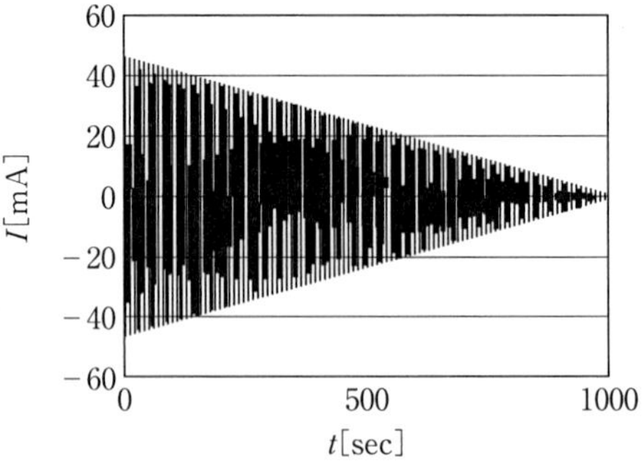


**コラム図 3** 消磁波形の例

置の $H_z$ は，

$$H_z = H_a - \int_{d/2}^{y} J_{ex}\,dy = H_a - \sigma\frac{dB_z}{dt}\int_{d/2}^{y} y\,dy = H_a - \frac{\sigma}{2}\frac{dB_z}{dt}\left(\frac{d^2}{4} - 2y^2\right) \tag{4}$$

となる．(4) 式の $H_a$ と $H_z$ の差が古典的渦電流によって発生する磁界に対応しており，厚さ方向の平均をとれば次式となる．

$$\frac{1}{d/2}\frac{\sigma}{2}\frac{dB_z}{dt}\int_{0}^{d/2}\left(\frac{d^2}{4} - y^2\right)dy = \frac{d^2\sigma}{12}\frac{dB_z}{dt} \tag{5}$$

**［コラム 4］ PWM インバータ励磁下の渦電流損推定法**

PWM インバータ励磁下の渦電流損推定法として，PWM 波の $n$ 次の高調波成分による古典的渦電流損に，$n$ 次の高調波成分に対応した表皮深さ $\delta_n$ を考慮した，次式のような推定式が提案されている[1)]．

$$W_e = W_e(B_1) + \sum_n \frac{\sigma(\pi f_n d B_n)^2}{6\rho} \times \frac{2\delta_n}{d} \tag{1}$$

$$B_n = \frac{V_n}{\sqrt{2}\pi f_n N S} \tag{2}$$

$$\delta_n = \sqrt{\frac{1}{\pi f_n \sigma \mu}} \tag{3}$$

ここで，$\sigma$ は導電率，$\rho$ は密度，$d$ は鉄板厚さである．(1) 式中の $B_n$ は，(2) 式の B-coil の電圧波形を FFT 解析し，$n$ 次の高調波成分の実効値電圧 $V_n$ にそれぞれ適用して求める．$n = 2, 3, 4, \cdots$ で，たとえば周波数 500 kHz の調波まで考慮すればよい．(3) 式の $n$ 次の高調波成分に対応した表皮深さ $\delta_n$ における $\mu$ は，正弦波 50 Hz のときの最大磁束密度時における透磁率を用いる．また，$(2\delta_n/d) > 1$ の場合，$(2\delta_n/d) = 1$ とする．

この推定式において，インバータ励磁時の渦電流損は，$B_m$ の関数の渦電流損と，各調波の渦電流損の和として取り扱っている．基本波周波数での渦電流損 $W_e(B_1)$（基本波分）は，$W_e$-$B_m$ カーブで $B_m$ の関数として求める．実測値を用いるので基本波での異常渦電流損は考慮したことになる．そして，高調波による渦電流損は (6.85) 式の古典的渦電流損の式を用いる．ただし，表皮効果による損失の減少分は考慮する．実効値磁束密度を用いる方法による推定結果は実験結果よりもかなり大きく算出されており，これは，キャリア高調波による表皮効果の影響を考慮していないからだと考えられる．それに対し提案法による渦電流損推定結果は，測定値に近い結果になっているが[1)]，さらなる精度向上が求められる．

1) 貝原浩紀・柳澤佑輔・笹山瑛由・中野正典・高橋則雄：PWM インバータ励磁下の渦電流損推定法の検討，平成 25 年電気学会全国大会 (2013)

# 7

# 電気電子機器への適用上のテクニック

## 7.1 電圧源の考慮

### 7.1.1 電圧が与えられた有限要素法

通常の電気機器は，電源に接続して運転されるので，動作時の解析を行うためには，電源電圧を考慮した解析を行う必要がある．すなわち，この場合は（4.4）式の $\boldsymbol{J}_0$ は未知で，巻線に印加する電圧が既知である．ところが，今まで述べた解析法では，たとえば（4.4）式の $\boldsymbol{J}_{0u}$ は既知でなければならない．そこで，有限要素法の式と，電圧，電流間の関係式を連立して解くことにより，$\boldsymbol{J}_0$ も未知数として解析できる，「電圧が与えられた有限要素法」が開発されている[1~4]．

図 7.1 に巻線の例を，図 7.2 にその等価回路を示す．ここで，図 7.2 において破線で囲んだ有限要素法適用領域は，有限要素分割された領域であり，$V_0$ は外部電源電圧，$L_0$ は有限要素法適用領域外の電線の漏れインダクタンスや負荷のインダクタンスの和であり，これは図 7.1 の $\Phi_l$ に対応する．また，$R$ は巻線抵抗や外部電線の抵抗，負荷抵抗などの和である．このように，領域を分けて考えるのは，通常有限要素法で解析する領域は，磁束が流れる鉄心や巻線の領域（有限要素法適用領域に対応）であ

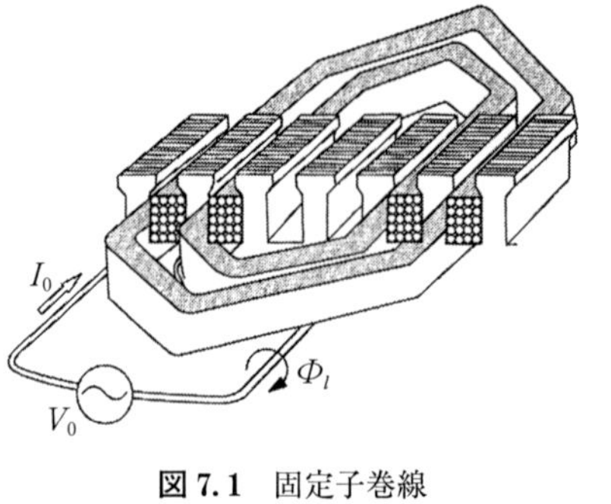


**図 7.1**　固定子巻線

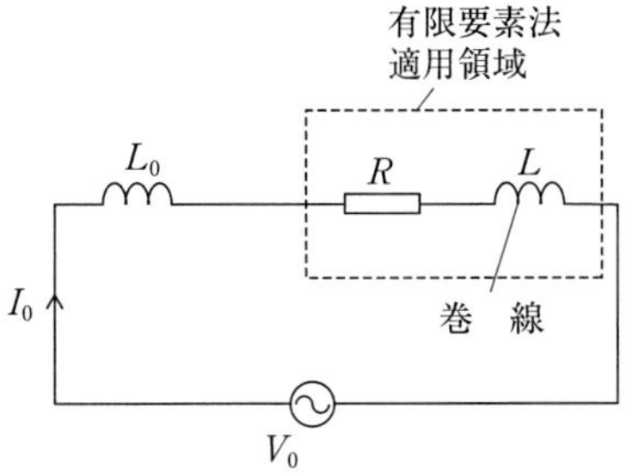


**図 7.2** 等価回路

り，電源やそれに接続されている電線は，解析領域に含まれていないからである．

この場合，巻線の鎖交磁束数 $\Phi$，外部電源電圧 $V_0$，抵抗 $R$，インダクタンス $L$ 間には，キルヒホッフの第二法則より，次式の関係がある．

$$\frac{d\Phi}{dt}+RI_0+L_0\frac{dI_0}{dt}=V_0 \tag{7.1}$$

ところで，(7.1) 式を次式のように書くことにする．

$$\eta=V_0-\frac{d\Phi}{dt}-RI_0-L_0\frac{dI_0}{dt}=0 \tag{7.2}$$

(4.4)，(4.5)，(7.2) 式を連立し，電圧 $V_0$ を与えて，$\boldsymbol{A}$，$\phi$ と $\boldsymbol{I}_0$ を未知数として解こうとするのが「電圧が与えられた有限要素法」である．たとえば巻線が 3 個ある場合，おのおのの巻線の電流が未知となり，(7.2) 式が 3 個作れるので，解くことが可能となる．

この場合，巻線内を流れる強制電流 $I_0$ と電流密度 $\boldsymbol{J}_0$ の間の関係は，次式で表すことができる．

$$\boldsymbol{J}_0=\frac{n_c I_0}{S_c}\boldsymbol{n}_s \tag{7.3}$$

ここで，$n_c$ は巻線の巻数（後述の図 7.3 では 1 極分の巻線 $u_1$〜$u_4$ の全巻数に対応），$S_c$ は巻線の断面積，$\boldsymbol{n}_s$ は電流の方向ベクトルである．渦電流が流れていないと仮定し，(3.18) 式に (7.3) 式を代入すると，次のようなガラーキン法の式が得られる．

$$\boldsymbol{G}_k=\iiint_V \boldsymbol{N}_k\cdot\mathrm{rot}\,(\nu\,\mathrm{rot}\,\boldsymbol{A})\,dV-\iiint_V \boldsymbol{N}_k\cdot\boldsymbol{n}_s\frac{n_c}{S_c}I_0\,dV \tag{7.4}$$

図 7.3 の 4 極回転機において，周期境界条件を適用することにより 1 極分のみ (a-b-c-a) を解析する場合を考える．図中のスロット 1, 2 内の $U$ 相巻線とスロット 5, 6 内の $V$ 相巻線の巻き方向は正であるので，$\boldsymbol{n}_s=\boldsymbol{k}$（$\boldsymbol{k}$ は $z$ 方向の単位ベクトル），スロット 3, 4 内の $W$ 相巻線の巻き方向は負であるので，$\boldsymbol{n}_s=-\boldsymbol{k}$ となる．簡単のために，

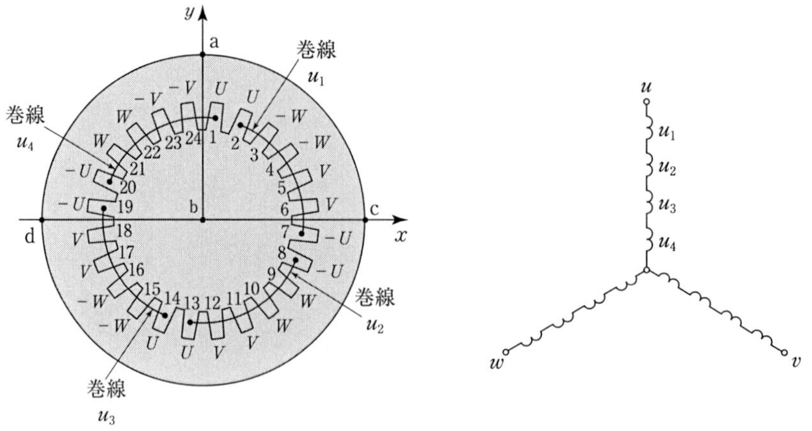


（a）　4 極回転機　　　　（b）　三相巻線

**図 7.3**　直列巻線を有する回転機の例

固定子表面の巻線端部で磁束が漏れないとし，二次元断面での解析で巻線の鎖交磁束数を求めても，誤差が生じない場合を考える．たとえば，$U$ 相巻線は図中に示したように巻かれており，巻線 $u_1$，$u_2$，$u_3$，$u_4$ は図 7.3(b) のように互いに直列であるとする．$U$ 相巻線の鎖交磁束 $\Phi_U$ は，巻線に沿ったベクトルポテンシャル $A$ を用いて（5.14）式で表される．図 7.3 の場合，スロット 7, 20 内の $U$ 相巻線の巻き方向は負であるので，$\Phi_U$ は次式となる．

$$\Phi_U=\sum_e \Delta^{(e)} \frac{n_c}{S_c}\{(A_{U_1}-A_{U_{20}})+(A_{U_2}-A_{U_7})\}pD \tag{7.5}$$

ここで，たとえば $A_{U_1}$ はスロット 1 の $U$ 相巻線内の要素 $e$ 内の磁気ベクトルポテンシャルの平均値を示す．$p$ は極対数（この場合は $p=2$），$D$ は固定子の積層厚さ，$n_c$ は 1 極分の巻線の巻数である．また，$\Delta^{(e)}$ は要素 $e$ の面積であり，$\sum_e$ はスロット内の巻線中の要素の総和を表す．ところで，周期境界条件より，$A_{U_1}=-A_{U_{20}}$，$A_{U_2}=-A_{U_7}$ となるので，結局（7.5）式の $\Phi_U$ は次式となる．

$$\Phi_U=\sum_e \Delta^{(e)} \frac{2n_c}{S_c}(A_{U_1}+A_{U_2})pD \tag{7.6}$$

$V$，$W$ 相巻線の鎖交磁束 $\Phi_V$，$\Phi_W$ も同様に求まる．もし，2 極分（図 7.3 の a-d-b-c-a）を解く場合は，$\Phi_U$ として（7.5）式において，$A_{U_7}$ を $A_{U_{19}}$ に置き換えた式を用いればよい．

ところで，図 7.1 のような回転機の巻線端部のように，形状が複雑なコイルに（7.4）式の電流の方向ベクトル $\boldsymbol{n}_s$ を与えることは容易ではない．そこで，電流を与える方法を拡張して，電流の方向ベクトルを求める方法を次に示す．辺要素を用いた解析では，次式を満足するような $\boldsymbol{J}_0$ を与えないと，解が得られない[5]．

$$\mathrm{div}\,\boldsymbol{J}_0 = 0 \tag{7.7}$$

(7.7) 式より，次式で示すような，励磁電流に対応する電流ベクトルポテンシャル $\boldsymbol{T}$ が定義される．

$$\boldsymbol{J}_0 = \mathrm{rot}\,\boldsymbol{T} \tag{7.8}$$

ここで，$T$ は巻線中のみに定義される．また，ストークスの定理より，次式が成り立つ．

$$\oint \boldsymbol{T} \cdot d\boldsymbol{s} = I_0 \tag{7.9}$$

結局，コイル内の $\boldsymbol{J}_0$ の分布が求まれば，鎖交磁束 $\Phi$ はコイルの電流 $I_0$ とベクトルポテンシャル $\boldsymbol{A}$ を用いて次式で与えられる．

$$\Phi = \frac{1}{I_0} \iiint_V \boldsymbol{A} \cdot \boldsymbol{J}_0 dV \tag{7.10}$$

ただし，$\boldsymbol{J}_0$ は巻線の巻数を考慮した電流密度 [AT/m$^2$]，$I_0$ は巻線を流れる電流値 [A] である．

電圧，磁束などの関係式は，(7.2) 式に (7.10) 式を代入し，$\boldsymbol{J}_0$ を $n_c I_0 \boldsymbol{n}_s / S_c$ とおいて $L_0$ を無視した場合は次式となる．

$$\eta = V_0 - RI_0 - \frac{n_c}{S_c \Delta t} \iiint_V (\boldsymbol{A} - \boldsymbol{A}^*) \cdot \boldsymbol{n}_s dV \tag{7.11}$$

ここで，$\boldsymbol{A}^*$ は一つ前の時間ステップでの値であり，時間微分項を後退差分近似した．

(7.4) 式と (7.11) 式を連立させて解けば，複雑なコイル形状であっても電圧が与えられた有限要素法による解析が可能である．

電圧が与えられた有限要素法では，$\boldsymbol{A}$ および $\boldsymbol{I}_0$ を未知数として連立させて解くことになる．したがって，(7.4)，(7.11) 式を連立させたマトリックスにニュートン・ラフソン法を用いれば，解くべき連立方程式は次式となる．

$$\begin{bmatrix} \left[\dfrac{\partial \boldsymbol{G}_i}{\partial \boldsymbol{A}_j}\right] & \left[\dfrac{\partial \boldsymbol{G}_i}{\partial \boldsymbol{I}_0}\right] \\ \left[\dfrac{\partial \eta}{\partial \boldsymbol{A}_j}\right] & \left[\dfrac{\partial \eta}{\partial \boldsymbol{I}_0}\right] \end{bmatrix} \begin{Bmatrix} \{\delta \boldsymbol{A}_j\} \\ \{\delta \boldsymbol{I}_0\} \end{Bmatrix} = -\begin{Bmatrix} \{\boldsymbol{G}_j\} \\ \{\eta\} \end{Bmatrix} \quad (i, j = 1, 2, \cdots, n_u) \tag{7.12}$$

$\left[\dfrac{\partial \boldsymbol{G}_i}{\partial I_0}\right]$ などの詳細は文献に譲る[5]．

(7.12) 式において，$n_u$ は未知数の総数である．また，三次元場において辺要素を用いれば，$\delta \boldsymbol{A}_j$ は辺で定義されるベクトル量である．各時刻において，(7.12)式を解き，$\delta \boldsymbol{A}_j$ および $\delta \boldsymbol{I}_{0k}$ が十分小さくなるまで反復計算すれば，ベクトルポテンシャルと励磁電流の非線形解が得られる．

上述の電圧入力法において，$Y$ 接続の三相交流電源回路を独立した 3 個の単相回路

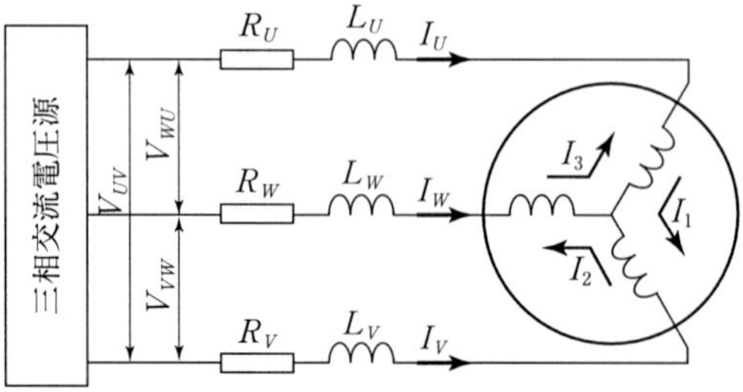


**図 7.4**　$Y$ 接続回路

として考えた場合，各相における電流値の総和（$I_U+I_V+I_W$）は零ではない．よって，正確なシミュレーションを行うために，以下に示す $Y$ 接続を考慮した方法を適用する必要がある[6]．

図 7.4 に示すような $Y$ 接続回路を考えると，次の方程式が得られる．

$$E_{UV}=V_{UV}-R_UI_U+R_VI_V-L_U\frac{dI_U}{dt}+L_V\frac{dI_V}{dt}-\frac{d\psi_U}{dt}+\frac{d\psi_V}{dt}=0 \tag{7.13}$$

$$E_{VW}=V_{VW}-R_VI_V+R_WI_W-L_V\frac{dI_V}{dt}+L_W\frac{dI_W}{dt}-\frac{d\psi_V}{dt}+\frac{d\psi_W}{dt}=0 \tag{7.14}$$

$$E_{WU}=V_{WU}-R_WI_W+R_UI_U-L_W\frac{dI_W}{dt}+L_U\frac{dI_U}{dt}-\frac{d\psi_W}{dt}+\frac{d\psi_U}{dt}=0 \tag{7.15}$$

ここで，$V_{UV}$, $V_{VW}$, $V_{WU}$ は線間電圧，$R_U$, $R_V$, $R_W$ は巻線抵抗，$\psi_U$, $\psi_V$, $\psi_W$ は $U$ 相，$V$ 相，$W$ 相のコイルの鎖交磁束数，$L_U$, $L_V$, $L_W$ は $U$ 相，$V$ 相，$W$ 相の端部の漏れインダクタンスである．また，$Y$ 接続における電流 $I_1$, $I_2$, $I_3$ を図 7.4 のように定義すると $I_U$, $I_V$, $I_W$ は次式となる．

$$\left.\begin{aligned}I_U&=I_1-I_3\\I_V&=I_2-I_1\\I_W&=I_3-I_2\end{aligned}\right\} \tag{7.16}$$

その場合の電圧方程式は以下のようになる．

$$\begin{aligned}E_{UV}=&V_{UV}-(R_U+R_V)I_1+R_VI_2+R_UI_3\\&-(L_U+L_V)\frac{dI_1}{dt}+L_V\frac{dI_2}{dt}+L_U\frac{dI_3}{dt}-\frac{d\psi_U}{dt}+\frac{d\psi_V}{dt}=0\end{aligned} \tag{7.17}$$

$$\begin{aligned}E_{VW}=&V_{VW}+R_VI_1-(R_V+R_W)I_2+R_WI_3\\&+L_V\frac{dI_1}{dt}-(L_V+L_W)\frac{dI_2}{dt}+L_W\frac{dI_3}{dt}-\frac{d\psi_V}{dt}+\frac{d\psi_W}{dt}=0\end{aligned} \tag{7.18}$$

$$\begin{aligned}E_{WU}=&V_{WU}+R_UI_1+R_WI_2-(R_W+R_U)I_3\\&+L_U\frac{dI_1}{dt}+L_W\frac{dI_2}{dt}-(L_W+L_U)\frac{dI_3}{dt}-\frac{d\psi_W}{dt}+\frac{d\psi_U}{dt}=0\end{aligned} \tag{7.19}$$

これらの関係を用いて単相回路の場合と同様に，ニュートン・ラフソン法を用いれば，解くべき連立方程式は次式となる．

$$\begin{bmatrix} \left[\dfrac{\partial \boldsymbol{G}_i}{\partial \boldsymbol{A}_j}\right] & \left[\dfrac{\partial \boldsymbol{G}_i}{\partial \boldsymbol{I}_{0k}}\right] \\ \left[\dfrac{\partial \eta_k}{\partial \boldsymbol{A}_j}\right] & \left[\dfrac{\partial \eta_k}{\partial \boldsymbol{I}_{0k}}\right] \end{bmatrix} \begin{Bmatrix} \{\delta \boldsymbol{A}_j\} \\ \{\delta \boldsymbol{I}_{0k}\} \end{Bmatrix} = -\begin{Bmatrix} \{\boldsymbol{G}_j\} \\ \{\eta_k\} \end{Bmatrix} \quad (i, j=1, 2, \cdots, n_u, k=1, 2, 3) \tag{7.20}$$

(7.20) 式においてマトリックス $\left[\dfrac{\partial \eta_k}{\partial \boldsymbol{I}_{0k}}\right]$ の部分は以下のようになる．

$$\begin{bmatrix} -(R_U+R_V)\Delta t & R_V\Delta t & R_U\Delta t \\ R_V\Delta t & -(R_V+R_W)\Delta t & R_W\Delta t \\ R_U\Delta t & R_W\Delta t & -(R_W+R_U)\Delta t \end{bmatrix} \tag{7.21}$$

### 7.1.2　インバータ駆動永久磁石モータの負荷時の解析

インバータ駆動時のモータの解析を行うためには，インバータの電圧波形がわかっている必要がある[7]．そこで，まず電流入力解析を行い線間電圧波形を求めることにする．

図 7.5 に示すような 4 極の IPM 型永久磁石モータを解析対象とした．解析モデルは，回転子鉄心，固定子鉄心および磁石から構成される．回転機の幾何学的対称性および回転機の周期境界条件を考慮することにより，解析対象を 1/4 領域（中心角度 90 deg）とした．1 極離れた境界には，周期境界条件[5] を用いている．また，ステータとロータの境界上に未知等ポテンシャル境界条件を適用することにより，固定子の回転を考慮した[5]．図 7.5(b) に巻線の結線図を示す．図のようにコイルが 4 直列に

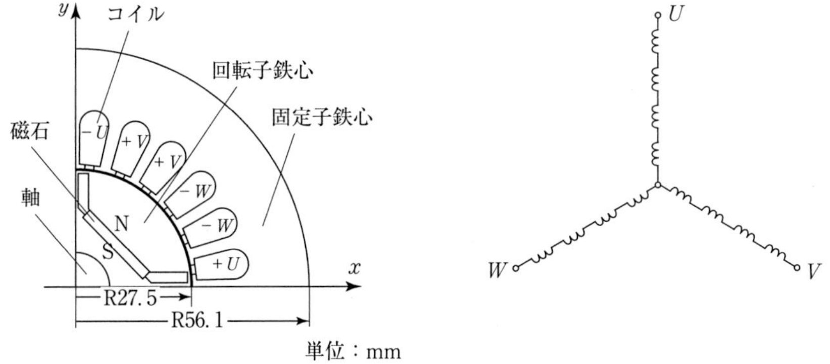


(a)　鉄心形状寸法　　(b)　結線図

**図 7.5**　IPM モータの解析モデル

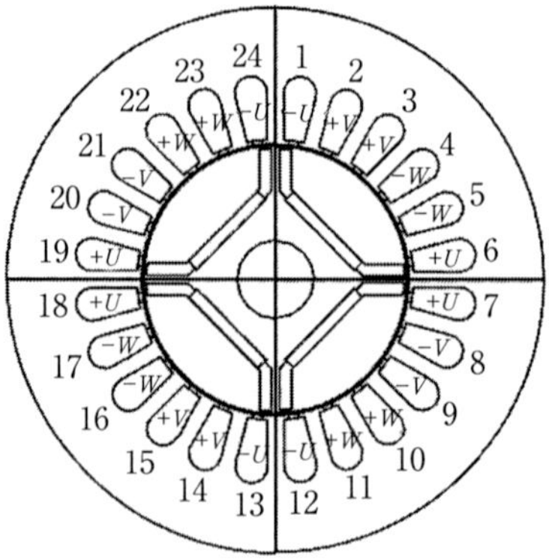


**図 7.6**　4 極回転機

結線されており，コイル 1 つ当たりのターン数は 35，コイル 1 つ当たりの巻線抵抗は 0.852 mΩ である．電源周波数は 50 Hz，キャリア周波数は 5 kHz とした．また，永久磁石の磁化は 1.25 T，回転数は 1500 $\mathrm{min}^{-1}$ とした．ステータおよびロータの鉄心の材質は無方向性電磁鋼板 50A350 であり，磁気特性の非線形性を考慮した．また，ロータシャフトには磁束が侵入しないとして解析を行った．

電流入力による負荷解析時の各コイルの電流は次式で与えた．

$$I_U=\sqrt{2}I_{\mathrm{rms}}\sin(\omega t+\beta) \tag{7.22}$$

$$I_V=\sqrt{2}I_{\mathrm{rms}}\sin(\omega t-120°+\beta) \tag{7.23}$$

$$I_W=\sqrt{2}I_{\mathrm{rms}}\sin(\omega t+120°+\beta) \tag{7.24}$$

この場合，25 deg 付近でトルクが最大となるので，電流位相角 $\beta$ を 25 deg とした．

各相における誘起電圧は，図 7.6 のように回転機モデルにスロット番号を割り当てると周期境界条件より，次式のように与えられる．

$$V_U=\frac{N_C}{\Delta t}\{(A_6-A_6^*)-(A_1-A_1^*)\} \tag{7.25}$$

$$V_V=\frac{N_C}{\Delta t}\{(A_2-A_2^*)+(A_3-A_3^*)\} \tag{7.26}$$

$$V_W=-\frac{N_C}{\Delta t}\{(A_4-A_4^*)+(A_5-A_5^*)\} \tag{7.27}$$

ここで，$N_C$ はコイルの巻数，$t$ は時間，$A_k$ はスロット $k$ 中の平均ベクトルポテンシャル，$A_k^*$ は 1 ステップ前の $A_k$ であるとする．このように磁界解析より得られた各辺のベクトルポテンシャルを用いて上式のように後退差分を行った．例として実効値電流 $I_{\mathrm{rms}}$ が 3A 時の誘起電圧波形を図 7.7 に示す．誘起電圧，巻線抵抗および入力電流をもとに導出した線間電圧波形を図 7.8 に示す．

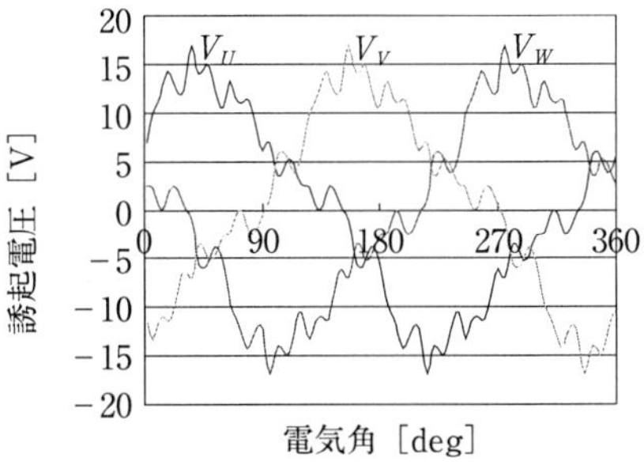


図 7.7 誘起電圧波形

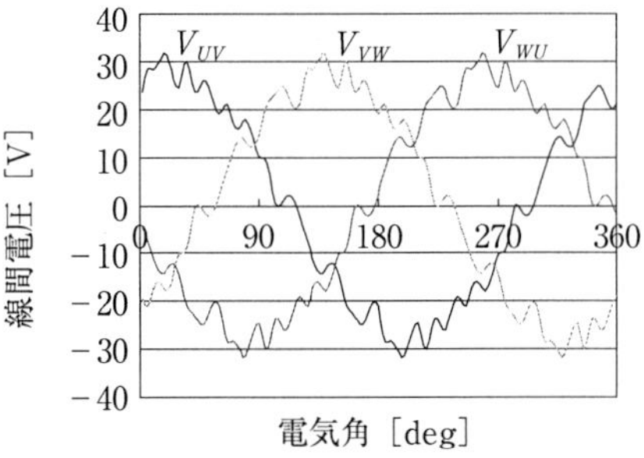


図 7.8 線間電圧波形

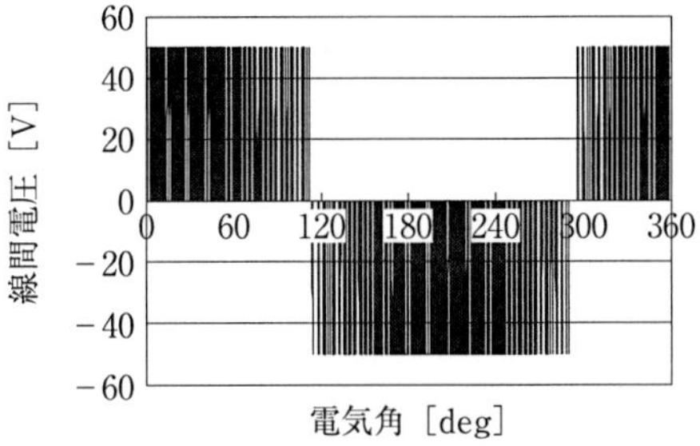


図 7.9 インバータ電圧波形 ($I_{rms}$ = 3 A)

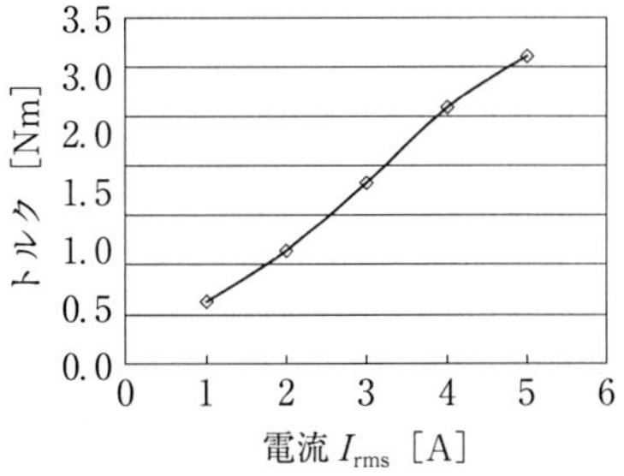


図 7.10 実効値電流-トルク特性

インバータ駆動を考慮した解析においては，求めた線間電圧を PWM 波形に変換しなくてはならない. まず求めた線間電圧に対し FFT を行い, 基本波のみを抽出する. その後，求まった基本波に対し三角波比較法を用いて PWM 波形に変換する. 実効値電流が 3 A 時において作成した PWM 波形(UV 線間電圧)を図 7.9 に示す. 図 7.10 に，実効値電流 $I_{rms}$ と平均トルクの関係を示す. $I_{rms}$ = 4 A あたりから，鉄心が磁気飽和してトルクが $I_{rms}$ の 2 乗に比例して増加しなくなっている.

### 7.1.3 励磁突入現象の解析

変圧器に電源を投入した際，その電源電圧に対応して大きな電流が流れることがあるが，これを，励磁突入電流[8]（以下，突流と略記）とよぶ. 突流は無負荷の鉄心において，磁束密度が高い瞬間に電源を投入したら，高い磁束密度に対応する励磁電流が突然流れる現象であり，電力系統に悪影響を与える場合がある. 等価回路を用いて解析することも行われているが，精度を上げるために有限要素法を用いた解析が行われている. この場合は電圧電源を入力データとし突流を未知変数として解析する必要があるので，電圧が与えられた有限要素法を用いればよい. ここでは，二次元場での変圧器の突流解析について述べる.

通常の二次元 $x$-$y$ 座標系の有限要素法では，次のポアソンの方程式より磁束分布が求められる.

$$\frac{\partial}{\partial x}\left(\nu\frac{\partial A}{\partial x}\right)+\frac{\partial}{\partial y}\left(\nu\frac{\partial A}{\partial y}\right)=-\frac{NI}{S_c} \tag{7.28}$$

ここで，$N$, $S_c$ はそれぞれ巻線の巻数および導体の断面積である.

(7.28) 式を有限要素法により解く場合の方程式の個数は，未知節点（ポテンシャル $A$ が未知な節点）数に等しい．それゆえ，(7.7) 式においてポテンシャル $A$ 以外に突流 $I$ も未知変数として取り扱う場合は，次に述べるように，各網目回路にキルヒホッフの第二法則を適用してできる回路方程式を突流 $I$ の個数分だけ作り，これらを (7.28) 式と連立して解けば突流を解析することができる[9].

三相変圧器の場合，結線方式によって回路方程式は異なるが，ここでは図 7.11 に示すような三相 4 線式の例について述べる．回路方程式は 3 個必要であり，次のようになる.

$$\begin{Bmatrix} V_U \\ V_V \\ V_W \end{Bmatrix}=\frac{\partial}{\partial t}\begin{Bmatrix} \int_{CU} A dl_U \\ \int_{CV} A dl_V \\ \int_{CW} A dl_W \end{Bmatrix}+\begin{Bmatrix} L_{0U}\dfrac{\partial I_U}{\partial t} \\ L_{0V}\dfrac{\partial I_V}{\partial t} \\ L_{0W}\dfrac{\partial I_W}{\partial t} \end{Bmatrix}+\begin{Bmatrix} (R_{0U}+R_{cU})I_U \\ (R_{0V}+R_{cV})I_V \\ (R_{0W}+R_{cW})I_W \end{Bmatrix} \tag{7.29}$$

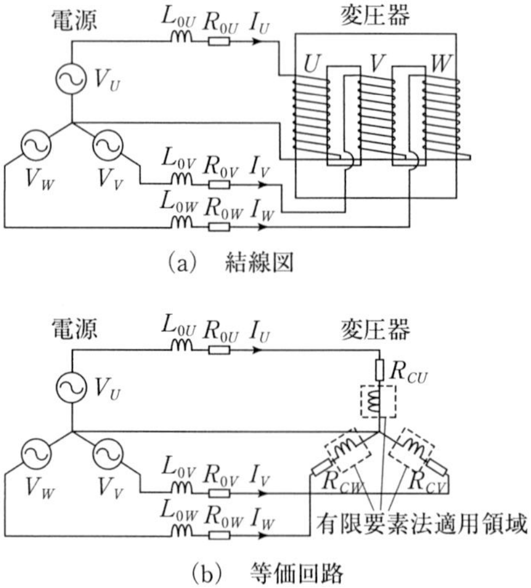


**図 7.11**　三相変圧器の励磁回路

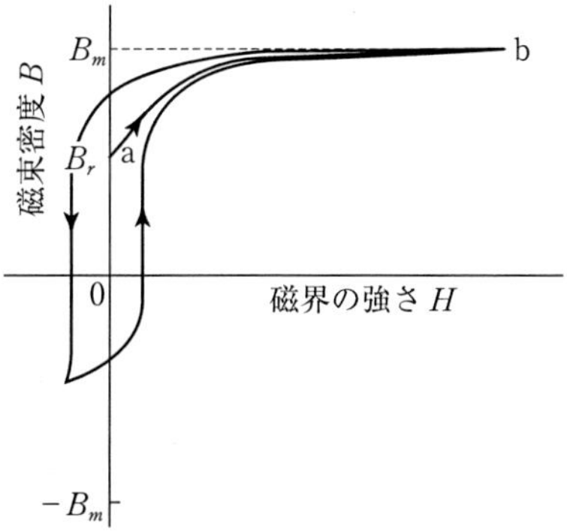


**図 7.12** ヒステリシスループ

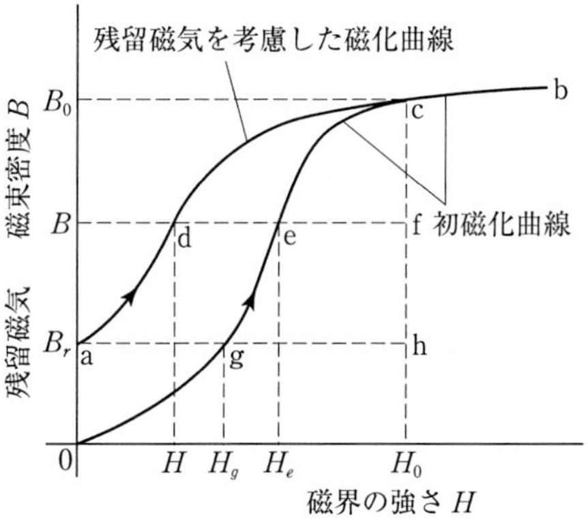


**図 7.13** 残留磁気を考慮した磁化曲線の求め方

ここで，添字 $U$, $V$, $W$ はそれぞれ $U$, $V$, $W$ 相成分であることを示す．$V$ は電源電圧，$L_0$, $R_0$ は変圧器から見た電源側のインダクタンスおよび抵抗である．$R_c$ は巻線の抵抗である．(7.29) 式の右辺第 1 項は，図 7.11(b) の破線で囲まれた有限要素法適用領域内の変圧器巻線に鎖交する磁束の時間的変化から求まる起電力を表している．

残留磁気 $B_r$ がある場合の突流計算には，図 7.12 の磁化曲線 a–b が用いられるが，この曲線は $B_r$ によって変化する．種々の $B_r$ に対応した磁化曲線をすべて実測で記憶させておくことは不可能なので，この磁化曲線の近似法について次に述べる．

図 7.12 の磁化曲線 a–b を，図 7.13 に示すように $B_r$ により変化する部分 a–c と，変化しない部分 c–b に分けて考える．ただし，点 c は変圧器を電源から遮断する直前の最大磁束密度 $B_0$ に対応する．そうすると，c–b は初磁化曲線と一致するので，新しく作る部分は a–c だけである．以下，a–c の近似法を述べる[10]．

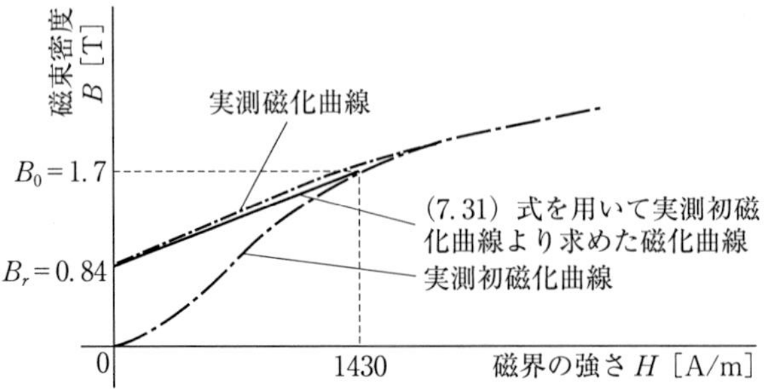


**図 7.14**　磁化曲線の計算値と実測値（27P100）

図 7.13 の g-c において点 c を固定し，点 g が点 a にくるように，次式の関係により，比例的に移動させる．

$$\frac{\overline{fd}}{\overline{fe}}=\frac{\overline{ha}}{\overline{hg}} \tag{7.30}$$

したがって，たとえば残留磁気を考慮した磁化曲線上の任意の点 d の磁束密度 $B$ に対応する磁界の強さ $H$ は，次式によって求められる．

$$\frac{H_0-H}{H_0-H_e}=\frac{H_0}{H_0-H_g} \tag{7.31}$$

ここで，$H_e$ は初磁化曲線上の任意の点 e の磁束密度 $B$ に対応する磁界の強さ，$H_0$ は変圧器を電源から遮断する直前の最大磁束密度 $B_0$ の点 c に対応する磁化の強さ，$H_g$ は初磁化曲線上における残留磁気 $B_r$ に対応する点 g の磁界の強さである．したがって，$B_r$ の値が指定されれば，(7.31) 式より a-c を求めることができる．

図 7.14 に，一例として方向性電磁鋼板 27P100 の初磁化曲線，および $B_r$, $B_0$ がそれぞれ 0.84, 1.7 T の場合の磁化曲線の実測値[10] を一点鎖線で示す．また，(7.31) 式を用いて計算した結果を実線で示す．同図より (7.31) 式を用いれば，残留磁気がある場合の磁化曲線をかなりの精度で求められることがわかる．

三相 5 脚変圧器の $V$ 相の電圧が零の瞬間に，変圧器に電源を投入した場合の突流波形の解析および実測を行った例を図 7.15 に示す[10,11]．$U$, $V$, $W$ 脚の平均的な残留磁気 $B_{rU}$, $B_{rV}$, $B_{rW}$ はそれぞれ −0.8, 0, 0.8 T である．0.8 T という残留磁気量は，脚の平均磁束密度が 1.7 T で運転中の本変圧器を電源から遮断したときに残る値である．二次元 $x$-$y$ 座標系の有限要素法では，突流の波高値が大きい $U$, $V$ 相電流 $I_U$, $I_V$ の計算値が特に実測値と大きく異なっている．これは以下の理由による．すなわち，突流発生時は鉄心内の磁束が飽和するために漏れ磁束が発生する．この漏れ磁束は，本解析モデルのように脚と巻線間の距離の大きい変圧器ほど多く発生するが，二次元 $x$-$y$ 座標系の有限要素法では，この三次元的な分布を考慮して解析できないからである．

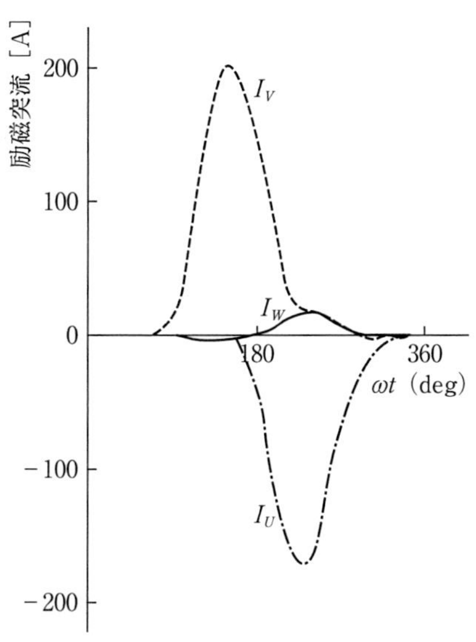


(a) 二次元 $x-y$ 座標系の有限要素法

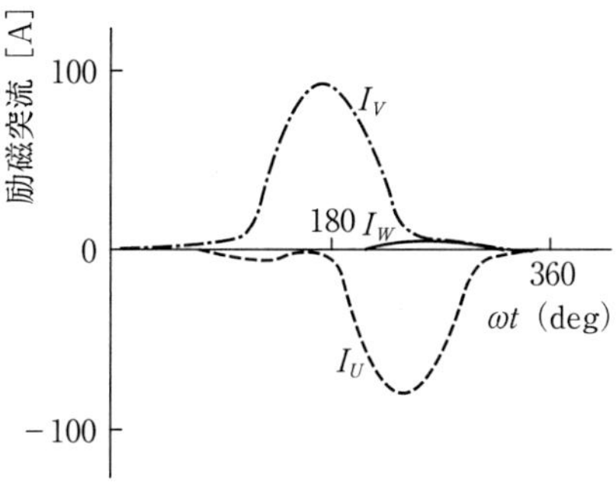


(b) ハイブリッド形有限要素法

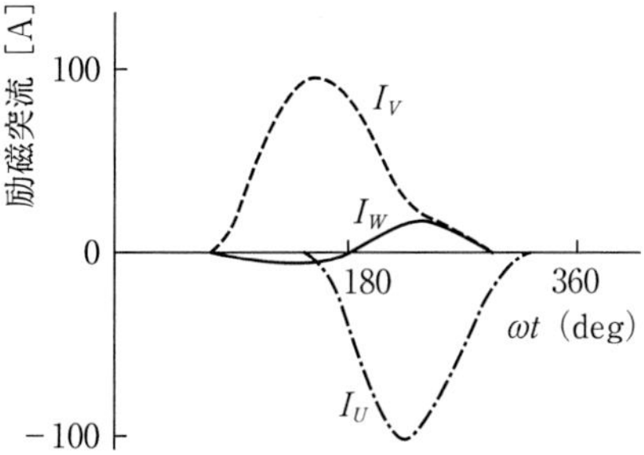


(c) 実測値

**図 7.15** 突流波形（$B_{rU}=-0.8$ T, $B_{rV}=0$ T, $B_{rW}=0.8$ T）

それに対し，三次元的な漏れ磁束を考慮できるハイブリッド形有限要素法[12]（ヨーク部は二次元有限要素法を，脚部は軸対称三次元有限要素法を用いる手法）を用いた場合は実測値とよく一致した結果が得られている．

## 7.2 ギャップ要素

### a. 概　　要

ギャップ要素は，エネルギーとしてギャップのエネルギーをもたせた線要素（線分要素ともよばれる）であり，これをギャップ部に付加することによりギャップを表現する．

図 7.16(a) に，長さが $D_g$，幅が $L_g$ のギャップのモデルを示す．図 (b) はギャップを偏平な三角形要素を用いて分割した通常の分割図，図 (c) は，ギャップ要素を用いた分割図であり，太線 1-2 がギャップ要素[13~15]である．このギャップ要素は図(a)

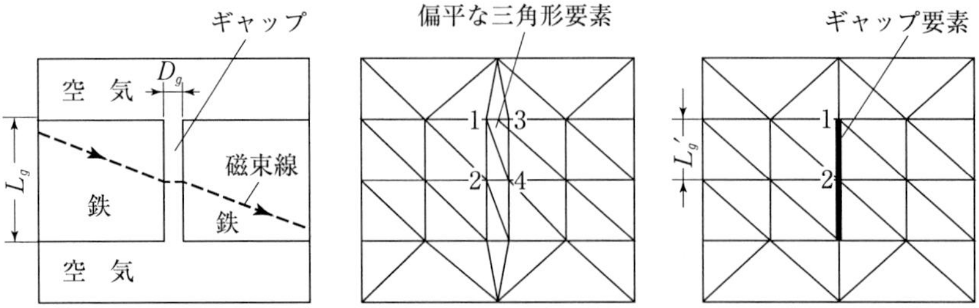


(a) ギャップを有する領域　(b) 偏平な三角形要素を用いた分割図　(c) ギャップ要素を用いた分割図

**図 7.16**　ギャップ要素の説明図

のギャップに対応しており，ギャップと同じエネルギーを有しているが，面積をもたない要素である．

ギャップ要素は次のような特徴を有している．

(1) 面積をもたないため，再分割しなくてもすでにできあがっている分割図上の任意の位置に新しくギャップを追加あるいは削除することができる．

(2) ギャップ長 $D_g$ の変更が容易である．それゆえ，この要素を使えば，ギャップ長が磁気特性に及ぼす影響を容易に検討することができる．

(3) ギャップ長が小さい場合には，図 (b) のように偏平な三角形要素を使う従来の分割法よりも精度がよくなる．空気の磁気抵抗率は鉄の数千倍であるので，図 (a) のように，ギャップ部と鉄部の境界では，磁束は境界線に垂直に通る．それゆえ，図 (b) の各節点 1～4 のベクトルポテンシャル $A_1$～$A_4$ の間には次式の関係が成り立つと仮定できる．

$$A_1 = A_3,\ A_2 = A_4 \tag{7.32}$$

ギャップ長が十分に小さく，かつ，ベクトルポテンシャル間には上式の関係があるので，節点 1 と 3, 2 と 4 を図 (c) のように移動させて，ギャップ部を 1 本の線で表してもほとんど誤差は生じないと考えられる．

**b. 定　式　化**

領域の全エネルギー $W$ を，次式のように成分に分解して考える．

$$W = W_t + W_g - \Delta W_s \tag{7.33}$$

ここで $W_t$ は，図 7.16(a) を図 7.17(a) のようにギャップ部も鉄でできていると仮定した場合のエネルギーである．$W_g$ は図 7.17(b) に斜線で示したギャップ部の実際のエネルギーを示す．$\Delta W_s$ は，図 (c) のようにギャップ部が鉄でできていると仮定した場合のギャップ部のエネルギーであり，次式で与えられる．

$$\Delta W_s = \sum \frac{1}{2} \nu_s B_g^2 S_g \tag{7.34}$$

ここで，$\nu_s$ および $B_g$ はそれぞれ，ギャップに隣接した鉄の磁気抵抗率およびギャップ中の磁束密度である．$S_g$ は1つのギャップ要素に対応するギャップ部の面積を示す．$\sum$ は全ギャップ要素についての総和を示す．(7.33) 式は $W_t$ のところで，$\Delta W_s$ だけエネルギーを余分に計算している．したがって (7.33) 式では，この $\Delta W_s$ を差し引いているのである．

図7.16のギャップ要素1-2の有するエネルギー $W_g$ は，次式で計算される．

$$W_g = \frac{1}{2} \nu_0 B_g^2 S_g \tag{7.35}$$

図7.16の場合は，$B_g = (A_1 - A_2)/L_g'$, $S_g = L_g' D_g$ となるので，上式は次式となる．

$$W_g = \frac{1}{2} \nu_0 \left( \frac{A_1 - A_2}{L_g'} \right)^2 L_g' D_g \tag{7.36}$$

ここで，$L_g'$ は図7.16(c)に示したように，1つのギャップ要素の幅である．結局，ギャップ要素を用いた場合の節点1, 2に対する有限要素法の式は，(7.36) 式の上に示した $B_g$, $S_g$ を (7.34) 式に代入し，これと (7.36) 式をギャップ部の領域で総和したものを (7.33) 式に代入し，これを $A_1$, $A_2$ で偏微分することにより次式となる．

$$\begin{Bmatrix} \dfrac{\partial W}{\partial A_1} \\ \dfrac{\partial W}{\partial A_2} \end{Bmatrix} = \begin{Bmatrix} \dfrac{\partial W_t}{\partial A_1} \\ \dfrac{\partial W_t}{\partial A_2} \end{Bmatrix} + \sum_{R_i} (\nu_0 - \nu_s) \frac{D_g}{L_g'} \begin{bmatrix} 1 & -1 \\ -1 & 1 \end{bmatrix} \begin{Bmatrix} A_1 \\ A_2 \end{Bmatrix} \tag{7.37}$$

ここで，$\sum_{R_i}$ は節点 $i$ $(i=1, 2)$ を含む要素群についての総和を，節点1, 2は1つのギャップ要素の2節点を示す．また，$\partial W_t/\partial A_i$ は，ギャップ要素を使わない場合の全領域の通常の有限要素法の式である．

その他に，ギャップ要素と同じように面積や体積をもたない種々の特殊要素[16~18]

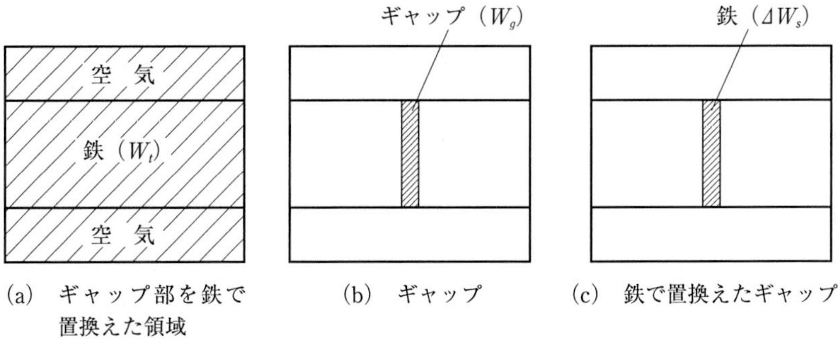


**図7.17**　領域のエネルギーの説明図

が開発されている.

## 7.3 連 成 問 題

### 7.3.1 磁界・熱の連成解析

磁性体に交流磁界が印加されると磁性体が発熱し, 機器が温度上昇する場合がある. 温度が上がると材料定数が変化し, それに伴って発熱量も変化する. このような場合は磁界の方程式と熱の方程式を解いて, 磁界・熱の連成解析を行う必要がある.

**a. 解 析 方 法**

三次元非定常熱伝導問題の支配方程式は次式で与えられる[19].

$$\frac{\partial}{\partial x}\left(\lambda_{xx}\frac{\partial T}{\partial x}\right)+\frac{\partial}{\partial y}\left(\lambda_{yy}\frac{\partial T}{\partial y}\right)+\frac{\partial}{\partial z}\left(\lambda_{zz}\frac{\partial T}{\partial z}\right)+Q=\rho c\frac{\partial T}{\partial t} \tag{7.38}$$

ここで, $T$ は加熱物の温度, $\lambda$ は熱伝導率, $Q$ は内部発熱率, $\rho$ は密度, $c$ は比熱, $t$ は時間である.

熱伝導の境界条件は, 熱流束を $q$, 境界上での外向きの法線ベクトルを $\boldsymbol{n}$ とすると, フーリエの法則より次式が得られる.

$$q=-[\lambda]\frac{\partial T}{\partial \boldsymbol{n}}=-[\lambda](\boldsymbol{n}\cdot\nabla T)=-\begin{bmatrix}\lambda_{xx} & 0 & 0\\ 0 & \lambda_{yy} & 0\\ 0 & 0 & \lambda_{zz}\end{bmatrix}\begin{bmatrix}\dfrac{\partial T}{\partial x}n_x\\ \dfrac{\partial T}{\partial x}n_y\\ \dfrac{\partial T}{\partial x}n_z\end{bmatrix} \tag{7.39}$$

ここで, $n_x, n_y, n_z$ は法線ベクトル $\boldsymbol{n}$ の $x, y, z$ 方向成分である.

熱伝導問題の支配方程式を三次元節点要素で離散化を行う. 補間関数を $\{N\}$ として支配方程式を離散化することにより, 次式が得られる.

$$\begin{aligned}&\iint_S q\{N\}^T dS\\ &+\iiint_V\left\{\frac{\partial\{N\}}{\partial x}\left(\lambda_{xx}\frac{\partial\{N\}^T}{\partial x}\right)+\frac{\partial\{N\}}{\partial y}\left(\lambda_{yy}\frac{\partial\{N\}^T}{\partial y}\right)\right.\\ &\left.+\frac{\partial\{N\}}{\partial z}\left(\lambda_{zz}\frac{\partial\{N\}^T}{\partial z}\right)\right\}dV\{T\}-\iiint_V Q\{N\}dV\\ &+\iiint_V \rho c\{N\}\{N\}^T dV\frac{\partial\{T\}}{\partial t}=0\end{aligned} \tag{7.40}$$

上式の補間関数 $\{N\}$ は, (3.13) 式や (4.7) 式の所で説明した節点要素のスカラ補間関数である (温度はスカラ量であることに注意). (7.40) 式に境界条件の項を導入して, 温度場解析を行えばよい.

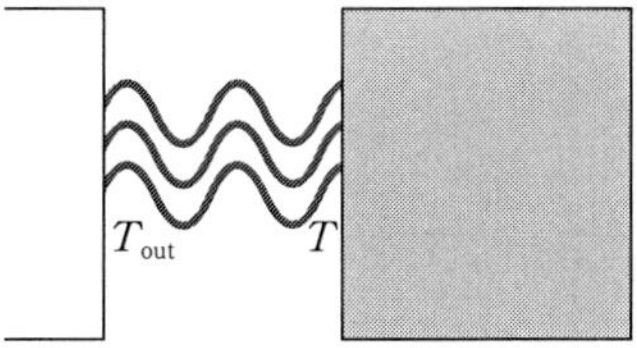


**図 7.18**　熱放射境界

図 7.18 のような固体の境界上で周囲環境に対して熱放射が行われるとき，熱放射によって与えられる熱量 $q$ は次式で与えられる[20,21]．

$$\begin{aligned} q &= h(T - T_{\mathrm{out}}) \\ h &= \varepsilon\sigma F(T + T_{\mathrm{out}})(T^2 + T_{\mathrm{out}}^2) \end{aligned} \tag{7.41}$$

ここで，$\varepsilon$ は熱放射率，$\sigma$ はステファン・ボルツマン定数，$F$ は形態係数，$T_{\mathrm{out}}$ は周囲環境温度，$h$ は熱放射係数である[20]．未知数である $T$ には，1 ステップ前の値を代入して解析を行う．

(7.41) 式を (7.40) 式の境界積分項 (左辺第 1 項) に代入すると，次式のようになる．

$$\begin{aligned} \iint_S q\{N\}^T dS &= \iint_S h(T - T_{\mathrm{out}})\{N\} dS \\ &= \iint_S h\{N\}\{N\}^T dS\{T\} - \iint_S hT_{\mathrm{out}}\{N\} dS \end{aligned} \tag{7.42}$$

以上より，境界条件を含めた熱伝導問題の離散化式は次式となる．

$$[K]\{T\} + \{C\}\left\{\frac{\partial T}{\partial t}\right\} = \{F\} \tag{7.43}$$

ここで，$[K]$ は熱伝導マトリックス，$\{C\}$ は熱容量マトリックス，$\{F\}$ は熱流速ベクトルであり，それぞれ以下の式で表される．

$$\begin{aligned} [K] = \iiint_V \Bigg\{ &\frac{\partial\{N\}}{\partial x}\left(\lambda_{xx}\frac{\partial\{N\}^T}{\partial x}\right) + \frac{\partial\{N\}}{\partial y}\left(\lambda_{yy}\frac{\partial\{N\}^T}{\partial y}\right) \\ &+ \frac{\partial\{N\}}{\partial z}\left(\lambda_{zz}\frac{\partial\{N\}^T}{\partial z}\right)\Bigg\} dV + \iint_S h\{N\}\{N\}^T dS \end{aligned} \tag{7.44}$$

$$\{C\} = \iiint_V \rho c\{N\}\{N\}^T dV \tag{7.45}$$

$$\{F\} = \iiint_V Q\{N\}^T dV + \iint_S hT_{\mathrm{out}}\{N\}^T dS \tag{7.46}$$

電磁場-温度場連成解析は，磁性体の導電率，透磁率，比熱，熱伝導率の温度変化を考慮して以下の手順で行えばよい．まず，初期温度（常温）での材料定数を与えて，三次元有限要素法を用いて磁界解析を行い，次式の基礎方程式を解くことによって磁性体内の渦電流損失を求める．

$$\mathrm{rot}\,(\nu\,\mathrm{rot}\,\boldsymbol{A}) = J_0 - \sigma\left(\frac{\partial \boldsymbol{A}}{\partial t} + \mathrm{grad}\,\phi\right) \tag{7.47}$$

次に，磁界解析により求めた渦電流損失を発熱源とし，温度場解析を行い，機器内の温度分布を求める．さらに，上昇した温度での材料定数を与えて渦電流損失を求め，温度分布を求める．この２つの解析を繰り返すことにより，各瞬間の温度分布が求められる．

**b. 解　析　例**

6.5.4 項で述べたように，強磁性体の $B$-$H$ 曲線などは温度によって変化する．たとえば，磁性体の被加熱物が高温になる誘導加熱装置の解析を行う際は，このような磁性体の温度による変化を考慮して解析を行わないと，実際の現象とは異なった解析を行ってしまう可能性がある．ここでは，磁性体の温度特性を考慮した磁界・熱の連成解析を行った例を示す[22,23]．

図 7.19 に検討対象としたビレットヒータを示す．加熱される鉄の塊をビレットとよぶ．ビレットの材質は炭素鋼 S45C であり，耐火材のまわりに断熱材を巻いた構造となっている．ビレットのキュリー温度は 770℃である．

磁界解析には $\boldsymbol{A}$ 法による三次元辺要素有限要素法を，温度場解析には三次元節点要素有限要素法を用いた．なお，辺要素を用いて渦電流解析を行う際は，(4.4)，(4.5) 式の所で述べた $\boldsymbol{A}$-$\phi$ 法以外に，$\phi$ を $\boldsymbol{A}$ の中に含めた $\boldsymbol{A}$ 法もよく用いられるが，これについては文献[38,39] を参照されたい．実機では図 7.19 に示すようにコイルは分割されているが，解析では図 7.20 に示すように，$z$ 方向には一様であると仮定した．たとえば，図 7.20 の a-a′で示した断面（図 7.21 に対応）で有限要素解析を行ってビレットの発熱量分布を計算し，次にこのビレットが $z$ 方向に移動した場合の分布を計算するというプロセスで解析を行った．ただし，a-a′の断面が図 7.19 のコイルの間の位置に来た瞬間には，図 7.21 のコイルには電流を流さないというように，実際のコイルの配置に対応した励磁を行った．また，各材料の初期温度は 25℃とし，図 7.21 の

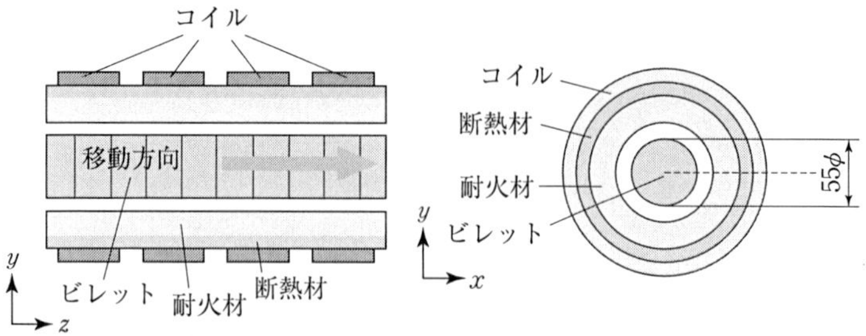


(a)　$z$-$y$ 平面　　　　(b)　$x$-$y$ 平面

**図 7.19**　ビレットヒータ

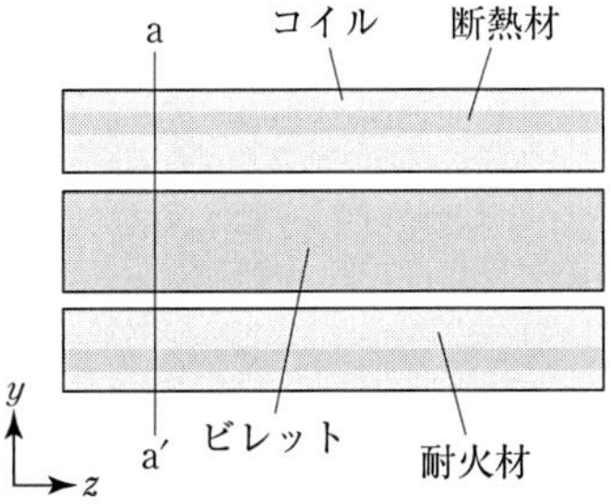


**図 7.20**　$z$ 方向に一様と仮定したモデル

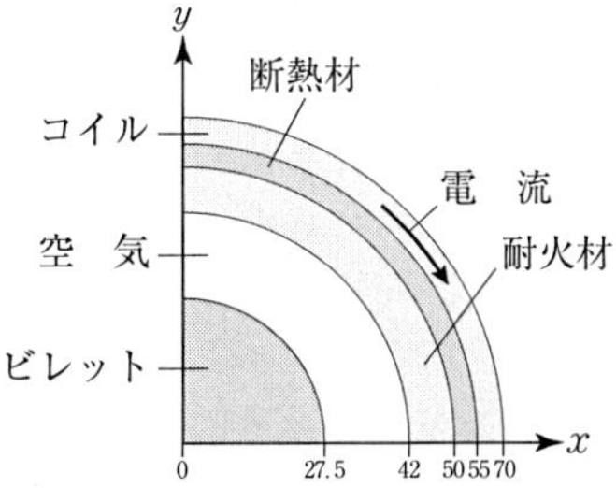


**図 7.21**　解析モデル（1/4 モデル）

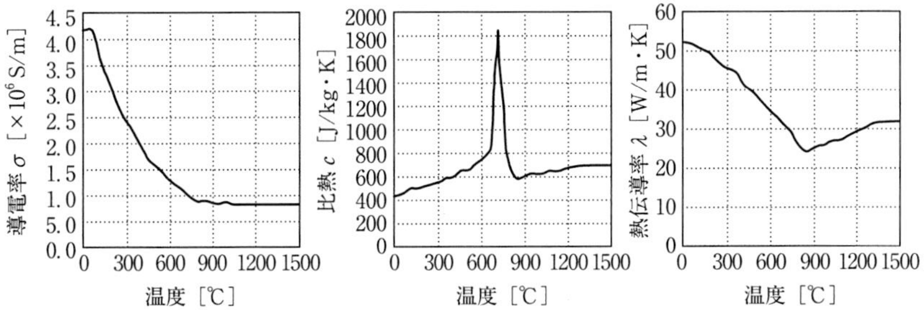


(a)　導電率　　(b)　比　熱　　(c)　熱伝導率

**図 7.22**　ビレットの材料物性値の温度依存性

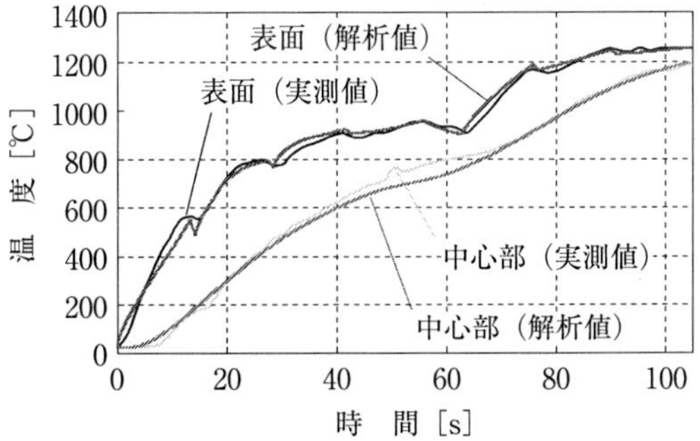


**図 7.23**　ビレット中心部と表面部における温度の時間変化

解析領域の境界はすべて断熱境界とした．

図 7.22 にビレットの各熱物性値を示す．解析の際は各データを線形補間した値を用いた．ここではビレットの温度分布の変化を調べるのが目的であるため，耐火材，断熱材，空気における材料特性の温度変化は考慮せずに解析を行った．(7.41) 式の形態係数 $F$ として，ビレット，耐火材ともに 1 を与えた．

図 7.23 にビレット中心部（$r=0$ mm）と表面部（$r=27.5$ mm）における温度の時間変化を示す．図 7.23 には，熱電対による温度の実測値も示した．図 7.23 より，ビレットの温度上昇の実測値と解析値はかなりよく一致していることがわかる．表面部の温度は 20 秒あたりから伸び悩んでいるが，これはビレットの温度がキュリー点付近に達し，比熱の値が急激に上昇したためだと考えられる

図 7.24 に磁束密度分布の時間変化を，図 7.25 に発熱量の時間変化を示す．時間が経過し，ビレットの温度が高くなるにつれて，磁束がビレット内部に侵入し，温度上昇によって透磁率が下がったため磁束密度が小さくなっている．それに伴い，発熱量もビレット内部で高くなっていき，その大きさが小さくなっている．

次に，$B$-$H$ カーブの温度依存性を考慮した場合と考慮しなかった場合の比較を示す[24]．図 7.26 に，$B$-$H$ カーブの温度依存性を考慮した場合（解析 A）と，室温からキュリー温度までは 25℃の $B$-$H$ カーブを用い，キュリー温度以上では，比透磁率を 1 とした場合（解析 B）の，中心部（$r=0$ mm）とビレット表面部（$r=27.5$ mm）における温度の時間変化と熱電対による実測値を示す．

$B$-$H$ カーブの温度依存性を考慮した解析と実測値を比較すると，解析値の方が温

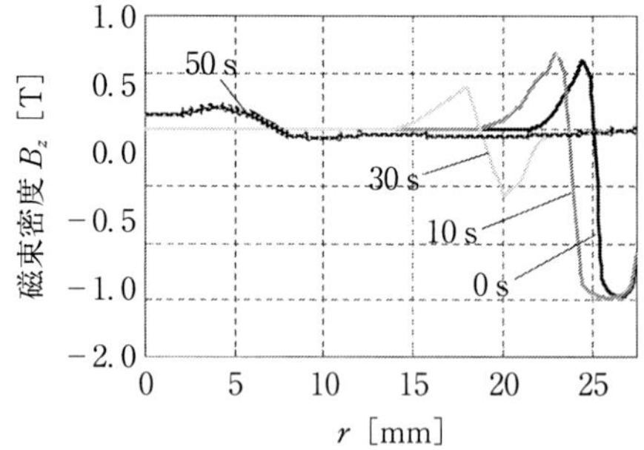


**図 7.24**　ビレットにおける磁束密度分布の時間変化

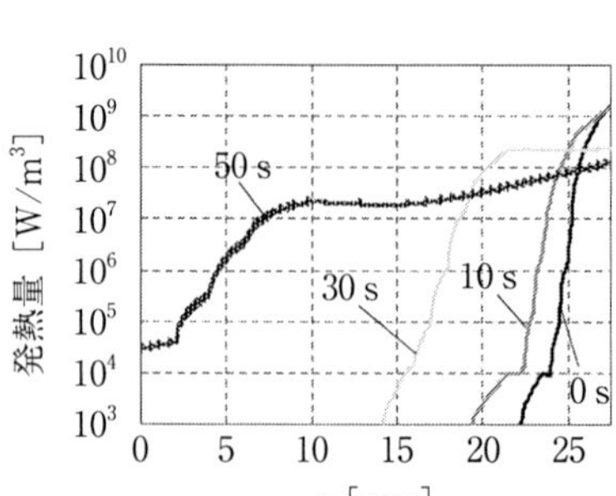


**図 7.25**　ビレットにおける発熱量の時間変化

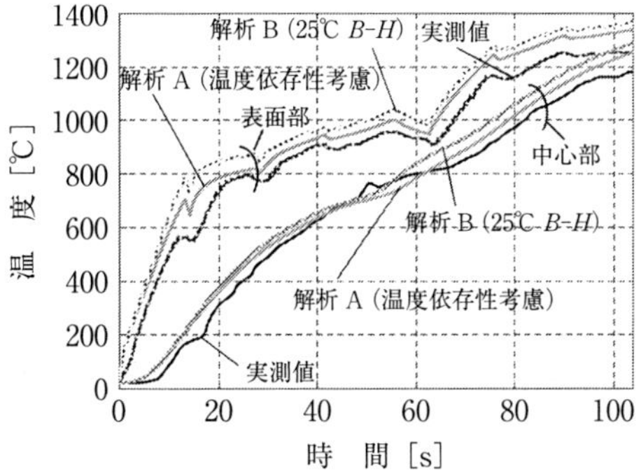


**図 7.26** *B-H* カーブの温度依存性が温度の解析結果に及ぼす影響

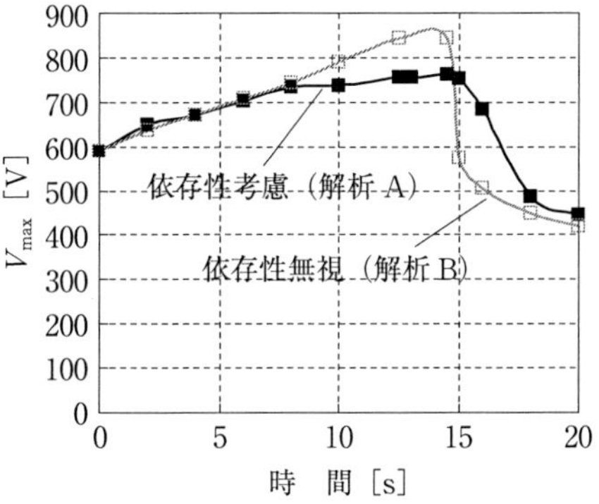


**図 7.27** *B-H* カーブの温度依存性がコイルの誘起電圧最大値に及ぼす影響

度が高いが，温度上昇の傾向はほぼ同じである．結果が異なった原因としては，$z$ 方向に一様として解析したことなどが考えられる．また，解析 B では，解析 A よりもさらに温度が高くなっている．この原因は以下のように考えられる．解析 A では，温度が上昇するにつれて透磁率が小さくなるため，表面での磁束密度は小さくなっている．一方，解析 B では，温度が上昇しても透磁率が大きいままなので，透磁率が 1 となるキュリー温度になるまでビレット表面の磁束密度が大きくなっている．よって，発熱量は解析 B の方が大きくなるため，温度が高くなり，その温度差がその後も続いている．図 7.27 に，*B-H* 曲線の温度依存性を考慮した場合と考慮しなかった場合のコイルの電圧波形を示す．これより，考慮しなかった場合は電圧が大きめに計算されることがわかる．これの電圧特性は，誘導加熱装置を運転する際のインバータの容量を決める際に重要である．以上のことから，*B-H* カーブの温度依存性を考慮して解析する必要があるといえる.

### 7.3.2　磁界・応力の連成解析

磁性体に磁束が通ると電磁力が発生する．その電磁力により磁性体の材料定数が変化する場合などは磁界・応力の連成解析を行う必要がある.

ここでは，応力解析を行うための有限要素法の式を導出する.

$\boldsymbol{u}$ を変位ベクトル（$\boldsymbol{u}$ の $x, y, z$ 方向成分を $u, v, w$ とする），$\boldsymbol{M}$ を質量マトリックス，$\boldsymbol{C}$ を減衰マトリックス，$\boldsymbol{K}$ を鋼性マトリックス，$\boldsymbol{F}$ を荷重ベクトルとすれば，強制振動の方程式は次式となる[25].

$$\boldsymbol{M}\frac{\partial^2 \boldsymbol{u}}{\partial t^2} + \boldsymbol{C}\frac{\partial \boldsymbol{u}}{\partial t} + \boldsymbol{K}\boldsymbol{u} = \boldsymbol{F} \tag{7.48}$$

ここでは，(7.48)式の左辺第2項の減衰項を無視した(7.49)式について定式化を行う.

$$\rho\frac{\partial^2 \boldsymbol{u}}{\partial t^2} + \boldsymbol{K}\boldsymbol{u} = \boldsymbol{F} \tag{7.49}$$

ここで，$\rho$ は振動する物体の密度を表す.

三次元連続体における基礎方程式を以下に示す．(7.49)式中の $\boldsymbol{K}\boldsymbol{u} = \boldsymbol{F}$ に対応する $x, y, z$ 方向の力の釣り合い方程式は次式となる.

$$\frac{\partial \sigma_x}{\partial x} + \frac{\partial \tau_{xy}}{\partial y} + \frac{\partial \tau_{zx}}{\partial z} + F_x = 0 \tag{7.50}$$

$$\frac{\partial \sigma_y}{\partial y} + \frac{\partial \tau_{yz}}{\partial z} + \frac{\partial \tau_{xy}}{\partial x} + F_y = 0 \tag{7.51}$$

$$\frac{\partial \sigma_z}{\partial z} + \frac{\partial \tau_{zx}}{\partial x} + \frac{\partial \tau_{yz}}{\partial y} + F_z = 0 \tag{7.52}$$

ここで，$\sigma_x, \sigma_y, \sigma_z$ は $x, y, z$ 方向の直応力を，$\tau_{xy}, \tau_{yz}, \tau_{zx}$ はせん断応力を表す．$F_x, F_y, F_z$ は，荷重ベクトル $\boldsymbol{F}$ の $x, y, z$ 方向成分である.

次に，変位 $u, v, w$ とひずみ $\varepsilon_x, \varepsilon_y, \varepsilon_z, \gamma_{xy}, \gamma_{yz}, \gamma_{zx}$ の関係を次式に示す.

$$\left.\begin{aligned} \varepsilon_x &= \frac{\partial u}{\partial x} \\ \varepsilon_y &= \frac{\partial v}{\partial y} \\ \varepsilon_z &= \frac{\partial w}{\partial z} \end{aligned}\right\} \tag{7.53}$$

$$\left.\begin{aligned} \gamma_{xy} &= \frac{\partial u}{\partial y} + \frac{\partial v}{\partial x} \\ \gamma_{yz} &= \frac{\partial v}{\partial z} + \frac{\partial w}{\partial y} \end{aligned}\right\} \tag{7.54}$$

$$\gamma_{zx}=\frac{\partial w}{\partial x}+\frac{\partial u}{\partial z}$$

ここで，$\varepsilon_x, \varepsilon_y, \varepsilon_z$ は $x, y, z$ 方向の直ひずみを，$\gamma_{xy}, \gamma_{yz}, \gamma_{zx}$ はせん断ひずみを表す．

応力とひずみの関係はフックの法則より，次式となる．

$$\begin{Bmatrix}\sigma_x\\ \sigma_y\\ \sigma_z\\ \tau_{xy}\\ \tau_{yz}\\ \tau_{zx}\end{Bmatrix}=D\begin{Bmatrix}\varepsilon_x\\ \varepsilon_y\\ \varepsilon_z\\ \gamma_{xy}\\ \gamma_{yz}\\ \gamma_{zx}\end{Bmatrix} \tag{7.55}$$

応力-ひずみ関係のマトリックス $D$ としては次式を用いる[26)]．

$$D=\frac{E(1-\nu)}{(1+\nu)(1-2\nu)}\begin{bmatrix}1 & \frac{\nu}{1-\nu} & \frac{\nu}{1-\nu} & 0 & 0 & 0\\ \frac{\nu}{1-\nu} & 1 & \frac{\nu}{1-\nu} & 0 & 0 & 0\\ \frac{\nu}{1-\nu} & \frac{\nu}{1-\nu} & 1 & 0 & 0 & 0\\ 0 & 0 & 0 & \frac{1-2\nu}{2(1-\nu)} & 0 & 0\\ 0 & 0 & 0 & 0 & \frac{1-2\nu}{2(1-\nu)} & 0\\ 0 & 0 & 0 & 0 & 0 & \frac{1-2\nu}{2(1-\nu)}\end{bmatrix} 0 \tag{7.56}$$

ここで，$E$ はヤング率，$\nu$ はポアソン比である．(7.55)，(7.56) 式より，応力とひずみの関係を (7.57)～(7.59) 式に，せん断応力とせん断ひずみの関係を (7.60) 式に示す．

$$\begin{aligned}\sigma_x&=\frac{E}{(1+\nu)(1-2\nu)}\{(1-\nu)\varepsilon_x+\nu\varepsilon_y+\nu\varepsilon_z\}\\ &=\frac{E}{(1+\nu)(1-2\nu)}\left\{(1-\nu)\frac{\partial u}{\partial x}+\nu\frac{\partial v}{\partial y}+\nu\frac{\partial w}{\partial z}\right\}\end{aligned} \tag{7.57}$$

$$\begin{aligned}\sigma_y&=\frac{E}{(1+\nu)(1-2\nu)}\{\nu\varepsilon_x+(1-\nu)\varepsilon_y+\nu\varepsilon_z\}\\ &=\frac{E}{(1+\nu)(1-2\nu)}\left\{\nu\frac{\partial u}{\partial x}+(1-\nu)\frac{\partial v}{\partial y}+\nu\frac{\partial w}{\partial z}\right\}\end{aligned} \tag{7.58}$$

$$\sigma_z=\frac{E}{(1+\nu)(1-2\nu)}\{\nu\varepsilon_x+\nu\varepsilon_y+(1-\nu)\varepsilon_z\}$$

$$=\frac{E}{(1+\nu)(1-2\nu)}\left\{\nu\frac{\partial u}{\partial x}+\nu\frac{\partial v}{\partial y}+(1-\nu)\frac{\partial w}{\partial z}\right\} \tag{7.59}$$

$$\left.\begin{aligned}\tau_{xy}&=G\gamma_{xy}\\ \tau_{yz}&=G\gamma_{yz}\\ \tau_{zx}&=G\gamma_{zx}\end{aligned}\right\} \tag{7.60}$$

ここで，$G=E/(2(1+\nu))$ である．

(7.50) 式にガラーキン法を適用すると，次式が得られる．

$$G_{ix}=\iiint N_i\left(\frac{\partial\sigma_x}{\partial x}+\frac{\partial\tau_{xy}}{\partial y}+\frac{\partial\tau_{zx}}{\partial z}\right)dxdydz+\iiint N_iF_xdxdydz \tag{7.61}$$

ここで，$N_i$ は節点 $i$ でのスカラ補間関数である．ところで，$\phi$, $\psi$ をスカラ関数とした (7.62) 式のグリーンの定理[27] において，$\mathrm{grad}\,\psi$ を (7.63) 式で表し，$\boldsymbol{n}$ を単位法線方向ベクトル $\phi=N_i$ とおけば，(7.61) 式の右辺第 1 項は (7.64) 式のように変形できる．

$$\iiint\phi\nabla^2\psi dxdydz=-\iiint\mathrm{grad}\,\phi\cdot\mathrm{grad}\,\psi dxdydz+\iint\boldsymbol{n}\cdot(\phi\,\mathrm{grad}\,\psi)dxdy \tag{7.62}$$

$$\mathrm{grad}\,\psi=(\sigma_x\ \ \tau_{xy}\ \ \tau z_x)^T \tag{7.63}$$

$$\begin{aligned}(\text{第 1 項})&=\iiint N_i\left(\frac{\partial\sigma_x}{\partial x}+\frac{\partial\tau_{xy}}{\partial y}+\frac{\partial\tau_{zx}}{\partial z}\right)dxdydz\\ &=-\iiint\left(\sigma_x\frac{\partial N_i}{\partial x}+\tau_{xy}\frac{\partial N_i}{\partial y}+\tau_{zx}\frac{\partial N_i}{\partial z}\right)dxdydz\\ &\quad+\iint_S(\sigma_xN_in_x+\tau_{xy}N_in_y+\tau_{zx}N_in_z)dxdy\end{aligned} \tag{7.64}$$

ここで，$n_x$, $n_y$, $n_z$ は法線方向ベクトル $\boldsymbol{n}$ の $x$, $y$, $z$ 方向成分である．$S$ は物体の表面であり，$\iint_S(\sigma_xN_in_x+\tau_{xy}N_in_y+\tau_{zx}N_in_z)dxdy=0$ となるから，(7.61) 式の右辺第 1 項は次式となる．

$$(\text{第 1 項})=-\iiint\left(\sigma_x\frac{\partial N_i}{\partial x}+\tau_{xy}\frac{\partial N_i}{\partial y}+\tau_{zx}\frac{\partial N_i}{\partial z}\right)dxdydz \tag{7.65}$$

(7.65) 式に (7.54)，(7.57)，(7.60) を代入すると，次式のように変形できる．

$$\begin{aligned}(\text{第 1 項})=&-\frac{E}{(1+\nu)(1-2\nu)}\iiint\left\{(1-\nu)\frac{\partial N_i}{\partial x}\frac{\partial u}{\partial x}+\nu\frac{\partial N_i}{\partial x}\frac{\partial v}{\partial y}+\nu\frac{\partial N_i}{\partial x}\frac{\partial w}{\partial z}\right\}dxdydz\\ &-\frac{E}{2(1+\nu)}\iiint\left(\frac{\partial N_i}{\partial y}\frac{\partial u}{\partial y}+\frac{\partial N_i}{\partial y}\frac{\partial v}{\partial x}\right)dxdydz\\ &-\frac{E}{2(1+\nu)}\iiint\left(\frac{\partial N_i}{\partial z}\frac{\partial u}{\partial z}+\frac{\partial N_i}{\partial z}\frac{\partial w}{\partial x}\right)dxdydz\end{aligned} \tag{7.66}$$

変位 $u$, $v$, $w$ を補間関数 $N_i$ を用いて表すと，たとえば $u$ は次式のように書ける．

$$u=\sum_j N_ju_j \tag{7.67}$$

$v, w$ も同じように表して，これを（7.66）式に代入すると次式が得られる．

$$
\begin{aligned}
(\text{第 1 項}) = &-\frac{E}{(1+\nu)(1-2\nu)}\iiint\sum_j\left\{(1-\nu)\frac{\partial N_i}{\partial x}\frac{\partial N_j}{\partial x}u_j\right. \\
&\left.+\nu\frac{\partial N_i}{\partial x}\frac{\partial N_j}{\partial y}v_j+\nu\frac{\partial N_i}{\partial x}\frac{\partial N_j}{\partial z}w_j\right\}dxdydz \\
&-\frac{E}{2(1+\nu)}\iiint\sum_j\left(\frac{\partial N_i}{\partial y}\frac{\partial N_j}{\partial y}u_j+\frac{\partial N_i}{\partial y}\frac{\partial N_j}{\partial x}v_j\right)dxdydz \\
&-\frac{E}{2(1+\nu)}\iiint\sum_j\left(\frac{\partial N_i}{\partial z}\frac{\partial N_j}{\partial z}u_j+\frac{\partial N_i}{\partial z}\frac{\partial N_j}{\partial x}w_j\right)dxdydz
\end{aligned}
\tag{7.68}
$$

質量を考慮して振動解析を行うために，（7.49）式の左辺第 1 項にガラーキン法を適用し，時間微分項を差分近似すると次式となる．

$$
\iiint N_i\rho\frac{\partial^2 u}{\partial t^2}dxdydz=\rho\iiint N_iN_j\frac{u_j^{t+\Delta t}-2u_j^t+u_j^{t-\Delta t}}{\Delta t^2}dxdydz \tag{7.69}
$$

力が要素内で一定ではなく各節点で異なった値を有する場合は，たとえば $F_x$ は次式のように書ける．

$$
F_x=\sum_j N_jF_{xj} \tag{7.70}
$$

（7.61）式に（7.68），（7.70）式を代入し，さらに（7.69）式を加えると，結局次式が得られる．

$$
\begin{aligned}
G_{ix}= &\frac{E}{(1+\nu)(1-2\nu)}\iiint\sum_j\left\{(1-\nu)\frac{\partial N_i}{\partial x}\frac{\partial N_j}{\partial x}+\frac{1-2\nu}{2}\left(\frac{\partial N_i}{\partial y}\frac{\partial N_j}{\partial y}+\frac{\partial N_i}{\partial z}\frac{\partial N_j}{\partial z}\right)\right\}u_j^{t+\Delta t}dxdydz \\
&+\frac{E}{(1+\nu)(1-2\nu)}\iiint\sum_j\left(\nu\frac{\partial N_i}{\partial x}\frac{\partial N_j}{\partial y}+\frac{1-2\nu}{2}\frac{\partial N_i}{\partial y}\frac{\partial N_j}{\partial x}\right)v_j^{t+\Delta t}dxdydz \\
&+\frac{E}{(1+\nu)(1-2\nu)}\iiint\sum_j\left(\nu\frac{\partial N_i}{\partial x}\frac{\partial N_j}{\partial z}+\frac{1-2\nu}{2}\frac{\partial N_i}{\partial z}\frac{\partial N_j}{\partial x}\right)w_j^{t+\Delta t}dxdydz \\
&+\frac{\rho}{\Delta t^2}\iiint\sum_j N_iN_j(u_j^{t+\Delta t}-2u_j^t+u_j^{t-\Delta t})dxdydz-\iiint\sum_j N_iN_jF_{xj}dxdydz
\end{aligned}
\tag{7.71}
$$

(7.49)式の $y, z$ 方向成分に対応するガラーキン法の式 $G_{iy}$, $G_{iz}$ も同様にして得られる．

適用例としては，たとえば磁界解析と応力解析を連携してモータの形状最適化を行った例が報告されている[36]．

## 7.4 電流などによる磁界を与えて計算する方法

解析領域内にコイルがあり，それによって磁束が流れている場合，コイルの領域を要素分割せず，コイルの強制電流による磁気ベクトルポテンシャル $\boldsymbol{A}_s$ をビオ・サバール則で計算することにより，コイル部分の要素分割が不要な手法（$\boldsymbol{A}_s$ 法とよぶ）が提案されている[28〜32]．この手法を用いれば，有限要素法の分割が容易になるため，コイル形状が複雑な場合や最適化計算でコイル形状を変えてゆく場合に好都合である．また，地磁気の中に磁性体で作ったシールドルームがある場合のシールド特性の解析を行う際は，領域の境界に対して斜め方向に入射する磁束密度 $\boldsymbol{B}_s$ を与えて解析する必要があり，このための手法として $\boldsymbol{B}_s$ 法[33]がある．以下ではこれらについて概説する．

**a. ビオ・サバール則を併用した有限要素法（$\boldsymbol{A}_s$ 法）**

磁気ベクトルポテンシャル $\boldsymbol{A}$ は，図 7.28 のようなソース電流により生じる $\boldsymbol{A}_s$ と電流によってできるベクトルポテンシャルを除いたベクトルポテンシャル $\boldsymbol{A}_r$（reduced vector potential）[29] との和として表される．

$$\boldsymbol{A}=\boldsymbol{A}_s+\boldsymbol{A}_r \tag{7.72}$$

$\boldsymbol{A}_s$ は，ビオ・サバール則を用いて（1.58）式により計算できる．

電流によってできるベクトルポテンシャルを除いたベクトルポテンシャル $\boldsymbol{A}_r$（reduced vector potential）を用いてアンペールの周回路の法則の式を書くと次式となる．

$$\mathrm{rot}\,(\nu\,\mathrm{rot}\,\boldsymbol{A}_r)=0 \tag{7.73}$$

ここで，$\nu$ は磁気抵抗率である．したがって，(7.72)式と(7.73)式から次式が得られる．

$$\mathrm{rot}\,(\nu\,\mathrm{rot}\,\boldsymbol{A})=\mathrm{rot}\,(\nu_0\,\mathrm{rot}\,\boldsymbol{A}_s) \tag{7.74}$$

ここで，$\nu_0$ は真空の磁気抵抗率である．$\boldsymbol{A}_s$ の値を与えて (7.74) 式を解けば，$\boldsymbol{A}$ の分布，つまり磁束分布が求まる．

図 7.29 に，$\boldsymbol{A}_s$ 法を用いてテレビの偏向コイルにより生じる磁束分布を計算した例を示す．

**b. 境界に任意の方向に入射する磁界の印加方法（$\boldsymbol{B}_s$ 法）**

外部から磁束密度 $\boldsymbol{B}_s$ が領域内に印加されている場合の有限要素法における静磁界の基礎方程式は次式となる．

$$\mathrm{rot}\,\nu\,\mathrm{rot}\,\boldsymbol{A}=\mathrm{rot}\,\nu_0\boldsymbol{B}_s \tag{7.75}$$

ただし，$\boldsymbol{A}$ は磁気ベクトルポテンシャル，$\nu_0$ は真空の磁気抵抗率である．$\boldsymbol{B}_s$ は外部から印加された磁束密度で，既知の値である．(7.75) 式の右辺は，$\boldsymbol{B}_s$ と磁化 $\boldsymbol{M}$ が同じディメンションであることを考えれば，4.2 節（4.95）式の等価磁化電流密度 $\boldsymbol{J}_m$ に対応している．つまり，空間中に $\boldsymbol{B}_s$ が与えられているということは，空間中にそ

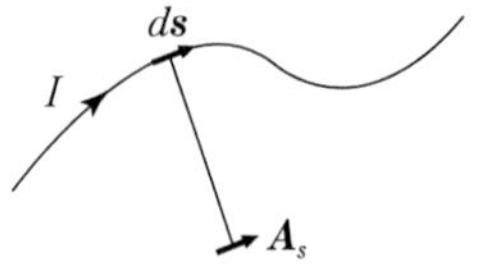


**図 7.28**　ソース電流により生じるベクトルポテンシャル

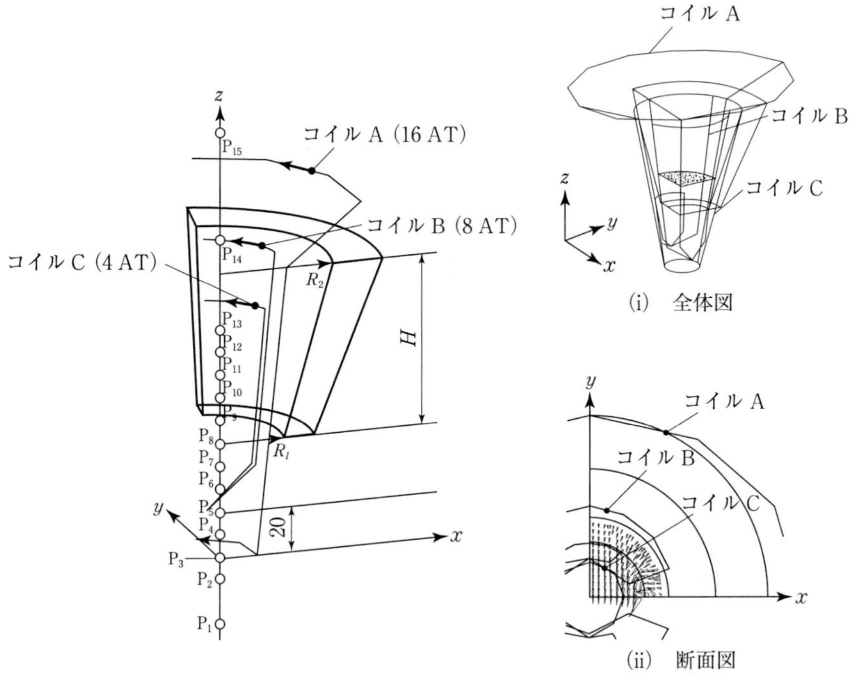


(a)　偏向コイルの解析モデル（1/4 領域）　　(b)　磁束分布

**図 7.29**　偏向コイルの磁束分布

れに対する等価磁化電流が流れていると考えて解析を行うことに相当する．

(7.75) 式にガラーキン法を適用し，変形すると次式となる．

$$G_k = \iiint_V \nu \,\mathrm{rot}\, \boldsymbol{N}_k \cdot \mathrm{rot}\, \boldsymbol{A} dV - \iiint_V \nu_0 \boldsymbol{N}_k \cdot \mathrm{rot}\, \boldsymbol{B}_s dV \tag{7.76}$$

入力する $\boldsymbol{B}_s$ を四面体要素のベクトル補間関数 $\boldsymbol{N}_u$ で補間すると次式となる．

$$\boldsymbol{B}_0 = \sum_{u=1}^{6} \boldsymbol{N}_u B_{0u} \tag{7.77}$$

ただし，$B_{0u}$ は $\boldsymbol{B}_0$ を辺 $u$ に沿って積分した値である．

実際の解析においては，外部から解析領域に印加された磁束密度が一様な $\boldsymbol{B}_s$[T] となる場合は各要素に一様な $\boldsymbol{B}_s$[T] を与えればよい．また，一様でない磁場（ビオ・サバール則を用いて求めた磁場など）を印加する場合の解析も可能である[34, 35]．なお，(7.76) 式の右辺第 2 項は既知項となるので，有限要素法で解くべき式の右辺ベクトルに代入される．

図 7.30 のような地磁気中に磁性板が設置されている場合の磁束分布の解析を $\boldsymbol{B}_s$ を

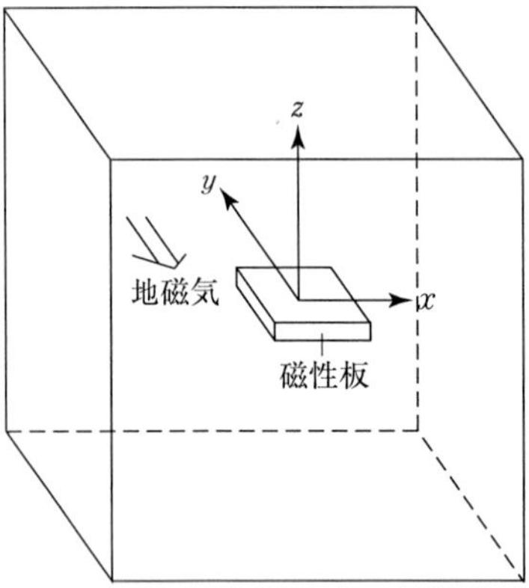


図 7.30　地磁気中に磁性板が設置されているモデル

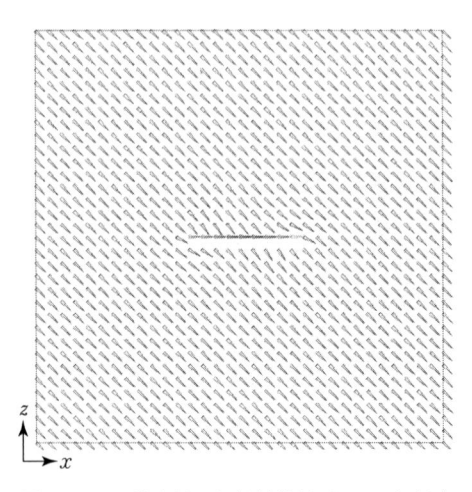

図 7.31　$\boldsymbol{B}_s$ 法を用いた解析結果（$y=0$ 平面上）

与えて解析する方法を適用した結果を図 7.31 に示す[32]．本手法を用いることにより，境界に対して斜め方向に磁界を入射させた場合の解析が可能である．この種の他の例としては，エレベータや鉄製の船が動くことによる磁場の変化[37] の解析の問題などがある．

**［コラム］　PWM インバータの波形**

電圧形インバータの出力は方形波電圧となるため，多くの高調波成分を含んでいる．パルス変調方式である PWM インバータは，インバータの出力半周期内のパルスを複数個に分割し，個々のパルス幅を制御することによって出力電圧の制御と低次高調波の低減を図っている．波形はコラム図 2 のように信号波 $e_0$ と搬送波（三角波）$e_s$ を比較してトランジスタへの信号が作られる．搬送波信号の周波数をキャリア周波数 $f_c$ とよび，信号波の周波数を基本波 $f$ と定義し，一般にキャリア周波数は，基本波より十分高く設定される．コラム図 1 の回路の出力電圧 $v$ の波形は，図 6.63 に示すように半周期の間は一方向の電圧値しか有しないので，ユニポーラスイッチングとよばれる．この場合，正負の信号波 $e_0$, $-e_0$ を用いて，コラム図 1 の A, B 点の出力電圧 $v_{A_0}$, $v_{B_0}$ は次のように決まる．

$e_0 \geqq e_s$ のとき，$Q_1$ オン，$v_{A_0} = +E/2$

$e_0 < e_s$ のとき，$Q_2$ オン，$v_{A_0} = -E/2$

$-e_0 > e_s$ のとき，$Q_3$ オン，$v_{B_0} = +E/2$

$-e_0 \leqq e_s$ のとき，$Q_4$ オン，$v_{B_0} = -E/2$

コラム図 2 に信号波 $e_0$ と搬送波 $e_s$, インバータの相電圧 $v_{A_0}$, $v_{B_0}$, 出力電圧 $v$ を示す．

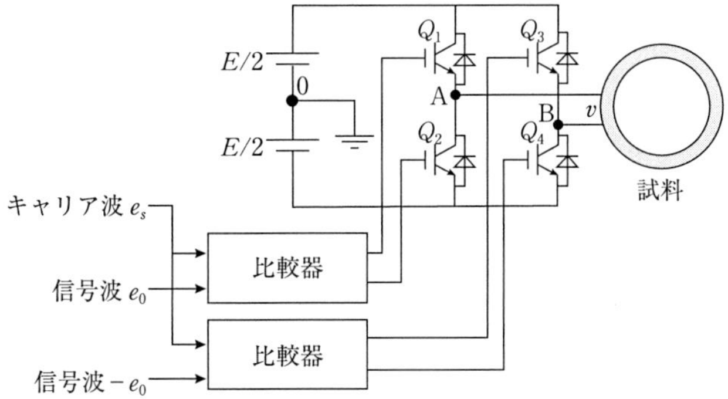


**コラム図 1**　単相フルブリッジ PWM インバータ

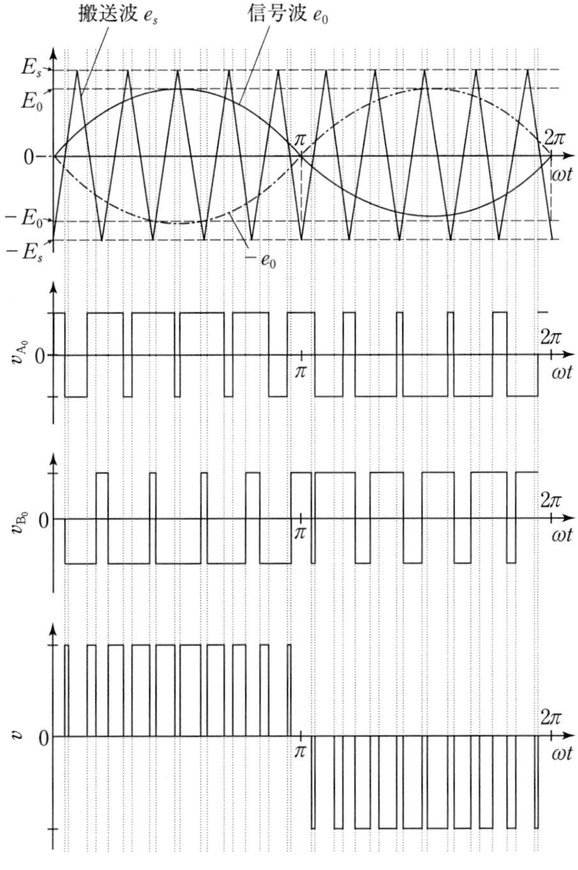


**コラム図 2**　各部の電圧波形

変調度$m$をコラム図2に示す信号波の振幅$E_0$と搬送波の振幅$E_s$の比率として，(1) 式で定義する，

$$m=\frac{E_0}{E_s} \tag{1}$$

周波数比$K_f$をキャリア周波数$f_c$と信号波の周波数$f_0$の比として(2)式で定義する，

$$K_f=\frac{f_c}{f_0} \tag{2}$$

キャリア周波数を十分高く選んだ場合には，半周期におけるコラム図1中A，B点の電圧$v_{A_0}$, $v_{B_0}$および試料に印加される$v$の局所平均値$\bar{v}_{A_0}$, $\bar{v}_{B_0}$, $\bar{v}$は (3)～(5) 式で表される.

$$\bar{v}_{A_0}=\frac{1}{2}mE\sin\omega t \tag{3}$$

$$\bar{v}_{B_0}=-\frac{1}{2}mE\sin\omega t \tag{4}$$

$$\bar{v}=mE\sin\omega t \tag{5}$$

よって，電圧$v$は信号波と同じ正弦波となり，変調度$m$を変化させることにより任意の電圧を得ることができる.

# 付　録

## [付録1]　電磁界数値解析のアーカイブ

1940年代に差分法が考案され，1957年のディジタル計算機の開発に端を発して，電磁界の数値解析法（computational electromagnetics：CEM）は急速な発展をとげ，実にさまざまな論文が多数発表されている．それに伴って，以前に開発済みの手法の重複研究が懸念される．2005年のCompumag国際会議で国際Compumag学会（international compumag society：ICS）名誉会長のTrowbridge博士と同Secretaryの Sykulski教授（写真1）がCEMの発展とその方向性について招待講演を行った[1]．その論文がCEMの歴史と今後の発展を探る上で参考になるので，その概要を「アーカイブ」の一環として，以下に紹介する．ただし，電磁界の最適化手法の進展については割愛されている．

トローブリッジ（Trowbridge）博士（中央），スキルスキー（Sykulski）教授（右側），左側は筆者，2012年中国の大連での第6回ICEF国際会議にて筆者が撮影．

コンラッド（Konrad）（1946-2008），トロント大学教授，IEEE CEFC国際会議の創始者，2003年，岡山にて筆者が撮影．

写真1

**a. CEM の歴史的出発点**

ディジタル計算機の発展に支えられて 20 世紀後半に CEM が著しく進歩したが，その原型は紙と鉛筆やアナログデバイスを用いて作られた理論にあり，1940 年代に Sowthwell[2] が行った差分法（finite difference method：FD）の仕事に端を発する．有限要素法（FEM）は航空産業のニーズにより開発され，その後各ニーズに対応しておのおのの産業で発展してきた．数学的な理解はその後で深められている．

**b. パイオニア的な仕事**

最初の段階で電気工学者は差分法を二次元静磁界解析（Trutt[3], Erdelyi[4], Stoll[5]）に適用した．三次元応用としては Muller, Wolf[6] などの仕事が挙げられる．複雑な形状への適合性が悪くこれを克服する手法として，有限要素法の電気工学への適用が発展して行った．FD は高周波の領域で使われてゆき，Yee[7] によって時間領域差分法（finite difference time domain method：FDTD）法が提案され，その後 Weiland[8] が一般化した．電磁界解析研究の忘れてはならない事項として 1963 年の Lawrence Livermore Laboratory California での Winslow[9] によるセミナーがある．その論文には MacNeal[10] などの変分法を用いた不均一格子を用いた FD に言及されており，これは有限要素法に対応している．またこれは，後ほど Bossavit[11] によって導入された辺要素や Whitney 形式の原型にもなっている．また，ラプラスの式を解くことにより不均一メッシュの自動分割も行っている．

有限要素法はその後著しく進展し，たとえば，Zienkiewicz[12] により高次要素が提案された．1970 年には Chari と Silvester[13] により回転機への適用例が示された．カナダ，マッギル大学の Silvester とその共同研究者が手法を一般化し，さらに，Silvester[14] は高次多項式を導入して三角形要素の一般化法を示した．その後，時間依存場，三次元場などへの適用法が検討された（Carpenter[15], Coulomb[16], Simkin[17], Nakata[18]）．

上述の手法と並行して積分方程式法も発展し，このうち 1968 年に Harrington[19] によって理論が示されたモーメント法がよく知られている．Halacsy[20] によるダイポール近似法がパイオニア的仕事であるが，これは Reno Conference（1968～1973）で発表された多数の研究者による仕事の集積結果ともいえる．本手法は後に Rutherford Laboratory のグループ[21] により，三次元，非線形まで考慮して一般化されている．Green の積分定理を用いる境界要素法[22,23] も積分方程式法の一種である．この手法は一般的に適用しにくいが，ある場合には高速・高精度解析が可能である．

1970 年代になってからは，種々の国際会議などが組織されるようになった．1976 年に Oxford で第 1 回目が開催された Compumag 国際会議は，この分野での最大の会議であるといえる（著者注：その後，1984 年に第 1 回目が開催された IEEE CEFC 国際会議と互いに隔年で開催されている）．同年 Sta Magherita で会合がもたれ，当時の leading メンバが出席し，その後 1970 年代の研究を総括した本が出版されている[24]．

**c. 主な研究の発展**

以下に，30 年以上にまたがる研究成果の overview を試みる（著者注：紙面の制約で各項目で原則として一編だけパイオニア的な論文を引用する，詳細は原論文参照）．

**(1) ICCG 法**

不完全コレスキー分解したマトリックスを掛けた ICCG 法が 1977 年に Meijerink と Van der Vorst[25] によって導入されたことにより，有限要素法で避けて通れない大次元疎行列の高速計算が可能になった．この手法では，バンド幅には関係せず計算回数はほぼ $n \log n$ 回で済む．

**(2) デローニー法による要素分割**

他のブレークスルーとして，現在広く使われているデローニー要素分割がある．これの原型は 1934 年の Delaunay[26] の文献にさかのぼるが，そのアイデアは 1983 年に Cendes[27] による二次元の要素分割によって実現された．

**(3) ケルビン変換**

解析領域の境界が無限に遠くにある場合の取り扱いは，積分型解法の場合は容易（natural condition）であるが，領域型解法である有限要素法では容易でない．これは 1987 年に Xiuying と Guangzheng[28] が古典的なケルビン変換を用いて，無限に遠い領域を解析モデルを囲む球領域に写像することにより，このような開領域問題の解析を可能にした．

**(4) 多連結領域の分割**

有限要素解析でのポテンシャルの一意性を確保するためには多連結領域を分割する必要があることが，1985 年に Simkin[29] により示された．

**(5) 辺要素の導入と微分形式**

辺要素は現在広く使われているが，大もとのアイデアは 1957 年に数学者の Whitney[30] によって示された．1980 年に Nedelec[31] が Whitney の仕事をもとに有限要素法に用いるための混合要素を導入した．その後 1982 年に Bossavit[11] により，CEM コミュニティに導入された．

**(6) 相対エネルギー法**

マクスウェルの式をそのまま使うのではなく，相対エネルギー（dual energy）を用いる方法が 1976 年に Hammond や Penman[32] によって示されている．この方法を用いれば誤差の限界などの検討に有用である．

**(7) 材料のモデリング**

CEM コミュニティでの重要事項は，ヒステリシス特性と異方性をいかにモデリングするかである．スカラまたはベクトルプライザッハを基礎としたモデリング法が種々提案されている．基礎的な仕事は Mayergoyz[33] や Della Torre[34] によってなされている．その他に重要な材料のモデリングとしては，磁性粉末焼結材料や高温超電導体のモデリング法の試みがなされている．

**(8)　電磁力の計算**

電磁力の計算法として最もよく使われているのは，マクスウェルの応力法（MST）または仮想変位法（VWP）である．マクスウェルの応力法は古典的にはローレンツ力の表現より，仮想変位法は領域内のエネルギー変化より導出される．力の包括的な解析法は Carpenter[35] により示された．計算精度や計算の手間を省くために MST や VWP の改良版が多数の研究者によって提案されている（Coulomb[36], Kameari[37]）．

**(9)　要素分割の移動方法**

有限要素解析を動的問題に適用するために，分割図を移動する方法も重要である．空隙部の理論解を有限要素法による解と結合する方法が 1982 年に Razek[38] らにより示された．

**(10)　高速多重極法**

積分方程式を解く際には $n^3$ のオーダの計算が必要であるが，反復法を用いれば $n^2$ のオーダに高速化できる．Rokhlin[39] らによって提案された高速多重極法を用いれば，計算が $n \log n$ のオーダに高速化される．

**(11)　高周波問題の解析法**

有限要素法は従来の微分形式のままでは高周波問題の解析に特に適しているわけではない．高周波問題の解析には幅広い応用分野に対して種々の手法が用いられている．アンテナを含む開領域問題に適している手法として，モーメント法（MOM）[19] が使われている．密行列を解くのに $n^3$ のオーダの計算となり，高速解法の導入が必要である．

**(12)　伝送線路マトリックス法**

高周波問題の解析に使われるその他の手法として，回路の解析に類似した方法である伝送線路行列法（transmission line matrix：TLM）がある．これは，1974 年に Johns[40] によって提案された．これは実質的に電磁波伝搬を模擬する古典的なホイヘンスの原理を時間的に離散化した数値解析用の理論である．モデル形状の自由度は高くなかったが，その後種々の改良版が提案されている．

**(13)　時間領域差分法（FDTD）**

高周波問題でのここ数十年間の一つの大きな進展は 1966 年に Yee[7] によって提案された FDTD 法の成功である．これは理論的には TLM 法と同じである．時間幅 $\Delta t$ を $\Delta t \leqq \Delta x/c$ に選ぶことにより安定性を確保できることが示された．本手法は 2 つの交差するメッシュを用いて 2 つのマクスウェルの方程式を，中央差分で離散化し，$E$ と $H$ を求める．

**(14) 有限積分方程式法**

本手法は 1977 年に Weiland[8] によって提案され，2 つの交差するメッシュを用いて 2 つのマクスウェルの方程式を解くが，場の値を積分量で表すものである．

# ［付録 2］ 磁気特性測定法

磁気特性のモデリングを行うためには，他の技術のように数値解析だけで閉じるわけにはいかず，精度のよいモデリングを行うために必要な電磁気特性の詳細なデータを得るために，測定システムを構築することから始めなければならないことがある．そして，解析した結果が実測と合うかどうかが実用上重要であるので，付録図 2.1 に示したように，検証モデルの実験結果と比較して，計算精度などの検討を行いながら手法の開発を進めていく必要がある[1]．

ところで，磁性材料の磁気特性測定法[10] は，大別すると（i）商取引で必要な材料をグレード分けするための測定方法，（ii）電気機器などを設計，製作するために必要な真の材料の特性値の測定方法に分けられる[2]．（i）の測定方法はだれが測定しても同等の測定結果が出る必要があるので，測定方法が規格化されており，エプスタイン試験法[3] や単板磁気特性試験法[3] などがある．（ii）の測定法は前述の磁界解析を援用して設計に用いるためのモデリングに必要な測定法であるが，これについてはより精度よい測定を行うために，世界中のさまざまな機関で研究がなされている．ここでは，磁気特性測定法の概要を述べる．

**a. 磁気特性測定のためのエレメント**

**(1) 探りコイル（B コイル），改良プローブ法**

探りコイルは，変化する磁束が通っている試料に巻いて，その誘起電圧より磁束

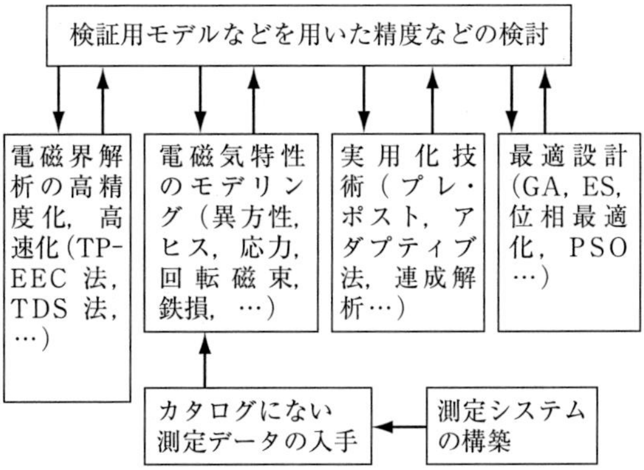


**付録図 2.1** 電磁界解析の高度化

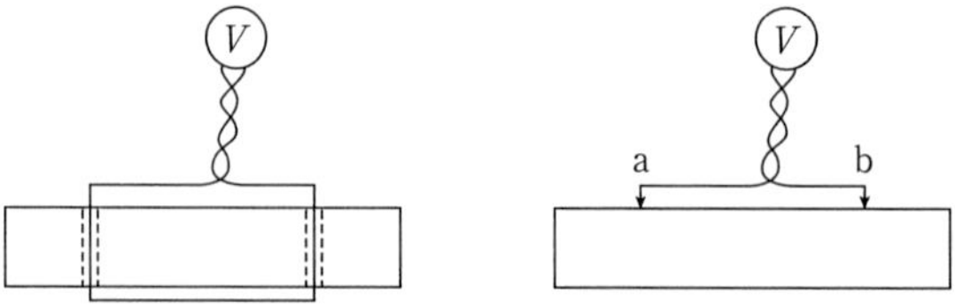


(a) 穴に通した探りコイル　　(b) 改良プローブ法

**付録図 2.2**　改良プローブ法の原理

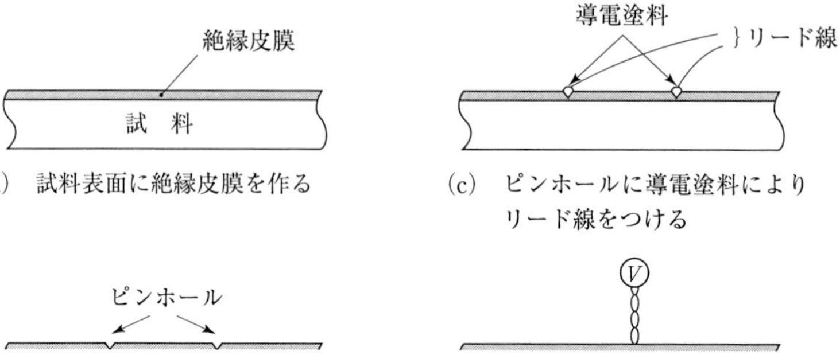

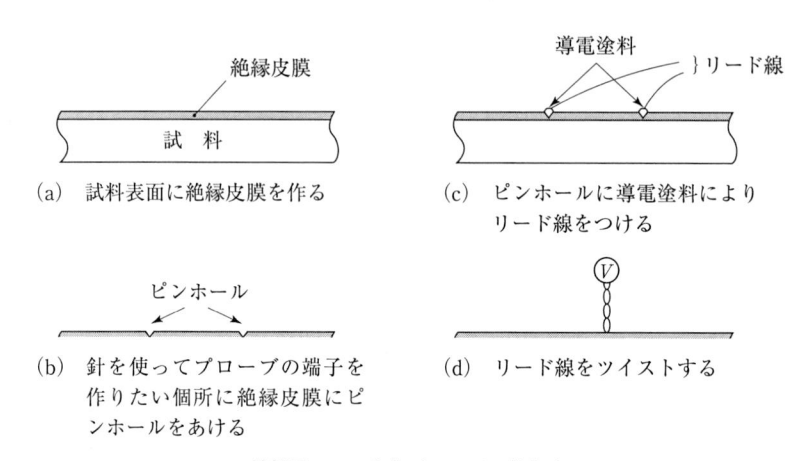

(a) 試料表面に絶縁皮膜を作る

(b) 針を使ってプローブの端子を作りたい個所に絶縁皮膜にピンホールをあける

(c) ピンホールに導電塗料によりリード線をつける

(d) リード線をツイストする

**付録図 2.3**　改良プローブの作り方

密度 $B$ を測定するために用いられる．試料に交番磁界を印加したとき，探りコイルの誘起電圧を平均値形電圧計で測定した値（実効値表示されている）を $V$ とすれば，磁束密度の最大値 $B_m$ は次式で表される．

$$B_m = \frac{V}{4KfNS} \tag{1}$$

ここで，$K$ は波形率，$f$ は周波数，$N$ は探りコイルの巻数，$S$ は試料の断面積である．磁束および電圧が正弦波の場合は，$K=1.11$ であるので，$B_m=V/(4.44fNS)$ となる．

変圧器やモータ鉄心内の磁束分布を探りコイルで測定する場合は，付録図 2.2 (a) のように鉄板に小さな穴をあけて探りコイルを巻くことになり，ドリルなどであけた穴が磁束分布に影響を及ぼす可能性がある．そこで，穴を開けずに磁束分布を測定する方法として改良プローブ法が用いられている．これは付録図 2.2(b) のように試料の片側表面において，探りコイルを巻きたい個所 a, b 点の絶縁をピンホール的に取って，そこに探りコイル用の導線端子を接触させて，a-b 間の電位差を測定し，それを 2 倍することによって (1) 式より $B_m$ を求める方法である．付録図 2.3 に改良プローブの作成法を示す．改良プローブ法は，試料の表側と裏側で磁束分布は同じであり，かつ厚さ方向の電界が無視できると仮定しているので，電磁鋼板のように薄い試料のみに適用できる．また，a-b 間の電位差より電界 $E$（$=V/L$, $L$：a-b 間の距離）がわかるので，この方法は渦電流密度 $J_e$（$=\sigma E$, $\sigma$：導電率）分布の測定にも用いられる．同じような原理で探針法がある．

**(2) *H* コイル**

$H$ コイルは，試料中の磁界の強さ $H$ を測定するために用いられる．板状の非磁性体（たとえばガラスエポキシ板）にコイルを多数回巻いて製作する．付録図 2.4(a) のようにこれをできるだけ試料表面に近付けて設置し，その誘起電圧 $V$（実効値）より磁界の強さの最大値 $H_m$ は次式より求まる（正弦波磁界の場合）．

$$H_m = \frac{V}{4.44\mu_0 fNS} \tag{2}$$

ここで，$\mu_0$ は真空の透磁率である．この場合，付録図 2.4(b) のような試料表面の空気中の磁界の強さの接線方向成分 $H_{1t}$ を測定したことになる．ところで 1.2 節の (1.27) 式の所で述べたように，磁性体と空気の境界では，磁性体中の磁界の強さの接線方向成分 $H_{2t}$ と空気中の磁界の強さの接線方向成分 $H_{1t}$ は等しいという原理（$H_{1t}=H_{2t}$）があるので，この方法で試料中の磁界の強さが測定できる．ただし，周波数が低いとコイルの出力が小さく誤差が大きいので，通常商用周波以上で用いられる．(2) 式の $NS$ を $H$ コイルのエリアターンとよぶ．

$H$ コイルのエリアターンを校正するために，$H$ コイルよりも十分に長い巻幅を有し，中心付近の磁界分布をほぼ均一としたソレノイドコイルを用いる．$H$ コイルをソレノイドコイル内部の中央に設置し，正弦波電流（電流の最大値：$I_m$）を流し，$H$ コイルに生じる誘導起電力を測定することによってエリアターンを求める．ソレノイドコイルの半径を $r$，長さを $L$，および巻数を $n$ とすれば，中心磁界の最大値 $H_m$ は次式となる．

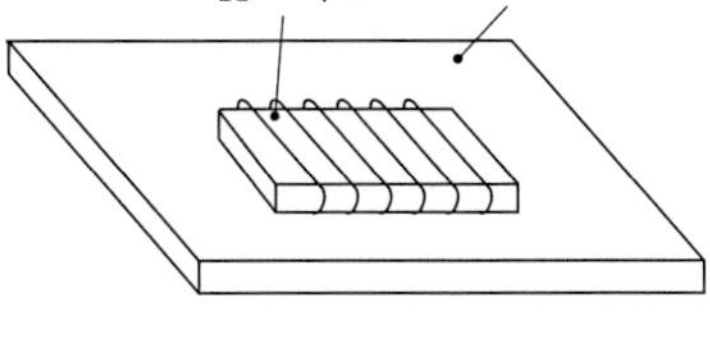


(a) $H$ コイルの設置状況

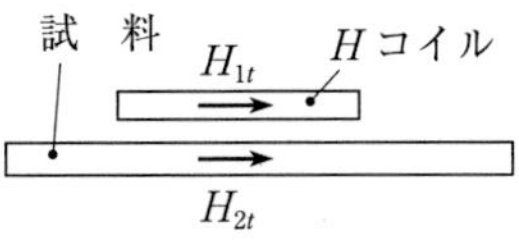


(b) 磁界の接線方向成分の連続性（$H_{1t}=H_{2t}$）

**付録図 2.4** $H$ コイルの測定原理

$$H_m = \frac{nI_m}{\sqrt{4r^2 + L^2}} \quad (3)$$

(2), (4) 式より，エリアターン $NS$ は次式で求められる．

$$NS = \frac{V\sqrt{4r^2 + L^2}}{4.44\mu_0 fnI_m} \quad (4)$$

$H$ コイルを試料との距離 $x$ が零になるように限りなく近づけることはできない．$H$ が距離 $x$ に対して直線的に変化すると見なせる場合，2$H$ コイル法を用いれば精度よい測定が可能である．2$H$ コイル法では，試料表面からの距離が異なる位置（$L_1$, $L_2$）に2個の $H$ コイルを配置し，それぞれの $H$ コイルで検出される磁界の強さ $H_1$ および $H_2$ を，次式を用いて外挿し，試料表面における磁界の強さ $H_p$［A/m］を求める．

$$H_p = \frac{L_2}{L_2 - L_1}\left(H_1 - \frac{L_1}{L_2}H_2\right) \quad (5)$$

(3)　ホール素子

半導体に制御電流を流しておき，磁界を印加すると磁界の強さに比例した起電力が生じることを用いて，空間中の磁界の強さ $H$ を測定する素子である．この原理による磁界測定器はガウスメータとよばれている．

(4)　シャント抵抗

励磁巻線などに流れる電流を測定するために抵抗値 $R$ のわかっている抵抗（これをシャント抵抗とよぶ．標準抵抗器ともよばれる）を回路に直列に挿入し，その両端のピーク電圧 $V$ から $I=V/R$ により，電流のピーク値 $I$ を求める．この際，無誘導巻きにするなどして，インダクタンス成分などを含まないようにする必要がある．

励磁巻線（巻数：$N$）の電流 $I$ と磁気回路の実効磁路長 $L$ がわかれば，1.2 節で述べた（1.1）式のアンペアの周回路の法則より得られる次式を用いて，磁界の強さ $H$ の波高値を求めることができる．

$$H = \frac{NI}{L} \quad (6)$$

(5)　ひずみゲージ

抵抗で作られており，磁性体の表面に貼り付けて，磁性体が交流磁界中で伸び縮みする量を抵抗の変化に変えて測定する素子である．抵抗変化と変位の比をゲージファクタとよび，これは製作時に与えられる．ブリッジに接続して，たとえば $10^{-7}$ のオーダの値を測定する．

(6)　熱電対，サーミスタ

2種類の異なった導体（銅-コンスタンタンなど）の両端を接続して閉回路を作り，その2つの接合点に温度差を与えると，ゼーベック効果により熱起電力が発生することを利用して温度を測る素子である．熱電対は，試料を励磁した場合の初期温度上昇率を測定して鉄損を求める，いわゆる温度上昇率法に用いられる（温度上昇の測定にサーミスタを用いる方法もある）．これは，試料を励磁して温度が上がりはじめたときの温度上昇の傾きが，鉄損に比例するという原理を用いる測定法である[4]．

鉄損 $W$ とその温度 $\theta$ との関係は次式で表される．

$$W = \frac{\alpha S}{m}\theta + C\frac{d\theta}{dt} \tag{7}$$

ここで，$\alpha$ は熱伝達係数，$C$ は比熱，$S$ は試料の表面積，$m$ は質量，$t$ は時間である．(7) 式の解 $\theta$ は次式となる．

$$\theta = \frac{mW}{\alpha S}\left(1 - e^{-\frac{t}{\tau}}\right) \tag{8}$$

ここで，$\tau$ は時定数で $\tau = mC/\alpha S$ で与えられる．(8) 式を時間 $t$ で微分し，$t=0$ の値を求めると次式となる．

$$\left(\frac{d\theta}{dt}\right)_{t=0} = \frac{W}{C} \tag{9}$$

(9) 式は，鉄損 $W$ が試料の初期の温度上昇率に比例することを示している．

実際の測定では，同一試料に直流電流を流して抵抗損を発生させたときの $d\theta/dt$ と，鉄損による温度上昇率 $d\theta/dt$ を比較することにより，鉄損 $W$ を求めることができる．

**(7)　空隙補償法**

試料に電線を密着させて直巻きした $B$ コイルを用いれば，試料中の磁束密度を精度よく測定できるが，試料ごとに $B$ コイルの製作を行う必要があるため，簡便であるとはいえない．そこで，試料を単板磁気試験器（single sheet tester：SST）などの内部に挿入するだけで簡便に測定が行えるように，SST などに $B$ コイルが内蔵されている．この $B$ コイルの誘導起電力には，空隙を通る磁束分が含まれており，この磁束分は誤差になる．これは付録図 2.5 の $\mu_0 H_{mea} S_{air}$ に対応している．ここで，$H_{mea}$ は測定された磁界の強さ，$S_{air}$ は空隙断面である．したがって，$B$ コイルの出力から空隙を通る磁束分を差し引いて，試料中を通る磁束分についてのみ検出する必要がある．これを $B$ コイルの空隙補償とよぶ．一般的な空隙補償法としては，(i) 空隙補償コイルを用いる方法および (ii) $H$ コイルによって測定される磁界の強さを用いる方

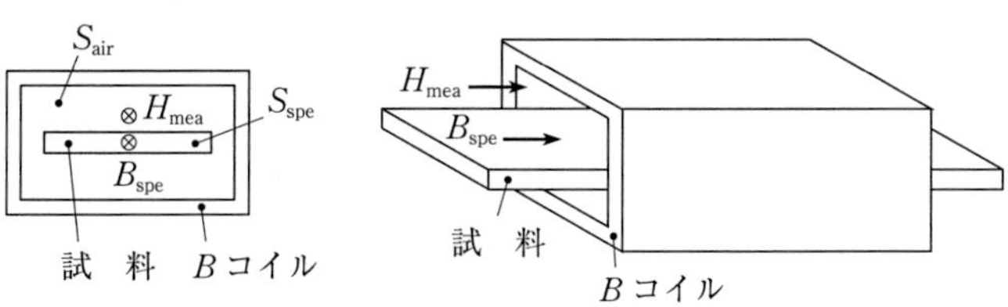


**付録図 2.5**　$B$ コイルと試料の間の空気中の磁界

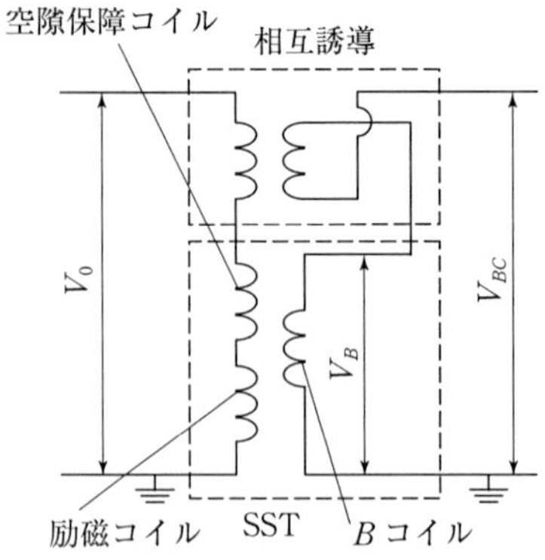


**付録図 2.6**　空隙保障コイル

法がある.

(i)　空隙補償コイルを用いる方法

付録図 2.6 に, 空隙補償コイルと SST の接続回路を示す. 空隙補償コイルは空心の相互誘導で, その一次巻線および二次巻線を SST の励磁巻線および $B$ コイルとそれぞれ直列に接続する. 二次巻線を付録図 2.5 に示すように接続しておき, 試料が挿入されていない状態で付録図 2.5 の平均値形電圧計の読み $V_{BC}$ が零となるように空擦補償コイルの二次巻線を 1 ターン以内まで調整すれば, $B$ コイルの出力 $V_B$ からその空隙を通る磁束分を打ち消すことができる.

(ii)　磁界の強さを用いた計算による方法

$B$ コイルにより検出される磁束密度 $B_{\mathrm{mea}}$ は, 付録図 2.5 のように $B$ コイル内の空隙を通過する磁束を含んでいる. そこで, $S_{\mathrm{spe}}$ を試料断面積とすれば, (10) 式のように $B$ コイルに鎖交する磁束 ($B_{\mathrm{mea}}S_B$) から空隙を通過する磁束 ($\mu_0 H_{\mathrm{mea}} S_{\mathrm{air}}$) を差し引くことにより, 試料を通過する磁束 $\Phi_{\mathrm{spe}}$ を求め, (11) 式を用いて試料内の磁束密度 $B_{\mathrm{spe}}$ を求めればよい.

$$\Phi_{\mathrm{spe}} = B_{\mathrm{mea}} S_B - \mu_0 H_{\mathrm{mea}} S_{\mathrm{air}} \tag{10}$$

$$B_{\mathrm{spe}} = \frac{\Phi_{\mathrm{spe}}}{S_{\mathrm{spe}}} \tag{11}$$

ここで, $S_B$ は $B$ コイルの断面積である. なお, $H_{\mathrm{mea}}$ は $H$ コイルなどを用いて測定する.

**b.　代表的な磁気特性測定法**[3)]

**(1)　エプスタイン試験法 (JIS C 2550)**

電磁鋼板の工業的磁気特性測定装置で, 磁化コイルおよび $B$ コイルを有する 4 組のコイルを付録図 2.7(a) のように正方形に配置し, 25 cm エプスタイン試験器の場合は幅 30 mm, 長さ 280～320 mm の長方形の試料を入れて閉磁路を構成する. 四隅

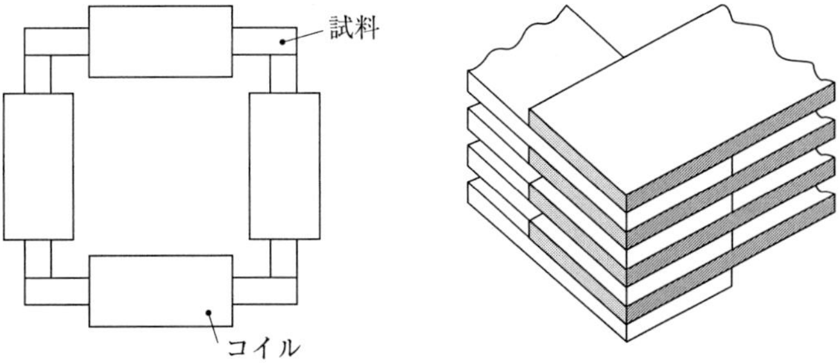


(a)　コイルと試料の配置　　　(b)　試験片の積み方

**付録図 2.7**　エプスタイン試験器

の部分は，付録図 2.7(b) のように，試料が 1 枚ずつ交互に重り合うようにする．試験片の総数は質量が約 0.5 kg となるようにする．たとえば 0.3 mm 厚の電磁鋼板の場合は 28 枚用意する．

一次コイル，二次コイルの巻数は 1 個当たり 175 ターンである．4 個のコイルを直列に接続(700 ターン)して用いる．幾何学的な平均磁路長は 25 cm×4＝1 m であるが，接合部で磁束が複雑に分布しているため，(6) 式より磁界の強さ $H$ を求める際の実効磁路長として 0.94 m を用いる．磁化コイルに流れる電流と $B$ コイルの誘導起電力を電力計に入力して鉄損の測定を行う．JIS では，直流，商用周波（50 Hz, 60 Hz）～可聴周波（400 Hz～20 kHz）までの試験法が規定されている．可聴周波用のエプスタイン試験器の寸法，巻線は，商用周波用とは異なる．

**(2)　単板磁気特性試験法（JIS C 2556）**

これは 1 枚の試料と継鉄を組み合わせて閉磁路を構成して磁気特性を測定する方法である．付録図 2.8 に単板磁気特性試験器の構成例を示す．これは縦形複ヨーク枠構造である．JIS の本文では横形単ヨークを用いるとあるが，JIS 付属書 1 では付録図 2.8 のような縦形複ヨークを用いてもよいことになっている．なお付録図 2.8 の寸法は，JIS とわずかに異なっている個所がある．$B$ コイルは励磁コイル内側に巻かれており，これらのコイルの内側に試料が設置される．標準的な試料寸法は，幅 100 mm，長さ 500 mm あるいはそれより少し長い値である．励磁コイルは巻枠の全長 294 mm の間に各層 240 ターンで 3 層巻く．$H$ コイルは幅 85 mm，長さ 250 mm の絶縁非磁性体の板状巻枠に長さ 200 mm の間に 1 層均一に巻く．$B$ コイルは巻枠に長さ 200 mm の間に 1 層に 140 ターン巻く．磁界の強さ $H$ は，$H$ コイル法または (6) 式で示した励磁電流法で測定する．鉄損は電力計を用いて測定する．

**(3)　環状試料試験法**

これは薄板の磁性材料を付録図 2.9 のようにリング状に打ち抜いて積層したリング

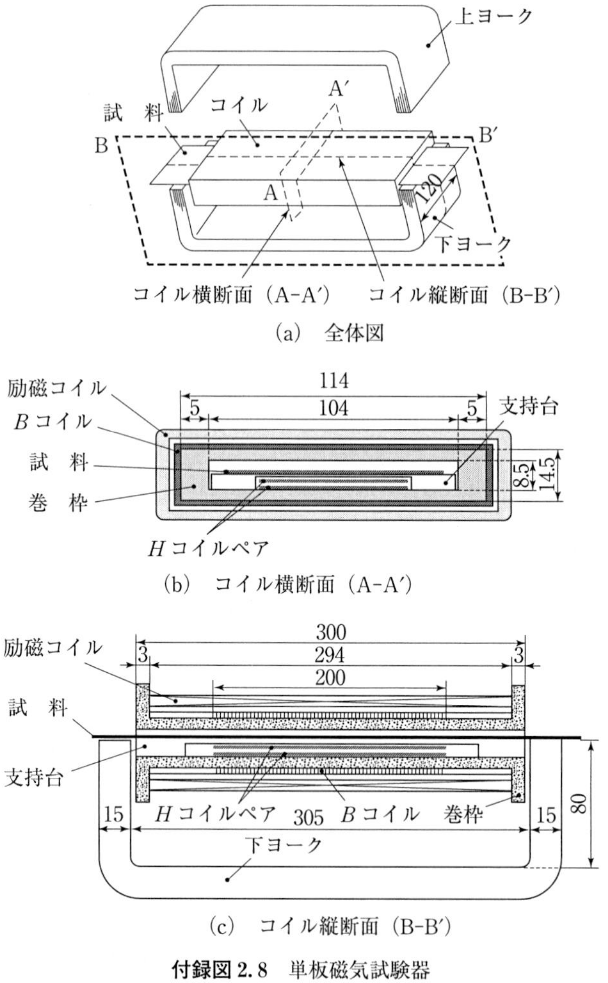


**付録図 2.8**　単板磁気試験器

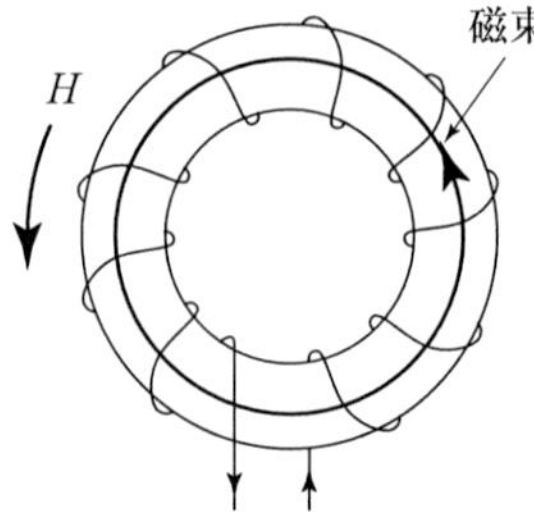


**付録図 2.9**　環状試料

(i) 全体図

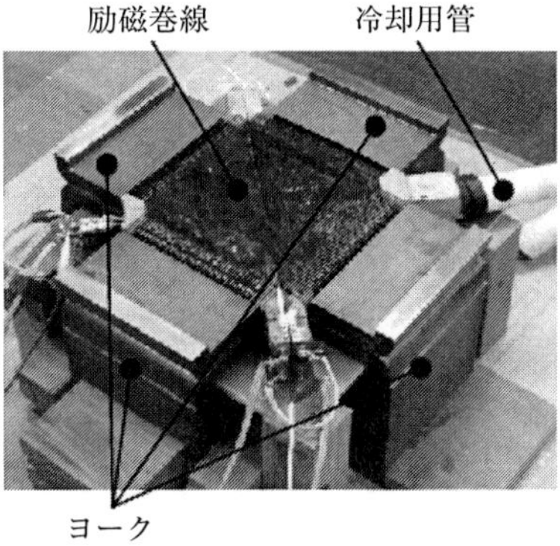


(ii) 上側ヨークを取り除いた所

(a) 写真

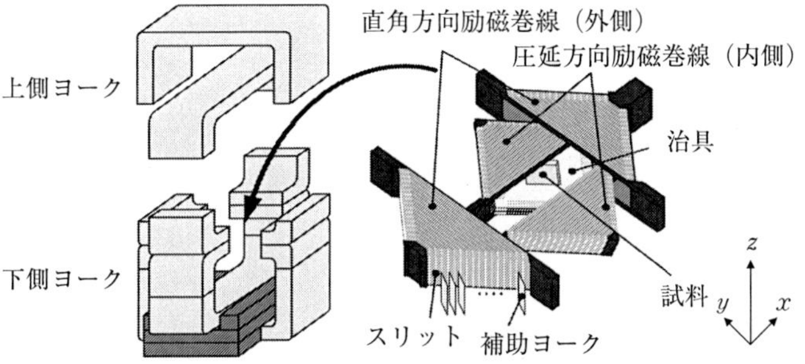


(b) ヨークと励磁巻線

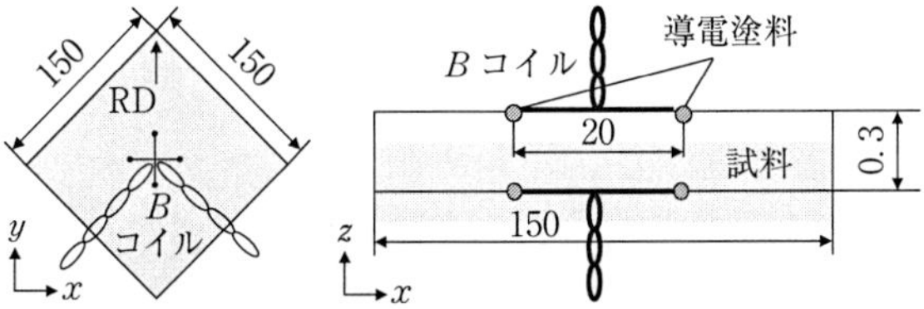


(c) $B$ コイル

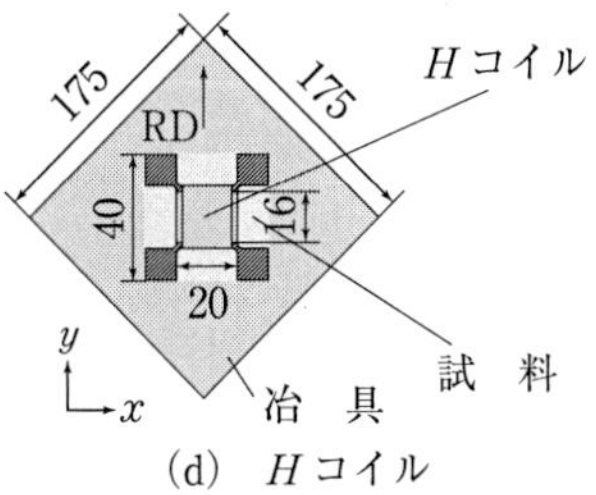


(d) $H$ コイル

**付録図 2.10** 二次元磁気特性測定装置

試料や巻鉄心などに，$B$ コイル，さらにその上に磁化コイルをそれぞれ一様に巻いて，磁気特性を測定するものである[5]．磁界の強さは（6）式より求めるが，磁路長 $L$ の代表値として簡易的に平均磁路長（$=$(外径 $D_o+$ 内径 $D_i$)$/2\times\pi$）が用いられる．内径 $D_i$ と外形 $D_o$ の差が大きいと，平均磁路長を用いることによる誤差が大きくなるので，$D_i$ と $D_o$ の差の小さい試料（たとえば，$D_i=102$ mm，$D_o=127$ mm）を用いた方がよい．

**c.　実機の特性に対応した磁気特性測定法の例**

JIS 規格による磁気特性測定法（これは商取引に必要な磁気特性測定に用いられる）については前述したが，実際の電気機器などでは磁束が回転していたり，磁性材料に応力がかかったり高温になったりして，JIS 規格の方法で測定した結果（いわゆるカタログ値）とはかなり異なった特性になることがある．このような場合の測定法については種々の機関で研究が行われている．ここでは筆者がかかわっている測定法の例

(a)　ヘルムホルツコイル

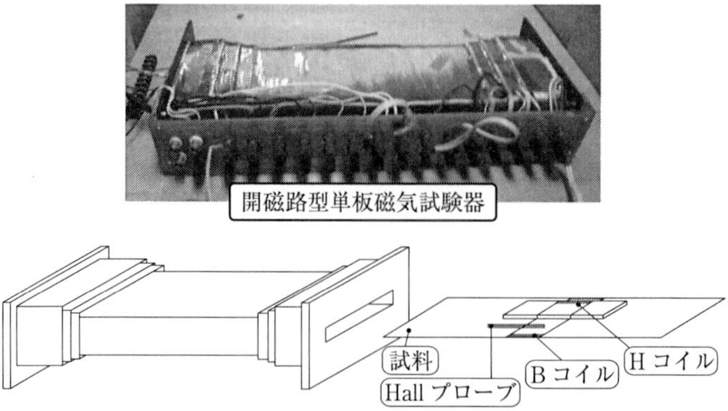


(b)　開磁路型単板磁気試験器

**付録図 2.11**　直流偏磁下磁気特性測定装置

について述べる．

**(1)　二次元磁気特性**

付録図 2.10(a) に，回転磁束を含めて任意の方向の磁気特性を 1 枚の試料で測定するための二次元磁気特性測定装置を示す[6]．磁束密度を 2 T 近くまで上げられるように，付録図 2.10(b) のように試料は対角線方向に巻いた励磁巻線中に入れる方式になっている．直交する二方向（圧延方向 RD，直角方向 TD）から励磁して，それぞれのコイルの接続された電源電圧の大きさや位相を変化させることにより，任意方向の交番磁束や回転磁束を発生できる．付録図 2.10(c) のように試料中央に改良プローブ法によりお互いに直交する $B$ コイルを設置している．任意方向の磁界は，付録図 2.10(d) のように互いに直交して巻いた $x, y$ 方向の $H$ コイルを用いて測定する．鉄損 $W$ は，測定した $B$ と $H$ を用いて次式により求める．

(a)　写真

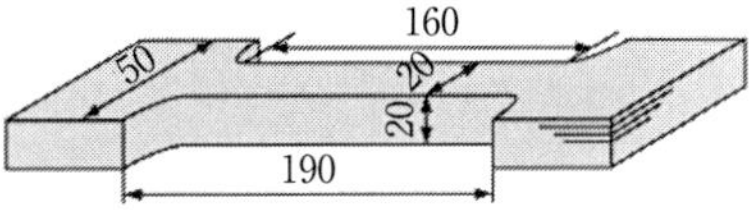


(b)　積層試料

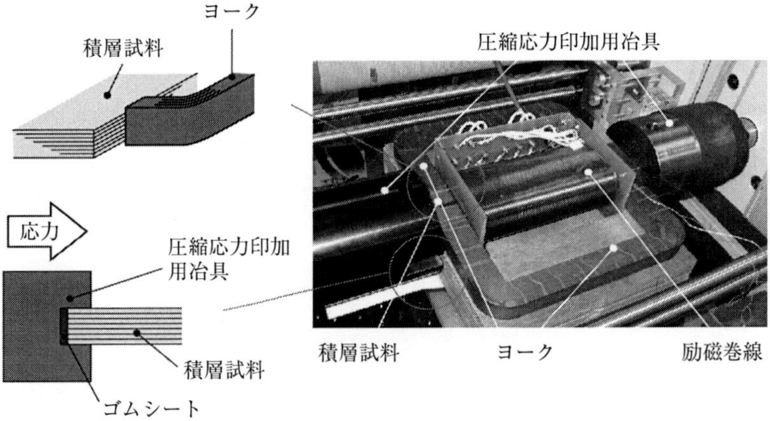


(c)　積層試料磁気特性測定装置

**付録図 2.12**　圧縮応力印加時の磁気特性測定装置

$$W=\frac{f}{\rho}\oint HdB \tag{12}$$

ここで，$\rho$ は密度［kg/m$^3$］，$f$ は周波数［Hz］である．

**(2) 直流偏磁時**

付録図 2. 11 に，直流偏磁下磁気特性測定装置を示す．直流励磁コイルと交流励磁コイルを同時に励磁した場合は両コイルの磁気的結合の取り扱いが問題になる．そこで，本装置は，直流励磁コイルであるヘルムホルツコイルの中央に交流励磁コイルである開磁路型 SST を設置することで，開磁路型 SST が作る磁束がヘルムホルツコイルに鎖交せず，お互いのコイル間の磁気的結合を抑える構造になっている[7]．交流磁界は $H$ コイルで，また直流磁界はホール素子で測定する．その他に，閉磁路型単板

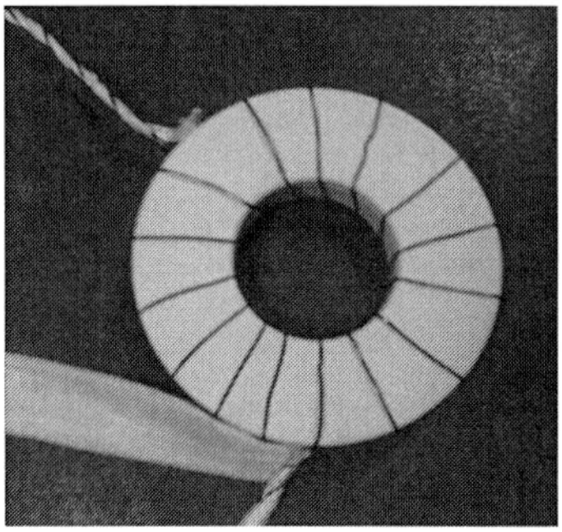

(a) セラミック容器と $B$ コイル

(b) 励磁巻線に耐熱絶縁テープを挟み込んで作成したリング試料

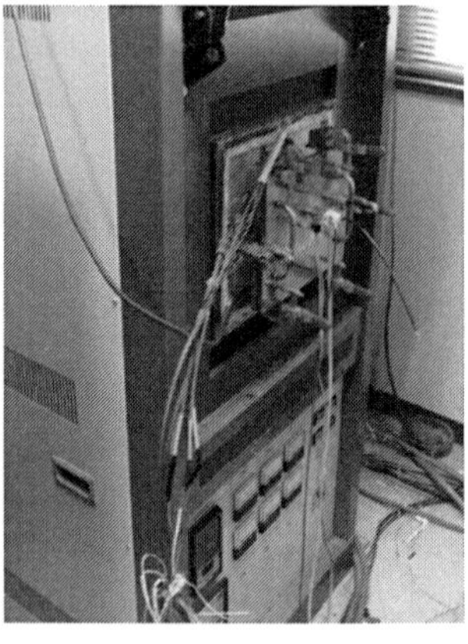

(c) 加熱に用いた炉

**付録図 2. 13** 高温での磁気特性の測定

磁気試験器を用いた測定も行われている．この方法では，制御を工夫することにより大きな直流偏磁量での測定が可能である[11]．

**(3)　圧縮応力印加時**

付録図 2.12(a) に，圧縮応力印加時の磁気特性測定装置を示す．単板の試料 1 枚に応力を印加して測定する場合は大きな圧縮応力を印加すると座屈し，測定することができない．そのため，付録図 2.12(b) のような積層試料に，付録図 2.12(c) のように，ヨークを左右から挟み込むように接触させて閉磁路を構成し，磁気特性を測定する[8]．$B$ コイルは試料に直巻きし，磁界の強さ $H$ は $H$ コイルを積層試料表面に貼りつけて測定する．

**(4)　高温時**

鉄のキュリー温度（770℃）付近までの高温の磁気特性測定には，b. 項で述べた JIS の試験器や環状試料試験器は絶縁が保たれないので用いることができない．そこで，環状試料試験器の変形版として，付録図 2.13(a) のような 1000℃まで耐えることができるセラミック容器にリング試料を挿入し，容器の外側に $B$ コイルと励磁巻線を巻く際，1000℃の温度まで絶縁が耐えられる耐熱絶縁テープを 1 ターンごとに挟むことで高温の絶縁を保っている（付録図 2.13(b) 参照)[9]．試料と $B$ コイルの間の空隙が大きいので，(6) 式より $H$ を求め，a. 項(7)(ii) で述べた方法で空隙保障を行う必要がある．付録図 2.13(c) に加熱に用いた炉を示す．

## ［付録 3］　構造材などの応力印加時の磁気特性

付録図 3.1, 3.2 に，高張力ボルト，構造管，クラッチ，歯車，クランクシャフトなどに使われる機械構造用合金鋼鋼材（JIS SCM435, クロムモリブデン鋼), 船舶, 車両, その他の構造物に用いられる一般構造用圧延鋼材（SS400, JIS G3101, rolled steels for general structure)，強度の必要な自動車部品，水道管などに用いられるダクタイル鋳鉄（球状黒鉛鋳鉄，FCD450, JIS G5502）の応力印加時の磁気特性を示す．6.5.2 項で示した図 6.83 の電磁鋼板の応力による磁気特性変化とは異なった振る舞いをすることがわかる．

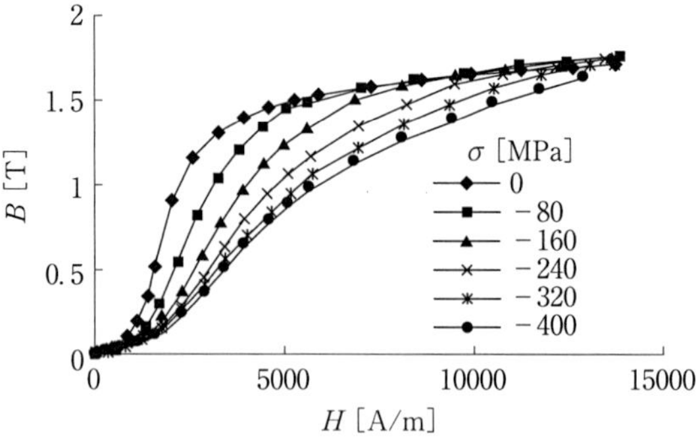


(a) SCM435

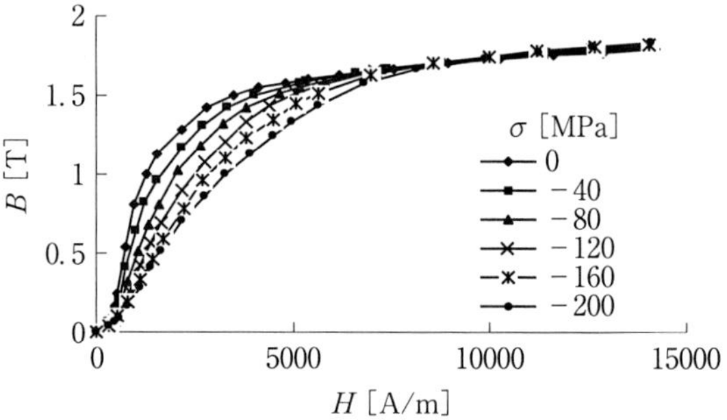


(b) SS400

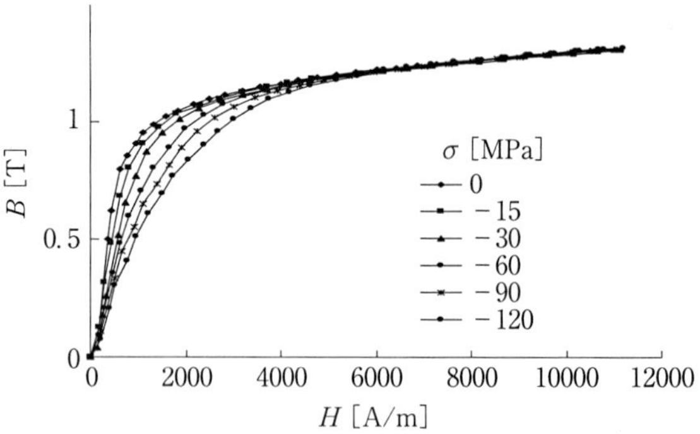


(c) FCD450

**付録図 3.1** *B-H* 曲線

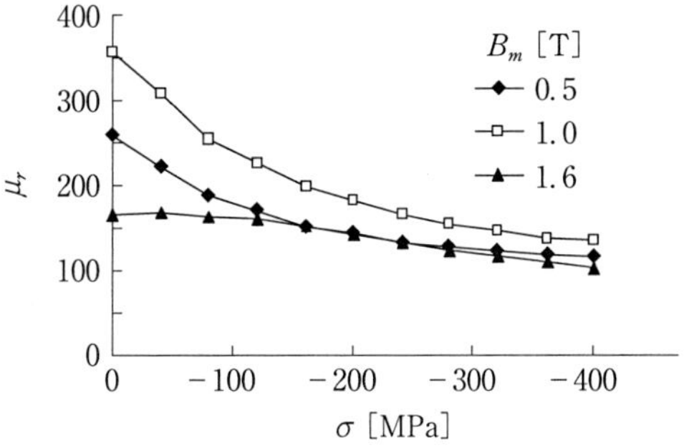


(a)　SCM435

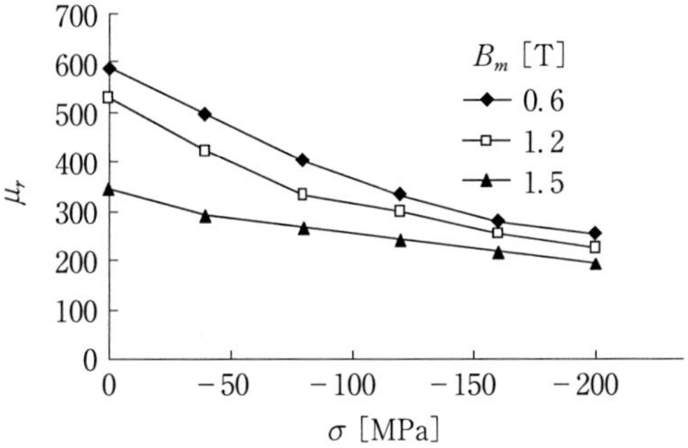


(b)　SS400

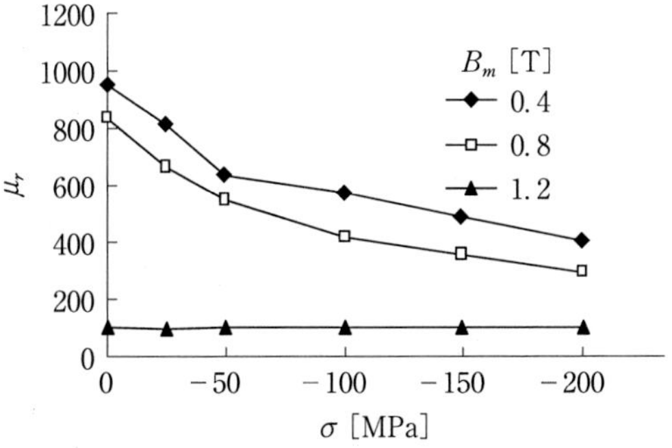


(c)　FCD450

**付録図 3.2**　$\mu_r$-$\sigma$ 曲線

# 参　考　文　献

## 1章

1) 中田高義，高橋則雄：電気工学の有限要素法（第2版），森北出版（1986）
2) 中田高義，高橋則雄，藤原俊明：外部電源を考慮した有限要素法による単相誘導電動機の解析，電気学会回転機・静止器合同研究会資料，RM-81-40，SA-81-30（1981）
3) 村松和弘，橋尾知容，高橋則雄，山田忠治，小川　誠，小林　晋，桑原　徹：運動座標系を用いた永久磁石式リターダの非線形三次元渦電流解析，電気学会論文誌D，Vol. 118，No. 7/8，pp. 922-929（1998）
4) 中田高義，高橋則雄，崎山一幸，河瀬順洋，三沢一敞：電力用分路リアクトルの渦電流を考慮した三次元磁界解析，昭和61年電気学会全国大会，No. 729（1986）
5) 卯本重郎：電磁気学，昭晃堂（1975）
6) 竹山説三：電磁気学現象理論，丸善（1944）
7) 水口尊博，中村健二，小山貴之，一ノ倉　理：3次元リラクタンスネットワーク解析によるクローティースモータの設計法に関する一考察，電気学会論文誌D，Vol. 129，No. 11，pp. 1048-1053（2009）
8) 中村健二：磁気回路法による永久磁石モータの解析，日本能率協会磁気応用技術シンポジウム，B3-3（2007）
9) 高速大規模電磁界解析技術調査専門委員会：電磁界解析における高速大規模数値計算技術，電気学会技術報告，第1043号（2006）
10) 実規模電磁界解析のための数値計算技術調査専門委員会：実規模電磁界解析のための数値計算技術，電気学会技術報告，第1129号（2008）
11) 貝森弘行，矢野史郎，千葉　明，山崎克巳：高速電磁界解析技術ー非線形有限要素法の高速化と積分方程式法ー，平成20年電気学会全国大会シンポジウム，5-S18-2，pp. 5-S18(3)-5-S-18(6)（2008）
12) N. Takahashi, T. Nakata, and N.Uchiyama：Optimal Design Method of 3-D Nonlinear Magnetic Circuit by Using Magnetization Integral Equation Method, *IEEE Trans. Magn.*, Vol. 25, No. 5, pp. 4144-4146（1989）
13) 矢野博之，田中義章：積分方程式による三次元磁界解析，電気学会回転機・静止器合同研究会資料，RM-84-60，SA-84-31（1984）
14) M. J. Newman, C. W. Trowbridge, and L. R. Turner：Gfun：An Interactive Program as an Aid to Magnet Design, *4th International Conference on Magnet Technology*, Brookhaven（1972）
15) 遠藤有聲：計算機による3次元磁場の計算，日本物理学会誌，Vol. 30，No. 5，pp. 365-

370 (1975)
16) 野島洋一，大場彰人：磁気モーメント法による三次元磁界解析の高速化，日本シミュレーション学会，第9回計算電気・電子工学シンポジウム，I-20，pp. 113-118 (1988)
17) O. C. ツィエンキーヴィッツ著，吉識雅夫，山田嘉昭監訳：マトリックス有限要素法，三訂版，培風館 (1984)
18) 坪井　始，石井靖和：三次元境界積分法におけるスーパーコンピュータ用数値積分について，電気学会静止器・回転機合同研究会資料，SA-88-23，RM-88-45 (1988)
19) 石橋一久，Z. Andjelic，高橋康人，藤原耕二，石原好之，津崎賢大，若尾真治：表面ループ電流を状態変数とする磁気モーメント法による静磁界解析，電気学会静止器・回転機合同研究会資料，SA-11-60，RM-11-73 (2011)
20) 高橋則雄：三次元有限要素法ー磁界解析技術の基礎ー，電気学会 (2006)

## 2章

1) L. E エルスゴルツ著，瀬川富士訳：科学者・技術者のための変分法，ブレイン図書 (1972)
2) O. C. ツィエンキーヴィッツ著，吉識雅夫，山田嘉昭監訳：マトリックス有限要素法，三訂版，培風館 (1984)
3) 中田高義，高橋則雄：電気工学の有限要素法（第2版），森北出版 (1986)
4) R. H. ギャラガー著，川井忠彦監訳：ギャラガー有限要素解析の基礎，丸善 (1976)
5) 森口繁一，宇田川銈久，一松　信：数学公式Iー微分積分・平面曲線ー，岩波全書 (1956)

## 3章

1) 亀有昭久：辺要素開発余話，日本AEM学会誌，Vol. 8，No. 4，pp. 454-461 (2000)
2) 羽野光夫：辺要素開発秘話，日本AEM学会誌，Vol. 7，No. 3，pp. 273-277 (1999)
3) 藤原耕二：辺要素を用いた三次元磁界解析，第2回電磁界数値解析に関するセミナ講演論文集，pp. 7-21 (1991)
4) 高橋則雄：三次元有限要素法ー磁界解析技術の基礎ー，電気学会 (2006)
5) O. C. ツィエンキーヴィッツ著，吉識雅夫，山田嘉昭監訳：基礎工学におけるマトリックス有限要素法，培風館 (1975)
6) 五十嵐　一，亀有昭久，加川幸雄・西口磯春，A. ボサビ：新しい計算電磁気学，基礎と数理，培風館 (2003)
7) J. C. Nedelec：Mixed Finite Elements in R3, *Numer. Math.*, Vol. 35, pp. 315-341 (1980)
8) A. Kameari：Three Dimensional Eddy Current Calculation Using Edge Elements for Magnetic Vector Potential, Applied Electromagnetics in Materials (Ed. K. Miya), pp. 225-236 Pergamon (1989)
9) 本間利久，五十嵐　一，川口秀樹：数値電磁力学ー基礎と応用ー，森北出版 (2002)
10) 金山　寛：計算電磁気学，岩波書店 (2000)
11) 戸川隼人：マトリクスの数値計算，オーム社 (1971)
12) J. A. Meijerrink, and H. A. Van der Vorst：An Iterative Solution Method for Linear Systems of Which the Coefficient Matrix is a Symmetric M-Matrix, *Mathematics of Computation*, Vol. 31, No. 13, pp. 148-162 (1977)
13) 小国　力，村田健郎，三好俊郎，ドンガラ. J. J.，長谷川秀彦：行列計算ソフトウェア，WS，スーパーコン，並列計算機，丸善 (1991)
14) 森　正武：数値計算プログラミング，岩波書店 (1990)

15) 戸川隼人：数値計算技法，オーム社（1972）
16) 村田健郎，小国　力，唐木幸比古：スーパーコンピュータ，科学技術計算への適用，丸善（1985）
17) 野寺　隆：連立1次方程式の高速解法，第3回電磁界数値解析に関するセミナー講演論文集，pp. 41-46（1992）
18) H. A. Van der Vorst：Bi-CGSTAB：A Fast and Smoothey Converging Variant of Bi-CG for the Solution of Nonsymmetric Liner Systems, *SIAM J. Sci. Stat. Compt.*, Vol. 13, pp. 631-644（1993）

## 4章

1) 高橋則雄：三次元有限要素法ー磁界解析技術の基礎ー，電気学会（2006）
2) 卯本重郎：電磁気学，昭晃堂（1975）
3) K. Fujiwara, T. Nakata and H. Ohashi：Improvement of Convergence Characteristic of ICCG Method for A-$\phi$ Method using Edge Element, *IEEE Trans. Magn.*, Vol. 32, No. 3, pp. 804-807（1996）
4) 中田高義，高橋則雄：電気工学の有限要素法（第2版），森北出版（1986）
5) 中田高義，高橋則雄，河瀬順洋：うず電流解析における電界（Grad $\phi$）の物理的意味の検討，電気学会情報処理研究会資料，IP-80-49（1980）
6) 中田高義，河瀬順洋：有限要素法による積層鉄心接合部の磁界解析，電気学会論文誌B，Vol. 103，No. 5，pp. 357-364（1983）
7) 小貫　天，橋本　稔，山本次男：短二次リニア誘導機における端効果とGrad $\phi$の検討，電気学会論文誌D，Vol. 180，No. 11，pp. 1049-1055（1988）
8) 藤島　寧，若尾真治：渦電流端問題における導体表面電荷解析の基礎的検討，電気学会論文誌D，Vol. 122，No. 6，pp. 633-639（2002）
9) 中田高義，高橋則雄，河瀬順洋：円筒巻並列導体中の循環電流を含む渦電流解析，電気学会静止器研究会資料，SA-80-4（1980）
10) D. Miyagi, S. Iwata, and N. Takahashi, S. Torii：3-D FEM Analysis of Effect of Current Distribution on AC Loss in Shield Layers of Multi-Layered HTS Power Cable, *IEEE Trans. on Applied Superconductivity*, Vol. 17, No. 2, pp. 1696-1699（2007）
11) 原　武久，内藤　督，卯本重郎：時間周期有限要素法による高圧・回転機コロナ・シールド部の電界解析（I部 数値解析法），電気学会論文誌B，Vol. 102，No. 7，pp. 423-430（1982）
12) 中田高義，河瀬順洋，松原孝史，伊藤昭吉：時間周期有限要素法によるくま取りコイル付電磁石の特性解析，電気学会論文誌B，Vol. 105，No. 5，pp. 475-482（1985）
13) T. Nakata, N. Takahashi, K. Fujiwara, K. Muramatsu, H. Ohashi, and H. L. Zhu：Practical Analysis of 3-D Dynamic Nonlinear Magnetic Field using Time-Periodic Finite Element Method, *IEEE Trans. on Magn.*, Vol. 31, No. 3, pp. 1416-1419（1995）
14) 徳増　正，藤田真史，上田隆司：2次元電磁界解析に残された課題（その3），電気学会静止器・回転機合同研究会資料，SA-08-62，RM-08-69（2008）
15) 高橋康人，徳増　正，藤田真史，若尾真治，岩下武史，金澤正憲：時間周期有限要素法とEEC法に基づく非線形過渡電磁場解析における時間積分の収束性改善，電気学会論文誌B，Vol. 129，No. 6，pp. 791-798（2009）
16) 高橋康人，徳増　正，藤田真史，若尾真治，藤原耕二，石原好之：電気機器の過渡磁界

解析のおける TDC 法及び TP-EEC 法の検討，電気学会静止器・回転機合同研究会資料，SA-10-90，RM-10-99（2010）
17）貝森弘行，亀有昭久：同期機の過渡磁場解析における SD-EEC 時間周期有限要素法の検討，電気学会静止器，回転機合同研究会資料，SA-09-74，RM-09-80（2009）
18）片桐弘雄，河瀬順洋，山口　忠，柴山義康，辻　赳：簡易形 SD-EEC 法を用いた回転機の定常解析の収束性改善，電気学会静止器・回転機合同研究会資料，SA-09-73，RM-09-79（2009）
19）宮田健治：時間周期非線形場の高速求解法，電気学会マグネティックス・静止器・回転機合同研究会資料，MAG-10-8，SA-10-8，RM-10-8（2010）
20）宮田健治：時間周期非線形場高速解析のための harmonic TDC 法及び TDC・簡易 TP-EEC 併用法，電気学会静止器・回転機合同研究会資料，SA-10-91，RM-10-100（2010）
21）高橋康人，若尾真治，藤原耕二，貝森弘行，亀有昭久：積層鉄芯ベンチマークモデルの提案とその高精度磁界解析，電気学会論文誌 B，Vol. 127，No. 8，pp. 894-901（2007）
22）K. Hollaus, and O. Biro：A FEM Formulation to Treat 3D Eddy Current in Laminations, *IEEE Trans. Magn.*, Vol. 36, No. 5, pp. 1289-1292（2000）
23）H. Kaimori, A. Kameari, and K. Fujiwara：FEM Computation of Magnetic Field and Iron Loss in Laminated Iron Core Using Homogenization Method, *IEEE Trans. Magn.*, Vol. 43, No. 4, pp. 1405-1408（2007）
24）P. Dular, J. Gyselinck, C. Geuzaine, N. Sadowski, and J. P. A. Bastos：A 3-D Magnetic Vector Potential Formulation Taking Eddy Currrents in Lamination Stacks into Account, *IEEE Trans. Magn.*, Vol. 39, No. 3, pp. 1424-1427（2003）
25）K. Muramatsu, T. Okitsu, H. Fujitsu, and F. Shimanoe：Method of Nonlinear Magnetic Field Analysis Taking into Account Eddy Current in Laminated Core, *IEEE Trans. Magn.*, Vol. 40, No. 2, pp. 896-899（2004）
26）光岡隆平，美船　健，松尾哲司：プレイモデルと有限要素渦電流解析を用いた電磁鋼板の交流ベクトルヒステリシスモデルの検討，電気学会静止器・回転機合同研究会資料，SA-11-69，RM-11-82（2011）
27）開道　力：電磁鋼板における異常渦電流損の算定方法について，日本応用磁気学会誌，Vol. 33, No. 2, pp. 144-149（2009）
28）S. Nogawa, M. Kuwata, D. Miyagi, T. Hayashi, H. Tonai, T. Nakau, and N. Takahashi：Study of Eddy Current Loss Reduction of Slit in Reactor Core, *IEEE Trans. Magn.*, Vol. 41, No. 5, pp. 2024-2027（2005）
29）H. Igarashi, K. Watanabe, and A. Kost：A Reduced Model for Finite Element Analysis of Steel Laminations, *IEEE Trans. Magn.*, Vol. 42, No. 4, pp. 739-742（2006）
30）S. Nogawa, M. Kuwata, T. Nakau, D. Miyagi, and N. Takahashi：Study of Modeling Method of Lamination of Reactor Core, *IEEE Trans. Magn.*, Vol. 42, No. 4, pp. 1455-1458（2006）
31）N. Takahashi, T. Nakata, Y. Fujii, K. Muramatsu, M. Kitagawa, and J. Takehara：3-D Finite Element Analysis of Coupling Currents in Multifilamentary AC Superconducting Cable, *IEEE Trans. Magn.*, Vol. 27, No. 5, pp. 4061-4064（1991）
32）中田高義，高橋則雄，村松和弘，藤井善之，北川　稔，竹原　淳：有限要素法による超電導線の三次元うず電流解析，電気学会静止器・回転機合同研究会資料，SA-90-36，SA-90-48（1990）

33) D. Miyagi, T. Wakatsuki, N. Takahashi, S. Torii, K. Ueda：3-D Finite Element Analysis of Current Distribution in HTS Power Cable Taking Account of E-J Power Law Characteristic, *IEEE Trans. Magn.*, Vol. 40, No. 2, pp. 908-911 (2004)
34) 高田直紀，宮城大輔，高橋則雄，鳥居慎治：三次元有限要素法による低損失な同軸多層高温超電導ケーブルの基礎的検討，電気学会論文誌 B，Vol. 129，No. 11，pp. 1305-1310 (2009)
35) W. J. Carr, Jr：AC Loss and Macroscopic Theory of Superconductors, Gordon and Breach Science Publishers (1983)
36) A.B.J.Reece, and J. W. Preston：Finite Element Methods in Electrical Power Engineering, Oxford Univ. Press (2000)
37) J. Sakellanis, G. Meunier, A. Raizer, and A. Darcherif：The Impedance Bounday Condition Applied to the Finite Element Method using the Magnetic Vector Potential as State Variable：A Rigorous Solution for Higher Frequency Axisymmetric Problems, *IEEE Trans. Magn.*, Vol. 28, No. 2, pp. 1643-1646 (1992)
38) G. Meunier (Ed.)：The Finite Element Method for Electromagnetic Modeling, John Weily & Sons, Inc. (2008)
39) 菊池文雄：有限要素法概説—理工学における基礎と応用—，サイエンス社 (1980)
40) 山川和郎，大川光吉，宮本毅信：永久磁石磁気回路の設計と応用，総合電子出版 (1979)
41) 俵　好夫，大橋　健：希土類永久磁石，森北出版 (1999)
42) 佐川眞人，浜野正昭，平林　眞編：永久磁石—材料科学と応用，アグネ技研センター (2007)
43) 中田高義，高橋則雄，今田明宏，田淵宣行，熊田雅之：粒子加速器における収束用永久磁石の磁化のバラツキが磁場勾配に及ぼす影響，昭和 61 年電気学会全国大会，No. 748 (1986)
44) 徳重貴之，馬淵聖史，宮城大輔，高橋則雄，伊藤　卓，廣田晃一：保磁力分布磁石の減磁曲線の推定法，電気学会論文誌 A，Vol. 132，No. 1, pp. 101-107 (2012)
45) T. Nakata, N. Takahashi, G. Kawashima, and K. Fujiwara：New Technique for Producing a Strong Multi-Pole Magnet, *IEEE Trans. Magn.*, Vol. 22, No. 5, pp. 1072-1074 (1986)
46) 高橋則雄，中田高義，川島義一，藤原一彦：一方向に配向している磁石の多極着磁，電気学会マグネティックス研究会資料，MAG-85-120 (1985)
47) T. Nakata, and N. Takahashi：Numerical Analysis of Transient Magnetic Field in a Capacitor-Discharge Impulse Magnetizer, *IEEE Trans. Magn.*, Vol. 22, No. 5, pp. 526-528 (1986)
48) 中田高義，高橋則雄，遠藤洋治，藤原耕二：有限要素法によるパルス着磁器の過渡磁界解析，電気学会回転機・静止器合同研究会資料，RM-85-57, SA-85-66 (1985)
49) N. Takahashi：3-D Analysis of Magnetization Distribution Magnetized by Capacitor-Discharge Impulse Magnetizer, *Journal of Material Processing Technology*, Vol. 108, pp. 241-245 (2001)
50) 平岡知康，高橋則雄，宮城大輔：Fixed-Point 法による電磁鋼板の磁気異方性を考慮した磁界解析手法の検討，電気学会静止器・回転機合同研究会資料，SA-09-79, RM-09-85 (2009)
51) F. I. Hantila, G. Preda, and M. Vasiliu：Polarization Method for Static Fields, *IEEE*

*Trans. Magn.*, Vol. 36, No. 4, pp. 672-675 (2000)
52) M. Chiampi, D. Chiarabaglio, and M. Repetto：A Jiles-Atherton and Fixed-Point Combined Technique for Time Periodic Magnetic Field Problems with Hysteresis, *IEEE Trans. Magn.*, Vol.31, No.6, pp.4306-4311 (1995)
53) E. Dlala, A. Belahcen, and A. Arkkio：Locally Convergent Fixed-Point Method for Solving Time-Stepping Nonlinear Field Problems, *IEEE Trans. Magn.*, Vol. 43, No. 11, pp. 3969-3975 (2007)
54) E. Dlala, A. Belahcen, and A. Arkkio：A Fast Fixed-Point Method for Solving Magnetic Field Problems in Media of Hysteresis, *IEEE Trans. Magn.*, Vol. 44, No. 6, pp. 1214 -1217 (2008)
55) M. Chiampi, C. Ragusa, and M. Repetto：Strategies for Accelerating Convergence in Nonlinear Fixed Point Method Solutions, 7th International IGTE Symposium, pp. 245-250 (1996)
56) 下村好亮，髙橋則雄，宮城大輔，貝森弘行：Fixed-Point 法を用いた非線形電磁界解析の高速化，第 19 回 MAGDA コンファレンス in 札幌，No. OS4-TA2，pp. 129-134 (2010)
57) T. Nakata, N. Takahashi, K. Fujiwara, N. Okamoto, and K. Muramatsu：Improvements of Covergence Characteristics of Newton-Raphson Method for 3-D Nonlinear Magnetic Field Analysis, *IEEE Trans. Magn.*, Vol. 28, No. 2, pp. 1048-1051 (1992)
58) K. Fujiwara, T. Nakata, N. Okamoto, and K. Muramatsu：Method for Determining Relaxation Factor for Modified Newton-Raphson Method, *IEEE Trans. Magn.*, Vol. 29, No. 2, pp. 1962-1965 (1993)
59) K. Fujiwara, Y. Okamoto, A. Kameari, and A. Ahagon：The Newton-Raphson Method Accelerated by Using a Line Search-Comparison between Energy Functional and Residual Minimization, *IEEE Trans. Magn.*, Vol. 41, No. 5, pp. 1724-1727 (2005)
60) K. Miyata：Fast Analysis Method of Time-Periodic Nonlinear Fields, *Jounal of Math-for-Industry*, Vol. 3, JMI2011B-7, pp. 131-140 (2011)
61) 片桐弘雄，河瀬順洋，山口　忠：直流分が重畳した交流磁界のための簡易 TP-EEC 法，電気学会静止器・回転機合同研究会資料，SA-12-8，RM-12-8 (2012)
62) 高橋康人，徳増　正，藤田真史，岩下武史，若尾真治，藤原耕二，石原好之：時間領域並列化有限要素法を用いた誘導機の高速電磁界解析，電気学会静止器・回転機合同研究会資料，SA-12-6，RM-12-6 (2012)
63) 電気学会技術報告第 1233 号：電磁界数値解析の有効利用技術 (2010)
64) G. Bertotti：Hysteresis in Magnetism, Academic Press (1998)

## 5 章

1) 本間利久，五十嵐　一，川口秀樹：数値電磁力学—基礎と応用—，森北出版 (2002)
2) 卯本重郎：電磁気学，昭晃堂 (1975)
3) 高橋則雄：三次元有限要素法—磁界解析技術の基礎—，電気学会 (2006)
4) 中田高義，高橋則雄：電気工学の有限要素法（第 2 版），森北出版 (1986)
5) T. Nakata, N. Takahashi, K. Fujiwara, and A. Ahagon：Periodic Boundary Condition for 3-D Magnetic Field Analysis and Its Applications to Electrical Machines, *IEEE Trans. Magn.*, Vol. 24, No. 6, pp. 2694-2696 (1988)
6) Q. Chen, and A. Konrad：A Review of Finite Element Open Boundary Techniques for

Static and Quasi-Static Electromagnetic Field Problems, *IEEE Trans. Magn.*, Vol. 33, No. 1, pp. 663-676 (1997)

7) 加川幸雄：開領域問題のための有限/境界要素法，サイエンス社 (1983)
8) S. J. Salon, J. M. Shneider：A Hybrid Finite Element-Boundary Integral Formulation of the Eddy Current Problem, *IEEE Trans. Magn.*, Vol. 18, No. 2, pp. 461-466 (1982)
9) 中田高義，高橋則雄，河瀬順洋，宮崎英樹：コンビネーション法による非線形渦電流解析，電気学会回転機・静止器合同研究会資料，RM-82-48, SA-82-12 (1982)
10) P. P. Silvester, D. A. Lowther, C. J. Carpenter, and E. A. Wyatt：Exterior Finite Elements for 2-Dimensional Field Problems with Open Boundaries, *Proc. IEE*, Vol. 124, No. 12, pp. 1267-1270 (1977)
11) M. V. K. Chari, and G. Bedrosian：Hybrid Harmonic/Finite Element Method for Two-Dimensional Open Boundary Problems, *IEEE Trans. Magn.*, Vol. 23, No. 5, pp. 3572-3574 (1987)
12) 中田高義，河瀬順洋，宮崎英樹，藤原耕二：半無限要素を用いた開領域解析法の改良，昭和 58 年電気学会全国大会，No. 662 (1983)
13) T. Nakata, N. Takahashi, K. Fujiwara, and M. Sakaguchi：3-D Open Boundary Magnetic Field Analysis Using Infinite Element Based on Hybrid Finite Element Method, *IEEE Trans. Magn.*, Vol. 26, No. 2, pp. 368-370 (1990)
14) J. S. Sykulski (Eds.)：Computational Magnetics, Chapman & Hall (1995)
15) P. Bettess：Infinite Elements, *Int. J. Num. Meth. Engng.*, Vol. 11, pp. 53-64 (1977)
16) 亀有昭久：変位電流を含めた有限要素法周波数領域の電磁界解析（その 2），一開発領域問題への無限要素の適用一，電気学会静止器・回転機合同研究会資料，SA-11-59, RM-11-72 (2011)

## 6章

1) 平井平八郎，豊田 実，桜井良文，犬石嘉雄：現代電気・電子材料，オーム社 (1978)
2) 加藤哲男：技術者のための磁気・磁性材料，日刊工業新聞社 (1991)
3) 新日本製鉄電磁鋼板技術部編：わかる電磁鋼板，新日本製鉄 (1985)
4) 榎本裕治：圧粉磁心の最新開発動向とモータへの応用，まぐね，Vol. 1, No. 9, pp. 424-431 (2006)
5) 榎本裕治，床井博洋，小林金也，天野寿人，石原千生，安部恵輔：高密度圧粉磁心を適用したクローティースモータの開発，電気学会論文誌 D，Vol. 129, No. 10, pp. 1004-1010 (2009)
6) 内山　晋編著：アドバンスト・マグネティクス，培風館 (1994)
7) 川西健次，近角聰信，櫻井良文編：磁気工学ハンドブック，朝倉書店 (1998)
8) 開道　力，武田洋次：リラクタンスモータ性能に及ぼすコア素材磁気特性の影響，電気学会論文誌 D，Vol. 119, No. 10, pp. 1149-1154 (1999)
9) 中田高義，村松和弘：電磁鋼板の磁化特性のモデリング，日本能率協会磁気応用技術シンポジウム，No. S-2-1, pp. 1-18 (1996)
10) 牧野　昇：磁性材料とその応用，オーム社 (1962)
11) 石原好之：高周波モータおよびパワエレ駆動における鉄心素材特性，日本能率協会磁気応用技術シンポジウム，F5-2 (2008)
12) 日本工業規格，JIS C 2552 (2000)，JIS C 2553 (2000)

13) 平谷多津彦，二宮弘憲，田中　靖：極薄高けい素鋼板の作成とその磁気特性，電気学会マグネティックス研究会資料，MAG-94-185 (1994)
14) 榎園正人：二次元磁気特性，電気学会論文誌 A，Vol. 115，No. 1，pp. 1-8 (1995)
15) T. Nakata, K. Fujiwara, N. Takahashi, M. Nakano, and N. Okamoto：An Improved Numerical Analysis of Flux Distributions in Anisotropic Materials, *IEEE Trans. Magn.*, Vol. 30, No. 5, pp. 3395-3398 (1994)
16) M. Nakano, H. Nishimoto, K. Fujiwara, and N. Takahashi：Improvements of Single Sheet Testers for Measurement of 2-D Magnetic Properties up to High Flux Density, *IEEE Trans. Magn.*, Vol. 35, No. 5, pp. 3965-3967 (1999)
17) D. Miyagi, Y. Yunoki, M. Nakano, and N. Takahashi：Study on Measurement Method of 2 Dimensional Magnetic Properties of Electrical Steel Using Diagonal Exciting Coil, Electrical Review, R. 85 NR, pp. 47-51 (2009)
18) N. Takahashi, Y. Mori, Y. Yunoki, D. Miyagi, and M. Nakano：Development of the 2D Single Sheet Tester using Diagonal Exciting Coil and the Measurement of Magnetic Properties of Grain-Oriented Electrical Steel Sheet, *IEEE Trans. Magn.*, Vol. 47, No. 10, pp. 4348-4351 (2011)
19) 中田高義，高橋則雄，藤原耕二，中野正典，岡本展明：方向性けい素鋼板の任意方向磁化特性を考慮した磁界解析，日本シミュレーション学会第 14 回計算電気・電子工学シンポジウム論文集，I-8，pp. 59-65 (1993)
20) 中田高義・高橋則雄：電気工学の有限要素法（第 2 版），森北出版 (1986)
21) K. Fujiwara, T. Adachi, and N. Takahashi：A Proposal of Finite-Element Analysis Considering Two-Dimensional Magnetic Properties, *IEEE Trans. Magn.*, Vol. 38, No. 2, pp. 889-892 (2002)
22) 阿達孝之，下清水龍二，大西拓馬，中野正典，藤原耕二，高橋則雄：二次元磁化特性を考慮した非線形磁界解析の収束特性，電気学会マグネティックス研究会資料，MAG-01-59 (2001)
23) F. I. Hantila, G. Preda, and M. Vasiliu：Polarization Method for Static Fields, *IEEE Trans. Magn.*, Vol. 36, No. 4, pp. 672-675 (2000)
24) M. Chiampi, D. Chiarabaglio, and M. Repetto：A Jiles-Atherton and Fixed-Point Combined Technique for Time Periodic Magnetic Field Problems with Hysteresis, *IEEE Trans. Magn.*, Vol. 31, No. 6, pp. 4306-4311 (1995)
25) E. Dlala, A. Belahcen, and A. Arkkio：Locally Convergent Fixed-Point Method for Solving Time-Stepping Nonlinear Field Problems, *IEEE Trans. Magn.*, Vol. 43, No. 11, pp. 3969-3975 (2007)
26) 平岡知康，高橋則雄，宮城大輔：Fixed-Point 法による電磁鋼板の磁気異方性を考慮した磁界解析手法の検討，電気学会静止器・回転機合同研究会資料，SA-09-79，RM-09-86 (2009)
27) 高橋則雄：三次元有限要素法－磁界解析技術の基礎－，電気学会 (2006)
28) 下村好亮，宮城大輔，高橋則雄，貝森弘行：非線形磁気異方性を考慮した電磁界解析における Fixed-Point 法の有用性の検討，電気学会静止器・回転機合同研究会資料，SA-11-66，RM-11-79 (2011)
29) 佐藤　尊・下地広泰・戸高　孝・榎園正人：積分型ダイナミック E & S モデルを用いた磁界解析，日本 AEM 学会誌，Vol. 7, No. 2, pp. 200-205 (2009)

30) M. Enokizono, and H. Shimoji : Vector Magneto-hysteretic Engineering Model, *Journal of Materials Processing Technology*, Vol. 161, pp. 136-140 (2005)
31) 榎園正人：ベクトル磁気特性解析によるモータ設計技術，日本能率協会磁気応用技術シンポジウム，B3-3 (2006)
32) M. Enokizono, H. Shimoji, A. Ikariya, S. Urata, and M. Ohoto : Vector Magnetic Characteristic Analysis of Electrical Machines, *IEEE Trans. Magn.*, Vol. 41, No. 5, pp. 2032-2035 (2005)
33) 浦田信也，戸高 孝，下地広泰，榎園正人：歪磁束条件下の2次元ベクトル磁気特性のモデリング，日本AEM学会誌，Vol. 13, No. 4, pp. 298-303 (2005)
34) R. I. Potter, and R. J. Schmulian : Self-Consistently Computed Magnetization Patterns in Thin Magnetic Recording Media, *IEEE Trans. Magn.*, Vol. 7, No. 4, pp. 873-880 (1971)
35) 中田高義，高橋則雄，井上健一：有限要素法による媒体内磁化分布の解析，電子通信学会磁気記録研究会資料，MR-80-1 (1980)
36) B. D. Coleman, and M. L. Hodgdon : A Constitutive Relation for Rate-independent Hysteresis in Ferromagnetical Soft Materials, *Int. J. Engng. Sci.*, Vol. 24, No. 6, pp. 897-919 (1986)
37) I. A. Beardsley : Modeling the Record Process, *IEEE, Trans. Magn.*, Vol. 22, No. 5, pp. 454-459 (1986)
38) T. Matsuo, D. Shimode, Y. Terada, and M. Shimasaki : Application of Stop and Play Models to Representation of Magnetic Characteristics of Silicon Steel Sheet, *IEEE Trans. Magn.*, Vol. 39, No. 3, pp. 1361-1364 (2003)
39) 松尾哲司：磁区構造モデルによる磁化過程シミュレーションに関する検討，電気学会マグネティックス研究会資料，MAG-07-55 (2007)
40) S. E. Zirka, Y. I. Moroz, P. Marketos, and A. J. Moses : Viscosity-Based Magnetodynamic Model of Soft Magnetic Materials, *IEEE Trans. Magn.*, Vol. 42, No. 9, pp. 2121-2132 (2006)
41) S. E. Zirka, Y. I. Moroz, P. Marketos, and A. J. Moses : Congruency-Based Hysteresis Models for Transient Simulation, *IEEE Trans. Magn.*, Vol. 40, No. 2, pp. 390-399 (2004)
42) T. Nakata, N. Takahashi, and Y. Kawase : Finite Element Analysis of Magnetic Fields Taking into Account Hysteresis Characteristics, *IEEE Trans. Magn.*, Vol. 21, No. 5, pp. 1856-1858 (1985)
43) 中田高義，石原好之，高橋則雄，河瀬順洋：ヒステリシス及びうず電流を考慮した新しい磁界解析法，電気学会情報処理研究会資料，IP-80-9 (1980)
44) K. Muramatsu, N. Takahashi, T. Nakata, M. Nakano, and Y. Ejiri : 3-D Time-Periodic Finite Element Analysis of Magnetic Field in Non-oriented Materials Taking into Account Hysteresis Characteristics, *IEEE Trans. Magn.*, Vol. 33, No. 2, pp. 1584-1587 (1997)
45) 村岡敦史，高橋則雄，宮田浩二，大橋 健：マイナーループを考慮した永久磁石式MRI装置の三次元磁界解析，電気学会静止器・回転機合同研究会資料，SA-05-14, RM-05-14 (2005)
46) N. Takahashi, A. Muraoka, D. Miyagi, K. Miyata, and K. Ohashi : 3-D FEM Analysis of Residual Magnetism Produced by x-Gradient Coil of Permanent Magnet Type of

MRI, *IEEE Trans. Magn.*, Vol. 43, No. 4, pp. 1809-1812 (2007)
47) K. Miyata, K. Ohashi, A. Muraoka, and N. Takahashi : 3-D Magnetic Field Analysis of Permanent-Magnet Type of MRI Taking Account of Minor Loop, *IEEE Trans. Magn.*, Vol. 42, No. 4, pp. 1451-1454 (2006)
48) F. Preisach : Über die Magnetische Nachwirkung, *Zeitschrift für Physik*, Vol. 94, pp. 277-302 (1935)
49) I. D. Mayergoyz : Mathematical Models of Hysteresis, Springer-Verlag (1991)
50) A. Ivanyi : Hysteresis Model in Electromagnetic Computation, Akadémiai Kiadó (1997)
51) E. Cardelli, E. Della Torre, and E. Pinzaglia : Identifying the Parameters of the Reduced Vector Preisach Model : Theory and Experiment, *IEEE Trans. Magn.*, Vol. 40, No. 4, pp. 2164-2166 (2004)
52) 宮原俊一，藤原耕二，高橋則雄：プライザッハヒステリシスモデルを有限要素解析に導入する際の問題点の検討，電気学会静止器・回転機合同研究会資料，SA-97-20, RM-97-79 (1997)
53) N. Takahashi, S. Miyabara, and K. Fujiwara : Problems in Practical Finite Element Analysis Using Preisach Hysteresis Model, *IEEE Trans. Magn.*, Vol. 35, No. 3, pp. 1243-1246 (1999)
54) A. A. Adly, and I. D. Mayergoyz : Accurate Modeling of Vector Hysteresis using a Superposition of Preisach-Type Models, *IEEE Trans. Magn.*, Vol. 33, No. 5, pp. 4155-4157 (1997)
55) C. Ragusa, and M. Repetto : Accurate Analysis of Magnetic Devices with Anisotropic Vector Hysteresis, *Physica B*, Vol. 275, pp. 92-98 (2000)
56) D. C. Jiles, and D. L. Atherton : Theory of Ferromagnetic Hysteresis, *J. Appl. Phys.*, Vol. 55, No. 6, pp. 2115-2120 (1984)
57) D. C. Jiles, and D. L. Atherton : Theory of Ferromagnetic Hysteresis, *Journal of Magnetism and Magnetic Materials*, Vol. 61, pp. 48-60 (1986)
58) D. C. Jiles, J. B. Thoelke, and M. K. Devine : Numerical Determination of Hysteresis Parameters for the Modeling of Magnetic Properties Using the Theory of Ferromagnetic Hysteresis, *IEEE Trans. Magn.*, Vol. 28, No. 1, pp. 27-35 (1992)
59) E. C. Stoner, and E. P. Wohlfarth : A Mechanism of Magnetic Hysteresis in Heterogeneous Alloys, *Phil. Trans. Roy. Soc.*, Vol. 240A, pp. 599-642 (1948)
60) D. L. Atherton, and J. R. Beattie : A Mean Field Stoner-Wohlfarth Hysteresis Model, *IEEE Trans. Magn.*, Vol. 26, No. 6, pp. 3059-3063 (1990)
61) G. Friedman, and I. D. Mayergoyz : Stoner-Wohlfarth Hysteresis Model with Stochstic Input as a Model of Viscosity in Magnetic Materials, *IEEE Trans. Magn.*, Vol. 28, No. 5, pp. 2262-2264 (1992)
62) J. J. Zhong : Measurement and Modeling of Magnetic Properties of Materials with Rotating Fluxes, Ph. D Thesis, University of Technology, Sydney (2002)
63) 藤原直哉，松尾　東，鷹栖幸子，品川公成：熱効果を取り込んだ媒体磁化モデル，日本応用磁気学会誌，Vol. 24, No. 4-2, pp. 315-318 (2008)
64) N. Fujiwara, K. Shinagawa, K. Ashiho, K. Fujiwara, and N. Takahashi : Development of 3-D Read/Write Simulation System for Higher Areal Recording Density, *IEEE Trans. Magn.*, Vol. 40, No. 2, pp. 838-841 (2004)

65) 品川公成：磁気記録媒体のモデリング，第11回電磁界数値解析に関するセミナ講演論文集，pp. 21-28 (2001)

66) N. Takahashi, M. Ohtake, and K. Shinagawa：3-D FEM Analysis of Writing Characteristics of CF-SPT Head in Cross-track and Down-track Directions, *Journal of Magnetism and Magnetic Materials*, Vol. 287, pp. 89-95 (2005)

67) H. Kurose, M. Ohtake, D. Miyagi, and N. Takahashi：3-D FEM Analysis of Thermal Degradation in Writing and Reading Characteristics of a Perpendicular Magnetic Head, *Journal of Magnetism and Magnetic Materials*, Vol. 320, pp. 2917-2920 (2008)

68) N. Takahashi, M. Ohtake, and K. Shinagawa：Analysis of Behavior of Magnetization in Perpendicular Media Using 3-D Read/Write Simulation System，電気学会静止器・回転機合同研究会資料，SA-04-1，RM-04-95 (2004)

69) 三俣千春：マイクロマグネティクス―磁化分布決定法と応用―，応用磁気サマースクールテキスト，pp. 135-150 (2004)

70) Y. Nakatani, Y. Uesaka, and N. Hayashi：Direct Solution of Landau-Lifshitz-Girbert Equation for Micromagnetics, *Jap. J. Appl. Phys.*, Vol. 28, No. 12, pp. 2485-2507 (1989)

71) K. Takano：Magnetization Dynamics of Planar Writers, *IEEE Trans. Magn.*, Vol. 40, No. 1, pp. 257-262 (2004)

72) 金井　靖，小山和也，細貝秀人，吉田和悦，サイモングリーブズ，村岡裕明：磁気記録ヘッドのマイクロマグネティックス解析とその高速化，第19回MAGDAコンファレンスin札幌講演論文集，No. OS4-TA1，pp. 125-128 (2010)

73) E. Dlala：A Simplified Iron Loss Model for Laminated Magnetic Cores, *IEEE Trans. Magn.*, Vol. 44, No. 11, pp. 3169-3172 (2008)

74) S. E. Zirka, Y. I. Moroz, P. Marketos, and A. J. Moses：Congruency-Based Hysteresis Models for Transient Simulation, *IEEE Trans. Magn.*, Vol. 40, No. 2, pp. 390-399 (2004)

75) 川西健次，近角聰信，櫻井良文編：磁気工学ハンドブック，朝倉書店 (1998)

76) 浦田信也：2次元ベクトル磁気特性のダイナミックモデリングとその応用，大分大学博士論文 (2006)

77) J. P. Bastos, and N. Sadowski：Electromagnetic Modeling by Finite Element Methods, Marcel Dekker Inc. (2003)

78) F. Fiorillo, and A. Novikov：An Improved Approach to Power Losses in Magnetic Laminations under Nonsinusoidal Induction Waveform, *IEEE Trans. Magn.*, Vol. 26, No. 5, pp. 2904-2910 (1990)

79) 電気学会マグネティックス技術委員会編：磁気工学の基礎と応用，コロナ社 (1999)

80) 開道　力・山崎二郎：電磁鋼板における異常渦電流挙動に関する一考察，電気学会マグネティックス研究会資料，MAG-05-30 (2005)

81) G. Bertotti：Hysteresis in Magnetism, Academic Press (1998)

82) 森口繁一，宇田川銈久，一松　信：岩波数学公式II―級数・フーリエ解析―，岩波書店 (1957)

83) 田口　悟：電磁鋼板，新日本製鉄 (1979)

84) R. H. Pry, and C. P. Bean：Calculation of the Energy Loss in Magnetic Sheet Materials using a Domain Model, *Jour. Appl. Phys.*, Vol. 29, No. 3, pp. 532-533 (1958)

85) 管　洋一：方向性電磁鋼板の低鉄損化の開発動向，日本鉄鋼協会西山記念技術講座，pp. 110-149 (2005)

86) E. Barbisio, F. Fiorillo, and C. Ragusa：Predicting Loss in Magnetic Steels under Arbitrary Induction Waveform and with minor Hysteresis Loops, *IEEE Trans. Magn.*, Vol. 40, No. 4, pp. 1810-1819 (2004)
87) 森口繁一，宇田川銈久，一松　信：岩波数学公式I―微分積分・平面曲線―，岩波書店 (1956)
88) Y. Sakaki, and S. Imagi：Relationship between Eddy Current Losses and Equivalent Number of Domain Walls in Polycrystalline and Amorphous Soft Magnetic Materials and Its Application to Minor Loop Loss Estimation, *IEEE Trans. Magn.*, Vol. 18, No. 6, pp. 1840-1842 (1982)
89) 榊　陽，石川一美，山岸一郎：50% Ni-Fe 磁心のうず電流損失とスイッチング特性との関係，電気学会論文誌 A，Vol. 95，No. 3，pp. 125-132 (1955)
90) G. Bertotti：General Properties of Power Losses in Soft Ferromagnetic Materials, *IEEE Trans. Magn.*, Vol. 24, No. 1, pp. 621-630 (1988)
91) 開道　力：電磁鋼板における異常渦電流損の算定方法について，日本磁気学会論文誌, Vol. 33, No. 2, pp. 144-149 (2009)
92) 森本隼人，柚木泰志，宮城大輔，高橋則雄：永久磁石モータの焼きばめ，ティース部の端部の切断ひずみが鉄損に及ぼす影響，電気学会マグネティックス研究会資料，MAG-07-32 (2007)
93) 山崎克己，谷田　誠，里見　倫：電磁鋼板の渦電流損を直接考慮した回転機の鉄損解析，電気学会論文誌 D，Vol. 128，No. 11，pp. 1298-1307 (2008)
94) 小野修毅，宮城大輔，髙橋則雄：インバータ駆動リラクタンスモータの直流重畳下におけるマイナーループ及び表皮効果を考慮した鉄損解析，平成 23 年電気学会全国大会，No. 5-007 (2011)
95) Y. Gao, K. Muramatsu, K. Fujiwara, S. Fukuchi, and T. Takahata：Loss Analysis of Reactor Under Inverter Power Supply Taking into Account Anomalous Eddy Current Loss，電気学会静止器・回転機合同研究会資料，SA-08-81，RM-08-88 (2008)
96) 山崎克己，福島範晃：電磁鋼板の表皮効果を考慮した回転機の高調波鉄損解析，電気学会回転機研究会資料，RM-09-50，pp. 97-102 (2009)
97) 片岡昭雄：パワーエレクトロニクス入門，森北出版 (1997)
98) 乙女大三郎，小関祐生，宮城大輔，中野正典，髙橋則雄，赤津　観，塩崎　明，河邊盛男：PWM インバータ励磁下における無方向性電磁鋼板の鉄損測定，電気学会マグネティックス・静止器・回転機合同研究会資料，MAG-10-32，SA-10-32，RM-10- 32 (2010)
99) 中田高義，石原好之，中野正典：ひずみ波磁束によるけい素鋼板の鉄損，電気学会雑誌，Vol. 90，No. 1，pp. 115-124 (1970)
100) 石原好之：損失解析のキーテクノロジー，第 12 回電磁界数値解析に関するセミナー講演論文集，pp. 1-7 (2002)
101) 石原好之，中田高義，中野正典：電気鉄板に生じるマイナーループヒステリシス損に関する研究，電気学会論文誌 A，Vol. 93，No. 12，pp. 525-532 (1973)
102) D. Miyagi, T. Yoshida, M. Nakano, and N. Takahashi：Development of Measuring Equipment of DC-Biased Magnetic Properties Using Open-Type Single-Sheet Tester, *IEEE Trans. Magn.*, Vol. 42, No. 10, pp. 2846-2848 (2006)
103) 西村賢二，藤原耕二，石原好之，山田幸伯：直流重畳時の磁気特性測定法，電気学会マグネティックス研究会資料，MAG-09-239 (2009)

104) N. Sadowski, M. L. Mazenc, J. P. A. Bastos, M. V. F. Luz, and P. K. Peng：Evalution and Analysis of Iron Losses in Electrical Machines Using the Rain-Flow Method, *IEEE Trans. on Magn.*, Vol. 36, No. 4, pp. 1923-1926 (2000)
105) 亀川典生，柳瀬俊次，岡崎靖雄：非正弦波励磁下における電磁鋼板の磁気損失，電気学会マグネティックス研究会資料，MAG-08-182 (2008)
106) S. Yanase, H. Kimata, Y. Okazaki, and S. Hashi：A Simple Predicting Method for Magnetic Losses of Electrical Steel Sheets under Arbitrary Induction Waveform, *IEEE Trans. Magn.*, Vol. 41, No. 11, pp. 4365-4367 (2005)
107) Y. Mori, D. Miyagi, M. Nakano, and N. Takahashi：Measurement of Magnetic Properties of Grain-oriented Electrical Steel Sheet using 2D Single Sheet Tester, *Electrical Review*, R. 87, No. 9b, pp. 47-51 (2011)
108) N. Takahashi, Y. Mori, Y. Yunoki, D. Miyagi, and M. Nakano：Development of the 2-D Single Sheet Tester using Diagonal Exciting Coil and the Measurement of Magnetic Properties of Grain-oriented Electrical Steel Shect, *IEEE Trans. Magn.*, Vol. 47, No. 10, pp. 4348-4351 (2011)
109) 森　祐希，増井真悟，宮城大輔，中野正典，高橋則雄：二方向励磁型単板磁気試験器を用いた方向性電磁鋼板の磁気特性測定，電気学会マグネティックス研究会資料，MAG-10-99 (2010)
110) 中屋裕之，福間　淳，三村洋之，高橋則雄：歪んだ楕円回転磁界を考慮した回転機鉄損の検討ー電気学会モデルを用いた解析ー，電気学会静止器・回転機合同研究会資料，SA-02-49, RM-02-85 (2002)
111) 山口俊尚，成田賢仁：商用けい素鋼板における回転磁界鉄損，電気学会誌，Vol. 96, No. 7, pp. 341-348 (1976)
112) N. Takahashi, A. Fukuma, and D. Miyagi：Analysis of Iron Loss under Distorted Elliptical Rotating Flux of SPM Motor, *COMPEL*, Vol. 24, No. 2, pp. 385-395 (2005)
113) M. Enokizono, and N. Soda：Direct Magnetic Loss Analysis by FEM Considering Vector Magnetic Properties, *IEEE Trans. Magn.*, Vol. 34, No. 5, pp. 3008-3011 (1998)
114) 榎園正人・岡本健司：E & S モデルを用いた誘導電動機の磁界解析，日本応用磁気学会誌，Vol. 24, No. 4-2, pp. 987-990 (2000)
115) 中田高義，中野正典，河原敬治：切断ひずみがけい素鋼板の磁気特性に及ぼす影響，日本応用磁気学会誌，Vol. 15, No. 2, pp. 547-550 (1991)
116) R. Rygal, A. J. Moses, N. Derebasi, J. Schneider, and A. Schoppa：Influence of Cutting Stress on Magnetic Field and Flux Density Distribution in Non-oriented Electrical Steels, *Journal of Magnetism and Magnetic Materials*, No. 215-216, pp. 687-689 (2008)
117) 開道　力，山崎二郎，半澤和文，金子祥子，橋本寿雄，木村　徹，宍戸祐司：小形モータのトルク性能に及ぼす素材要因解析，電気学会論文誌 D，Vol. 126, No. 12, pp. 1706-1711 (2006)
118) 高橋則雄：回転機の電磁界解析の高精度化に関連した話題，日本能率協会磁気応用技術シンポジウム，D-4 (2003)
119) 中岡將吉，高橋則雄，河邊盛男，中野正典，藤原耕二：単板磁気試験器を用いた剪断加工歪みによる磁気特性変化の測定方法の検討，日本 AEM 学会誌，Vol. 11, No. 3, pp. 173-178 (2003)
120) 藤原耕二，藤田幸子，中野正典，高橋則雄：電磁鋼板の圧縮応力印加時の磁気特性測

定法一積層鉄芯試料による座屈対策一，電気学会マグネティックス研究会資料，MAG-04-90（2004）

121）N. Takahashi, D. Miyagi, R. Usui, M. Nakaoka, and M. Nakano：Measurement of Deterioration of Magnetic Properties due to Shrink Fitting, *Journal of The Japan Society of Applied Electromagnetics and Mechanics*, Vol. 15, No. 3, pp. 222-225（2007）

122）F. Ossart, L. Hirsinger, and R. Billardon：Effect of Punching on Electrical Steels：Experimental and Numerical Coupled Analysis, *IEEE Trans. Magn.*, Vol. 36, No. 5, pp. 3137-3140（2000）

123）中野正嗣，大穀晃裕，山口信一，谷　良浩，有田秀哲，都出結花利，吉岡　孝，藤野千代：固定子鉄心の主応力分布を考慮したPMモータのコギングトルク解析，電気学会静止器・回転機合同研究会資料，SA-04-16，RM-04-16（2004）

124）A. Pulnikov, V. Permiakov, M. D. Wulf, and J. Melkebeek：Measuring Setup for the Investigation of the Influence of Mechanical Stresses on Magnetic Properties of Electrical Steel, *Journal of Magnetism and Magnetic Materials*, No. 254-255, pp. 47-49（2008）

125）N. Takahashi, H. Morimoto, Y. Yunoki, and D. Miyagi：Effect of Shrink Fitting and Cutting on Iron Loss of Permanent Magnet Motor, *Journal of Magnetism and Magnetic Materials*, Vol. 320, pp. e925-e928（2008）

126）V. Permiakov, L. Dupre, A. Pulnikov, and J. Melkebeek：Loss Separation and Parameters for Hysteresis Modeling under Compressive and Tensile Streses, *Journal of Magnetism and Magnetic Materials*, Vol. 272-276, pp. e553-e554（2004）

127）三木浩平，宮城大輔，中野正典，高橋則雄：圧縮応力が積層電磁鋼板の磁気特性に及ぼす影響，電気学会マグネティックス研究会資料，MAG-08-75（2008）

128）D. Miyagi, Y, Aoki, M. Nakano, and N. Takahashi：Effect of Compressive Stress in Thickness Direction on Iron Losses of Nonoriented Electrical Steel Sheet, *IEEE Trans. Magn.*, Vol. 46, No. 6, pp. 2040-20438（2010）

129）三村 学・高橋則雄・中野正典・宮城大輔・河邊盛男・野見山琢磨・塩崎　明：無方向性電磁鋼板の試料形状による厚さ方向圧縮応力下での磁気特性の比較，電気学会マグネティックス研究会資料，MAG-11-28（2011）

130）藤村浩志，屋鋪裕義，児島　浩，中山大成：積層リングコアの磁気特性に及ぼすかしめ形状の影響，電気学会マグネティックス・回転機合同研究会資料，MAG-06-138，RM-06-122（2006）

131）D. C. Jiles：Theory of the Magnetomechanical Effect, *J. Phys. D：Appl. Phys.*, Vol. 28, pp. 1537-1546（1995）

132）M. K. Devine, and D. C. Jiles：The Magnetomechanical Effect in Electrolytic Iron, *J. Appl. Phys.*, Vol. 79, No. 8, pp. 5493-5495（1996）

133）M. J. Sablik, S. W. Rubin, L. A. Riley, D. C. Jiles, D. A. Kaminski, and S. B. Biner：A Model for Hysteretic Magnetic Properties under the Application of Noncoaxial Stress and Field, *J. Appl. Phys.*, Vol. 74, No. 1, pp. 480-488（1993）

134）T. Nakase, M. Nakano, K. Fujiwara, and N. Takahashi：Single Sheet Tester Having Open Magnetic Path for Measurement of Magnetostriction of Eectrical Steel Sheet, *IEEE Trans. Magn.*, Vol. 35, No. 5, pp. 3956-3958（1999）

135）千田邦浩，藤田　明，本田厚人，黒木直樹，八木正昭：無方向性電磁鋼板の応力下での

磁気特性と磁区構造，電気学会マグネティックス研究会資料，MAG-08-173 (2008)
136) R. M. Bozorth : Ferromagnetism, D. Van Nostrand (1951)
137) P. I. Anderson, A. J. Moses, and H. J. Stanbury : Assessment of the Stress Sensitivity of Magnetostriction in Grain-Oriented Silicon Steel, *IEEE Trans. Magn.*, Vol. 43, No. 8, pp. 3467-3476 (2007)
138) 近角聰信：強磁性体の物理（下），裳華房（1984）
139) N. Takahashi, and D. Miyagi : Examination of Magnetic Properties of Electrical Steels under Stress Condition, *Proc. Inter. Conf. Electrical Engineering*, No. O-003 (2008)
140) D. Miyagi, N. Maeda, Y. Ozeki, K. Miki, and N. Takahashi : Estimation of Iron Loss in Motor Core with Shrink Fitting using FEM Analysis, *IEEE Trans. Magn.*, Vol. 45, No. 3, pp. 1704-1707 (2009)
141) 佐藤光彦，金子清一，富田睦雄，道木慎二，大熊　繁：焼き嵌めによる損失を低減するための電磁鋼板の特性を用いた固定子形状の改善，電気学会論文誌 D，Vol. 127, No. 1，pp. 60-68 (2007)
142) 中野正嗣，藤野千代，谷　良浩，大穀晃裕，都出結花利，山口信一，有田秀哲，吉岡　孝：鉄心内部の応力分布を考慮した高精度鉄損解析手法，電気学会論文誌 D，Vol. 129, No. 11，pp. 1060-1067 (2009)
143) 高橋則雄，宮城大輔，小関祐生，前田訓子：プレスと焼ばめが永久磁石モータの鉄損特性に及ぼす影響の基礎的検討，第 16 回 MAGDA コンファレンス論文集，pp. 153-155 (2007)
144) 電気学会技術報告　第 942 号：回転機の電磁界解析高度化技術（2004）
145) 柴田俊忍，大谷隆一，駒井謙治郎，井上達雄：材料力学の基礎，培風館（1991）
146) CAEFEM v. 8 マニュアル
147) 西村賢二，藤原耕二，石原好之，山田幸伯：直流重畳時の磁気特性測定法，電気学会マグネティックス研究会資料，MAG-09-239 (2009)
148) 榎園正人，竹島　豊：けい素鋼板の偏磁気特性の測定法，電気学会論文誌 A，Vol. 119，No. 11，pp. 1330-1335 (1999)
149) 石川　卓，柳瀬俊次，岡崎靖雄：電磁鋼板の二次元偏磁下磁気特性，電気学会マグネティックス研究会資料，MAG-10-101 (2010)
150) 宮城大輔，橘高邦幸，中野正典，高橋則雄：偏磁条件下における無方向性電磁鋼板の鉄損特性ーヘルムホルツコイルと開磁路型 SST による測定ー，電気学会マグネティックス研究会資料，MAG-09-40 (2009)
151) 高橋則雄，宮城大輔，内田直喜，川中啓二：鍛造前加熱用誘導加熱装置の電磁場・温度場連成解析，三井造船技報，No. 196，pp. 31-37 (2009)
152) N. Takahashi, M. Morishita, D. Miyagi, and M. Nakano : Comparison of Magnetic Properties of Magnetic Materials at High Temperature, *IEEE Trans. Magn.*, Vol. 47, No. 10, pp. 4352-4355 (2011)
153) M. Morishita, N. Takahashi, D. Miyagi, and M. Nakano : Examination of Magnetic Properties of Several Magnetic Materials at High Temperature, *Electrical Review*, R87, No. 9b, pp. 106-110 (2011)
154) N. Takahashi, M. Morishita, D. Miyagi, and M. Nakano : Examination of Magnetic Materials at High Temperature Using Ring Specimen, *IEEE Trans. Magn.*, Vol. 46, No. 2, pp. 548-551 (2010)

155) 乙女大三朗，柚木泰志，中野正典，宮城大輔，高橋則雄：液体窒素温度下における電磁鋼板の磁気特性測定，電気学会マグネティックス研究会資料，MAG-08-78 (2008)
156) 開道　力，阿部智之，岡崎靖雄，北原修司，横田　洋，青木　登，細山謙二：電磁鋼板における磁気特性の温度依存性，日本応用磁気学会誌，Vol. 20，No. 2，pp. 649-652 (1996)
157) 近角聡信：強磁性体の物理（上），裳華房（1978）
158) T. Kosaka, N. Takahashi, S. Nogawa, and M. Kuwata：Analysis of Magnetic Characteristics of Three-Phase Reactor Made of Grain-Oriented Silicon Steel, *IEEE Trans. Magn.*, Vol. 36, No. 4, pp. 1894-1897 (2000)
159) 新井　聡：電磁鋼板の補助磁区構造と磁区制御技術について，日本応用磁気学会誌，Vol. 25，No. 12，pp. 1612-1618 (2001)
160) S. Arai, M. Mizokami, and M. Yabumoto：Magnetostriction of Grain Oriented Si-Fe and Its Domain Model, *Electrical Review*, ISSN 0033-2097, R. 87 No 9b. pp. 20-23 (2003)
161) H. Hubert, and R. Schaefer：Magnetic Domains, Springer (1998)
162) C. Kittel：Physical Theory Ferromagnetic Domains, *Review of Modern Physics*, Vol. 21, No. 4, pp. 541 (1949)
163) R. Becker, and W. Doring：Ferromagnetismus, Verlag von Julius Springer (1939)
164) F. Liorzou, B. Pkelps, and D. L. Atherton：Macroscopic Models of Magnetization, *IEEE Trans. Magn.*, Vol. 36, No. 2, pp. 418-428 (2000)
165) 池田文昭，小林篤史，藤原耕二：磁界解析に適した二次元磁気特性の検討，電気学会静止器・回転機合同研究会資料，SA-04-65，RM-04-89 (2004)
166) 山田　一，宮澤永次郎，別所一夫：基礎磁気工学，学献社（1975）
167) 電気学会技術報告　第855号：回転機の三次元CAEのための電磁界解析技術（2001）
168) 光岡隆生，美舩　健，松尾哲司：プレイモデルと有限要素渦電流解析を用いた電磁鋼板の交流ベクトルヒステリシスモデルの検討，電気学会静止器・回転機合同研究会資料，SA-11-69，RM-11-82 (2011)
169) 太田恵造：磁気工学の基礎 II，共立出版（1973）
170) 中西　匡，石田昌義：耐熱型磁区細分化方向性電磁鋼板における直流磁化状態での磁区構造，電気学会マグネティックス研究会資料，MAG-10-92 (2010)
171) 山口俊尚：地球環境時代における電磁鋼板の役割，まぐね，Vol. 6，No. 3，pp. 129-130 (2011)
172) 高　炎輝，松尾優平，村松和弘：導電率修正による異常渦電流損の考慮法の各種電磁鋼板への適用，電気学会静止器・回転機合同研究会資料，SA-11-764，RM-11-77 (2011)
173) S. E. Zirka, Y. I. Moroz, P. Marketos, and A. J. Moses：Loss Separation in Nonoriented Electrical Steels, *IEEE Trans. Magn.*, Vol. 46, No. 2, pp. 286-289 (2010)
174) T. R. Haller, and J. J. Kramer：Observation of Dynamic Domain Size Variation in a Silicon-iron Alloy, *Journal of Applied Physics*, Vol. 41, No. 3, pp. 1034-1035 (1970)
175) J. W. Skilling：Domain Structure in 3% Si-Fe Single Crystals with Orientation Near (100) [001], *IEEE Trans. Magn.*, Vol. 9, No. 3, pp. 351-356 (1973)
176) F. Brailsford：Physical Principles of Magnetism, D. Van Nostrand (1966)
177) R. Becker：Elastic Strains and Magnetic Properties, *Phys. Z.*, Vol. 33, p. 905 (1932)
178) 堀　康郎，田中基八郎 監修：電磁振動 & 騒音設計，三松株式会社（2010）
179) 貝原浩紀，柳澤佑輔，笹山瑛由，中野正典，高橋則雄：PWMインバータ励磁下の渦電流

損推定法の検討 , 平成 25 年電気学会全国大会（2013）
180）貝原浩紀 , 高橋則雄 , 中野正典 , 河邉盛男 , 野見山琢磨 , 塩崎　明 , 宮城大輔：回路抵抗およびキャリア周波数が単相フルブリッジ PWM インバータ励磁下の無方向性電磁鋼板の鉄損に及ぼす影響 , 電気学会論文誌 D, Vol. 132, No. 10, pp. 983-989（2012）
181）森　直人 , 高橋則雄 , 中野正典 , 笹山瑛由：単相フルブリッジ PWM インバータの変調度とキャリア周波数が無方向性電磁鋼板の鉄損に与える影響 , 電気学会マグネティックス研究会資料 , MAG-12-155, pp. 49-54（2012）
182）K. Yamazaki, and Y. Kanou：Rotor Loss Analysis of Interior Permanent Magnet Motor using Combination of 2-D and 3-D Finite Element Method, *IEEE Trans. Magn.*, Vol. 45, no. 5, pp. 1772-1775（2009）
183）Z. Gmyrek, A. Boglietti, and A. Cavagnino：Iron Loss Prediction with PWM Supply using Low- and High-frequency Measurements：Analysis and Results Comparison, *IEEE Trans. Indus. Appl.*, Vol. 55, No. 4, pp. 1722-1728（2008）

## 7 章

1）中田高義，高橋則雄，棗田直行，児玉保久，藤原俊明：外部電源を考慮した有限要素法による単相誘導電動機の解析，電気学会回転機・静止器合同研究会資料，RM-81-40, SA-81-30（1981）
2）T. Nakata, and N. Takahashi：Direct Finite Element Analysis of Flux and Current Distributions under Specified Conditions, *IEEE Trans. Magn.*, Vol. 18, No. 2, pp. 325-330（1982）
3）中田高義，高橋則雄，棗田直行，児玉保久，藤原俊明：整流特性が考慮可能な有限要素法による単相巻線整流子電動機の解析，電気学会論文誌 B，Vol. 104，No. 12，pp. 809-816（1984）
4）T. Nakata, N. Takahashi, K. Fujiwara, and A. Ahagon：3-D Finite Element Method for Analyzing Magnetic Fields in Electrical Machines Excited from Voltage Sources, *IEEE Trans. Magn.*, Vol. 24, No. 6, pp. 2582-2584（1988）
5）高橋則雄：三次元有限要素法－磁界解析技術の基礎－，電気学会（2006）
6）河瀬順洋，山口　忠，梅村友裕，柴山義康，花岡幸司，牧島信吾，岸田和也：キャリア周波数および磁石分割数が IPM モータの損失に及ぼす影響，電気学会回転機研究会資料，RM-09-40（2009）
7）山崎克己，阿部　敦：キャリア高調波を考慮した IPM モータの三次元永久磁石渦電流解析，電気学会静止器・回転機合同研究会資料，SA-06-26，RM-06-26（2006）
8）奥山賢一，稲垣恵造：内鉄形三相三脚鉄心変圧器の励磁突入電流，電気学会雑誌，Vol. 91，No. 2，pp. 337-343（1971）
9）J. Takehara, M. Kitagawa, T. Nakata, and N. Takahashi：Finite Element Analysis of Inrush Current in Three-Phase Transformers, *IEEE Trans. Magn.*, Vol. 23, No. 5, pp. 2647-2649（1987）
10）竹原　淳，北川　稔，中田高義，高橋則雄：有限要素法による変圧器励磁突入現象の解析法，電気学会論文誌 D，Vol. 108，No. 7，pp. 707-714（1988）
11）竹原　淳，北川　稔，中田高義，高橋則雄：変圧器励磁突入現象の新しい計測制御法と実測的検討，電気学会論文誌 D，Vol. 108，No. 3，pp. 269-276（1988）
12）中田高義，河瀬順洋，船越浩昌，伊藤昭吉：円筒座標系と直交座標系が混在する磁気回

路の近似三次元有限要素解析，電気学会論文誌 B，Vol. 106，No. 3，pp. 271-278（1986）
13）中田高義，高橋則雄，米田　弘，竹原　淳：ギャップ要素を用いた有限要素法の磁界解析への応用，昭和 53 年電気学会全国大会，No. 547（1978）
14）T. Nakata, Y. Ishihara, and N. Takahashi：Finite Element Analysis of Magnetic Fields by Using Gap Elements, Proceedings of Compumag Conference, No. 5. 7（1978）
15）T. Nakata, N. Takahashi, K. Fujiwara, and Y. Shiraki：3-D Magnetic Field Analysis Using Special Elements, *IEEE Trans. Magn.*, Vol. 26, No. 5, pp. 2379-2381（1990）
16）Y. Kamiya, and T. Onuki：3-D Eddy Current Analysis by the Finite Element Method Using Double Nodes Technique, *IEEE Trans. Magn.*, Vol. 32, No. 3, pp. 741-744（1996）
17）中田高義，高橋則雄，河瀬順洋，増山哲也，藤原耕二：磁気回路解析のための特殊要素の開発，電気学会回転機・静止器合同研究会資料，RM-81-37，SA-81-27（1981）
18）T. Ueyama, K. Umetsu, and Y. Hirano：Magnetic Shielding Analysis by FEM Using Relative Potential, *IEEE Trans. Magn.*, Vol. 26, No. 5, pp. 2202-2204（1990）
19）W. H. Giedt：基礎伝熱工学，丸善（1960）
20）黒田英夫：Visual Basic による 3 次元熱伝導解析プログラム，CQ 出版社（2003）
21）日本機械学会：伝熱工学資料，丸善（1987）
22）黒瀬浩明，宮城大輔，高橋則雄，内田直喜，川中啓二：熱放射・熱伝導・磁性体の温度依存性を考慮した誘導加熱装置の三次元渦電流解析，電気学会マグネティックス・静止器・回転機合同研究会資料，MAG-08-43，SA-08-22，RM-08-22（2008）
23）H. Kurose, D. Miyagi, N. Takahashi, N. Uchida, and K. Kawanaka：3-D Eddy Current Analysis of Induction Heating Apparatus Considering Heat Emission, Heat Conduction, and Temperature Dependence of Magnetic Characteristics, *IEEE Trans. Magn.*, Vol. 45, No. 3, pp. 1847-1850（2009）
24）H. Kagimoto, D. Miyagi, N. Takahashi, N. Uchida, and K. Kawanaka：Effect of Temperature Dependence of Magnetic Properties on Heating Characteristics of Induction Heater, *IEEE Trans. Magn.*, Vol. 46, No. 8, pp. 3018-3021（2010）
25）戸川隼人：有限要素法による振動解析，サイエンス社（1975）
26）I. M. スミス著，戸川隼人訳：有限要素法のプログラミング，構造・流体・地盤への応用，ワイリー・ジャパン（1984）
27）宇田川銈久，南雲仁一，堀内和夫：電気数学 I，オーム社（1961）
28）A. Kameari：Solution of Asymmetric Conductor with a Hole by FEM using Edge-Elements, *COMPEL*, Vol. 9, Supplement A, pp. 230-232（1990）
29）五十嵐　一，亀有昭久，加川幸雄，西口磯春，A. ボサビ：新しい計算電磁気学，基礎と数理，培風館（2003）
30）藤原耕二，岡本吉史，亀有昭久：有限要素法と Biot-Savart 則を併用した非線形磁界解析法，平成 18 年電気学会全国大会，No. 5-193（2006）
31）T. Ohnishi, and N. Takahashi：Effective Optimal Design of 3-D Magnetic Device Having Complicated Coil Using Edge Element and Biot-Savart Method, *IEEE Trans. Magn.*, Vol. 38, No. 2, pp. 1021-1024（2002）
32）大西拓馬，高橋則雄：六面体辺要素とビオ・サバール則を用いた偏向ヨーク巻線の形状最適化，電気学会静止器・回転機合同研究会資料，SA-01-19，RM-01-87（2001）
33）高橋則雄，宮城大輔，中野正典，光山泰司，石川貴則，橘高邦幸，小倉一郎，木下正生：地磁気下の箱形磁気模型の磁束分布の解析と実験，電子情報通信学会技術報告，EMCJ

2009-62, MW2009-111 (2009)
34) 宇治川 智, 高橋則雄, 宮城大輔, 新納敏文：実測に基づく任意の外乱磁界を組み込み可能な磁気シールド問題解析法の検討, 電気学会マグネティックス研究会資料, MAG-10-097 (2010)
35) 宇治川 智, 新納敏文, 高橋則雄, 宮城大輔：磁気シールド性能に対する非一様外乱磁界の影響, 電気学会静止器・回転機合同研究会資料, SA-12-14, RM-12-14 (2012)
36) 山崎克己, 熊谷誠樹：電磁界解析と構造解析を連携した回転機の形状最適化計算に関する検討ー限界設計への貢献を目指してー, 電気学会静止器・回転機合同研究会資料, SA-11-80, RM-11-93 (2011)
37) 義井胤景：磁気工学, 海文堂 (1969)
38) 高橋則雄：磁界系有限要素法を用いた最適化, 森北出版 (2001)
39) 中田高義, 高橋則雄, 藤原耕二, 今井徹也：ゲージ条件の考慮法が辺要素を用いた三次元有限要素法の精度及び計算時間に与える影響, 電気学会静止器・回転機合同研究会資料, SA-90-21, RM-90-33 (1990)

## 付録 1

1) C. W. Trowbridge, J. K. Sykulski：Some Key Developments in Computational Electromagnetics and Their Attribution, *IEEE Trans. Magn.*, Vol. 42, No. 4, pp. 503-508 (2006)
2) R. Southwell：Relaxation Methods in Theoretical Physics, OUP (1946)
3) F. C. Trutt：Analysis of Homopolar Inductor Altemators, Ph. D. thesis, Univ. Delaware (1962)
4) E. A. Erdelyi, and S. V. Ahmed：Non-linear Theory of Synchronous Machines on Load, *IEEE Trans. Power App. Syst.*, Vol. PAS-85, p. 792 (1966)
5) R. L. Stoll：The Analysis of Eddy Currents, Oxford, U. K., Clarendon (1978)
6) W. Muller, and W. Wolff：General Numerical Solution of the Magneto-static Equations, *AEG Telfunken, Tech, Rep.*, Vol. 49, No. 3 (1976)
7) K. S. Yee：Numerical Solution of Initial Boundary Value Problems Involving Maxwell's Equations in Isotropic Media, *IEEE Trans. Antennas Propag.*, Vol. AP-14, pp. 302-307 (1966)
8) T. Weiland：A Discretization Method for the Solution of Maxwell's Equations for Six Component Fields, *Electron. Commun.* (AEU), Vol. 31, p. 116 (1977)
9) A. M. Winslow：Numerical Calculation of Static Magnetic Fields in an Irregular Triangle Mesh, *J. Comput. Phys.*, 1, p. 149 (1966)
10) R. H. MacNeal：An Asymmetrical Finite Difference Network, *Q. Appl. Math.*, Vol. 11, p. 295 (1953)
11) A. Bossavit, and J. C. Verite：A Mixed FEM-BIEM Method to Solve 3-D Eddy Current Problem, *IEEE Trans. Magn.*, Vol. MAG-18, No. 2, pp. 431-435 (1982)
12) O. C. Zienkiewicz, and R. Taylor：The Finite Element Method, 4th Ed., McGraw-Hill New York (1991)
13) M. V. K. Chari, and P. P. Silvester：Finite Element Analysis of Magnetically Saturated DC Machines, *IEEE Trans. Power App. Syst.*, Vol. PAS-89, No. 7, pp. 1642-1651 (1970)
14) P. P. Silvester：High-order Polynomial Triangular Finite Elements for Potential

Problems, *Int. J. Eng. Sci.*, Vol. 7, pp. 849-861 (1969)
15) C. J. Carpenter : Comparison of Alternative Formulations of 3-D Magnetic Field and Eddy Current Problems at Power Frequencies, *Proc. IEE*, Vol. 124, No. 11 (1977)
16) J. L. Coulomb, A. Konrad, J. C. Sabonnadiere, and P. P. Silvester : Finite Element Analysis of Steady State Effect in a Slot-embedded Conductor, *IEEE WPM*, A76-189-1 (1976)
17) J. Simkin, and C. W. Trowbridge : On the Use of the Total Scalar Potential in the Numerical Solution of Field Problems in Electromagnetics, *Int. J. Numer. Meth. Eng.*, Vol. 14, pp. 432 (1978)
18) T. Nakata, and N. Takahashi : Direct Finite Element Analysis of Flux and Current Distributions under Specified Conditions, *IEEE Trans. Magn.*, Vol. MAG-18, No. 2, pp. 325-330 (1982)
19) R. F. Harrington : Field Computation by Moment Methods, Macmillan, New York (1968)
20) A. A. Halacsy : Proc. 2nd Reno Conf. Analysis of Magnetic Fields, Reno, NV, pp. 56 (1969)
21) M. J. Newman, C. W. Trowbridge, and L. R. Turner : GFUN : An Interactive Program as an Aid to Magnet Design, Proc. 4th Int. Conf. Magnet Technology, Brookhaven, NY (1972)
22) M. A. Jaswon : Integral Equation Methods in Potential Theory, *Proc. R. Soc. A*, pp. 23 (1963)
23) J. Simkin, and C. W. Trowbridge : Magnetostatic Fields Computed Using an Integral Equation Derived from Green's Theorem, presented at the Compumag Conf. Computation of Magnetic Fields (1976)
24) M. V. K. Chari, and P. P. Silvester, Eds. : Finite Elements in Electrical and Magnetic Field Problems, Wiley, New York (1980)
25) J. A. Meijerink, and V. der Vorst : An Iterative Solution Method for Systems of Which the Coefficient Matrix is a Symmetric M Matrix, *Maths. Comp.*, Vol. 31, p. 148 (1977)
26) B. Delaunay : Sur la sphere vide, *Izves. Akad. Nauk. USSR, Math. and Nat Sci. Div.*, No. 6, p. 793 (1934)
27) Z. Cendes, *et al.* : Magnetic Field Computation using Delaunay Trangulation and Complementary Finite Element Methods, *IEEE Trans. Magn.*, Vol. MAG-19, No. 6, pp. 2551-2554 (1983)
28) Q. Xiuying, and N. Guangzheng : Electromagnetic Field Analysis in Boundless Space by Finite Element Method, Compumag Graz Conf. Rec., IGTE (1987)
29) C. Harrold, and J. Simkin : Cutting Multiply Connected Domains, *IEEE Trans. Magn.*, Vol. MAG-21, No. 6, pp. 2495-2498 (1985)
30) H. Whitney : Geometric Integration Theory, Princeton Univ. Press, Princeton, NJ (1957)
31) J. C. Nedelec : Mixed Finite Elemts in R3, in Numerische Mathematic : Springer-Verlag, Vol. 35, pp. 316-341 (1980)
32) P. Hammond, and J. Penman : Calculation of Inductance and Capacitance by Means of Dual Energy Principles, *Proc. IEE*, Vol. 123, No. 6, pp. 554-559 (1976)
33) I. M. Mayergoyz : Mathematical Models of Hysteresis, *IEEE Trans. Magn.*, Vol. MAG-22, No. 5, pp. 603-608 (1986)

34) E. Della Torre：INTERMAG Conf., Phoenix, AZ (1985)
35) C. J. Carpenter：Surface-integral Methods of Calculating Forces on Magnetized Iron Parts, *IEE Monograph*, No. 342, pp. 19-28 (1959)
36) J. L. Coulomb, and G. Meunier：Finite Element Implementation of Virtual Work Principle for Magnetic Force and Torque Computation, *IEEE Trans. Magn*, Vol. MAG-20, No. 5, pp. 1894-1896 (1985)
37) A. Kameari：Local Force Calculation in 3D FEM with Edge Elements, Nonlinear Phenomena in Electromagnetic Fields, pp. 449-452, Elsevier, Amsterdam, The Netherlands (1992)
38) A. Razek, J. L. Coulomb, M. Feliachi, and J. C. Sabonnadiere：Conception of an Air-gap Element for the Dynamic Analysis of the Electromagnetic Field on Electric Machines, *IEEE Trans. Magn.*, Vol. MAG-18, No. 2, pp. 655-659 (1982)
39) L. Greengard, and V. Rokhlin：A New Version of the Fast Multipole Method for the Laplace Equation in Three Dimensions, *Acta Numerica*, pp. 229-269 (1997)
40) P. B. Johns：Application of the Transmission-line Matrix Method to Homogeneous Waveguides of Arbitrary Cross Section, *Proc. Inst. Electr. Eng.*, Vol. 119, pp. 209-215 (1974)

## 付録 2

1) 高橋則雄：特集　産業応用分野における電磁界解析の現状−1, 総論：電気学会論文誌 D, Vol. 127, No. 11, pp. 709-710 (2007)
2) 石原好之：電気機器の特性と電力用磁性材料，電気学会マグネティックス研究会資料, MAG-11-128 (2011)
3) 大木義路・石原好之・奥村次徳・山野芳昭：電気電子材料−基礎から試験法まで−，電気学会 (2006)
4) 成田賢仁・今村正明：電気鉄板の熱電的部分鉄損測定法，電気学会論文誌 A，Vol. 94, No. 4, pp. 167-174 (1974)
5) T. Nakata, N. Takahashi, K. Fujiwara, M. Nakano, Y. Ogura, and K. Matsubara：An Improved Method for Determining the DC Magnetization Curve Using a Ring Specimen, *IEEE Trans. Magn.*, Vol. 28, No. 5, pp. 2456-2458 (1992)
6) N. Takahashi, Y. Mori, Y. Yunoki, D. Miyagi, and M. Nakano：Development of the 2-D Single-Sheet Tester Using Diagonal Exciting Coil and the Measurement of Magnetic Properties of Grain-Oriented Electrical Steel Sheet, *IEEE Trans. Magn.*, Vol. 47, No. 10, pp. 4348-4351 (2011)
7) D. Miyagi, T. Yoshida, M. Nakano, and N. Takahashi：Development of Measuring Equipment of DC-Biased Magnetic Properties Using Open-Type Single-Sheet Tester, *IEEE Trans. Magn.*, Vol. 42, No. 10, pp. 2846-2848 (2006)
8) D. Miyagi, K. Miki, M. Nakano, and N. Takahashi：Influence of Compressive Stress on Magnetic Properties of Laminated Electrical Steel Sheets, *IEEE Trans. Magn.*, Vol. 46, No. 2, pp. 318-321 (2010)
9) N. Takahashi, M. Morishita, D. Miyagi, and M. Nakano：Examination of Magnetic Materials at High Temperature Using Ring Specimen, *IEEE Trans. Magn.*, Vol. 46, No. 2, pp. 548-551 (2010)

10) S. Tumanski : Handbook of Magnetic Measurements, CRC Press (2011)
11) 西本龍起・中野正典・高橋則雄：閉磁路型 SST を用いた高磁束密度での偏磁条件下における電磁鋼板の磁気特性測定，平成 24 年 電気学会全国大会，No. 2-150 (2012)

## 付録 3

1) 手嶋康暁，後藤雄治，矢野博明，福本　満，高橋則雄：交流磁界を利用した高張力ボルトの緩み検査手法の提案，日本非破壊検査協会，平成 22 年度秋季講演大会講演概要集，pp. 277-278 (2010)

# 索　　引

## 欧　文



## ア　行

## カ 行



## サ 行

## タ 行

## ナ 行



## ハ 行



## マ 行

**著者略歴**


高橋則雄（たかはしのりお）

1951 年　兵庫県に生まれる
1976 年　京都大学大学院工学研究科修士課程修了
　　　　岡山大学大学院自然科学研究科産業創成工学専攻
　　　　電気電子機能開発学講座教授
　　　　（2013 年 2 月ご逝去）
　　　　工学博士，IEEE Fellow



朝倉電気電子工学大系 3

**磁気工学の有限要素法**　　定価はカバーに表示

2013 年 4 月 25 日　初版第 1 刷

著　者　高　橋　則　雄

発行者　朝　倉　邦　造

発行所　株式会社　朝　倉　書　店

東京都新宿区新小川町 6-29
郵便番号　162-8707
電　話　03（3260）0141
FAX　03（3260）0180
http://www.asakura.co.jp

〈検印省略〉





印刷・製本　東国文化

ISBN 978-4-254-22643-0　C 3354　　Printed in Korea